Volume 31

CRM

MONOGRAPH

SERIES

Centre de Recherches Mathématiques
Montréal

La formule des traces tordue d'après le Friday Morning Seminar

Jean-Pierre Labesse
Jean-Loup Waldspurger

American Mathematical Society
Providence, Rhode Island USA

The production of this volume was supported in part by the Fonds Québécois de la Recherche sur la Nature et les Technologies (FQRNT) and the Natural Sciences and Engineering Research Council of Canada (NSERC).

2000 *Mathematics Subject Classification.* Primary 11F72; Secondary 11R56, 20G35.

For additional information and updates on this book, visit
www.ams.org/bookpages/crmm-31

Library of Congress Cataloging-in-Publication Data

Labesse, J.-P. 1943–
La formule des traces tordue d'après le Friday Morning Seminar / Jean-Pierre Labesse, Jean-Loup Waldspurger.
p. cm. — (CRM monograph series, ISSN 1065-8599; v. 31)
Includes bibliographical references and index.
ISBN 978-0-8218-9441-5 (hard cover; alk. paper)
1. Traces formulas. 2. Spectral theory (Mathematics). 3. Algebraic number theory. 4. Linear algebraic groups. I. Labesse, Jean-Pierre, 1943– II. Title. III. Series.

QA243.L145 2013
515/7222

2012040657

♾ The paper used in this book is acid-free and falls within the guidelines
established to ensure permanence and durability.
Visit the AMS home page at `http://www.ams.org/`

10 9 8 7 6 5 4 3 2 1 18 17 16 15 14 13

Table des matières

Avant-propos de Robert Langlands

The trace formula as an algebraic idea is as old as representation theory itself and can be regarded as a form of the Frobenius reciprocity theorem. Suppose that G is a finite group and Γ a subgroup. Consider the representation ρ of G on the functions on $\Gamma\backslash G$, $g\colon \phi \mapsto \rho(g)\phi$, where $\rho(g)\phi(h) = \phi(hg)$. It is the representation induced from the trivial representation of Γ and the action of a function on G on the space of ρ is

$$f\colon \phi \mapsto \rho(f)\phi = \phi', \quad \phi'(h) = \frac{1}{|G|}\sum_G \phi(hg)f(g).$$

The trace of $\rho(f)$ is readily calculated as

$$\frac{1}{|G|}\sum_{\{(g,g_1)\,|\,g_1 g=\gamma g_1,\gamma\in\Gamma\}} f(g) = \frac{1}{|\Gamma|}\int_{\Gamma\backslash G}\sum_{\Gamma} f(g_1^{-1}\gamma g_1)\,\mathrm{d}g_1,$$

where the measure on $\Gamma\backslash G$ is implicitly normalized to 1 by a factor $|\Gamma\backslash G|$ and g_1 runs over $\Gamma\backslash G$. The integral on the right can be expressed in various ways, as a sum over conjugacy classes in Γ,

$$\sum_{\{\gamma\}}\int_{\Gamma_\gamma\backslash G} f(g_1^{-1}\gamma g_1)\,\mathrm{d}g_1,$$

where Γ_γ is the centralizer of γ in Γ, or as

$$(1) \qquad \sum_{\{\gamma\}}\mathrm{meas}(\Gamma_\gamma\backslash G_\gamma)\int_{G_\gamma\backslash G} f(g_1^{-1}\gamma g_1)\,\mathrm{d}g_1.$$

We apply these simple formulas to the function $f(g) = \chi_\pi(g)$ given by the character χ_π of an irreducible representation π of G. By the orthogonality relations for matrix coefficients $\mathrm{tr}\big(\rho(f)\big)$ is the number of times π is contained in ρ. The present function f is a class function, so that the formula (1) for this trace reduces to

$$\sum_{\{\gamma\}}\mathrm{meas}(\Gamma_\gamma\backslash G)\chi_\pi(\gamma) = \frac{1}{|\Gamma|}\sum_{\gamma}\chi_\pi(\gamma),$$

which is the number of times the trivial representation is contained in the restriction of π to Γ. In other words, we arrive at Frobenius reciprocity for the trivial representation of Γ.

One of the achievements of Selberg, in some regards perhaps the major achievement of his career, was to recognize that there was not only a formula similar to (1) for discrete groups Γ with compact quotient but also one, the trace formula, for discrete subgroups of rank one. He, himself, was primarily concerned with subgroups of $\mathrm{SL}(2,\mathbb{R})$, but the principles are similar for all groups of rank one for which the usual reduction theory is valid. The spectral theory for the invariant differential operators is similar to the classical spectral theory for a second-order differential equation on a half-line: a one-dimensional continuous spectrum, empty if $\Gamma\backslash G$ is compact, together with a discrete spectrum. This is a classical theory with which Selberg was more than familiar. If the quotient is not compact, the eigenfunctions for the continuous spectrum are constructed by the analytic continuation of Eisenstein series, a topic initiated by Maaß and Roelcke, the central difficulty being resolved by Selberg.

The rank-one theory together with the reduction theory for general arithmetic groups suggested a more general theory, but there were difficulties, often misunderstood, even underestimated, by commentators with limited familiarity with the methods used for their solution. Even the general reduction theory developed in the nineteenth century by Eisenstein, H. J. S. Smith, Minkowski, Hermite and others and rescued, I am tempted to suggest, from oblivion by C. L. Siegel in the twentieth, with the last proofs being provided by Borel and Harish-Chandra, is sorely in need of a competent historical description. It is not surprising that, in the fifties, when Siegel was still alive, still at the Institute for Advanced Study, Selberg, also at the Institute and like Siegel an analytic number theorist, was influenced not only by Maaß and Roelcke but also by Siegel. Selberg wrote little and, in my experience, talked little about the sources of his knowledge, so that it is difficult to understand why he made so little progress with the theory in higher rank. The few notes he left suggest, although a final judgement will have to await the closer examination of them by D. Hejhal and others, that in essence he made none and that he failed to understand subsequent developments. Since he was certainly a strong mathematician, this is puzzling.

After years of unsystematic reflection I have concluded that the failure may have lain in his lack of a clear understanding of the algebraic theory of semisimple groups and, as a consequence, of the reduction theory of arithmetic groups. Specifically, he failed to understand the notion of a cusp form, as it appeared in papers by Godement and Harish-Chandra and in Gelfand's Stockholm lecture, and of the related decomposition of the spectrum according to classes of parabolic subgroups. This is the clue to the general theory of Eisenstein series. This lack may have been a consequence of an independent style and a refusal, at least in his later years, of systematic study. I am not certain.

The general proofs of the analytic continuation of the Eisenstein series and the description of the spectrum associated to those of each type certainly incorporate basic ideas from those for rank-one groups but they demand in addition not only a mastery of the theory of harmonic analysis on reductive groups as created by Harish-Chandra but also the introduction of an appropriate inductive structure and the solution of a number of specific problems.

Since the number of mathematicians with the necessary analytic experience and the necessary understanding of the theory of semisimple groups is limited, the general theory of Eisenstein series is not familiar to a large group of mathematicians. Although this theory is necessary for the trace formula for a general reductive group, even the first step toward the formula, the initial truncation of the kernel of

$$\rho(f) = \int f(g)\rho(g)\colon \phi \mapsto \phi', \quad \phi'(h) = \int \phi(hg)f(g)\,\mathrm{d}g, \tag{2}$$

for a smooth function with compact support, which is what permits the development of the trace formula, was by no means obvious to me. I tried, unsuccessfully to take it. It was taken, after much reflection — about two years I would suggest — by Arthur, who followed it by years of effort and many papers, most of which neither I nor many other specialists have yet digested. I attempted a summary some time ago in an article *The trace formula and its applications: An introduction to the work of James Arthur* that appeared in the Canadian Bulletin of Mathematics.

In my view, although there is still much to do in the way of integrating it with classical analytic number theory and classical algebraic number theory, which will not be easy, the trace formula itself is the key to the construction of a theory of automorphic forms in which functoriality and reciprocity appear in their full generality. Reciprocity will demand, of course, more.

Fortunately the twisted trace formula, within or without endoscopy as the case requires, offers an alternative, the proof of whose consequences is less demanding from both an analytic and a number theoretic standpoint than those of the trace formula itself, but that offers none the less substantial rewards. One of the earliest such applications was to cyclic base change for GL(2) and some special cases of the Artin conjecture, which were later put to spectacular use by A. Wiles in the proof of Fermat's theorem. More recently, Arthur has, in the book *The endoscopic classification of representations: orthogonal and symplectic groups* systematically developed the twisted trace formula and twisted endoscopy for GL(n) and applied it to establish important cases of functoriality. Its appearance will be, in my view, an event of major importance in the theory of automorphic forms, and the book itself an opportunity for specialists, many of them mired in specific and limited techniques, to grasp the analytic possibilities of the modern theory of automorphic forms.

Selon son titre, c'est cette formule tordue qui est le sujet du présent livre de Jean-Pierre Labesse et Jean-Loup Waldspurger. Pour la formule tordue, l'objet principal n'est pas l'opérateur $\rho(f)$ de la formule (2) ; il est plutôt, s'il est permis de m'exprimer d'une façon un peu plus simple que celle du livre, $\rho(f)\circ\theta$, où θ est un automorphisme extérieur d'ordre fini du groupe $G(\mathbb{A})$. Autant que je sache, c'est H. Jacquet qui au début des années 80 avait proposé qu'une formule des traces pour de tels opérateurs pourrait résoudre quelques questions qui l'intéressaient alors. J'avais essayé de trouver une telle formule, mais j'ai échoué.

Toutefois, un peu plus tard, Y. Flicker soumit aux *Annals of Mathematics* un article qui contenait une formule tordue convaincante. Comme je voulais moi aussi le faire, il avait, mais avec apparemment plus de succès, trouvé une modification du noyau tronqué de Arthur. Malheureusement en examinant la démonstration qu'il avait proposée, je n'ai trouvé qu'un argument sans fondement. Il n'était que le simulacre d'une démonstration. Autant que je sache, l'auteur n'a jamais réussi à proposer une autre démonstration plus solide. Par la suite, même assez tôt, lors d'une année thématique à l'*Institute for Advanced Study* sur les formes automorphes, j'ai proposé à Jean-Pierre Labesse que nous offrions avec quelques collègues un séminaire dans lequel nous essaierions de trouver une démonstration de la formule donnée par Flicker. C'est ce séminaire qui est devenu le *Morning Seminar*, pour lequel les notes des divers conférenciers en autant qu'elles étaient disponibles ont été distribuées aux auditeurs. Elles sont toujours disponibles en ligne.

Ce fut une année très exigeante pour tous les participants et quelques conférenciers n'ont pas réussi à rédiger des notes ; d'autres les ont rédigées hâtivement et, pour la plupart, nous ne sommes pas retournés réfléchir à ce que nous avions écrit lors du séminaire. Là le sujet s'expose à des dangers car Arthur, en rédigeant son livre, avait suffisamment de pain sur la planche qu'il devait forcément tenir pour acquises les conclusions du *Morning Seminar*. Même s'il n'y avait pas d'autres raisons pour leur savoir gré, à cause de celle-ci seule nous devons beaucoup à Jean-Pierre Labesse et à Jean-Loup Waldspurger d'avoir repris la formule tordue et de l'avoir assise sur des fondations sûres.

Ils observent d'ailleurs, qu'ils se sont délestés de quelques arguments que j'avais esquissés dans mes notes et qu'ils les ont remplacés par d'autres. Quoique j'aie beaucoup de confiance en le mathématicien que j'étais, bien plus que dans celui que je suis, il est vrai que vers la fin du séminaire j'étais éreinté et manquais de temps. De toutes façons je n'ai pas eu depuis envie de reprendre ces arguments. Il est certainement possible que j'avais trop simplifié les choses.

Les auteurs expliquent eux-mêmes dans la préface la genèse de leur entreprise et il n'y a pas besoin de répéter ce qu'ils écrivent. Je voudrais toutefois ajouter un sentiment de reconnaissance personelle, d'abord à Jean-Pierre Labesse et Jean-Loup Waldspurger et ensuite à l'*American Mathematical Society* et surtout à son président Eric Friedlander d'avoir accepté de publier ce texte en français, ce qui à ma surprise n'était pas si évident.

Il me semble que les mathématiciens se doivent de bien comprendre les conséquences de leur utilisation toujours croissante et maintenant presque universelle de l'anglais, ou plutôt de l'américain car nous sommes tous, comme mathématiciens, à la remorque des américains. Cette pratique est accompagnée d'une ignorance d'autres langues de sorte que les mathématiciens sont coupés à maints égards non seulement des mathématiques des dix-septième et dix-huitième siècles mais aussi, et à un degré bien plus grave, des mathématiques allemandes, françaises, russes ou italiennes du dix-neuvième siècle et de la première moitié du vingtième siècle. On ne trouve pas facilement dans des textes contemporains tout ce que nous avons hérité des grands mathématiciens de ces périodes. Ce déshéritement est peut-être moins grave pour les domaines qui n'ont apparu que récemment qu'il l'est pour la théorie des formes automorphes qui est une fusion et une continuation de sujets comme la théorie algébrique des nombres, la géométrie algébrique, la théorie des groupes et leurs représentations, ou la théorie analytique des nombres, donc des sujets bien enracinés dans l'histoire des mathématiques et où les façons de travailler ont beaucoup changé depuis le temps de, disons, Weierstrass et Jacobi ou Dedekind et Frobenius et le présent.

L'utilisation d'une langue unique et les moyens de communications et de voyager contemporains permettent la formation de petites cellules de mathématiciens qui ne communiquent guère entre elles. C'est une pratique que ceux et celles qui veulent contribuer d'une façon sérieuse à la théorie des formes automorphes ne peuvent pas se permettre. Même ce livre ou le livre de Arthur ne sont, à mon avis, au moins en partie, qu'une préparation pour des travaux nettement plus difficiles. Il s'agit toutefois avec les deux d'un apprentissage que l'on ne peut pas contourner. D'ailleurs notre devoir est de résoudre les problèmes actuels, ou au moins d'essayer de résoudre ceux-ci, et non pas ceux de l'avenir et, en plus, de ne pas s'adonner trop aux rêves. Il faut donc reconnaître lesquels sont abordables à présent et essayer de surmonter les difficultés concrètes qu'ils posent. Le mérite de Jacquet, Labesse-Waldspurger et Arthur, au moins en ce qui concerne la formule tordue, est en partie de l'avoir fait.

La formule des traces elle-même – donc la formule introduite par Selberg pour les groupes de rang 1 mais dont la forme générale a été créée par Arthur – sera, à mon avis, dans sa forme stable – donc accompagnée par une théorie d'endoscopie, pour laquelle le lemme fondamental, démontré dans une suite de travaux de divers mathématiciens dont le plus connu est celui de Ngô Bau Châu, est une composante critique – l'outil essentiel pour établir les théorèmes de base de la théorie des formes ou représentations automorphes, mais seulement lorsque on aura réussi à l'accompagner avec des formes nouvelles de la théorie analytique des nombres et de la théorie des corps de classes, les deux fusionées comme elles étaient jadis – par exemple, dans le rapport *Klassenkörperbericht* de Hasse – mais portant aussi sur des extensions non abéliennes, de sorte que la fusion n'est pas évidente. Il s'agit certainement de projets pour l'avenir. Pour l'instant, pour convaincre des jeunes mathématiciens de la valeur des conjectures sur la fonctorialité et la réciprocité dans le cadre des formes automorphes et de celle de la formule des traces elle-même on a besoin – sinon pour la formule stable au moins pour la théorie plus générale de la formule tordue, stable ou non – de moyens à portée de main et de théorèmes dont la valeur est indiscutable. Ces moyens et ces théorèmes se trouveront dans deux livres.

Pour des théorèmes importants sur la fonctorialité qui découlent de la formule tordue, on peut consulter le livre de Arthur ; pour les fondations d'un traitement rigoureux et complet de la formule tordue, c'est ce livre de Labesse-Waldspurger qu'il faut consulter. Les deux maîtrisés, le jeune mathématicien peut, s'il le veut, entamer lui-même les problèmes rattachés à la formule simple et décrits, en partie, dans un essai *A prologue to "Functoriality and Reciprocity", Part* I, que j'ai rédigé récemment et qui paraîtra bientôt.

Ceci dit, il me semble que toute conséquence laissée de côté le livre de Labesse-Waldspurger serait en soi un plaisir de lire et peut servir à introduire un novice à la théorie analytique des formes automorphes et à la formule des traces générale.

Robert Langlands

Préface

1. La genèse du texte

La formule des traces pour un groupe réductif connexe sur un corps de caractéristique zéro est due à James Arthur. On renvoie à [14] pour une introduction et une bibliographie complète.

Le cas tordu a fait l'objet du *Friday Morning Seminar* à l'*Institute for Advanced Study* (IAS) de Princeton en 1983-1984, souvent cité dans la littérature sous le nom de *Morning Seminar on the Trace Formula.* Lors de ce séminaire, les exposés ont été présentés par Laurent Clozel, Jean-Pierre Labesse et Robert Langlands. Les exposés 1, 2, 6, 7, 8 et 15 de Langlands ainsi que les exposés 3, 4, 5, 9, 12 et 13 de Labesse ont donné lieu à des notes, rédigées et distribuées au fur et à mesure. Les exposés 10, 11 et 14 de Clozel n'ont pas été rédigés. Ces notes, citées [20] dans la suite, sont accessibles sur la page web de Langlands à l'IAS. Toutefois, ayant été rédigées dans l'urgence, elles laissent à désirer sur de nombreux points.

Notre ambition est de donner, en nous basant pour l'essentiel sur les notes de [20], une version complète de la preuve de la formule des traces dans le cas tordu dans sa version primitive, c'est-à-dire non invariante. Ce travail s'inscrit dans le projet de l'équipe parisienne animée par L. Clozel et J.-L. Waldspurger pour rédiger la variante tordue de la formule des traces et de sa stabilisation, outil indispensable sur lequel se fondent les travaux récents d'Arthur sur les groupes classiques. En effet, ceux-ci reposent sur la stabilisation de la formule des traces pour $\mathrm{GL}(n)$ tordu par l'automorphisme $x \mapsto {}^t x^{-1}$.

Cette rédaction a dans un premier temps été menée en collaboration entre Laurent Clozel et Jean-Pierre Labesse. On doit savoir gré à Clozel d'avoir accepté de tenter cette aventure où Labesse craignait de s'engager seul, même si, en définitive, cette collaboration s'est interrompue et si c'est Jean-Loup Waldspurger qui a collaboré pour la fin de ce travail. Il convient de dire que Clozel a écrit un premier jet pour certaines sections, relu diverses versions préliminaires et participé à de nombreuses discussions qui ont permis de progresser dans la compréhension de points obscurs. Qu'il en soit ici remercié.

Nous devons bien entendu remercier tout particulièrement R. P. Langlands de nous avoir permis d'utiliser les notes du séminaire de Princeton [20] et singulièrement le texte de son dernier exposé qui contient une esquisse des parties les plus originales et les plus difficiles de la preuve dans le cas tordu. Ce texte a été notre guide, même si nous avons dû nous en écarter en certains points.

2. Contenu des divers chapitres

Nous allons maintenant décrire brièvement le contenu des parties et chapitres. Les deux premières parties sont le plus souvent une simple réexposition du contenu de [2], [3] et, partiellement, [4] avec quelques compléments pour les adapter au cas tordu. Comme dans [20], mais de manière plus systématique, nous avons préféré réexposer ces articles plutôt que de renvoyer à la littérature car, avec le temps, la structure des preuves est apparue plus clairement et il est désormais possible de les présenter dans un ordre plus naturel et plus facile à suivre pour le lecteur ; au surplus cela rend l'extension au cas tordu transparente.

Dans la troisième partie, la torsion joue un rôle plus important, en compliquant quelque peu les preuves de convergence, mais là encore, comme dans [20], nous suivons de près [2] et [3]. Les trois premières parties couvrent les exposés 1 à 14 de [20].

La quatrième partie, qui donne l'extension au cas tordu de [5] et [6], reprend pour l'essentiel le contenu de [20, Lecture 15] à ceci près que nous avons dû nous en écarter quelque peu pour le calcul de certains termes. Dans cette partie, la torsion joue un rôle essentiel en introduisant des termes qui étaient absents ou négligeables dans le cas classique (c.-à-d. non tordu) et dont l'étude est très délicate.

Première partie. Géométrie et combinatoire. Cette partie contient trois chapitres sur la géométrie des groupes et espaces tordus ainsi que sur la combinatoire des cônes et convexes associés aux systèmes de racines. Sauf naturellement dans le chapitre 2, qui introduit les espaces tordus, la torsion ne joue guère de rôle. Mais, faute de référence commode et comportant des preuves complètes ainsi que pour convaincre le lecteur que l'extension au cas tordu était facile, il nous a souvent paru nécessaire d'exposer en détail le cas classique.

Chapitre 1. *Racines et convexes.* Nous rappelons tout d'abord la construction des espaces vectoriels $\mathfrak{a}_P^Q$ associés aux paires de sous-groupes paraboliques $P \subset Q$ d'un groupe réductif G défini sur un corps de nombres F, ainsi que la propriété fondamentale pour la combinatoire des cônes associés aux racines : à savoir le fait que les bases Δ_P^Q sont obtuses. Puis nous rappelons quelques propriétés, élémentaires et classiques, des éléments et des sous-ensembles des groupes de Weyl, qui interviennent fréquemment en particulier via la décomposition de Bruhat. Nous en fournissons des preuves lorsque nous ne connaissons pas de références commodes. Ensuite nous donnons des énoncés concernant les familles de cônes et de convexes attachées aux systèmes de racines et leur relation avec les (G, M)-familles. Nous reprenons pour l'essentiel les preuves données dans [20, Lecture 13] où on voit que beaucoup d'énoncés combinatoires sont des conséquences de la simple identité matricielle $\tau\widehat{\tau} = \widehat{\tau}\tau = 1$ (*cf.* proposition 1.7.2).

Nous n'avons pas toujours repris les preuves classiques. De plus, certains énoncés semblent nouveaux, quoique implicites chez Arthur ou Langlands ; c'est par exemple le cas des lemmes 1.4.3 et 1.8.4. La preuve des propriétés 1.10.4 et 1.10.5 des (G, M)-familles à partir de la combinatoire des cônes, via la transformée de Fourier est inspirée par le traitement de la combinatoire dans [20, Lecture 15]. La clef en est l'énoncé de globalisation 1.10.1 qui lui aussi semble nouveau.

Chapitre 2. *Espaces tordus.* Pour l'étude de la formule des traces tordue, il est commode d'utiliser le langage des espaces tordus introduit dans [26] (certains préfèrent parler de groupes tordus). Nous en rappelons la définition. Notre cadre, celui des espaces tordus, est une variante légèrement plus générale du cadre utilisé dans le *Morning Seminar* et repris par Arthur dans divers articles ultérieurs. C'est, aux notations près, le cadre de [25].

L'extension au cas tordu de la combinatoire des cônes associés aux poids et racines est immédiate en observant que la seule propriété des systèmes de racines utilisée par cette combinatoire dans le cas usuel (non tordu), est que les racines simples forment une base obtuse ; or la généralisation au cas tordu de cette propriété est elle aussi immédiate.

Dans la section 2.10 on montre que le volume de certains convexes peut se calculer au moyen de polynômes du premier degré en chaque variable pour un choix astucieux des variables paramétrant le convexe. Ceci montre que dualement des termes définis au moyen de certaines (G, M)-familles peuvent s'exprimer au moyen de produits de dérivées du premier ordre en chacune de ces variables. Ce résultat, de nature combinatoire, dû à Arthur dans le cas non tordu et que nous généralisons, peut être vu comme un cas très simple de résultats plus généraux de Finis et Lapid [22]. Ceci permet d'étendre au cas tordu les techniques d'Arthur nécessaires pour la preuve du théorème 14.2.1.

On introduit ensuite la fonction caractéristique de cône $\widetilde{\sigma}_Q^R$ qui joue un rôle essentiel dans « l'identité fondamentale » (qui fait l'objet du chapitre 8). Sa définition est légèrement plus subtile que pour son analogue non tordu σ_Q^R.

Le chapitre se conclut par diverses inégalités liées à la géométrie de cônes qui elles sont spécifiques au cas tordu (en particulier le lemme 2.12.1 qui provient de [20, Lecture 15]).

Chapitre 3. *Théorie de la réduction.* Ce chapitre contient essentiellement la définition et les propriétés de la fonction $\mathbf{H}_0$ sur les groupes adéliques ainsi que des rappels sur la théorie de la réduction. Il s'agit, là encore, de propriétés très classiques ne faisant pas intervenir la torsion ; de fait, la torsion n'intervient que très peu dans tout ce chapitre.

La fonction $\mathbf{H}_0$, qui se définit via la décomposition d'Iwasawa, fait le lien entre la géométrie du groupe et celle des espaces vectoriels associés aux racines. Les lemmes du paragraphe 3.3, qui permettent le contrôle de $\mathbf{H}_0(wn)$ lorsque n est dans l'unipotent et w dans le groupe de Weyl, sont pour l'essentiel empruntés à [20, Lecture 6]). Ces lemmes jouent un rôle important dans de nombreuses estimations, en particulier dans le chapitre suivant. La partition de la section 3.6 et les estimées de la section 3.7 sont empruntées à [2] (voir aussi [20, Lectures 3 et 4]).

Deuxième partie. Théorie spectrale, troncatures et noyaux. Cette partie est pour l'essentiel un exposé de résultats classiques sur l'opérateur de troncature et la décomposition spectrale de l'espace des formes automorphes, qu'il était nécessaire de rappeler au moins pour introduire les notations. La torsion ne joue encore ici qu'un rôle accessoire. Toutefois quelques nouveautés apparaissent ici où là.

Chapitre 4. *L'opérateur de troncature.* Ce chapitre rappelle des faits bien connus, dus à Arthur, sur l'opérateur de troncature. La torsion n'intervient pas du tout ici. On suit pour l'essentiel l'exposé 6 de Langlands [20, Lecture 6] qui soi-même s'inspire du contenu du premier paragraphe de l'article d'Arthur [3].

Le résultat technique le plus important de ce chapitre est le lemme 4.1.1 qui reprend [3, Lemma 1.1]. Les arguments de la preuve de ce lemme, essentiel pour la suite, semblent légèrement incomplets dans [3]. En effet, Arthur y utilise l'analogue de notre lemme 3.3.2 mais sous une forme forte : c'est-à-dire avec $c = 0$. Cette forme forte est prouvée dans les notes de Langlands pour les groupes de Chevalley avec un choix optimal du sous-groupe compact maximal [20, Lemma 6.3]. Mais il ne semble pas possible d'établir cette forme forte en toute généralité. Fort heureusement, la preuve donnée par Langlands dans [20], et que nous reprenons, montre que la forme forte du lemme 3.3.2 n'est pas indispensable pour prouver le lemme 4.1.1. Pour le reste les arguments sont dus à Arthur.

Le second résultat technique important est la proposition 4.3.2 qui reproduit le lemme 6.6 de [20, Lecture 6] lui-même emprunté à [3, Lemma 1.4]. Les arguments sont rappelés pour la commodité du lecteur.

Chapitre 5. *Formes automorphes et produits scalaires.* Après un bref rappel des résultats dus à Langlands sur le prolongement méromorphe des opérateurs d'entrelacement et des séries d'Eisenstein, on donne une preuve simple de la formule, également due à Langlands, pour le produit scalaire de deux séries d'Eisenstein tronquées, provenant de fonctions cuspidales, au moyen de la (G, M)-famille spectrale. La preuve, donnée ici, est celle qui est esquissée dans [20, Lecture 12] ; elle est beaucoup plus directe et élémentaire que celle rédigée par Arthur dans [3]. Dans le cas où les fonctions ne sont plus cuspidales, on ne dispose alors que d'une formule asymptotique. Le passage du cas cuspidal au cas non cuspidal est, lui, dû à Arthur. Nous nous contentons de citer le résultat et nous renvoyons à la littérature pour sa preuve.

Chapitre 6. *Le noyau intégral.* On introduit dans le cas tordu le noyau de la formule des traces et on en donne des estimées. On rappelle la factorisation de Dixmier-Malliavin que nous substituons dans diverses preuves à l'argument de paramétrix utilisé par Arthur, qui lui est emprunté à Duflo-Labesse.

Chapitre 7. *Décomposition spectrale.* La décomposition spectrale pour le noyau joue bien évidemment un rôle essentiel dans le développement spectral de la formule des traces. La décomposition spectrale, due à Langlands, est brièvement rappelée. Puis on donne des estimées pour la décomposition spectrale du noyau.

Troisième partie. La formule des traces grossière. L'adjectif grossier se veut la traduction de *coarse* utilisé dans [20]. Dans cette partie on introduit tout d'abord l'identité fondamentale (c'est la *basic identity* de [20]) qui donne naissance aux développements géométrique et spectral de la formule des traces. Puis on étudie le développement géométrique sous sa forme grossière mais aussi fine (quoique très rapidement). Ensuite on donne le développement spectral sous sa forme grossière (*coarse spectral expansion*). Ceci permet de prouver une première forme de la formule des traces ainsi que les propriétés formelles des termes des développements grossiers de deux membres de cette identité.

Chapitre 8. *Formule des traces : état zéro.* Ce chapitre contient la preuve de l'identité fondamentale qui est le point de départ de la formule des traces. On établit l'égalité de deux variantes tronquées pour la restriction à la diagonale du noyau. L'une se prête bien au développement géométrique, c'est-à-dire suivant les classes de conjugaison, l'autre au développement spectral. Dans le séminaire de Princeton une première forme de l'identité fondamentale est établie dans [20, Lecture 2] puis, une variante est donnée beaucoup plus tard dans [20, Lecture 9] ; c'est cette variante qui s'avère être la bonne et qui est donnée ici à la proposition 8.2.2. Il s'agit d'une simple identité combinatoire.

Chapitre 9. *Développement géométrique.* Ce chapitre est consacré à la décomposition suivant les classes de conjugaison de l'intégrale sur la diagonale du noyau après troncature « géométrique ». Le théorème 9.1.2 établit la convergence du développement géométrique grossier (c'est-à-dire du développement suivant les classes de conjugaison des parties quasi semi-simples). C'est une adaptation facile des argument de [2]. On suit pour cela [20, Lectures 3 et 4]. On continue ce chapitre en donnant l'expression des termes associés aux classes de conjugaison semi-simples au moyen d'intégrales orbitales pondérées suivant [20, Lecture 5] repris et développé dans [20, Lecture 9].

Un dernier et bref paragraphe est consacré au développement géométrique fin (*fine* $\mathfrak{o}$-*expansion*). Il nous a paru suffisant de renvoyer à la littérature pour le traitement des termes non semi-simples. D'ailleurs, il n'y a rien concernant ces termes dans [20]. En effet le traitement de ces termes n'a été fait, par Arthur, qu'après le *Morning Seminar*. Comme ceci a été rédigé par Arthur en y incluant le cas tordu (quoique dans un cadre légèrement plus restrictif que le cas général traité par ailleurs dans notre texte), il ne nous a pas paru nécessaire d'en reprendre la rédaction.

Chapitre 10. *Développement spectral grossier.* La décomposition spectrale suivant les « données cuspidales » induit le développement grossier (appelé *coarse spectral expansion* dans [20]). La preuve de sa convergence suit celle donnée par Langlands dans [20] qui avait fait l'objet des exposés 7 et 8, preuve qui est elle même inspirée de [3], quoique la torsion induise quelques complications techniques. La principale différence entre le cas classique et le cas tordu est que (avec les notations du théorème 10.3.4) dans le cas tordu, le développement spectral fait intervenir une combinaison linéaire de termes indexés par des paires de sous-groupes paraboliques standard $Q \subset R$:

$$\int_{\mathbf{Y}_{Q_0}} \widetilde{\sigma}_Q^R(\mathbf{H}_0(x) - T)\mathbf{\Lambda}_1^{T,Q} K_{Q,\delta_0,\chi}(x,x)\,\mathrm{d}x$$

pouvant donner des contributions non triviales alors que dans le cas classique seul le terme

$$\int_{\mathbf{X}_G} \mathbf{\Lambda}_1^T K_\chi(x,x)\,\mathrm{d}x$$

correspondant au cas $Q_0 = Q = R = G$, est non nul (pour T assez régulier).

Chapitre 11. *Formule des traces : propriétés formelles.* Les termes des développements géométriques et spectraux « grossiers » (appelés *coarse expansions* dans [20]) ont des propriétés formelles remarquables. La propriété essentielle est que l'on obtient, de façon asymptotique, des polynômes en la variable de troncature T. Les preuves dans le cas tordu sont une adaptation immédiate des preuves données par Arthur dans [4] pour le cas classique. Nous suivons ici [20, Lecture 13].

Au total, les trois premières parties fournissent une preuve complète de la variante tordue de l'ensemble des résultats d'Arthur contenus dans [2] et [3] ainsi qu'une partie des résultats de [4] (essentiellement ceux concernant les (G, M)-familles et les propriétés formelles des termes de la formule des traces).

Quatrième partie. Forme explicite des termes spectraux. Cette partie, la plus difficile et la plus originale de tout l'ensemble, est consacrée à l'extension au cas tordu des résultats des articles [5] et [6] d'Arthur. La difficulté nouvelle, par rapport au cas traité par Arthur, provient de la nécessité de prendre en compte des termes attachés à des couples $Q \subset R$ avec $Q \neq G$ évoqués ci-dessus. L'analyse de leur comportement est beaucoup plus délicate.

L'étude du développement spectral de ces termes utilise le calcul du produit scalaire de séries d'Eisenstein tronquées qui peut être fait explicitement, au moins dans le cas où on part de séries d'Eisenstein construites à partir de fonctions cuspidales, en se ramenant, moyennant une inversion d'intégrale, au calcul classique et rappelé ci-dessus (*cf.* chapitre 5). On obtient alors une expression au moyen de (G, M)-familles spectrales généralisant le cas classique. Toutefois, pour les termes attachés à des couples $Q \subset R$ avec $\theta_0(Q) \neq Q$, le calcul auquel on est naturellement amené suppose, pour être convergent, d'avoir auparavant déplacé le contour d'intégration en dehors du domaine naturel des variables spectrales (c'est-à-dire qu'elles ne sont plus imaginaires pures), du moins pour une partie d'entre elles. Cela se fait sans grosses difficultés. Mais, pour achever la combinatoire il convient, calcul fait, de revenir ensuite au domaine naturel pour les variables spectrales. Il faut donc déplacer des contours d'intégration dans des intégrales faisant intervenir des (G, M)-familles. C'est la démarche proposée par Langlands dans [20, Lecture 15]. Cela suppose des estimées sur les opérateurs d'entrelacements et leur dérivées que nous n'avons pas su obtenir.

Une méthode ne supposant pas de déplacement de contour, mais très délicate du point de vue combinatoire et analytique, découverte par Waldspurger, a permis de résoudre la question. On se ramène en définitive à l'expression donnée par Langlands.

Chapitre 12. *Introduction d'une fonction B*. Il s'agit d'adapter au cas tordu une technique due à Arthur et développée dans [5]. L'introduction d'une fonction B à support compact dans l'expression spectrale pour les termes évoqués ci-dessus va permettre de pallier l'absence d'estimées uniformes de certains développements spectraux. Comme dit plus haut le traitement des termes attachés aux couples $Q \subset R$ avec $Q \neq G$ est en général beaucoup plus difficile que le cas $Q = G$ traité par Arthur. La fonction B apparaît le plus souvent dans les calculs via sa transformée de Fourier. Celle-ci n'est pas à support compact, mais seulement à décroissance rapide, ce qui pose de délicats problèmes de convergence. Pour les traiter, on a besoin de majorations plus fines que dans les paragraphes précédents.

Chapitre 13. *Calcul de* $A^T(B)$. Ce chapitre peut être vu comme l'analogue tordu de la seconde partie de [5]. Il s'agit, entre autre, de tenir compte du caractère asymptotique des expressions en termes de (G, M)-familles obtenues par le calcul de produit scalaire dans le cas où les séries d'Eisenstein ne sont pas construites à partir de fonctions cuspidales. Ici encore une difficulté nouvelle provient des termes avec $\theta_0(Q) \neq Q$. La démarche empruntée ici fournit au total une expression plus simple que celle obtenue par Arthur dans le cas non tordu. Elles diffèrent par des termes asymptotiquement petits ; il en résulte qu'une des étapes combinatoires de [6, section 3] se trouve ainsi déjà prise en compte.

Chapitre 14. *Formules explicites.* Ce chapitre exploite l'analyse faite dans les deux chapitres précédents pour obtenir dans le cas tordu, l'analogue des formules obtenues par Arthur dans [6] donnant l'expression explicite des termes spectraux de la formule des traces.

La section 14.1 s'inspire du traitement proposé par Langlands dans [20, Lecture 15] mais en utilisant de façon systématique la globalisation des (G, M)-familles ce qui rend plus transparent l'argumentaire combinatoire et simplifie considérablement tant cette combinatoire que les notations.

L'objet de la section 14.2 est de débarrasser les divers termes de la fonction auxiliaire B en la faisant tendre vers 1. Pour cela il convient d'établir la convergence absolue de ces termes. Arthur utilise deux arguments :

(1) il suppose l'existence d'une normalisation des opérateurs d'entrelacements ;

(2) il montre que les termes à contrôler, qui font intervenir des (G, M)-familles définis au moyen des facteurs de normalisation, peuvent s'exprimer comme une combinaison linéaire de produits de dérivées du premier ordre en certaines variables. Ceci permet la réduction à un problème en rang un.

L'existence d'une normalisation a été établie pour la première fois par Langlands dans [20, Lecture 15]. Cette normalisation a depuis été reprise par Arthur. N'ayant rien à ajouter, nous nous contentons de citer Arthur [13] pour cette normalisation ainsi que [6] pour la fin de la preuve, à un détail près qui fait l'objet de la section 2.10.

Une dernière section reformule le développement spectral en exploitant la convergence absolue due à Finis, Lapid et Müller.

Preface (English translation of the Préface)

1. The genesis of the paper

The trace formula for an arbitrary connected reductive group over a number field is due to James Arthur. We refer the reader to [14] for an introduction and a complete bibliography.

The twisted case was the subject of the *Friday Morning Seminar* at the Institute for Advanced Study (Princeton) during the academic year 1983–1984, often quoted in the literature as *Morning Seminar on the Trace Formula.* During this seminar lectures were given by Laurent Clozel, Jean-Pierre Labesse and Robert Langlands. Notes for Lectures 1, 2, 6, 7, 8, and 15 by Langlands and Lectures 3, 4, 5, 9, 12, and 13 by Labesse were written up and made available to the audience a few days after each lecture. Lectures 10, 11, and 14 by Clozel were never written up. The lecture notes, quoted [20] in the sequel, are available on Langlands webpage. But, having been written quite hastily they contain quite a few errors, and in addition some proofs are not complete.

Our ambition is to give, following [20], a complete proof of the twisted trace formula in its primitive version, i.e., its noninvariant form. This is a part of the project of the Parisian team led by L. Clozel and J.-L. Waldspurger whose aim is to give a complete proof of the stablilization of the twisted trace formula which is the basic tool for Arthur's book on classical groups. In fact it relies on the stabilization of the trace formula for $\mathrm{GL}(n)$ twisted by the automorphism $x \mapsto {}^t x^{-1}$.

At the beginning, this book was a collaboration between Laurent Clozel and Jean-Pierre Labesse. We are grateful to Laurent Clozel to have agreed to try this adventure where Labesse was afraid to embark alone, even if, at some point, this collaboration was stopped and Jean-Loup Waldspurger helped to finish the job. It is fair to say that Clozel has written the first draft for some sections, read many preliminary versions and helped clear up many obscure points. We thank him very much for this.

We are glad to thank R. P. Langlands who allowed us to use the IAS lecture notes [20] and in particular the notes of his Lecture 15 which contains a sketch of the most original and most difficult part of the proof in the twisted case. These notes were our guide even if we had to follow a slightly different path at some point.

2. Contents of the chapters

We shall now describe briefly the contents of the various parts and chapters. The first two parts are often simply a rewriting of the contents of [2], [3] and part of [4] with a few additions to fit with the twisted case. As in [20], but in a more systematic way, we preferred to repeat the arguments rather than to refer to the literature since by now the structure of the proofs is much better understood and it is possible to present them in a more natural order, one that is easier to follow for the reader; moreover this makes the extension to the twisted case more or less obvious.

In the third part, the twisting plays a more important role, as it makes the proofs for the convergences slightly more complicated, but again, as in [20], we follow closely [2] and [3]. The first three parts cover Lectures 1 to 14 in [20].

The fourth part, which extends [5] and [6] to the twisted case, is mainly based on [20, Lecture 15] except that we have used a slightly different approach for the computation of some terms. In this part, the twisting plays an essential role by introducing terms that are absent or negligible in the classical (i.e., nontwisted) case and whose study is quite subtle.

Part 1. Geometry and combinatorics. This part contains three chapters on the geometry of groups and twisted spaces, and also on the combinatorics of cones and convex sets attached to root systems.

Except, of course, in Chapter 2 the twisting plays barely no role. But by lack of a convenient reference with complete proofs and also to convince the reader that the extension to the twisted case was easy we thought it better to give a detailed account for the classical case.

Chapter 1. *Roots and convex sets.* We recall first the construction of vector spaces $\mathfrak{a}_P^Q$ attached to pairs of parabolic subgroups $P \subset Q$ in a reductive group G over a number field F, and the fundamental property for the combinatorics of cones attached to root systems: namely that basis Δ_P^Q are obtuse. Then we recall some classic and elementary properties of elements and subsets of Weyl groups that arise quite often in particular when using Bruhat decomposition. We give proofs when we don't know of any easily accessible reference. Then we give statements for family of cones and convex sets attached to root systems and their relation to (G, M)-families. Most of the time we follow the proofs given in [20, Lecture 13] where it is shown that many of these statements are consequences of the simple matrix identity $\tau\hat{\tau} = \hat{\tau}\tau = 1$ (cf. Proposition 1.7.2).

Some of our proofs do not follow the classical patterns. Moreover some of the statements seem to be new, albeit implicit in Langlands or Arthur. This is, for example, the case of Lemmas 1.4.3 and 1.8.4. The proof of Lemmas 1.10.4 and 1.10.5 for (G, M)-families using, via a Fourier transform, the combinatorics of cones is inspired by the use of this combinatorics in [20, Lecture 15]. The key is the globalization statement 1.10.1 that also seems new.

Chapter 2. *Twisted spaces.* To study the twisted trace formula it is convenient to use the language of twisted spaces introduced in [26] (some prefer to speak of twisted groups). We recall the definition. Our setting, twisted spaces, is a slightly more general variant of the setting used in the Morning Seminar and again by Arthur in the papers written after it. Up to notation this is the setting used in [25].

The extension to the twisted case of the combinatorics of cones associated to roots and weights is immediate when observing that it only relies on the following fact: simple roots define an obtuse basis and that this is also the case for the corresponding basis that arise in the twisted case.

In Section 2.10 we show that the volume of certain convex sets can be computed in terms of polynomials of degree one in each variable for a good choice of the parameters defining the convex set. This shows that dually some terms defined by certain (G, M)-families can be computed in terms of products of derivatives of first order in each of these variables. This combinatorial result, due to Arthur in the nontwisted case, can be seen as a very simple instance of quite general results of Finis and Lapid [22]. This allows to extend to the twisted case Arthur's techniques in order to prove Theorem 14.2.1.

We then introduce $\widetilde{\sigma}_Q^R$ the characteristic function of another cone which is the key object in the "basic identity" (treated in Chapter 8). Its definition is slightly more subtle than that of its classical analogue.

The chapter ends with various inequalities stemming from the geometry of cones specific of the twisted case (in particular Lemma 2.12.1 borrowed from [20, Lecture 15]).

Chapter 3. *Reduction theory.* This chapter is mainly concerned with the definition and the properties of function $\mathbf{H}_0$ on adelic groups and other classical statements of reduction theory. Here again, twisting plays little if any role in the whole chapter.

The function $\mathbf{H}_0$, defined via Iwasawa decomposition, allows to relate the geometry on the group and that of vector spaces attached to roots.

The lemmas in Section 3.3, that allow to control $\mathbf{H}_0(wn)$ when n belong to the unipotent and w is in the Weyl group, are borrowed from [20, Lecture 6]. These lemmas are quite important in order to obtain estimates, in particular in the next chapter. The partition in Section 3.6 and the estimates in Section 3.7 are borrowed from [2] (see also [20, Lectures 3 and 4]).

Part 2. Spectral theory, truncation and kernels. This part is mainly a report on classical results about the truncation operator and the spectral decomposition of the space of automorphic forms, which we had to recall at least to fix notation. Here again twisting plays little role. Nevertheless some new features show up.

Chapter 4. *The truncation operator.* This chapter recalls well known facts, due to Arthur, on truncation operators. The twisting is completely absent here. We follow Lecture 6 by Langlands [20] which is itself inspired by Arthur's paper [3].

The main technical result of the chapter is Lemma 4.1.1 which is nothing but [3, Lemma 1.1]. The proof of this key lemma seems slightly incomplete in [3]. In fact Arthur makes use of an analogue of our 3.3.2 but in a stronger form, i.e., with $c = 0$. This strong form is established by Langlands for Chevalley groups under an optimal choice for the maximal compact subgroup [20, Lemma 6.3], but such a strong form is not likely to hold in general. Fortunately the proof given by Langlands in [20], which we reproduce here, shows that such a strong form of Lemma 3.3.2 is not necessary to establish Lemma 4.1.1. The remaining arguments are due to Arthur.

The second important technical result is Proposition 4.3.2 which reproduces Lemma 6.6 in [20, Lecture 6] which is itself borrowed from [3, Lemma 1.4]. The proof is recalled for the convenience of the reader.

Chapter 5. *Automorphic forms and scalar products.* We first recall briefly the results due to Langlands on analytic continuation of intertwining operators and Eisenstein series, then we give a simple proof of the formula, also due to Langlands, for the scalar product of truncated Eisenstein series built from cuspidal functions in terms of the spectral (G, M)-family. The proof given here was outlined in [20, Lecture 12]; it is much more direct and elementary than the proof given by Arthur in [3]. When dealing with the noncuspidal case one gets only an asymptotic formula.

The extension to the noncuspidal case is due to Arthur. We only quote the result and we refer the reader to the literature for a proof.

Chapter 6. *The integral kernel.* We introduce the kernel that is used in the trace formula in the twisted case and we give estimates. We recall Dixmier–Malliavin's factorization which we substitute for the parametrix argument used by Arthur, which itself was borrowed from Duflo–Labesse.

Chapter 7. *Spectral deecomposition.* The spectral decomposition for the kernel plays naturally a key role in the spectral expansion of the trace formula. The spectral decomposition, due to Langlands, is briefly recalled. Then we give estimates for the spectral decomposition of the kernel.

Part 3. The coarse trace formula. The word “coarse” used in [20] is to be translated by “grossier” in French. In this part we first give the basic identity (“identit© fondamentale” in French) which gives rise to the geometric and spectral expansions of the trace formula. Then we study the coarse geometric expansion and the fine geometric expansion as well (although very briefly). Next we give the coarse spectral expansion. This yields a first form of the trace formula, and we establish the formal properties of the various terms in the coarse expansions of both sides of this identity.

Chapter 8. *Zero state of the trace formula.* This chapter contains the proof for the basic identity which is the starting point for the trace formula. We establish the equality between two truncated variants of the restriction to the diagonal of the kernel. One side yields the geometric expansion by expanding it according to conjugacy classes, the other one yields the spectral expansion. During the Princeton seminar a first form of the basic identity was established in [20, Lecture 2] then a variant of it was given quite later in [20, Lecture 9]; this variant turned out to be the right one and is given here in Proposition 8.2.2. This is merely a combinatorial identity.

Chapter 9. *Geometric expansion.* This chapter deals with the decomposition along conjugacy classes of the integral over the diagonal of the kernel after geometric truncation. Theorem 9.1.2 establishes the convergence of the coarse geometric expansion (i.e., the expansion along the conjugacy classes of the quasisemisimple parts). This is an easy adaptation of arguments in [2]. We follow [20, Lectures 3 and 4]. The chapter goes on with the expression of terms defined by semisimple conjugacy classes by means of weighted orbital integrals, following [20, Lecture 5] and again but with more details in [20, Lecture 9].

A last and short paragraph deals with the fine geometric expansions (“fine $\mathfrak{o}$-expansion”). We thought it enough to refer the reader to the literature for the study of nonsemisimple elements. We observe that these terms are not studied in [20]. In fact they were treated by Arthur only after the Morning Seminar. Since this was written up by Arthur including the twisted case (although in a setting slightly more restrictive than here) we thought it worthless to rewrite it here.

Chapter 10. *The coarse spectral expansion.* The spectral expansion according to cuspidal data induces the coarse spectral expansion. The proof of its convergence follows Lectures 7 and 8 by Langlands in [20] which in turn are inspired by [3], although a few technical difficulties arise from the twisting. The main difference between the classical and the twisted case is that (with notation from Theorem 10.3.4) the twisted spectral expansion is a linear combination of terms indexed by pairs of standard parabolic subgroups $Q \subset R$:

$$\int_{\mathbf{Y}_{Q_0}} \tilde{\sigma}_Q^R(\mathbf{H}_0(x) - T)\mathbf{\Lambda}_1^{T,Q} K_{Q,\delta_0,\chi}(x,x)\,\mathrm{d}x$$

that can be nontrivial, while in the classical case there is only one term

$$\int_{\mathbf{X}_G} \mathbf{\Lambda}_1^T K_\chi(x,x)\,\mathrm{d}x$$

corresponding to the case $Q_0 = Q = R = G$, that is nonvanishing (for T regular enough).

Chapter 11. *Trace formula: formal properties.* The terms in the geometric and spectral coarse expansions have remarkable formal properties. Their main property is that one gets, asymptotically polynomials in T, the truncation variable. The proofs in the twisted case are an easy adaptation of the proofs given by Arthur in [4] in the classical case. We follow here [20, Lecture 13].

Altogether the first three parts give a complete account for the twisted variant of the results contained in [2] and [3] and a part of the results in [4] as well (mainly those concerning the (G, M)-families and the formal properties of terms in the trace formula).

Part 4. Explicit form for spectral terms. This part, which is the most original and difficult part of this work, deals with the extension to the twisted case of Arthur's results in [5] and [6]. The new feature is that one has to take care of terms indexed by pairs $Q \subset R$ with $Q \neq G$ alluded to above. Their study is much more delicate.

The study of the spectral expansion of such terms uses the scalar product of truncated Eisenstein series that can be computed exactly, at least when dealing with Eisenstein series constructed from cuspidal functions, by means of the classical calculation recalled above (cf. Chapter 5) after an inversion of integrals. One thus gets an expression in terms of spectral (G, M)-families generalizing the classical case. But for terms attached to pairs $Q \subset R$ with $\theta_0(Q) \neq Q$ this natural formal computation makes sense only after shifting the contour integral for some of the spectral variables away from their natural domain (i.e., these are no longer purely imaginary). This can be done without much trouble. But now, to go on with the combinatorics, one needs to come back to the natural domain for these spectral variables. One is thus led to shift back the contour integral for terms that now involve spectral (G, M)-families. This is what is suggested by Langlands in [20, Lecture 15]. To do this one needs estimates on intertwining operators and their derivatives which we do not know how to get.

A method that does not involve any shifting of contour, but that is quite delicate from the combinatorial and analytic point of view, has been devised by Waldspurger and allows to solve this problem. One is eventually led to the expression given by Langlands.

Chapter 12. *Introduction of a function B.* One has to adapt a technique due to Arthur and developed in [5]. The introduction of a function B with compact support in the spectral expansion for terms described above is a remedy to the lack of uniform estimates of certain spectral expansions. As said above the terms attached to pairs $Q \subset R$ with $Q \neq G$ is in general much more difficult than the case $Q = G$ treated by Arthur. The functions B appears often via its Fourier transform which is not compactly supported but only rapidly decreasing, and this generates quite delicate convergence problems. To handle them one needs to refine some of the estimates already used in previous sections.

Chapter 13. *Computation of* $A^T(B)$. This chapter can be seen as the twisted analogue of the second part of [5]. One aim is to take care of the asymptotic nature of the formulas involving the (G, M)-families coming from the computation of the scalar product when Eisenstein series are not constructed from cuspidal functions. Here again a new difficulty comes from terms where $\theta_0(Q) \neq Q$. The way this difficulty is solved here yields eventually an expression which is simpler than the one obtained by Arthur in the nontwisted case. They differ by asymptotically small terms; as a consequence one of the combinatorial steps in [6, Section 3] is already taken care of.

Chapter 14. *Explicit formulas.* Based on the analysis made in the two preceding chapters, we establish the twisted analogue of the formulas obtained by Arthur in [6] giving an explicit expression for spectral terms in the trace formula.

Section 14.1 is inspired by what Langlands does in [20, Lecture 15] but the systematic use of the globalization of (G, M)-families makes the combinatorial argument much more transparent since it simplifies the combinatorics and the notation as well.

In Section 14.2 we get rid of the auxiliary function B by letting it tend to 1. To do this one needs to prove the absolute convergence of these terms. Arthur uses two kind of arguments:

(1) he assumes known a normalization of the intertwining operators;
(2) he shows then that the terms to control, that contain (G, M)-families, can be expressed as a linear combination of products of first order derivatives in certain variables. This allows to reduce to a problem in rank one.

The existence of a normalization was first established by Langlands in [20, Lecture 15]. This normalization later appeared in Arthur's work. Since we have nothing more to say we simply refer to [13] for the normalization and to [6] for the end of the proof up to a detail which occupies Section 2.10.

In a last section we reformulate the result by making use of the absolute convergence of the spectral expansion due to Finis, Lapid and Müller.

Première partie

Géométrie et combinatoire

CHAPITRE 1

Racines et convexes

1.1. Les espaces $\mathfrak{a}_P$

Soit F un corps de nombres. On note $\mathbb{A}$ l'anneau des adèles de F. Soit G un groupe linéaire algébrique connexe défini sur F. On note $X_F(G)$ le groupe des caractères rationnels de G et on pose

$$\mathfrak{a}_G = \mathrm{Hom}(X_F(G), \mathbb{R}) .$$

C'est un espace vectoriel sur $\mathbb{R}$. On note a_G sa dimension. On dispose alors d'un homomorphisme

$$\mathbf{H}_G \colon G(\mathbb{A}) \to \mathfrak{a}_G$$

défini par

$$\mathbf{H}_G(x) = \{\chi \mapsto \log|\chi(x)|\} .$$

On notera

$$G(\mathbb{A})^1$$

le noyau de cette application. Considérons une décomposition de Levi : $G = LN$ où N est le radical unipotent de G. L'homomorphisme $\mathbf{H}_G$ est trivial sur $N(\mathbb{A})$ ainsi que sur $L_{\mathrm{der}}(\mathbb{A})$ où L_{der} est le groupe dérivé du sous-groupe de Levi L.

Supposons maintenant que G est réductif. On note Z_G son centre. Soit $G_{\mathbb{Q}}$ la restriction des scalaires de F à $\mathbb{Q}$ de G. On note $\mathfrak{A}_G$ la composante neutre du groupe des points réels du $\mathbb{Q}$-tore déployé maximal du centre de $G_{\mathbb{Q}}$. Donc $\mathfrak{A}_G$ est un sous-groupe de Lie connexe de Z_∞ :

$$\mathfrak{A}_G \subset Z_\infty := Z_G(F \otimes \mathbb{R}) \subset Z_G(\mathbb{A}) \subset G(\mathbb{A}) .$$

Par restriction de $\mathbf{H}_G$ à $\mathfrak{A}_G$ on obtient un homomorphisme :

$$\mathfrak{A}_G \to \mathfrak{a}_G$$

qui est un isomorphisme. On peut alors interpréter $\mathfrak{a}_G$ comme l'algèbre de Lie de $\mathfrak{A}_G$ et voir $\mathfrak{a}_G$ comme une sous-algèbre de l'algèbre de Lie $\mathfrak{g}$ de $G_{\mathbb{Q}}(\mathbb{R})$. On notera

$$a = \mathrm{e}^H$$

le point de $\mathfrak{A}_G$ d'image H dans $\mathfrak{a}_G$. On observera que l'application naturelle

$$G(\mathbb{A})^1 \to \mathfrak{A}_G \backslash G(\mathbb{A})$$

est un isomorphisme.

Soit $P = MN$ un sous-groupe parabolique de G où M est un sous-groupe de Levi de P, définis sur F ; on observe que $X_F(P) = X_F(M)$ et donc

$$\mathfrak{a}_P = \mathfrak{a}_M .$$

On choisit un sous-groupe parabolique minimal P_0 et un sous-groupe de Levi M_0 de P_0. Le groupe M_0 est fixé une fois pour toutes dans la suite de ce texte. On pose

$$\mathfrak{a}_0 := \mathfrak{a}_{P_0} = \mathfrak{a}_{M_0} .$$

Dans toute la suite, nous ne considèrerons que des sous-groupes paraboliques P semi-standard c'est-à-dire contenant M_0. Le sous-groupe de Levi M est déterminé par P et la condition $M_0 \subset M$ et on écrira parfois $\mathfrak{A}_P$ pour $\mathfrak{A}_M$. On prendra garde que

$$\mathfrak{A}_P := \mathfrak{A}_M$$

n'est pas central dans $P(\mathbb{A})$. Toutefois $\mathfrak{A}_P N(\mathbb{A})$ est un sous-groupe distingué dans $P(\mathbb{A})$. L'inclusion $P \subset G$ induit une inclusion

$$X_F(G) \subset X_F(P)$$

et donc une surjection

$$\mathfrak{a}_P \to \mathfrak{a}_G$$

dont le noyau sera noté $\mathfrak{a}_P^G$. Compte tenu des isomorphismes

$$\mathfrak{A}_G \simeq \mathfrak{a}_G \qquad \text{et} \qquad \mathfrak{A}_M \simeq \mathfrak{a}_M = \mathfrak{a}_P$$

et de l'inclusion

$$\mathfrak{A}_G \subset \mathfrak{A}_M$$

on obtient une section $\mathfrak{a}_G \to \mathfrak{a}_P$ de la surjection $\mathfrak{a}_P \to \mathfrak{a}_G$ et donc une décomposition

$$\mathfrak{a}_P = \mathfrak{a}_G \oplus \mathfrak{a}_P^G .$$

Plus généralement, soient $P \subset Q$ deux sous-groupes paraboliques de G. En utilisant que $\mathbf{H}_Q$ est trivial sur le radical unipotent de Q ce qui précède fournit une décomposition

$$\mathfrak{a}_P = \mathfrak{a}_Q \oplus \mathfrak{a}_P^Q .$$

On pose

$$a_P^Q = \dim \mathfrak{a}_P^Q .$$

On considère $\mathfrak{a}_0$ comme l'algèbre de Lie de $\mathfrak{A}_{M_0}$ et donc comme une sous-algèbre de $\mathfrak{g}$. La forme de Killing induit un produit scalaire sur $\mathfrak{a}_0^G$. Ceci définit une structure euclidienne sur son dual et on notera $\langle\alpha, \beta\rangle$ le produit scalaire de deux éléments du dual. Cette structure euclidienne définit également une mesure sur $\mathfrak{a}_0^G$. Plus généralement on dispose ainsi de mesures canoniques sur les espaces $\mathfrak{a}_P^G$ vus comme quotients $\mathfrak{a}_0^G/\mathfrak{a}_0^P$.

1.2. Sous-groupes paraboliques et bases de racines

On suppose désormais G réductif. On dispose des racines attachées au couple (M_0, G). Ce sont des formes linéaires sur $\mathfrak{a}_0$ nulles sur $\mathfrak{a}_G$. L'ensemble de leurs restrictions à $\mathfrak{a}_0^G$ est un système de racines, non réduit en général. On a choisi un sous-groupe parabolique minimal P_0 ; on dispose donc de la notion de racines positives et d'une base de racines simples notée $\Delta_{P_0}^G$. On notera $\mathcal{R}^G$ le système de racines réduit formé des racines β telles que $\beta/2$ ne soit pas une racine. On écrira souvent $\mathcal{R}$ pour $\mathcal{R}^G$. C'est le système de racines réduit admettant $\Delta_{P_0}^G$ comme base.

Si P est standard de sous-groupe de Levi M, on notera $\Delta_{P_0}^P$ la base des racines simples pour le couple (M_0, M). C'est une base du dual de $\mathfrak{a}_0^P = \mathfrak{a}_0^M$. On considèrera les éléments de $\Delta_{P_0}^P$ comme des formes linéaires sur $\mathfrak{a}_0$ ou $\mathfrak{a}_0^P$ suivant les besoins.

En particulier on peut voir $\Delta_{P_0}^P$ comme un sous-ensemble de $\Delta_{P_0}^G$. La combinatoire utilisera de façon systématique le fait bien connu suivant :

Lemme 1.2.1. *L'application*

$$P \mapsto \Delta_{P_0}^P$$

est une bijection entre l'ensemble des sous-groupes paraboliques standard de G et l'ensemble des parties de $\Delta_{P_0}^G$.

On dispose également de la base des coracines $\check{\Delta}_{P_0}^P$ dans $\mathfrak{a}_0^P$; on notera $\widehat{\Delta}_{P_0}^P$ la base duale de la base des coracines. Lorsque le groupe est déployé $\widehat{\Delta}_{P_0}^G$ est l'ensemble des poids dominants fondamentaux du groupe dérivé. De plus, $\widehat{\Delta}_{P_0}^P$ est l'ensemble des restrictions non nulles des $\varpi \in \widehat{\Delta}_{P_0}^G$ au sous-espace $\mathfrak{a}_0^P$. Plus généralement, soient $P \subset Q$ deux sous-groupes paraboliques standard. On note Δ_P^Q l'ensemble des restrictions non nulles des éléments de $\Delta_{P_0}^Q$ au sous-espace $\mathfrak{a}_P$. Cet ensemble de formes linéaires est une base du dual $(\mathfrak{a}_P^Q)^*$ de $\mathfrak{a}_P^Q$ et $\mathfrak{a}_Q$ s'identifie avec le sous-espace de $\mathfrak{a}_P$ intersection des noyaux des $\alpha \in \Delta_P^Q$. On prendra garde toutefois qu'en général Δ_P^Q n'est pas la base d'un système de racines. On notera $\widehat{\Delta}_P^Q$ le sous ensemble des $\varpi \in \widehat{\Delta}_{P_0}^Q$ nuls sur $\mathfrak{a}_0^P$. On prolonge les éléments de Δ_P^Q et $\widehat{\Delta}_P^Q$ en des formes linéaires sur $\mathfrak{a}_0$ en les composant avec la projection

$$\mathfrak{a}_0 \to \mathfrak{a}_P^Q \, .$$

On écrira parfois Δ_P pour Δ_P^G ainsi que $\widehat{\Delta}_P$ pour $\widehat{\Delta}_P^G$. On observera que les bases Δ_P^Q et $\widehat{\Delta}_P^Q$ sont indépendantes du choix du sous-groupe parabolique minimal $P_0 \subset P$. On peut donc définir de telles bases pour toute paire de sous-groupes paraboliques $P \subset Q$ sans les supposer standard.

Lemme 1.2.2. *Si $P \subset Q \subset R$ sont trois sous-groupes paraboliques, alors on a les inclusions*

$$\Delta_P^Q \subset \Delta_P^R \qquad \textit{et} \qquad \widehat{\Delta}_Q^R \subset \widehat{\Delta}_P^R$$

et il existe un sous-groupe parabolique S tel que $P \subset S \subset R$ et

$$\Delta_P^S = \Delta_P^R - \Delta_P^Q \qquad \textit{et} \qquad \widehat{\Delta}_S^R = \widehat{\Delta}_P^R - \widehat{\Delta}_Q^R \, .$$

PREUVE. La première assertion est claire; la seconde résulte du lemme 1.2.1. □

Lemme 1.2.3. *Soient $P \subset R$ deux sous-groupes paraboliques.*

$$\sum_{P \subset Q \subset R} (-1)^{a_P - a_Q} = \begin{cases} 1 & \textit{si } P = R, \\ 0 & \textit{sinon.} \end{cases}$$

PREUVE. Il suffit d'observer que d'après le lemme 1.2.1 la famille des sous-groupes paraboliques Q entre P et R est en bijection avec la famille des sous-ensembles de Δ_P^R puis d'invoquer la formule du binôme. □

On observera que si on identifie $\mathfrak{a}_P^Q$ et son dual au moyen de la structure euclidienne canonique, les éléments de $\widehat{\Delta}_P^Q$ sont colinéaires aux éléments de la base duale de la base Δ_P^Q et plus précisément ne diffèrent que par des scalaires rationnels strictement positifs. Dans la combinatoire des cônes, les longueurs des vecteurs des bases ne jouent aucun rôle ; seuls les angles importent. On pourrait donc remplacer partout les $\widehat{\Delta}_P^Q$ par la base duale de Δ_P^Q, mais il reste commode de penser aux éléments de $\widehat{\Delta}_P^Q$ comme des restrictions de poids.

Les angles seront contrôlés via les deux lemmes bien connus ci-dessous. Ils sont au cur de la combinatoire qui commande toute la suite.

Lemme 1.2.4. *Considérons un espace vectoriel euclidien V de dimension finie, muni d'une base obtuse Δ c'est-à-dire que pour $\alpha \neq \beta$ dans Δ*

$$\langle \alpha, \beta \rangle \leq 0 \, .$$

Soit Δ^1 une partie de Δ. On note Δ_1 la projection de $\Delta - \Delta^1$ sur l'orthogonal V_1 de Δ^1. Alors Δ_1 est une base obtuse de V_1.

Preuve. Considérons trois vecteurs distincts α, β et γ appartenant à Δ. La projection $\bar{\alpha}$ de α sur l'orthogonal de γ s'écrit :

$$\bar{\alpha} = \alpha - c_\alpha \gamma \qquad \text{avec } c_\alpha = \frac{\langle \alpha, \gamma \rangle}{\langle \gamma, \gamma \rangle} \, .$$

Mais, si $\bar{\beta}$ est la projection de β sur l'orthogonal de γ on a

$$\langle \beta, \gamma \rangle = \langle \bar{\beta}, \gamma \rangle$$

et donc

$$\langle \bar{\alpha}, \bar{\beta} \rangle = \langle \alpha, \beta \rangle - \frac{\langle \alpha, \gamma \rangle \langle \beta, \gamma \rangle}{\langle \gamma, \gamma \rangle} \leq \langle \alpha, \beta \rangle \leq 0 \, .$$

Le lemme résulte de cette remarque par récurrence sur le cardinal de Δ^1. □

Lemme 1.2.5. *Considérons un espace vectoriel euclidien V de dimension finie, muni d'une base obtuse Δ. Alors la base duale $\widehat{\Delta}$ est une base aigüe*[1] *de V : le produit scalaire $\langle \varpi, \varpi' \rangle$ est positif ou nul pour tout ϖ et ϖ' dans $\widehat{\Delta}$.*

Preuve. Soient ϖ et ϖ' deux vecteurs distincts dans la base duale $\widehat{\Delta}$. On désigne par α et α' les éléments de Δ correspondant à ϖ et ϖ'. Notons Δ^1 le complémentaire de $\{\alpha, \alpha'\}$ dans Δ et V_1 l'orthogonal de Δ^1. On observe que ϖ et ϖ' forment une base de V_1. Notons enfin $\bar{\alpha}$ et $\bar{\alpha}'$ les projections de α et α' sur V_1. D'après le lemme 1.2.4 l'ensemble $\{\bar{\alpha}, \bar{\alpha}'\}$ est une base obtuse de V_1. Comme c'est la base duale de la base $\{\varpi, \varpi'\}$, on est ramené à prouver le lemme en dimension 2, ce qui est élémentaire. □

Lemme 1.2.6.[2] *L'ensemble Δ_P^Q est une base obtuse du dual de $\mathfrak{a}_P^Q$ et la base duale $\widehat{\Delta}_P^Q$ est aigüe.*

Preuve. Supposons que $P \subset Q$ sont deux sous-groupes paraboliques standard. On sait que $\Delta_{P_0}^Q$ est une base obtuse du dual de $\mathfrak{a}_0^Q$ pour la structure euclidienne induite par la forme de Killing. Il résulte alors du lemme 1.2.4 que Δ_P^Q, qui est la projection de $\Delta_{P_0}^Q - \Delta_{P_0}^P$ sur l'orthogonal $\mathfrak{a}_P^*$ de $\mathfrak{a}_{P_0}^P$ est aussi obtuse. De même la base des coracines est obtuse. Maintenant le dual d'une base obtuse est une base aigüe d'après le lemme 1.2.5. □

1. Le rédacteur principal a choisi d'écrire aigüe plutôt que aiguë (nonobstant la préférence du second rédacteur pour cette graphie traditionnelle), suivant en cela les récentes recommandations du Conseil supérieur de la langue française.

2. Langlands donne un énoncé légèrement plus fort dans [28, Lemme 2.9, p. 20].

Lemme 1.2.7. *On suppose que $P \subset Q$ sont deux sous-groupes paraboliques standard et on considère $H \in \mathfrak{a}_0$ tel que*

$$\alpha(H) > 0 \quad \forall \alpha \in \Delta_P^Q \qquad et \qquad \varpi(H) \leq 0 \quad \forall \varpi \in \widehat{\Delta}_{P_0}^P .$$

Alors

$$\gamma(H) > 0 \qquad \forall \gamma \in \Delta_{P_0}^Q - \Delta_{P_0}^P .$$

Preuve. Par hypothèse, si on note H_Q la projection de H sur $\mathfrak{a}_Q$, on a

$$H = \sum_{\varpi \in \widehat{\Delta}_P^Q} a_\varpi \varpi^\vee + \sum_{\beta \in \widehat{\Delta}_{P_0}^P} b_\beta \beta^\vee + H_Q$$

avec $a_\varpi > 0$ et $b_\beta \leq 0$. Mais, pour $\gamma \in \Delta_{P_0}^Q - \Delta_{P_0}^P$ on a $\gamma(\beta^\vee) \leq 0$ d'après le lemme 1.2.6. Il reste à observer que $\gamma(H_Q) = 0$ et que puisque $\gamma \notin \Delta_{P_0}^P$ alors $\gamma(\varpi^\vee) = 1$ pour l'un des

$$\varpi \in \widehat{\Delta}_P^Q \subset \widehat{\Delta}_{P_0}^Q$$

alors que $\gamma(\varpi^\vee) = 0$ pour tous les autres $\varpi^\vee$. □

Lemme 1.2.8. *Soit P et Q deux sous-groupes paraboliques. Si $\alpha(X) > 0$ pour tout $\alpha \in \Delta_P^Q$ on a*

$$\varpi(X) > 0 \qquad \textit{pour tout } \varpi \in \widehat{\Delta}_P^Q .$$

Preuve. Il suffit de montrer que tout $\varpi \in \widehat{\Delta}_P^Q$ peut s'écrire

$$\varpi = \sum_{\alpha \in \Delta_P^Q} c_\alpha \alpha \qquad \text{avec } c_\alpha \geq 0 \text{ pour tout } \alpha \in \Delta_P^Q .$$

Ceci résulte de ce que Δ_P^Q et $\widehat{\Delta}_P^Q$ sont deux bases de $\mathfrak{a}_P^Q$ et de ce que, pour tout $\alpha \in \Delta_P^Q$, si $\varpi_\alpha^\vee$ est l'élément de la base duale correspondant à α, alors

$$c_\alpha = \varpi(\varpi_\alpha^\vee) \geq 0$$

car, d'après le lemme 1.2.6, $\varpi_\alpha^\vee$ appartient à une base aigüe. □

Lemme 1.2.9. *Soient $P \subset Q \subset R$ trois sous-groupes paraboliques. Supposons $\alpha(X) > 0$ pour tout $\alpha \in \Delta_P^R$. Considérons $\bar{\alpha} \in \Delta_Q^R$ projection de $\alpha \in \Delta_P^R$ sur $\mathfrak{a}_Q^R$. Alors*

$$\bar{\alpha}(X) \geq \alpha(X) > 0 .$$

Preuve. On peut écrire $\bar{\alpha}$ sous la forme

$$\bar{\alpha} = \alpha + \sum_{\beta \in \Delta_P^Q} c_\beta \varpi_\beta \qquad \text{avec } \varpi_\beta \in \widehat{\Delta}_P^Q$$

et on doit avoir $\langle \beta, \bar{\alpha} \rangle = 0$ pour $\beta \in \Delta_P^Q$. Mais

$$\langle \beta, \bar{\alpha} \rangle = \langle \alpha, \beta \rangle + c_\beta = 0$$

implique $c_\beta \geq 0$ puisque Δ_P^R est obtuse. On en déduit, compte tenu du lemme 1.2.8, que

$$\bar{\alpha}(X) = \alpha(X) + \sum_{\beta \in \Delta_P^Q} c_\beta \varpi_\beta(X) \geq \alpha(X) .$$ □

Un élément $X \in \mathfrak{a}_0$ sera dit « positif régulier » ou simplement « régulier » si

$$\alpha(X) > 0 \qquad \forall \alpha \in \Delta_{P_0}^G .$$

Nous utiliserons aussi la variante suivante : on introduit le nombre

$$\mathbf{d}_{P_0}(X) = \inf_{\alpha \in \Delta_{P_0}} \alpha(X) .$$

Alors, X est régulier si $\mathbf{d}_{P_0}(X) > 0$.

Lemme 1.2.10. *Soit P un sous-groupe parabolique standard et considérons $\bar{\alpha} \in \Delta_P$ qui est la projection de $\alpha \in \Delta_{P_0}$. Soit $X \in \mathfrak{a}_0$ régulier. On a*

$$\bar{\alpha}(X) \geq \alpha(X) \geq \mathbf{d}_{P_0}(X) .$$

Preuve. C'est une conséquence immédiate du lemme 1.2.9. □

1.3. Géométrie et groupe de Weyl

Le quotient du normalisateur de M_0 dans G par M_0 est le groupe de Weyl de G et sera noté $\mathbf{W}^G$ ou simplement $\mathbf{W}$. Si P est un sous-groupe parabolique (semi-standard) de sous groupe de Levi M on notera souvent $\mathbf{W}^P$ au lieu de $\mathbf{W}^M$ le groupe de Weyl de M. On notera $\ell(s)$ la longueur de $s \in \mathbf{W}$.

Soit $s \in \mathbf{W}$; on définit un sous-ensemble de $\mathcal{R}$ par

$$\mathcal{R}(s) = \{\beta \in \mathcal{R} \mid \beta > 0 \text{ et } s(\beta) < 0\} .$$

Plus généralement, pour s et t dans $\mathbf{W}$ on pose

$$\mathcal{R}(s,t) = \{\beta \in \mathcal{R} \mid t(\beta) > 0 \text{ et } s(\beta) < 0\} .$$

On remarquera que $\beta \mapsto t\beta$ induit une bijection $\mathcal{R}(s,t) \to \mathcal{R}(st^{-1})$.

Lemme 1.3.1. *Considérons $s = s_\alpha u$ avec $\ell(s) = \ell(u)+1$ où s_α est la symétrie définie par rapport à la racine simple α ; alors*

$$\mathcal{R}(s) = \mathcal{R}(u) \cup \{\gamma\}$$

avec $\gamma = u^{-1}(\alpha)$; en particulier le cardinal de $\mathcal{R}(s)$ est la longueur de s. Plus généralement, posons $v = st^{-1}$ et supposons que $v = s_\alpha w$ avec $\ell(v) = \ell(w) + 1$ où s_α est la symétrie définie par rapport à une racine simple α. Posons, comme ci-dessus, $u = s_\alpha^{-1} s$ et $\gamma = u^{-1}\alpha$ alors

$$\mathcal{R}(s,t) = \mathcal{R}(u,t) \cup \{\gamma\} .$$

Preuve. La première assertion est un résultat classique que l'on trouve par exemple dans [18, Chapitre VI, §1, n° 6, Corollaire 2, p. 158]. Pour le cas général on invoque les bijections $\mathcal{R}(u,t) \to \mathcal{R}(w)$ et $\mathcal{R}(s,t) \to \mathcal{R}(v)$ induites par $\beta \mapsto t\beta$ puis on remarque que $t(u^{-1}\alpha) = w^{-1}\alpha$. □

Lemme 1.3.2. *Soit $P = MN$ un sous-groupe parabolique standard et soit $s \in \mathbf{W}$. Supposons que les racines $\beta \in \mathcal{R}(s)$ sont combinaison de racines simples $\alpha \in \Delta_{P_0}^P$ alors s appartient à $\mathbf{W}^P$.*

Preuve. Cette assertion s'obtient par récurrence sur la longueur de s. C'est clair pour $\ell(s) = 0$. Maintenant supposons que $s = s_\alpha\, t$ avec $\ell(s) = \ell(t) + 1$ où s_α est la symétrie définie par rapport à la racine simple α. On a vu au lemme 1.3.1 que

$$\mathcal{R}(s) = \mathcal{R}(t) \cup \{\gamma\}$$

avec $\gamma = t^{-1}(\alpha)$. Par hypothèse de récurrence t appartient au groupe de Weyl de M, le sous-groupe de Levi de P. Comme γ ne fait intervenir que des racines simples dans $\Delta_{P_0}^P$ et comme
$$\alpha = t(\gamma)$$
on a $\alpha \in \Delta_{P_0}^P$. Donc s_α appartient aussi au groupe de Weyl de M ainsi que $s = s_\alpha t$. □

Les lemmes suivants sont également classiques mais leur démonstration est souvent laissée en exercice [3]. Faute de référence commode, nous en donnons des preuves pour le confort du lecteur.

Lemme 1.3.3. *Soit P un sous-groupe parabolique standard. Toute classe dans $\mathbf{W}/\mathbf{W}^P$ possède un unique représentant s de longueur minimale et, pour tout $t \in \mathbf{W}^P$, on a*
$$\ell(st) = \ell(s) + \ell(t)\ .$$

PREUVE. Soit s un élément de longueur minimale dans sa classe et soit $t \in \mathbf{W}^P$. Considérons des décompositions réduites de s et t :
$$s = s_1 \cdots s_p \qquad \text{et} \qquad t = t_1 \cdots t_q\ .$$
Alors ou bien $\ell(st) = p + q$ ou bien il existe un plus petit indice $0 \le r < q$ tel que
$$\ell(s\,t_1 \cdots t_r) = p + r$$
et
$$\ell(st_1 \cdots t_{r+1}) = p + r - 1\ .$$
Il résulte alors de la « condition d'échange » (*cf.* [18, Chapitre IV, § 1, Proposition 4, p. 15]) que l'on a soit [4]
$$s\,t_1 \cdots t_{r+1} = s\,t_1 \cdots \hat{t}_i \cdots t_r$$
ce qui est impossible puisque $t_1 \cdots t_{r+1}$ est une décomposition réduite, soit
$$s\,t_1 \cdots t_{r+1} = s_1 \cdots \hat{s}_i \cdots s_p\,t_1 \cdots t_r$$
ce qui contredit la minimalité de la longueur de s dans sa classe. □

Le lemme 1.3.3 admet la généralisation suivante :

Lemme 1.3.4. *Soit P et Q deux sous-groupes paraboliques standard. Toute classe dans $\mathbf{W}^P\backslash\mathbf{W}/\mathbf{W}^Q$ possède un unique représentant de longueur minimale.*

PREUVE. Soient s et σ deux éléments de longueur minimale dans la même classe. On a donc $\sigma = ust$ avec $u \in \mathbf{W}^P$ et $t \in \mathbf{W}^Q$ et supposons de plus que t et u sont choisis de sorte que $q = \ell(t)$ soit minimal. Considérons des décompositions réduites de s, t et u :
$$s = s_1 \cdots s_p, \qquad t = t_1 \cdots t_q \qquad \text{et} \qquad u = u_r \cdots u_1\ .$$
Comme s est minimal dans sa double classe il résulte du lemme 1.3.3 que
$$\ell(st) = \ell(s) + \ell(t) = p + q\ .$$
Si nous supposons $r \ge 1$, il existe un indice $k < r$ tel que
$$\ell(u_k \cdots u_1\,st) = p + q + k$$

3. *Cf.* par exemple [18, Chapitre IV, §1, Exercice 3, p. 37]
4. Dans ce qui suit la notation $\hat{t}_i$ signifie que t_i est omis.

et

$$\ell(u_{k+1}\cdots u_1\, st) = \ell(u_k\cdots u_1\, st) - 1\ .$$

Il résulte alors de la « condition d'échange » que, puisque $u_{k+1}\cdots u_1$ est une décomposition réduite, alors on a

$$u_{k+1}\cdots u_1\, st = u_k\cdots u_1 s' t'$$

avec soit

$$s'\,t' = s'\,t = s_1\cdots \hat{s}_i\cdots s_p\, t$$

ce qui contredit la minimalité de la longueur de s dans sa classe, soit, $q \geq 1$ et

$$s'\,t' = s\,t' = s\,t_1\cdots \hat{t}_i\cdots t_q$$

et donc si on pose

$$u' = u_r\cdots \hat{u}_{k+1}\cdots u_1$$

on aura

$$\sigma = ust = u'st'$$

avec $\ell(t') = \ell(t) - 1$ ce qui contredit la minimalité de q. On a donc $r = 0$ et comme $\ell(\sigma) = \ell(s)$ on aura aussi $q = 0$ et $\sigma = s$. □

Lemme 1.3.5. *Soit P un sous-groupe parabolique standard. Tout $s \in \mathbf{W}/\mathbf{W}^P$ admet un unique représentant, encore noté s, dans $\mathbf{W}$ satisfaisant l'une des conditions équivalentes suivantes :*

(i) *s est de longueur minimale dans sa classe à gauche modulo $\mathbf{W}^P$;*

(ii) *$s\alpha > 0$ pour toute $\alpha \in \Delta_{P_0}^P$.*

Preuve. [5] D'après le lemme 1.3.3, dans toute classe à gauche modulo $\mathbf{W}^P$ il existe un unique élément $s \in \mathbf{W}$ de longueur minimum et la longueur de s est le nombre de racines β positives, appartenant au système de racines réduit $\mathcal{R}$, telles que $s(\beta)$ soit négatif (*cf.* lemme 1.3.1). Considérons cet élément s et supposons qu'il existe une racine $\alpha \in \Delta_{P_0}^P$ avec $s\alpha < 0$; comme la symétrie s_α, relative à cette racine simple, ne change pas le signe des racines positives autres que α on en déduit que

$$\ell(ss_\alpha) = \ell(s) - 1$$

ce qui contredit la minimalité de $\ell(s)$. La condition (i) implique donc (ii). Maintenant on observe que, puisque $\mathbf{W}^P$ agit trivialement sur $\mathfrak{a}_P$, le signe de $t(\beta)$ pour $\beta \in \mathcal{R}$ est indépendant de $t \in \mathbf{W}^P$ si la projection de β sur $\mathfrak{a}_P$ est non nulle. La condition (ii), lorsqu'elle est réalisée, permet donc de minimiser la longueur de s. □

Soient P et Q deux sous-groupes paraboliques (semi-standard). On note

$$\mathbf{W}(\mathfrak{a}_P, \mathfrak{a}_Q)$$

l'ensemble des restrictions à $\mathfrak{a}_P$ des $s \in \mathbf{W}$ tels que

$$s(\mathfrak{a}_P) = \mathfrak{a}_Q\ .$$

C'est un sous-ensemble de $\mathbf{W}/\mathbf{W}^P$. On dit que deux sous-groupes paraboliques standard P et Q sont associés si $\mathbf{W}(\mathfrak{a}_P, \mathfrak{a}_Q)$ est non vide.

5. Ce lemme est la proposition 3.9 de [17].

Lemme 1.3.6. *Supposons P et Q standard. Tout $s \in \mathbf{W}(\mathfrak{a}_P, \mathfrak{a}_Q)$ admet un unique représentant, encore noté s, dans $\mathbf{W}$ satisfaisant l'une des conditions équivalentes suivantes :*

(i) *s est de longueur minimale dans sa classe à gauche modulo $\mathbf{W}^P$;*

(ii) *s est de longueur minimale dans sa classe à droite modulo $\mathbf{W}^Q$;*

(iii) *$s\alpha > 0$ pour toute $\alpha \in \Delta_{P_0}^P$;*

(iv) *$s^{-1}\alpha > 0$ pour toute $\alpha \in \Delta_{P_0}^Q$;*

(v) *$s(\Delta_{P_0}^P) = \Delta_{P_0}^Q$.*

PREUVE. L'équivalence de (i) et (ii) est claire. L'existence de s et l'équivalence de (i) et (iii) est l'objet du lemme 1.3.5. L'équivalence de (ii) et (iv) se démontre de même en changeant s en s^{-1}. La condition (iii) nous dit que $s(\Delta_{P_0}^P)$, qui est une base pour le système de racines du sous-groupe de Levi M_Q de Q, est formé de racines positives ; c'est donc $\Delta_{P_0}^Q$. Donc (iii) implique (v). Maintenant (v) implique évidemment (iii) et (iv). □

Soient maintenant P et R deux sous-groupes paraboliques (semi-standard). On note

$$\mathbf{W}(\mathfrak{a}_P, R)$$

l'ensemble des doubles classes dans

$$\mathbf{W}^R \backslash \mathbf{W} / \mathbf{W}^P$$

formées d'éléments $s \in \mathbf{W}$ tels que $s(\mathfrak{a}_P) \supset \mathfrak{a}_R$. Le lemme 1.3.6 admet la généralisation suivante (*cf.* [29, assertion (3), p. 93]) :[6]

Lemme 1.3.7. *Si P et R sont standard, l'ensemble $\mathbf{W}(\mathfrak{a}_P, R)$ est en bijection avec l'ensemble des $s \in \mathbf{W}$ tels que*

(i) *$s(\mathfrak{a}_P) \supset \mathfrak{a}_R$;*

(ii) *$s^{-1}\alpha > 0$ pour toute $\alpha \in \Delta_{P_0}^R$.*

Pour un tel s on a

$$s(\Delta_{P_0}^P) = \Delta_{P_0}^Q \subset \Delta_{P_0}^R$$

où Q est un sous-groupe parabolique standard dans R. L'ensemble $\mathbf{W}(\mathfrak{a}_P, R)$ est en bijection avec l'union disjointe des quotients

$$\mathbf{W}^R(\mathfrak{a}_Q, \mathfrak{a}_Q) \backslash \mathbf{W}(\mathfrak{a}_P, \mathfrak{a}_Q)$$

où Q parcourt les sous-groupes paraboliques standard dans R, modulo M_R-association.

PREUVE. La condition $s(\mathfrak{a}_P) \supset \mathfrak{a}_R$ équivaut à dire que le sous-groupe de Levi M_R de R contient $s(M)$. L'ensemble $\mathbf{W}(\mathfrak{a}_P, R)$ est donc formé de doubles classes d'éléments s tels que

$$s(\mathbf{W}^P) \subset \mathbf{W}^R .$$

C'est donc aussi le sous-ensemble des classes dans $\mathbf{W}^R \backslash \mathbf{W}^G$ d'éléments vérifiant (i). Maintenant, d'après le lemme 1.3.5, tout élément de $\mathbf{W}(\mathfrak{a}_P, R)$ admet un unique représentant vérifiant (ii), à savoir l'élément de longueur minimale dans sa classe. Avec ce choix de s l'ensemble de racines $s^{-1}(\Delta_{P_0}^R)$ est une base du système de

6. Ce lemme fait partie des exercices laissés à la lectrice dans [29].

racines de $s^{-1}(M_R)$ formé de racines positives pour l'ordre induit par l'ordre sur les racines de G. L'ensemble $\Delta_{P_0}^P$ est inclus dans l'ensemble des racines de $s^{-1}(M_R)$. Comme les racines dans $\Delta_{P_0}^P$ sont des racines simples (pour G) elles sont *a fortiori* simples dans le système de racines de $s^{-1}(M_R)$ avec l'ordre induit et donc

$$\Delta_{P_0}^P \subset s^{-1}(\Delta_{P_0}^R)$$

ce qui équivaut à

$$s(\Delta_{P_0}^P) \subset \Delta_{P_0}^R .$$

Donc $s(\Delta_{P_0}^P)$ est une base pour les racines d'un sous-groupe de Levi standard Q. La dernière assertion en résulte. □

1.4. Chambres et facettes

Soit M un sous-groupe de Levi et Q un sous-groupe parabolique contenant M. L'ensemble des sous-groupes paraboliques $P \subset Q$ et admettant M comme sous-groupe de Levi sera noté

$$\mathcal{P}^Q(M) .$$

L'ensemble des sous-groupes paraboliques P avec $M \subset P \subset Q$ sera noté

$$\mathcal{F}^Q(M) .$$

Enfin, on désigne par

$$\mathcal{L}^Q(M)$$

l'ensemble des sous-groupes de Levi L avec $M \subset L \subset Q$. On omettra souvent l'exposant Q lorsque $Q = G$.

Soit P un sous-groupe parabolique standard et soit M son sous-groupe de Levi. On note

$$\mathbf{W}^G(\mathfrak{a}_M) \qquad \text{ou simplement} \qquad \mathbf{W}(\mathfrak{a}_M)$$

l'union (disjointe) de tous les $\mathbf{W}(\mathfrak{a}_P, \mathfrak{a}_R)$ où R est un sous-groupe parabolique standard de G. Cet ensemble est en bijection avec un sous-ensemble du quotient $\mathbf{W}^G/\mathbf{W}^M$ que l'on identifie à un sous-ensemble de $\mathbf{W}^G$ en choisissant le représentant de longueur minimale. D'après le lemme 1.3.6, $\mathbf{W}(\mathfrak{a}_M)$ est l'ensemble des $s \in \mathbf{W}^G$ tels que $s(\Delta_{P_0}^P) \subset \Delta_{P_0}$. On notera

$$\mathbf{W}^G(M) \qquad \text{ou simplement} \qquad \mathbf{W}(M)$$

le groupe quotient du groupe $N^{\mathbf{W}}(M)$ des $s \in \mathbf{W}$ tels que $s(M) = M$ par le sous-groupe $\mathbf{W}^M$. On peut identifier $\mathbf{W}(M)$ avec un sous groupe de $\mathbf{W}$: à tout $s \in N^{\mathbf{W}}(M)$ on associe $\bar{s}$ le représentant de longueur minimale dans la classe

$$s\mathbf{W}^M = \mathbf{W}^M s = \mathbf{W}^M s \mathbf{W}^M .$$

Une variante de la preuve du lemme 1.3.4 montre que $s \mapsto \bar{s}$ est un homomorphisme $N^{\mathbf{W}}(M) \to \mathbf{W}$ dont le noyau est $\mathbf{W}^M$. Son image est donc isomorphe à $\mathbf{W}(M)$. On notera $n(M)$ le cardinal de $\mathbf{W}(\mathfrak{a}_M)$ et $w(M)$ le cardinal de $\mathbf{W}(M)$. Alors $n(M)/w(M)$, le cardinal du quotient $\mathbf{W}(\mathfrak{a}_M)/\mathbf{W}(M)$, est le nombre de sous-groupes paraboliques standard associés à P.

On dispose dans $\mathfrak{a}_M$ des chambres de Weyl complémentaires des hyperplans définis par les racines β dans $\mathcal{R}$ qui ne sont pas identiquement nulles sur à $\mathfrak{a}_M$. Soit $s \in \mathbf{W}(\mathfrak{a}_M)$, on note $\Delta(M, s)$ l'ensemble des projections sur $\mathfrak{a}_M^*$ des $\alpha \in s^{-1}(\Delta_{P_0})$

qui ne sont pas identiquement nulles sur $\mathfrak{a}_M$. On définit une chambre $C_M(s)$ dans $\mathfrak{a}_M$ par les inégalités

$$\alpha(H) > 0 \qquad \text{pour } \alpha \in \Delta(M, s) .$$

Plus généralement on dispose des facettes lorsqu'on remplace les inégalités par des égalités pour les α appartenant au sous-ensemble de racines associé à un sous-groupe de Levi contenant M (*cf.* [18, Chapitre V, §1]).

Lemme 1.4.1. *Il y a une bijection naturelle entre les trois ensembles suivants*

(i) *L'ensemble C_M des chambres de Weyl dans $\mathfrak{a}_M$*

(ii) *L'ensemble $\mathcal{P}(M)$ des sous-groupes paraboliques P admettant M comme sous-groupe de Levi*

(iii) *L'ensemble $\mathbf{W}(\mathfrak{a}_M)$.*

Preuve. Considérons $s \in \mathbf{W}(\mathfrak{a}_M)$. On lui associe la chambre $C_M(s)$. On remarque que $C_M(s)$ est une facette d'une chambre de Weyl dans $\mathfrak{a}_0$ et que les chambres qui admettent $C_M(s)$ comme facette forment une orbite sous $\mathbf{W}^M$. L'application

$$\mathbf{W}(\mathfrak{a}_M) \to C_M$$

est donc injective. Maintenant, toute chambre dans $\mathfrak{a}_M$ est une facette d'une chambre dans $\mathfrak{a}_0$. Comme le groupe de Weyl est simplement transitif sur l'ensemble des chambres dans $\mathfrak{a}_0$ l'application ci-dessus est surjective. Enfin à $\Delta(M, s)$ on associe le sous-groupe parabolique $Q_s \in \mathcal{P}(M)$ tel que

$$\Delta_{Q_s} = \Delta(M, s) .$$

On en déduit la bijection entre (ii) et (iii). □

Lemme 1.4.2. *Il y a une bijection naturelle entre les deux ensembles suivants*

(i) *Les facettes dans $\mathfrak{a}_M$*

(ii) *L'ensemble $\mathcal{F}(M)$ des sous-groupes paraboliques P contenant M.*

Preuve. On observe que

$$\mathcal{F}(M) = \bigcup_{L \in \mathcal{L}(M)} \mathcal{P}(L)$$

et l'assertion résulte alors du lemme 1.4.1. □

Soit $s \in \mathbf{W}(\mathfrak{a}_M)$ alors $s(M)$ est le sous-groupe de Levi d'un sous-groupe parabolique standard que nous noterons R_s. Soit R^s le sous-groupe parabolique standard dont le sous-groupe de Levi admet comme racines simples les $\alpha \in \Delta_{P_0}$ avec $s^{-1}\alpha > 0$. On pose

$$Q_s = s^{-1}(R_s) \qquad \text{et} \qquad Q^s = s^{-1}(R^s) .$$

En particulier Q_s est le sous-groupe parabolique dans $\mathcal{P}(M)$ associé à s par le lemme 1.4.1. Il résulte du lemme 1.3.6 que $R_s \subset R^s$ et donc $Q_s \subset Q^s$. On pose

$$\mathcal{F}_s(M) = \{Q \mid Q_s \subset Q \subset Q^s\} .$$

Lemme 1.4.3. *L'ensemble $\mathcal{F}(M)$ des sous-groupes paraboliques Q contenant M, est l'union disjointe, indexée par $s \in \mathbf{W}(\mathfrak{a}_M)$, des $\mathcal{F}_s(M)$. En d'autres termes, si f est une fonction sur $\mathcal{F}(M)$ on a :*

(1)
$$\sum_{Q\in\mathcal{F}(M)} f(Q) = \sum_{s\in\mathbf{W}(\mathfrak{a}_M)} \sum_{Q\in\mathcal{F}_s(M)} f(Q)\,.$$

En particulier, si $f(Q)$ ne dépend que de s lorsque $Q \in \mathcal{F}_s(M)$, alors

(2)
$$\sum_{Q\in\mathcal{F}(M)} (-1)^{a_Q-a_P} f(Q) = f(\overline{P})$$

où $\overline{P}$ est le sous-groupe parabolique qui correspond à l'opposé de la chambre de Weyl positive dans $\mathfrak{a}_M$.

Preuve. Étant donné Q on lui associe l'élément $s \in \mathbf{W}$ de longueur minimale tel que $s(Q)$ soit standard. C'est un élément de $\mathbf{W}(\mathfrak{a}_M)$. On a alors

$$Q_s \subset Q \subset Q^s\,.$$

L'assertion (1) est ainsi établie. Maintenant, on observe que $Q_s = Q^s$ si et seulement si s est l'élément qui est associé, par le lemme 1.4.1, à l'opposé de la chambre positive dans $\mathfrak{a}_M$. L'assertion (2) résulte alors de (1) et du lemme 1.2.3. □

Nous utiliserons aussi la variante suivante :

Lemme 1.4.4. *Soit P un sous-groupe parabolique standard de sous-groupe de Levi M. Soit $g(s,R)$ une fonction dépendant de $s \in \mathbf{W}$ et d'un sous-groupe parabolique standard R et telle que*

$$g(ts,R) = g(s,R) \qquad \text{pour } t \in \mathbf{W}^R\,.$$

On a

$$\sum_{P_0\subset R} \sum_{s\in\mathbf{W}(\mathfrak{a}_P,R)} g(s,R) = \sum_{S} \sum_{s\in\mathbf{W}(\mathfrak{a}_P,\mathfrak{a}_S)} \sum_{s^{-1}(R)\in\mathcal{F}_s(M)} g(s,R)$$

la somme en S au second membre portant sur les paraboliques standard associés à P.

Preuve. On observe que tout $Q \in \mathcal{F}(M)$ s'écrit d'une façon et d'une seule sous la forme $Q = s^{-1}(R)$ avec $s \in \mathbf{W}(\mathfrak{a}_Q, P)$ et on rappelle que $\mathbf{W}(\mathfrak{a}_M)$ est l'union disjointe des $\mathbf{W}(\mathfrak{a}_P, \mathfrak{a}_S)$ où S décrit l'ensemble des sous-groupes paraboliques standard. Le lemme résulte alors de l'assertion (1) du lemme 1.4.3. □

1.5. Familles orthogonales

On appelle famille orthogonale la donnée d'une fonction sur le groupe de Weyl

$$\mathcal{X}\colon s \mapsto X_s$$

à valeurs dans $\mathfrak{a}_0$, telle que si $s = s_\alpha t$ où s_α est la symétrie définie par rapport à la racine simple α alors

$$X_t - X_s = b_\gamma(s,t)\,\gamma^\vee$$

avec $b_\gamma(s,t) \in \mathbb{C}$ et $\gamma = t^{-1}(\alpha)$. On observera que

$$\mathcal{R}(s,t) = \{\gamma\} \quad \text{et} \quad \mathcal{R}(t,s) = \{-\gamma\} \qquad \text{et donc} \qquad b_\gamma(s,t) = b_\gamma(t,s)$$

ne dépend que de la paire $\{s,t\}$. En d'autres termes si s et t définissent des chambres adjacentes, alors $X_t - X_s$ est orthogonal au mur séparant les deux chambres. On dit qu'une famille orthogonale est régulière si $b_\gamma(s,t) > 0$ pour toute paire $\{s,t\}$ définissant des chambres adjacentes.

Lemme 1.5.1. *Soit $\mathcal{X}$ une famille orthogonale. Soient s et t deux éléments du groupe de Weyl, il existe des scalaires $b_\beta(s,t)$, dépendant du choix d'une décomposition réduite de $v = st^{-1}$, tels que*

$$X_t - X_s = \sum_{\beta\in\mathcal{R}(s,t)} b_\beta(s,t)\,\beta^\vee\ .$$

Si $\mathcal{X}$ est régulière les coefficients $b_\beta(s,t)$ sont strictement positifs.

Preuve. La preuve se fait par récurrence sur la longueur de $v = st^{-1}$. Si $s = t$ l'assertion est triviale. Maintenant supposons $v = s_\alpha w$ avec $\ell(v) = \ell(w)+1$ et s_α la symétrie définie par rapport à une racine simple α. Posons $u = s_\alpha s$ et donc $ut^{-1} = w$. Par hypothèse de récurrence, et compte tenu du cas particulier de la longueur 1 où l'assertion n'est autre que la propriété de définition des familles orthogonales, on a

$$X_t - X_s = (X_t - X_u) + (X_u - X_s) = \sum_{\beta\in\mathcal{R}(u,t)} b_\beta(u,t)\,\beta^\vee + b_\gamma(s,u)\,\gamma^\vee$$

avec $\gamma = u^{-1}(\alpha)$. On posera

$$b_\beta(s,t) = b_\beta(u,t) \quad \text{pour } \beta\in\mathcal{R}(u,t) \qquad \text{et} \qquad b_\gamma(s,t) = b_\gamma(s,u)\ .$$

Pour conclure on observe que, d'après le lemme 1.3.1, on a

$$\mathcal{R}(s,t) = \mathcal{R}(u,t)\cup\{\gamma\}\ .$$

On aurait aussi pu procéder ainsi : si $v = s_n\cdots s_1$ est une décomposition réduite de $v = st^{-1}$ et si on pose

$$v_i = s_i\cdots s_1, \quad t_i = v_i t \qquad \text{et} \qquad \mathcal{R}(t_i,t_{i-1}) = \{\beta_i\}$$

on a $t_0 = t$ et $t_n = s$ et donc

$$X_t - X_s = \sum_{i=1}^{i=n} X_{t_{i-1}} - X_{t_i} = \sum_{i=1}^{i=n} b_{\beta_i}(t_i,t_{i-1})\beta_i^\vee\ .$$

Enfin il convient d'observer que $\mathcal{R}(s,t)$ est l'ensemble de ces β_i. □

Un premier exemple de famille orthogonale est fourni par le lemme suivant :

Lemme 1.5.2. *Soit s un élément du groupe de Weyl et soit $T\in\mathfrak{a}_0$. Alors pour chaque $\beta\in\mathcal{R}(s)$ il existe une forme linéaire*

$$T\mapsto c_\beta(s,T)$$

strictement positive sur la chambre de Weyl positive, de sorte que

$$(1-s^{-1})T = T - s^{-1}(T) = \sum_{\beta\in\mathcal{R}(s)} c_\beta(s,T)\,\beta^\vee\ .$$

De plus on a

$$c_\beta(s,T) \geq \mathbf{d}_{P_0}(T)\ .$$

En particulier $s\mapsto s^{-1}T$ est une famille orthogonale. Elle est régulière si T est régulier.

Preuve. Supposons $s = s_\alpha t$ avec $l(s) = l(t) + 1$ et s_α la symétrie définie par rapport à la racine simple α. On observe que

$$t^{-1}T - s^{-1}T = t^{-1}(T - s_\alpha^{-1}T) = \alpha(T)\, t^{-1}(\alpha^\vee)$$

Le lemme résulte alors du lemme 1.5.1 pour

$$s \mapsto s^{-1}T\ . \qquad \square$$

Au lieu des éléments du groupe de Weyl on pourra utiliser les sous-groupes paraboliques minimaux pour indexer les éléments d'une famille orthogonale : à tout $s \in \mathbf{W}$ on associe le sous-groupe parabolique minimal $P = s^{-1}P_0$ et on écrira X_P pour X_s. Ceci a l'avantage de fournir une indexation indépendante du choix de P_0. La condition d'orthogonalité pour la famille $\mathcal{X}$ est équivalente à demander que si P et Q sont deux sous-groupes paraboliques minimaux adjacents alors X_P et X_Q ont la même projection X_R sur le mur séparant les chambres associées à P et Q c'est-à-dire sur $\mathfrak{a}_R$ où R est le sous-groupe parabolique engendré par P et Q. Plus généralement si R est un sous-groupe parabolique et si $P \subset R$ on note X_R la projection de X_P sur $\mathfrak{a}_R$. Cette projection est indépendante du choix de P.

Nous aurons besoin de la généralisation suivante : si M est un sous-groupe de Levi, on appellera famille M-orthogonale la donnée d'une famille d'éléments $X_Q \in \mathfrak{a}_Q$ pour chaque $Q \in \mathcal{F}(M)$ telle que si $P \in \mathcal{F}^Q(M)$ alors la projection de X_P sur $\mathfrak{a}_Q$ soit X_Q. Il suffit bien entendu de se donner les X_P pour $P \in \mathcal{P}(M)$. Étant donnés une famille orthogonale $\mathcal{X}$ et M un sous-groupe de Levi standard, on définit une famille M-orthogonale en considérant les projections sur $\mathfrak{a}_M$ des X_s pour $s \in \mathbf{W}(\mathfrak{a}_M)$ (*cf.* lemme 1.4.1).

On notera $\mathfrak{H}_M$ l'espace vectoriel des familles M-orthogonales. C'est la limite projective des $\mathfrak{a}_P$ sur l'ensemble des $P \in \mathcal{F}(M)$ muni de l'ordre inverse de celui défini par l'inclusion :

$$\mathfrak{H}_M = \varprojlim_{P \in \mathcal{F}(M)} \mathfrak{a}_P$$

avec pour flèches les projections

$$\pi_{P,Q} \colon \mathfrak{a}_P \to \mathfrak{a}_Q$$

lorsque $P \subset Q$. On dispose donc de projections

$$\pi_P \colon \mathfrak{H}_M \to \mathfrak{a}_P$$

indexées par les sous-groupes paraboliques $P \in \mathcal{F}(M)$ et il est facile de voir qu'elles sont surjectives (par exemple en utilisant le lemme 1.5.2).

1.6. Enveloppes convexes de familles orthogonales

Nous rappelons maintenant des résultats établis par Arthur dans [1] et qui généralisent des lemmes combinatoires empruntés aux travaux de Langlands sur les séries d'Eisenstein.

Soit $\mathcal{X} = \{X_s\}$ une famille orthogonale dans $\mathfrak{a}_0$ et soit M un sous-groupe de Levi standard. Soient s et t dans $\mathbf{W}$ tels que les chambres $C(s)$ et $C(t)$ dans $\mathfrak{a}_0$ associées à s et t admettent des facettes définissant la même chambre dans $\mathfrak{a}_M$ et donc diffèrent par un élément de $\mathbf{W}^M$. Maintenant le lemme 1.5.1 montre que $X_t - X_s$ est orthogonal à $\mathfrak{a}_M$ et donc que X_s et X_t ont la même projection sur $\mathfrak{a}_M$.

Lemme 1.6.1. *Soient deux chambres $C(s)$ et $C(t)$ dans $\mathfrak{a}_0$ associées à s et t définissant des chambres adjacentes $C_M(s)$ et $C_M(t)$ dans $\mathfrak{a}_M$. Alors la projection de $X_t - X_s$ sur $\mathfrak{a}_M$ est orthogonale au mur séparant les chambres.*

PREUVE. Les deux chambres $C_M(s)$ et $C_M(t)$ dans $\mathfrak{a}_M$ étant adjacentes il existe une forme linéaire sur cet espace, unique à un scalaire près, qui est positive sur l'une et négative sur l'autre. Soit λ une telle forme linéaire séparant $C_M(s)$ et $C_M(t)$. On sait que (lemme 1.5.1)

$$X_t - X_s = \sum_{\beta \in \mathcal{R}(s,t)} b_\beta(s,t)\,\beta^\vee$$

où $\mathcal{R}(s,t)$ est l'ensemble des racines telles que $t(\beta) > 0$ et $s(\beta) < 0$. On a donc $\bar{\beta} = c_\beta \lambda$ si $\bar{\beta}$ est la projection de β sur $\mathfrak{a}_M$ pour tout $\beta \in \mathcal{R}(s,t)$. □

Soit κ dans une chambre de $\mathfrak{a}_M^G$. On définit $\phi_{M,s}^\kappa$ comme la fonction caractéristique des $H \in \mathfrak{a}_0$ tels que

$$\varpi_\alpha(H) \le 0 \quad \text{si } \alpha(\kappa) > 0$$

et

$$\varpi_\alpha(H) > 0 \quad \text{si } \alpha(\kappa) < 0$$

où les α parcourent $\Delta(M,s)$ (cet ensemble est introduit juste avant le lemme 1.4.1). On note $a(s,\kappa)$ le nombre de $\alpha \in \Delta(M,s)$ avec $\alpha(\kappa) < 0$[7]. On introduit alors

$$\Gamma_M(H, \mathcal{X}, \kappa) = \sum_{s \in \mathbf{W}(\mathfrak{a}_M)} (-1)^{a(s,\kappa)} \phi_{M,s}^\kappa(H - X_s)\,.$$

Lemme 1.6.2. *Supposons que, pour tout s on ait*

$$\varpi_\alpha(H - X_s) \le 0$$

pour tout $\alpha \in \Delta(M,s)$. Alors $\Gamma_M(H,\mathcal{X},\kappa) = 1$.

PREUVE. Le point κ étant fixé dans une chambre, soit $s \in \mathbf{W}(\mathfrak{a}_M)$ l'élément du groupe de Weyl associé. On a

$$(-1)^{a(s,\kappa)} \phi_{M,s}^\kappa(H - X_s) = 1$$

alors que $\phi_{M,t}^\kappa(H - X_t) = 0$ si $s \neq t$. □

Lemme 1.6.3. *Soit $s \in \mathbf{W}(\mathfrak{a}_M)$. Supposons $\mathcal{X}$ régulière et soit $\kappa \in C_M(s)$. Alors*

(i) *Le point X_s appartient au support de $\Gamma_M(\bullet, \mathcal{X}, \kappa)$*

(ii) *Si H appartient au support de $\Gamma_M(\bullet, \mathcal{X}, \kappa)$ on a*

$$\langle \kappa, H - X_s \rangle \le 0\,.$$

PREUVE. On observe que

$$\phi_{M,s}^\kappa(0) = 1\,.$$

Par ailleurs on sait d'après le lemme 1.5.1 que puisque $\mathcal{Y}$ est régulière $X_s - X_t$ est une combinaison à coefficients strictement positifs des coracines $\beta^\vee$ telles que $s(\beta) > 0$ et $t(\beta) < 0$. L'ensemble $\mathcal{R}(t,s)$ de ces racines est non vide si $t \neq s$; elles sont positives ou nulles sur la chambre $C_M(s)$. Elles ne sont pas toutes nulles sur

7. Nous avons suivi Langlands [20, Lecture 15] et Arthur en définissant les fonctions $\phi_{M,s}^\kappa$ et les nombres $a(s,\kappa)$ au moyen d'un paramètre κ dans une chambre. Mais bien entendu, seul le choix de la chambre importe pour ces définitions.

cette chambre si s et t définissent des chambres distinctes dans $\mathfrak{a}_M$. On aura donc $\varpi_\alpha(\beta^\vee) > 0$ pour au moins un $\alpha \in \Delta(M,s)$ et un $\beta \in \mathcal{R}(t,s)$, ce qui implique

$$\varpi_\alpha(X_s - X_t) > 0$$

alors que $\alpha(\kappa) > 0$ et donc

$$\phi^\kappa_{M,t}(X_s - X_t) = 0\ .$$

On a ainsi établi (i). Pour prouver (ii) on remarque que si $\Gamma_M(H,\mathcal{X},\kappa)$ est non nul, alors il y a au moins un t tel que

$$\phi^\kappa_{M,t}(H - X_t) = 1$$

et donc

(1) $$\langle \kappa, H - X_t\rangle = \sum \alpha(\kappa)\varpi_\alpha(H - X_t) \le 0\ .$$

Pour conclure, il reste à observer comme ci-dessus que $X_t - X_s$ est une combinaison à coefficients positifs des coracines $\beta^\vee$ telles que $t(\beta) > 0$ et $s(\beta) < 0$ et donc on aura $\varpi_\alpha(\beta^\vee) \le 0$ pour toute $\alpha \in \Delta(M,s)$ alors que $\alpha(\kappa) > 0$ ce qui implique

(2) $$\langle \kappa, X_t - X_s\rangle \le 0\ .$$

et la conjonction de (1) et (2) implique (ii). □

Lemme 1.6.4. [8] *La fonction $\Gamma_M(H,\mathcal{X},\kappa)$ est indépendante de κ.*

PREUVE. Il suffit de montrer que si σ et τ définissent des chambres adjacentes et si κ_σ et κ_τ appartiennent aux chambres $C_M(\sigma)$ et $C_M(\tau)$ respectivement alors

$$\Gamma_M(H,\mathcal{X},\kappa_\sigma) = \Gamma_M(H,\mathcal{X},\kappa_\tau)\ .$$

Examinons les différents termes. Tout d'abord on observe que

$$(-1)^{a(s,\kappa_\sigma)}\phi^{\kappa_\sigma}_{M,s} = (-1)^{a(s,\kappa_\tau)}\phi^{\kappa_\tau}_{M,s}$$

si

$$\alpha(\kappa_\sigma)\alpha(\kappa_\tau) > 0 \qquad \forall\alpha \in \Delta(M,s)\ .$$

Reste à examiner les contributions des autres s. Soit λ une forme linéaire définissant le mur entre les deux chambres $C_M(\sigma)$ et $C_M(\tau)$ et soient s et t deux éléments de $\mathbf{W}$ associés à deux chambres adjacentes $C_M(s)$ et $C_M(t)$ séparées par ce mur. On observe qu'il existe dans $\Delta(M,s)$ et dans $\Delta(M,t)$ une unique racine proportionnelle à λ. On voit que

$$\xi_s(H) = \phi^{\kappa_\sigma}_{M,s}(H - X_s) + \phi^{\kappa_\tau}_{M,s}(H - X_s)$$

est la fonction caractéristique des H tels que

$$\varpi_\alpha(H - X_s) \le 0 \qquad \text{si } \alpha(\kappa_\sigma) > 0$$

et

$$\varpi_\alpha(H - X_s) > 0 \qquad \text{si } \alpha(\kappa_\sigma) < 0$$

pour les $\alpha \in \Delta(M,s)$ qui ne sont pas proportionnels à λ. Ce sont ceux pour lesquels on a $\alpha(\kappa_\sigma)\alpha(\kappa_\tau) > 0$. Mais pour chaque tel $\alpha \in \Delta(M,s)$ il existe un unique $\widetilde{\beta} \in \Delta(t)$ ayant la même projection (non nulle) sur le mur. Pour un tel couple on a $\varpi_\alpha = \varpi_\beta$ et ils sont orthogonaux à λ. On a alors

$$\varpi_\alpha(H - X_s) = \varpi_\beta(H - X_t)$$

8. Cet énoncé se trouve déjà pour l'essentiel dans [27, §8, p. 246].

En effet, la projection de $X_s - X_t$ est proportionnelle à $\lambda^\vee$ d'après le lemme 1.6.1. On a donc

$$\xi_s(H) = \xi_t(H)$$

et l'assertion en résulte. □

Proposition 1.6.5. *Supposons que la famille orthogonale $\mathcal{X}$ est régulière. Alors, la fonction*

$$H \mapsto \Gamma_M(H, \mathcal{X}, \kappa)$$

est la fonction caractéristique de l'ensemble des H dont la projection sur $\mathfrak{a}_M^G$ appartient à l'enveloppe convexe des projections des X_s avec $s \in \mathbf{W}(\mathfrak{a}_M)$.

Preuve. Il résulte des lemmes 1.6.3(ii) et 1.6.4 que le support de cette fonction est contenu dans l'ensemble des H tels que pour tout $s \in \mathbf{W}(\mathfrak{a}_M)$ on ait

$$\varpi_\alpha(H - X_s) \leq 0$$

pour tout $\alpha \in \Delta(M, s)$. Il résulte alors des lemmes 1.6.2 et 1.6.4 que c'est la fonction caractéristique de cet ensemble, qui est un convexe fermé. Maintenant, si H n'appartient pas à l'enveloppe convexe des projections des X_s il existe un cône ouvert non vide dans $\mathfrak{a}_M^G$ tel que pour κ dans ce cône on ait

$$\langle T, H - X_s \rangle > 0$$

pour tout $s \in \mathbf{W}(\mathfrak{a}_M)$ et donc, d'après le lemme 1.6.3(ii), H n'appartient pas au support. Mais par ailleurs le lemme 1.6.3(i) montre que les projections des X_s avec $s \in \mathbf{W}(\mathfrak{a}_M)$ appartiennent à ce support. □

1.7. Combinatoire des cônes

Soient $P \subset Q$ deux sous-groupes paraboliques (semi-standard). On note τ_P^Q la fonction caractéristique du cône ouvert dans $\mathfrak{a}_0$ défini par Δ_P^Q :

$$\tau_P^Q(H) = 1 \iff \alpha(H) > 0 \quad \forall \alpha \in \Delta_P^Q$$

et on note $\widehat{\tau}_P^Q$ la fonction caractéristique du cône ouvert défini par $\widehat{\Delta}_P^Q$:

$$\widehat{\tau}_P^Q(H) = 1 \iff \varpi(H) > 0 \quad \forall \varpi \in \widehat{\Delta}_P^Q \,.$$

Lorsque $Q = G$ nous écrirons souvent τ_P au lieu de τ_P^G. On observera que la valeur de $\tau_P^Q(H)$ et de $\widehat{\tau}_P^Q(H)$ ne dépendent que de la projection H_P^Q de H sur le sous-espace vectoriel $\mathfrak{a}_P^Q$

Lemme 1.7.1. *Si $P \subset Q$, on a*

$$\tau_P^Q \leq \widehat{\tau}_P^Q \,.$$

Plus généralement, si $P \subset Q \subset R$,

$$\tau_P^Q \widehat{\tau}_Q^R \leq \widehat{\tau}_P^Q \widehat{\tau}_Q^R \leq \widehat{\tau}_P^R \,.$$

Preuve. La première assertion n'est autre que le lemme 1.2.8. Montrons la seconde assertion. D'après ce qui vient d'être montré on a

$$\tau_P^Q \widehat{\tau}_Q^R \leq \widehat{\tau}_P^Q \widehat{\tau}_Q^R \,.$$

Il suffit maintenant de montrer que

$$\widehat{\tau}_P^Q \widehat{\tau}_Q^R \leq \widehat{\tau}_P^R \,.$$

Pour cela on observe que si H est tel que

$$\widehat{\tau}_P^Q(H)\widehat{\tau}_Q^R(H) = 1$$

on a

$$\varpi(H) > 0 \qquad \forall \varpi \in \widehat{\Delta}_Q^R$$

et d'autre part

$$\overline{\varpi}(H) > 0 \qquad \forall \varpi \in \widehat{\Delta}_P^R - \widehat{\Delta}_Q^R$$

où $\overline{\varpi}$ est la projection orthogonale de ϖ sur le dual de $\mathfrak{a}_P^Q$ c'est-à-dire que

$$\varpi = \overline{\varpi} + \sum_{\alpha \in \Delta_P^R - \Delta_P^Q} \lambda_\alpha \, \varpi_\alpha \qquad \text{avec } \lambda_\alpha + \overline{\varpi}(\alpha^\vee) = 0\,.$$

Mais, on a vu dans la preuve de la première assertion du lemme que

$$\overline{\varpi} \in \widehat{\Delta}_P^Q$$

est une combinaison à coefficients positifs des racines dans Δ_P^Q et comme Δ_P^R est une base obtuse on a $\overline{\varpi}(\alpha^\vee) \leq 0$ et donc $\lambda_\alpha \geq 0$. Il en résulte que, comme escompté, $\varpi(H) > 0$ pour $\varpi \in \widehat{\Delta}_P^R - \widehat{\Delta}_Q^R$. □

On définit une matrice dont les coefficients sont indexés par des paires de sous-groupes paraboliques standard

$$\tau = (\tau_{P,Q})$$

avec

$$\tau_{P,Q} = \begin{cases} (-1)^{a_P} \tau_P^Q & \text{si } P \subset Q \\ 0 & \text{sinon} \end{cases}$$

et de même

$$\widehat{\tau} = (\widehat{\tau}_{P,Q})$$

avec

$$\widehat{\tau}_{P,Q} = \begin{cases} (-1)^{a_P} \widehat{\tau}_P^Q & \text{si } P \subset Q \\ 0 & \text{sinon.} \end{cases}$$

Un des clefs essentielles pour la combinatoire des sous-groupes paraboliques, est la proposition suivante, appelée parfois « Lemme combinatoire de Langlands » (*cf.* [20, Corollary 13.1.2]) :

Proposition 1.7.2. *Les matrices τ et $\widehat{\tau}$ sont inverses l'une de l'autre.*

Preuve. Il suffit de montrer que

$$\sum_{P \subset Q \subset R} (-1)^{a_P - a_Q} \tau_P^Q \, \widehat{\tau}_Q^R = \begin{cases} 1 & \text{si } P = R \\ 0 & \text{sinon.} \end{cases}$$

Considérons $H \in \mathfrak{a}_0$. Il existe un unique sous-groupe parabolique S avec $P \subset S \subset R$ tel que $\alpha \in \Delta_P^S$ équivaut à $\alpha(H) > 0$ pour $\alpha \in \Delta_P^R$. De même il existe un unique sous-groupe parabolique T avec $P \subset T \subset R$ tel que $\varpi \in \widehat{\Delta}_T^R$ équivaut à $\varpi(H) > 0$ pour $\varpi \in \widehat{\Delta}_P^R$. On a alors

$$\sum_{P \subset Q \subset R} (-1)^{a_P - a_Q} \tau_P^Q(H) \, \widehat{\tau}_Q^R(H) = \sum_{T \subset Q \subset S} (-1)^{a_P - a_Q}$$

et d'après le lemme 1.2.3 cette dernière expression est nulle sauf si $T = S$ auquel cas elle vaut $(-1)^{a_P - a_S}$. Maintenant, si elle est non nulle cela implique que $\alpha(H) > 0$

pour $\alpha \in \Delta_P^S$ et $\varpi(H) > 0$ pour $\varpi \in \widehat{\Delta}_S^R$. Compte tenu du lemme 1.7.1 il en résulte que $\varpi(H) > 0$ pour tout $\varpi \in \widehat{\Delta}_P^R$. Or on doit avoir $\varpi(H) \leq 0$ pour $\varpi \in \widehat{\Delta}_P^R - \widehat{\Delta}_S^R$ donc $S = T = P$. Par définition de S on a $\alpha(H) \leq 0$ pour tout $\alpha \in \Delta_P^R$, puisque $S = P$. Par ailleurs $\varpi(H) > 0$ pour tout $\varpi \in \widehat{\Delta}_P^R$ (car $T = P$). Ces deux propriétés sont contradictoires sauf si $P = R$. □

On considère trois sous-groupes paraboliques $P \subset Q \subset R$ et on pose

$$\phi_P^{Q,R} = \sum_{P \subset S \subset Q} (-1)^{a_S - a_Q}\, \widehat{\tau}_S^R \,.$$

Lemme 1.7.3. *La fonction $\phi_P^{Q,R}$ est la fonction caractéristique des $H \in \mathfrak{a}_0$ tels que $\varpi(H) \leq 0$ pour tous les $\varpi \in \widehat{\Delta}_P^R - \widehat{\Delta}_Q^R$ et $\varpi(H) > 0$ pour tous les $\varpi \in \widehat{\Delta}_Q^R$.*

Preuve. Considérons $H \in \mathfrak{a}_0$ et soit P' le sous-groupe parabolique avec $P \subset P' \subset Q$ tel que $\varpi \in \widehat{\Delta}_{P'}^R$ équivaut à $\varpi \in \widehat{\Delta}_P^R$ et $\varpi(H) > 0$. Donc

$$\phi_P^{Q,R}(H) = \sum_{P' \subset S \subset Q} (-1)^{a_S - a_Q} = \begin{cases} 1 & \text{si } P' = Q \\ 0 & \text{sinon} \end{cases}$$

d'après le lemme 1.2.3. En particulier

$$\phi_P^{Q,R}(H) \neq 0 \iff P' = Q \,. \qquad \square$$

Nous allons relier les fonctions $\phi_P^{Q,R}$ et les fonctions $\phi_{M,s}^{\kappa}$ introduites dans la section 1.6, au moyen des sous-groupes paraboliques Q_s, Q^s et de l'ensemble $\mathcal{F}_s(M)$ introduits dans le lemme 1.4.3.

Lemme 1.7.4. *Soit M un sous-groupe de Levi standard. Lorsque κ appartient à la chambre de Weyl positive on a*

$$\phi_{M,s}^{\kappa}(H) = \phi_{Q_s}^{Q^s,G}(H)$$

et

$$(-1)^{a(s,\kappa)}\phi_{M,s}^{\kappa}(H) = \sum_{Q \in \mathcal{F}_s(M)} (-1)^{a_Q - a_G}\, \widehat{\tau}_Q(H) \,.$$

Preuve. On observe tout d'abord que, pour κ régulier, par définition de $\phi_{M,s}^{\kappa}$ et d'après le lemme 1.7.3,

$$\phi_{M,s}^{\kappa}(H) = \phi_{Q_s}^{Q^s,G}(H) = \sum_{Q \in \mathcal{F}_s(M)} (-1)^{a_Q - a_{Q^s}}\, \widehat{\tau}_Q(H) \,.$$

De plus

$$a(s,\kappa) = a_{Q^s} - a_G \,. \qquad \square$$

On notera ϕ_P^Q la fonction $\phi_P^{Q,Q}$. Les fonctions ϕ_P^Q donnent naissance à des partitions.

Lemme 1.7.5. *Deux sous-groupes paraboliques P et R étant fixés on a*

$$\sum_{\{Q | P \subset Q \subset R\}} \phi_P^Q\, \tau_Q^R \equiv 1 \,.$$

PREUVE. On a

$$\sum_{P\subset Q\subset R} \phi_P^Q \tau_Q^R = \sum_{P\subset S\subset Q\subset R} (-1)^{a_S - a_Q} \hat{\tau}_S^Q \tau_Q^R = \sum_{P\subset S\subset Q\subset R} \hat{\tau}_{S,Q} \tau_{Q,R}$$

Mais, d'après la proposition 1.7.2 on a $\hat{\tau}\tau = 1$ et donc, en notant $\delta_{S,R}$ le symbole de Kronecker, on a

$$\sum_{P\subset Q\subset R} \phi_P^Q \tau_Q^R = \sum_{P\subset S\subset R} \delta_{S,R} = 1 \,. \qquad \square$$

1.8. Cônes et convexes

Soient H et X deux éléments de $\mathfrak{a}_0$ et $P \subset Q \subset R$ trois sous-groupes paraboliques. On notera $C(P, Q, R, X)$ l'ensemble des H qui vérifient les inégalités suivantes

$$\alpha(H) > 0 \quad \forall \alpha \in \Delta_P^Q \qquad \text{et} \qquad \alpha(H) \leq 0 \quad \forall \alpha \in \Delta_P^R - \Delta_P^Q$$

ainsi que

$$\varpi(H - X) > 0 \quad \forall \varpi \in \widehat{\Delta}_Q^R \qquad \text{et} \qquad \varpi(H - X) \leq 0 \quad \forall \varpi \in \widehat{\Delta}_P^R - \widehat{\Delta}_Q^R$$

On remarque que pour P, R et X fixés, les $C(P, Q, R, X)$ sont disjoints.

Lemme 1.8.1. *L'ensemble $C(P, Q, R, X)$ est un convexe dont la projection dans $\mathfrak{a}_P^R$ est d'adhérence compacte. Plus précisément, il existe $c > 0$ tel que l'on ait*

$$\|H_P^R\| \leq c\|X_P^R\| \qquad \text{pour } H \in C(P, Q, R, X) \,.$$

De plus, si P est standard et si X est dans l'adhérence de la chambre de Weyl positive (en particulier si X est régulier), $C(P, Q, R, X)$ est vide sauf si $Q = R$. Enfin si $X = 0$ alors $C(P, Q, R, X)$ est vide si $P \neq R$.

PREUVE. D'après le lemme 1.2.2 il existe un sous-groupe parabolique S tel que

$$\Delta_P^S = \Delta_P^R - \Delta_P^Q \qquad \text{et} \qquad \widehat{\Delta}_S^R = \widehat{\Delta}_P^R - \widehat{\Delta}_Q^R \,.$$

L'espace $\mathfrak{a}_S^R$, dont le dual a pour base $\widehat{\Delta}_S^R \subset \widehat{\Delta}_P^R$, est l'orthogonal des $\beta \in \Delta_P^S$. L'espace $\mathfrak{a}_Q^R$ qui est l'orthogonal des $\alpha \in \Delta_P^Q$ a un dual qui admet pour base $\widehat{\Delta}_Q^R$. Les sous-espaces $\mathfrak{a}_S^R$ et $\mathfrak{a}_Q^R$ ne sont pas en général orthogonaux mais on a cependant une décomposition en somme directe :

$$\mathfrak{a}_P^R = \mathfrak{a}_S^R \oplus \mathfrak{a}_Q^R \,.$$

Il suffit de prouver que les projections orthogonales de $C(P, Q, R, X)$ sur $\mathfrak{a}_S^R$ et $\mathfrak{a}_Q^R$ sont relativement compactes. Considérons

$$H \in C(P, Q, R, X)$$

et notons H_1 et X_1 (resp. H_2 et X_2) les projections orthogonales sur $\mathfrak{a}_S^R$ (resp. $\mathfrak{a}_Q^R$) de H et X. On a par hypothèse

$$\varpi(H_1 - X_1) = \varpi(H - X) \leq 0 \quad \forall \varpi \in \widehat{\Delta}_S^R = \widehat{\Delta}_P^R - \widehat{\Delta}_Q^R$$

et donc

$$\varpi(H_1) \leq \varpi(X_1) \quad \forall \varpi \in \widehat{\Delta}_S^R \,.$$

Soit $\bar{\alpha} \in \Delta_S^R$ la projection de $\alpha \in \Delta_P^Q$ sur $\mathfrak{a}_S^R$. On a donc $\beta^\vee(\bar{\alpha}) = 0$ pour $\beta \in \Delta_P^S$. On dispose d'une bijection $\beta \mapsto \varpi_\beta$ entre Δ_P^S et $\widehat{\Delta}_Q^R$. Les $\varpi_\beta \in \widehat{\Delta}_Q^R$ forment une base de $\mathfrak{a}_Q^R$ qui est un supplémentaire de $\mathfrak{a}_S^R$ dans $\mathfrak{a}_P^R$. On peut donc écrire $\bar\alpha$ sous la forme

$$\bar\alpha = \alpha + \sum_{\beta\in\Delta_P^S} \mu_\beta\varpi_\beta \qquad \text{avec } \mu_\beta = -\alpha(\beta^\vee) \geq 0 \,.$$

On rappelle que par hypothèse $\alpha(H) > 0$ pour $\alpha \in \Delta_P^Q$ et $\varpi_\beta(H-X) > 0$ pour $\beta \in \Delta_P^S$ puisque dans ce cas on a $\varpi_\beta \in \widehat\Delta_Q^R$. On en déduit que

$$\bar\alpha(H_1) = \bar\alpha(H) = \bar\alpha(H-X) + \bar\alpha(X_1) \geq \alpha(H-X) + \bar\alpha(X_1) > \alpha(X_1 - X)$$

pour tout $\alpha \in \Delta_P^Q$. Il résulte du lemme 1.7.1 qu'il existe une constante $c(X)$ avec $\varpi(H_1) > c(X)$ pour tout $\varpi \in \widehat\Delta_S^R$, soit compte tenu de ce qui précède,

$$c(X) \leq \varpi(H_1) \leq \varpi(X_1) \quad \forall\varpi \in \widehat\Delta_S^R \,.$$

Donc H_1 reste dans un compact de $\mathfrak{a}_S^R$. La discussion pour H_2 est analogue et on obtient que l'on a simultanément

$$\varpi(H_2) > \varpi(X_2) \quad \forall\varpi \in \widehat\Delta_Q^R \qquad \text{et} \qquad \bar\alpha(H_2) \leq \alpha(X_2 - X) \quad \forall\bar\alpha \in \Delta_Q^R \,.$$

On conclut comme ci-desus que H_2 reste dans un compact. De plus, si X est dans l'adhérence de la chambre de Weyl positive, on a

$$\bar\alpha(H_2) \leq \bar\alpha(X_2) \qquad \forall\bar\alpha \in \Delta_Q^R$$

ce qui, d'après le lemme 1.7.1, implique

$$\varpi(H_2) \leq \varpi(X_2) \qquad \forall\varpi \in \widehat\Delta_Q^R \,.$$

Comme, par ailleurs, on a vu que

$$\varpi(H_2) > \varpi(X_2) \qquad \forall\varpi \in \widehat\Delta_Q^R$$

ces d'inégalités sont incompatibles si $Q \neq R$ et la seconde assertion du lemme en découle. Dans le cas $X = 0$ on obtient de plus des inégalités

$$\varpi(H_1) \leq 0 \qquad \forall\varpi \in \widehat\Delta_S^R \qquad \text{et} \qquad \bar\alpha(H_1) > 0 \qquad \forall\bar\alpha \in \Delta_S^R$$

sur le sous-espace $\mathfrak{a}_S^R$ incompatibles, d'après le lemme 1.7.1, s'il est non nul. □

On considère la matrice $\Gamma(H,X) = \{\Gamma_{P,Q}(H,X)\}$ définie par

$$\Gamma(H,X) = \tau(H)\hat\tau(H-X)$$

et on pose

$$\Gamma_P^Q(H,X) = (-1)^{a_P - a_Q}\Gamma_{P,Q}(H,X) \,.$$

On a donc

$$\Gamma_P^R(H,X) = \sum_{P\subset Q\subset R} (-1)^{a_Q - a_R}\, \tau_P^Q(H)\hat\tau_Q^R(H-X) \,.$$

Lemme 1.8.2. *On a*

(1) $$\tau_P^R(H) = \sum_{P\subset Q\subset R} \Gamma_P^Q(H,X)\tau_Q^R(H-X)$$

(2) $$\hat\tau_P^R(H-X) = \sum_{P\subset Q\subset R} (-1)^{a_Q - a_R}\, \hat\tau_P^Q(H)\Gamma_Q^R(H,X)$$

et

(3) $$\Gamma_P^R(H,X+Y) = \sum_{P\subset Q\subset R} \Gamma_P^Q(H,X)\Gamma_Q^R(H-X,Y) \,.$$

PREUVE. En effet, d'après la proposition 1.7.2, on a les égalités matricielles

$$\tau(H) = \Gamma(H,X)\tau(H-X), \quad \hat{\tau}(H-X) = \hat{\tau}(H)\Gamma(H,X)$$

et

$$\Gamma(H,X+Y) = \Gamma(H,X)\Gamma(H-X,Y)\,. \qquad \square$$

Lemme 1.8.3. *La fonction*

$$H \mapsto \Gamma_P^R(H,X)$$

est combinaison à coefficients

$$(-1)^{a_Q - a_R}$$

des fonctions caractéristiques des ensembles $C(P,Q,R,X)$. En particulier la projection de son support dans $\mathfrak{a}_P^R$ est compacte. Plus précisément, il existe $c>0$ tel que l'on ait

$$\|H_P^R\| \le c\|X_P^R\|$$

lorsque H appartient à ce support. Lorsque P est standard et X est régulier, c'est la fonction caractéristique des H tels que $\alpha(H)>0$ et $\varpi_\alpha(H-X)\le 0$ pour tous les $\alpha \in \Delta_P^R$:

$$\Gamma_P^R(H,X) = \tau_P^R(H)\phi_P^R(H-X)\,.$$

PREUVE. Fixons H et X. Soit S le plus grand sous-groupe parabolique tel que $\tau_P^S(H) = 1$ et T le plus petit sous-groupe parabolique tel que $\hat{\tau}_T^R(H-X) = 1$; alors, comme dans la proposition 1.7.2, on voit que la somme sur Q

$$\Gamma_P^R(H,X) = \sum_{T\subset Q\subset S} (-1)^{a_Q-a_R}$$

est nulle sauf si $S=T$ et, dans ce cas, un tel H appartient à $C(P,Q,R,X)$. La compacité résulte alors du lemme 1.8.1. Lorsque X est régulier il résulte également du lemme 1.8.1 que $\Gamma_P^R(H,X)$ est la fonction caractéristique de $C(P,R,R,X)$ ce qui établit la dernière assertion. $\square$

Toujours sous l'hypothèse X régulier, l'égalité (1) du lemme 1.8.2 peut donc s'interpréter comme une partition du cône associé à τ_P^R en produits de cônes par des convexes relativement compacts. C'est une variante du lemme 1.7.5.

Soit maintenant M un sous-groupe de Levi et Q un sous-groupe parabolique contenant M. On rappelle que $\mathcal{F}^Q(M)$ est l'ensemble des sous-groupes paraboliques de Q qui contiennent M. On associe à une famille M-orthogonale $\mathcal{X} = \{X_P\}$ la fonction suivante :

$$\Gamma_M^Q(H,\mathcal{X}) = \sum_{P\in\mathcal{F}^Q(M)} (-1)^{a_P-a_Q}\,\hat{\tau}_P^Q(H-X_P)\,.$$

On notera δ_M^Q la fonction caractéristique du sous-espace des $H\in\mathfrak{a}_0$ tels que

$$H_M^Q = 0$$

où H_M^Q est la projection de H sur $\mathfrak{a}_M^Q$; autrement dit, δ_M^Q est la fonction caractéristique du sous-espace $\mathfrak{a}_0^M \oplus \mathfrak{a}_Q$.

Lemme 1.8.4. *On a les identités suivantes :*

(1)
$$\sum_{Q\in\mathcal{F}^R(M)} \delta_M^Q(H)\tau_Q^R(H) \equiv 1$$

(2)
$$\Gamma_M^R(H,\mathcal{X}) = \sum_{Q\in\mathcal{F}^R(M)} \delta_M^Q(H)\Gamma_Q^R(H,X_Q)$$

(3)
$$\sum_{Q\in\mathcal{F}^R(M)} \Gamma_M^Q(H,\mathcal{X})\,\tau_Q^R(H-X_Q) \equiv 1\,.$$

Preuve. L'assertion (1) est l'écriture, au moyen de fonctions caractéristiques, de la décomposition de l'espace vectoriel $\mathfrak{a}_M^R$ en chambres et facettes attachées aux divers sous-groupes paraboliques. Maintenant, par définition de Γ_Q^R on voit que

$$\sum_{Q\in\mathcal{F}^R(M)} \delta_M^Q(H)\Gamma_Q^R(H,X_Q) = \sum_{Q\in\mathcal{F}^R(M)}\ \sum_{Q\subset P\subset R} (-1)^{a_P-a_R}\delta_M^Q(H)\tau_Q^P(H)\widehat{\tau}_P^R(H-X_P)$$

qui, d'après (1) est encore égal à

$$\sum_{P\in\mathcal{F}^R(M)} (-1)^{a_P-a_R}\widehat{\tau}_P^R(H-X_P) = \Gamma_M^R(H,\mathcal{X})\,.$$

Ceci établit l'assertion (2). On en déduit que

$$\sum_{Q\in\mathcal{F}^R(M)} \Gamma_M^Q(H,\mathcal{X})\,\tau_Q^R(H-X_Q) = \sum_{P\in\mathcal{F}^R(M)} \delta_M^P(H)\Gamma_P^Q(H,X_S)\tau_Q^R(H-X_Q)$$

qui est encore égal à

$$\sum_{P\in\mathcal{F}^R(M)} \delta_M^P(H) \sum_{P\subset U\subset Q} (-1)^{a_U-a_Q}\tau_P^U(H)\widehat{\tau}_U^Q(H-X_U)\tau_Q^R(H-X_Q)$$

Mais, compte tenu de la proposition 1.7.2,

$$\sum_{Q}(-1)^{a_U-a_Q}\,\widehat{\tau}_U^Q(H-X_U)\tau_Q^R(H-X_Q)$$

est nul sauf si $U = R$ auquel cas cette somme vaut identiquement 1. On obtient donc

$$\sum_{Q\in\mathcal{F}^R(M)} \Gamma_M^Q(H,\mathcal{X})\,\tau_Q^R(H-X_Q) = \sum_{P\in\mathcal{F}^R(M)} \delta_M^P(H)\tau_P^R(H)$$

et l'assertion (3) résulte alors de (1). □

Corollaire 1.8.5. *La fonction*

$$H \mapsto \Gamma_M^Q(H,\mathcal{X})$$

a un support dont la projection sur $\mathfrak{a}_M^Q$ est compacte. Plus précisément, il existe $c > 0$ tel que l'on ait

$$\|H_M^Q\| \leq c \sup_{P\in\mathcal{P}^Q(M)} \|X_P^Q\|$$

lorsque H appartient à ce support.

Preuve. C'est une conséquence immédiate de l'équation (2) du lemme 1.8.4 et du lemme 1.8.3. □

On pourra observer que d'après le lemme 1.8.1

$$\Gamma_Q^R(H,0) \equiv \begin{cases} 0 & \text{si } Q \neq R \\ 1 & \text{sinon} \end{cases}$$

et donc, compte tenu de l'équation (2) du lemme 1.8.4, on a

$$\delta_M^Q(H) = \Gamma_M^Q(H,0) \,.$$

Lemme 1.8.6. *Soient $\mathcal{X}$ et $\mathcal{Y}$ deux familles orthogonales. On a*

$$\Gamma_M^R(H,\mathcal{X}+\mathcal{Y}) = \sum_{Q\in\mathcal{F}^R(M)} \Gamma_M^Q(H,\mathcal{X})\Gamma_Q^R(H-X_Q,Y_Q)$$

PREUVE. Par définition de Γ_M^R on a :

$$\Gamma_M^R(H,\mathcal{X}+\mathcal{Y}) = \sum_{P\in\mathcal{F}^R(M)} (-1)^{a_P-a_R}\,\hat{\tau}_P^R(H-X_P-Y_P)$$

soit encore, au vu de l'égalité (2) du lemme 1.8.2,

$$\sum_{P\in\mathcal{F}^R(M)} \sum_{P\subset Q\subset R} (-1)^{a_P-a_Q}\,\hat{\tau}_P^Q(H-X_P)\Gamma_Q^R(H-X_Q,Y_Q) \,.$$

Ce qui peut se récrire

$$\sum_{Q\in\mathcal{F}^R(M)} \sum_{P\in\mathcal{F}^Q(M)} (-1)^{a_P-a_Q}\,\hat{\tau}_P^Q(H-X_P)\Gamma_Q^R(H-X_Q,Y_Q) \,.$$

On conclut en utilisant la définition de Γ_M^Q. □

Pour alléger les notations nous nous limiterons dans ce qui suit au cas $Q = G$. Soit M un sous-groupe de Levi standard. On a introduit et étudié plus haut (*cf.* lemme 1.6.2 à proposition 1.6.5), pour κ en dehors des murs dans $\mathfrak{a}_M$, des nombres et des fonctions

$$a(s,\kappa), \qquad \phi_{M,s}^{\kappa} \qquad \text{et} \qquad \Gamma_M(H,\mathcal{X},\kappa) \,.$$

Pour alléger les notations on écrira $a(s)$ et $\phi_{M,s}$ pour $a(s,\kappa)$ et $\phi_{M,s}^{\kappa}$ lorsque κ est dans la chambre positive. On a vu au lemme 1.6.4 que la fonction $\Gamma_M(H,\mathcal{X},\kappa)$ était indépendante de κ. Nous allons de plus montrer qu'elle coïncide avec $\Gamma_M(H,\mathcal{X})$.

Proposition 1.8.7. *Soit $\mathcal{X}$ une famille orthogonale. Avec les notations du lemme* 1.4.3, *la fonction $\Gamma_M(H,\mathcal{X})$ vérifie l'identité :*

$$\text{(1)} \qquad \Gamma_M(H,\mathcal{X}) = \sum_{s\in\mathbf{W}(\mathfrak{a}_M)} \sum_{Q\in\mathcal{F}_s(M)} (-1)^{a_Q-a_G}\,\hat{\tau}_Q(H-X_s)$$

ainsi que

$$\text{(2)} \qquad \Gamma_M(H,\mathcal{X}) = \sum_{s\in\mathbf{W}(\mathfrak{a}_M)} (-1)^{a(s)}\phi_{M,s}(H-X_s) \,.$$

Plus généralement, on a

$$\text{(3)} \qquad \Gamma_M(H,\mathcal{X}) = \Gamma_M(H,\mathcal{X},\kappa)$$

pour tout κ en dehors de murs. Lorsque la famille orthogonale $\mathcal{X}$ est régulière la fonction

$$H \mapsto \Gamma_M(H,\mathcal{X})$$

est la fonction caractéristique de l'ensemble des H dont la projection sur $\mathfrak{a}_M^G$ appartient à l'enveloppe convexe des X_P pour $P \in \mathcal{P}(M)$.

PREUVE. Par définition

$$\Gamma_M(H,\mathcal{X}) = \sum_{Q\in\mathcal{F}(M)} (-1)^{a_Q-a_G}\,\widehat{\tau}_Q(H-X_Q)\,.$$

Considérons $Q \in \mathcal{F}_s(M)$ pour $s \in \mathbf{W}(\mathfrak{a}_M)$. On observe que X_Q est la projection de

$$X_s = X_{Q_s}$$

sur $\mathfrak{a}_Q$. L'équation (1) résulte alors de la première assertion du lemme 1.4.3. Maintenant on rappelle que par définition

$$\Gamma_M(H,\mathcal{X},\kappa) = \sum_{s\in\mathbf{W}(\mathfrak{a}_M)} (-1)^{a(s,\kappa)}\phi^{\kappa}_{M,s}(H-X_s)\,.$$

Supposons que κ appartient à la chambre de Weyl positive. On observe alors que, d'après lemme 1.7.4, on a :

$$(-1)^{a(s,\kappa)}\phi^{\kappa}_{M,s}(H) = (-1)^{a(s)}\phi^{Q^s,G}_{Q_s}(H) = \sum_{Q\in\mathcal{F}_s(M)} (-1)^{a_Q-a_G}\,\widehat{\tau}_Q(H)\,.$$

En invoquant l'équation (1) on en déduit que l'égalité (3) est vraie pour κ dans la chambre positive, ce qui établit (2) et, compte tenu du lemme 1.6.4, l'égalité (3) est encore vraie pour tout κ en dehors de murs. La dernière assertion résulte alors de la proposition 1.6.5. □

Corollaire 1.8.8. *Soit $\mathcal{X}$ une famille orthogonale telle que sX_s soit régulier pour tout $s \in \mathbf{W}$. En particulier elle est régulière. Soient L et M deux sous-groupes de Levi avec $M \subset L$. La différence*

$$\Gamma_L(H,\mathcal{X}) - \Gamma_M(H,\mathcal{X})$$

est soit nulle soit égale à 1. Il existe une constante $c > 0$ telle que si la différence est non nulle on a

$$\|H\| \geq c \inf_{P\in\mathcal{P}(M)} \|X_P\|\,.$$

PREUVE. D'après la proposition 1.8.7 le support de la fonction

$$H \mapsto \Gamma_M(H,\mathcal{X})$$

est l'ensemble des H dont la projection sur $\mathfrak{a}_M^G$ appartient à l'enveloppe convexe des X_P. Comme $\mathfrak{a}_L \subset \mathfrak{a}_M$, ce support est inclus dans le support de

$$H \mapsto \Gamma_L(H,\mathcal{X})\,.$$

Maintenant si la différence est non nulle H est en dehors du support de $\Gamma_M(H,\mathcal{X})$ et donc en dehors de l'enveloppe convexe des X_P. La seconde assertion en résulte. □

1.9. Cônes et convexes : version duale

Calculons d'abord les transformées de Laplace des fonctions caractéristiques de cônes. On choisit de manière cohérente des mesures de Haar sur les divers espaces vectoriels $\mathfrak{a}_P^Q$, par exemple celles définies au moyen des formes de Killing. Soit Λ une forme linéaire sur $\mathfrak{a}_0$. On pose, pour P standard et Λ régulier [9]

$$\hat{\epsilon}_P^Q(\Lambda) = \int_{\mathfrak{a}_P^Q} \tau_P^Q(H)\,\mathrm{e}^{-\Lambda(H)}\,\mathrm{d}H\,.$$

On a

$$\hat{\epsilon}_P^Q(\Lambda) = \mathrm{vol}(\widehat{\Delta}_P^Q) \prod_{\varpi\in\widehat{\Delta}_P^Q} \Lambda(\varpi^\vee)^{-1}$$

où $\mathrm{vol}(\widehat{\Delta}_P^Q)$ est le volume du parallélépipède engendré par $\widehat{\Delta}_P^Q$:

$$\mathrm{vol}(\widehat{\Delta}_P^Q) = \mathrm{vol}\big(\mathfrak{a}_P^Q/\mathbb{Z}(\widehat{\Delta}_P^Q)\big)$$

où $\mathbb{Z}(\Delta_P^Q)$ désigne le réseau engendré par $\widehat{\Delta}_P^Q$. L'intégrale, convergente si Λ est régulier, admet donc un prolongement méromorphe. De même on pose

$$\epsilon_P^Q(\Lambda) = \int_{\mathfrak{a}_P^Q} \hat{\tau}_P^Q(H)\,\mathrm{e}^{-\Lambda(H)}\,\mathrm{d}H$$

et on a

$$\epsilon_P^Q(\Lambda) = \mathrm{vol}(\Delta_P^Q) \prod_{\alpha\in\Delta_P^Q} \Lambda(\alpha^\vee)^{-1}$$

où

$$\mathrm{vol}(\Delta_P^Q) = \mathrm{vol}\big(\mathfrak{a}_P^Q/\mathbb{Z}(\Delta_P^Q)\big)\,.$$

Dans ce qui suit, afin de minimiser le nombre de signes moins dans les exponentielles, on utilisera plutôt les transformées anti-Laplace obtenues en changeant Λ en $-\Lambda$. On observe que

$$\epsilon_P^Q(-\Lambda) = (-1)^{a_P-a_Q}\epsilon_P^Q(\Lambda)\,.$$

On a une formule similaire pour $\hat{\epsilon}_P^Q$.

Lemme 1.9.1. *La transformée anti-Laplace de la fonction*

$$H \mapsto \Gamma_P^R(H,X)$$

définie par

$$\gamma_P^R(\Lambda,X) = \int_{\mathfrak{a}_P^R} \mathrm{e}^{\Lambda(H)}\,\Gamma_P^R(H,X)\,\mathrm{d}H$$

est égale, pour Λ régulier, à

$$\sum_{P\subset Q} (-1)^{a_P-a_Q}\mathrm{e}^{\Lambda(X_Q^R)}\hat{\epsilon}_P^Q(\Lambda)\epsilon_Q^R(\Lambda)$$

où X_Q^R est la projection de X sur $\mathfrak{a}_Q^R$. Cette expression se prolonge en une fonction entière sur $\mathfrak{a}_0^*\otimes\mathbb{C}$. La fonction

$$X \mapsto \gamma_P^R(X) := \gamma_P^R(0,X) = \int_{\mathfrak{a}_P^R} \Gamma_P^R(H,X)\,\mathrm{d}H$$

9. Arthur suivi en cela par Langlands [20, Lecture 15] introduisent des fonctions $\hat{\theta}_P^Q$ qui sont les inverses de nos $\hat{\epsilon}_P^Q$ etc. Dans cet article nous réservons la lettre θ pour désigner un automorphisme de G.

est un polynôme homogène de degré $n = a_P - a_R = \dim \mathfrak{a}_P^R$.

PREUVE. Par définition

$$\Gamma_P^R(H,X) = \sum_{P\subset Q} (-1)^{a_Q-a_R}\,\tau_P^Q(H)\hat{\tau}_Q^R(H-X)\,.$$

On a donc, pour $-\Lambda$ régulier,

$$\int_{\mathfrak{a}_P^R} \mathrm{e}^{\Lambda(H)}\,\Gamma_P^R(H,X)\,\mathrm{d}H = \sum_{P\subset Q}(-1)^{a_Q-a_R}\mathrm{e}^{\Lambda(X_Q^R)}\hat{\epsilon}_P^Q(-\Lambda)\epsilon_Q^R(-\Lambda)$$

soit encore

$$\sum_{P\subset Q}(-1)^{a_P-a_Q}\mathrm{e}^{\Lambda(X_Q^R)}\hat{\epsilon}_P^Q(\Lambda)\epsilon_Q^R(\Lambda)$$

où X_Q^R est la projection de X sur $\mathfrak{a}_Q^R$. Comme d'après le lemme 1.8.3 on intègre une fonction à support compact, la transformée anti-Laplace se prolonge en une fonction entière de $\Lambda \in \mathfrak{a}_0^* \otimes \mathbb{C}$. Sa valeur en $\Lambda = 0$ est donnée par la somme des termes de degré 0 du développement en série de Laurent des fonctions

$$t \mapsto (-1)^{a_P-a_Q}\mathrm{e}^{t\Lambda(X_Q^R)}\hat{\epsilon}_P^Q(t\Lambda)\epsilon_Q^R(t\Lambda)\,.$$

On a donc, pour Λ en dehors du lieu des zéros des $\hat{\epsilon}_P^Q(\Lambda)\,\epsilon_Q(\Lambda)$:

$$\int_{\mathfrak{a}_P^R} \Gamma_P^R(H,X)\,\mathrm{d}H = \frac{1}{n!}\sum_{P\subset Q}(-1)^{a_P-a_Q}\,\Lambda(X_Q^R)^n\,\hat{\epsilon}_P^Q(\Lambda)\,\epsilon_Q^R(\Lambda)$$

où $n = a_P - a_R$. Cette expression, indépendante de Λ, est en tant que fonction de X un polynôme homogène de degré n. □

Lemme 1.9.2. *Supposons M standard et Λ régulier et considérons $s \in \mathbf{W}(\mathfrak{a}_M)$. On note P le sous-groupe parabolique de sous-groupe de Levi M et tel que $s(P)$ soit standard. Alors, on a*

$$\int_{\mathfrak{a}_M^G} \mathrm{e}^{\Lambda(H)}\phi_{M,s}(H-X)\,\mathrm{d}H = (-1)^{a(s)}\mathrm{e}^{\Lambda(X_M^G)}\epsilon_P^G(\Lambda)\,.$$

PREUVE. Tout d'abord on observe que si H appartient au support de la fonction caractéristique $\phi_{M,s}^\kappa$ avec κ régulier, on a

$$\langle\kappa, H\rangle = \sum_{\alpha\in\Delta(M,s)} \alpha(\kappa)\varpi_\alpha(H) \leq 0\,.$$

Donc le support de $\phi_{M,s} = \phi_{M,s}^\kappa$ est contenu dans le cône défini par

$$\varpi(H) \leq 0 \qquad \forall\varpi\in\widehat{\Delta}_M^G\,.$$

On en déduit que l'intégrale converge pour $\Lambda \in \mathfrak{a}^*$ régulier et on a

$$\int_{\mathfrak{a}_M^G} \mathrm{e}^{\Lambda(H)}\phi_{M,s}(H-X)\,\mathrm{d}H = \mathrm{e}^{\Lambda(X_M^G)}\int_{\mathfrak{a}_M^G}\mathrm{e}^{\Lambda(H)}\phi_{M,s}(H)\,\mathrm{d}H\,.$$

Mais, si sP est standard pour P de Levi M, on voit que pour Λ régulier

$$\int_{\mathfrak{a}_M^G} \mathrm{e}^{\Lambda(H)}\phi_{M,s}(H)\,\mathrm{d}H = |\epsilon_P^G(\Lambda)| = (-1)^{a(s)}\epsilon_P^G(\Lambda)\,.$$ □

Lemme 1.9.3. *Considérons une famille orthogonale $\mathcal{X}$. Supposons M standard et posons*

$$\gamma_M(\Lambda,\mathcal{X}) = \int_{\mathfrak{a}_M^G} \mathrm{e}^{\Lambda(H)}\,\Gamma_M(H,\mathcal{X})\,\mathrm{d}H\,.$$

La fonction $\Lambda \mapsto \gamma_M(\Lambda,\mathcal{X})$ est une fonction entière de $\Lambda \in \mathfrak{a}_0^* \otimes \mathbb{C}$. Pour Λ en dehors des murs on a

(1) $$\gamma_M(\Lambda,\mathcal{X}) = \sum_{P\in\mathcal{P}(M)} \epsilon_P^G(\Lambda)\mathrm{e}^{\Lambda(X_P^G)}\,.$$

De plus,

$$\gamma_M(\mathcal{X}) := \gamma_M(0,\mathcal{X})$$

est un polynôme en $\mathcal{X}$, donné par la formule suivante, qui est indépendante du choix de Λ en dehors des murs :

(2) $$\gamma_M(\mathcal{X}) = \frac{1}{n!}\sum_{P\in\mathcal{P}(M)} \Lambda(X_P^G)^n\,\epsilon_P^G(\Lambda)\,.$$

On a la décomposition

(3) $$\gamma_M^Q(\Lambda,\mathcal{X}) = \sum_{P\in\mathcal{P}^Q(M)} \gamma_P^Q(\Lambda,X_P)\,.$$

Preuve. Comme, d'après le corollaire 1.8.5, on intègre une fonction à support compact, l'intégrale définit une fonction entière. Par ailleurs, d'après la proposition 1.8.7

$$\Gamma_M(H,\mathcal{X}) = \sum_{s\in\mathbf{W}(\mathfrak{a}_M)} (-1)^{a(s)}\phi_{M,s}(H-X_s)\,.$$

On peut supposer Λ régulier dans $\mathfrak{a}_0^*$; il suffit alors d'invoquer le lemme 1.9.2 pour obtenir la formule (1). Comme cette expression se prolonge en une fonction entière, la formule est encore vraie en dehors des pôles des termes du membre de droite, c'est-à-dire pour Λ en dehors des murs. Sa valeur en $\Lambda = 0$ est donnée par la somme des termes de degré 0 du développement en série de Laurent des fonctions :

$$t \mapsto \sum_{P\in\mathcal{P}(M)} \epsilon_P^G(t\Lambda)\mathrm{e}^{t\Lambda(X_P^G)}\,.$$

La formule (2) en résulte immédiatement. La décomposition (3) résulte de l'équation (2) du lemme 1.8.4 en remarquant que les fonctions

$$H \mapsto \delta_M^P(H)\Gamma_P^R(H,X_P)$$

sont négligeables, et donc de transformée de Fourier nulle, sauf si P est de Levi M. □

1.10. (G, M)-familles

Soit M un sous-groupe de Levi. On appelle (G, M)-famille la donnée d'une famille de fonctions [10] à valeurs dans un espace vectoriel topologique

$$\Lambda \mapsto c(\Lambda, P) \qquad \text{sur } i\mathfrak{a}_P^*$$

indexées par les sous-groupes paraboliques $P \in \mathcal{F}(M)$ (c'est-à-dire contenant M), qui sont lisses et sujettes aux conditions suivantes : si $P \subset Q$ alors

$$c(\Lambda, P) = c(\Lambda, Q) \qquad \text{pour } \Lambda \in i\mathfrak{a}_Q^* \,.$$

On prolongera $c(\Lambda, P)$ en une fonction sur $i\mathfrak{a}_0^*$ en la supposant constante sur les fibres de la projection

$$i\mathfrak{a}_0^* \to i\mathfrak{a}_P^* \,.$$

Il en résulte que si P et Q sont des sous-groupes paraboliques dans $\mathcal{P}(M)$ adjacents qui correspondent à des chambres séparées par le mur $\mathfrak{a}_R$ où R est le sous-groupe parabolique engendré par P et Q, alors

$$c(\Lambda, P) = c(\Lambda, Q) = c(\Lambda, R) \qquad \text{pour } \Lambda \in i\mathfrak{a}_R^* \,.$$

Pour définir une (G, M)-famille il suffit donc de se donner les $c(\Lambda, P)$ pour $P \in \mathcal{P}(M)$, c'est-à-dire pour les P admettant M comme sous-groupe de Levi, satisfaisant la condition

$$c(\Lambda, P) = c(\Lambda, Q) \qquad \text{pour } \Lambda \in i\mathfrak{a}_R^*$$

pour des sous-groupes paraboliques P et Q adjacents.

On rappelle que l'on a noté $\mathfrak{H}_M$ l'espace vectoriel des familles M-orthogonales et π_P la projection de $\mathfrak{H}_M$ sur $\mathfrak{a}_P$ associée à chaque sous-groupe parabolique $P \in \mathcal{F}(M)$. C'est un espace de dimension finie. Son dual $\mathfrak{H}_M^*$ est muni d'injections

$$\iota_P \colon \mathfrak{a}_P^* \to \mathfrak{H}_M^*$$

transposées des projections

$$\pi_P \colon \mathfrak{H}_M \to \mathfrak{a}_P \,.$$

On dispose dans chaque $\mathfrak{a}_P^*/\mathfrak{a}_G^*$ de la base $\widehat{\Delta}_P$ et on rappelle que si $P \subset Q$ on a $\widehat{\Delta}_Q \subset \widehat{\Delta}_P$. On dispose donc dans $\mathfrak{H}_M^*/\mathfrak{a}_G^*$ d'une base naturelle $\mathcal{B}$ formée par l'union des images de ces bases :

$$\mathcal{B}_P := \iota_P(\widehat{\Delta}_P)$$

pour $P \in \mathcal{F}(M)$. La base $\mathcal{B}$ est l'ensemble des $e_Q = \iota_Q(\varpi_Q)$ où Q parcourt l'ensemble des sous-groupes paraboliques maximaux propres de G et on a noté ϖ_Q l'unique élément de $\widehat{\Delta}_Q^G$ [11]. Pour $\mathcal{X} \in \mathfrak{H}_M$ et $\Lambda \in i\mathfrak{a}_P^*$ on a

$$\iota_P(\Lambda)(\mathcal{X}) - \Lambda\big(\pi_P(\mathcal{X})\big) - \Lambda(X_P) \,.$$

---

10. Nous utiliserons la notation $c(\Lambda, P)$ plutôt que $c_P(\Lambda)$ utilisé par Arthur, pour éviter la confusion avec les

$$c_P^Q(\Lambda) \qquad \text{et} \qquad c_M^Q(\Lambda)$$

introduits plus bas et qui ont une toute autre signification même pour $Q = G$. La notation $c_M^Q(\Lambda)$ est celle d'Arthur et Langlands. Lorsque $Q = G$ Arthur utilise c'_P au lieu de notre c_P^G et par ailleurs la notation c_P^Q désigne chez Arthur une notion que nous n'introduisons pas ici. Langlands observe que les notations sont mauvaises. Il serait bien de trouver des notations non ambigües et simples. Une solution correcte, mais très lourde, serait de remplacer c_P^Q par $\gamma_P^Q(\bullet, c)$ où c désigne la (G, M)-famille et de même $\gamma_M^Q(\bullet, c)$ pour c_M^Q.

11. On remarquera que ϖ_Q et $\varpi_{\overline{Q}} = -\varpi_Q$ correspondent à deux sous-groupes paraboliques maximaux opposés définissant deux éléments e_Q et $e_{\overline{Q}}$ distincts de $\mathcal{B}$.

On obtiendra une (G, M)-familles en considérant une fonction f lisse sur $\mathrm{i}\mathfrak{H}_M^*$ et en posant :

$$c(\Lambda, P) = (f \circ \iota_P)(\Lambda) .$$

Réciproquement on a la proposition suivante :

Proposition 1.10.1. *Étant donné une (G, M)-famille $c(\Lambda, P)$ il existe une fonction f lisse sur $\mathrm{i}\mathfrak{H}_M^*$ telle que*

$$c(\Lambda, P) = (f \circ \iota_P)(\Lambda) .$$

Preuve. Notons χ une fonction sur $\mathbb{R}$ lisse à support compact, telle que $\chi(0) = 1$. On a, pour chaque $P \in \mathcal{F}(M)$, une partition de la base canonique $\mathcal{B}$ de $\mathfrak{H}_M^*$:

$$\mathcal{B} = \mathcal{B}_P \cup \mathcal{B}^P$$

où

$$\mathcal{B}_P = \{e_Q \mid Q \supset P\} \qquad \text{et} \qquad \mathcal{B}^P = \{e_Q \mid Q \not\supset P\}$$

qui induit une décomposition en somme directe et pour $\lambda \in \mathrm{i}\mathfrak{H}_M^*$ on note

$$\lambda = \lambda_P \oplus \lambda^P$$

la décomposition associée. On définit $\chi_P(\lambda^P)$ en posant

$$\chi_P(\lambda^P) = \prod_{\varpi \in \mathcal{B}^P} \chi(x_\varpi) \qquad \text{si } \lambda^P = \sum_{\varpi \in \mathcal{B}^P} i x_\varpi \, \varpi .$$

On peut alors définir la fonction

$$f(\lambda) = \sum_{Q \in \mathcal{F}(M)} (-1)^{a_Q - a_M} c(\lambda_Q, Q) \chi_Q(\lambda^Q) .$$

C'est une fonction lisse sur $\mathrm{i}\mathfrak{H}_M^*$. Nous devons calculer $f \circ \iota_P$ pour $P \in \mathcal{P}(M)$. Il suffit de le faire lorsque P est anti-standard c'est-à-dire correspondant à l'opposé de la chambre positive dans $\mathfrak{a}_M^G$. D'après le lemme 1.4.3, on doit donc calculer

$$\sum_{s \in \mathbf{W}(\mathfrak{a}_M)} \sum_{Q \in \mathcal{F}_s(M)} (-1)^{a_Q - a_M} c(\iota_P(\Lambda)_Q, Q) \chi_Q(\iota_P(\Lambda)^Q) .$$

On observe maintenant que, si on note F_P la facette associée à P dans $\mathfrak{a}_M$, on a

$$\overline{F}_P \cap \overline{F}_{Q_s} = \overline{F}_P \cap \overline{F}_Q$$

pour $Q \in \mathcal{F}_s(M)$ et donc

$$\iota_P(\mathfrak{a}_M^*) \cap \iota_{Q_s}(\mathfrak{a}_M^*) = \iota_P(\mathfrak{a}_M^*) \cap \iota_Q(\mathfrak{a}_Q^*) .$$

Il en résulte que, pour $\Lambda \in \mathrm{i}\mathfrak{a}_M^*$ et $Q \in \mathcal{F}_s(M)$, la projection $\iota_P(\Lambda)_Q$ sur

$$\iota_P(\mathfrak{a}_M^*) \cap \iota_Q(\mathfrak{a}_Q^*)$$

ne dépend que de s. De plus, si s est l'élément du groupe de Weyl associé à l'opposé de la chambre positive dans $\mathfrak{a}_M^G$, on a

$$Q_s = Q^s = P$$

et

$$c(\iota_P(\Lambda)_P, P) \chi_P(\iota_P(\Lambda)^P) = c(\Lambda, P) \chi_P(0) = c(\Lambda, P) .$$

Il résulte alors de ces observations et de la seconde assertion de lemme 1.4.3 que la fonction f a les propriétés désirées, c'est-à-dire que

$$(f \circ \iota_P)(\Lambda) = c(\Lambda, P) .$$

□

Dans la suite de cette section on se limitera aux (G, M)-familles à valeurs dans un espace vectoriel de dimension finie.

On dira qu'une mesure de Radon m sur un espace vectoriel V est à décroissance rapide si son produit avec n'importe quelle fonction polynôme p sur V fournit une mesure bornée :

$$\int_V |p(x)| \,\mathrm{d}|m|(x) < +\infty \,.$$

En particulier m est bornée et admet une transformée de Fourier qui est une fonction lisse. Supposons maintenant que f est la transformée de Fourier d'une mesure de Radon m sur $\mathfrak{H}_M$, à décroissance rapide :

$$f(\lambda) = \int_{\mathfrak{H}_M} \mathrm{e}^{\lambda(\mathcal{X})} dm(\mathcal{X}) \,.$$

La (G, M)-famille définie par f peut alors s'écrire

$$c(\Lambda, P) = \int_{\mathfrak{H}_M} \mathrm{e}^{\iota_P(\Lambda)(\mathcal{X})} \,\mathrm{d}m(\mathcal{X}) = \int_{\mathfrak{H}_M} \mathrm{e}^{\Lambda(X_P)} \,\mathrm{d}m(\mathcal{X})$$

où $X_P = \pi_P(\mathcal{X})$.

Corollaire 1.10.2. *Si les composantes $c(P, \Lambda)$ d'une (G, M)-famille sont des fonctions dans l'espace de Schwartz sur $i\mathfrak{a}_M^*$, il existe une fonction φ dans l'espace de Schwartz sur $\mathfrak{H}_M$ fournissant la (G, M)-famille par transformation de Fourier :*

$$c(\Lambda, P) = \int_{\mathfrak{H}_M} \mathrm{e}^{\iota_P(\Lambda)(\mathcal{X})} \varphi(\mathcal{X}) \,\mathrm{d}\mathcal{X} \,.$$

Preuve. La construction donnée dans la proposition 1.10.1 fournit une fonction f dans l'espace de Schwartz de $i\mathfrak{H}_M^*$. Il suffit de prendre pour φ sa transformée de Fourier. □

Étant donné une (G, M)-famille on introduit, pour Λ en dehors des murs,

$$c_P^R(\Lambda) = \sum_{P \subset Q \subset R} (-1)^{a_P - a_Q} \,\hat{\epsilon}_P^Q(\Lambda) \epsilon_Q^R(\Lambda) c(\Lambda, Q)$$

et

$$c_M^Q(\Lambda) = \sum_{P \in \mathcal{P}^Q(M)} \epsilon_P^Q(\Lambda) c(\Lambda, P) \,.$$

Lemme 1.10.3. *Soit $\mathcal{X} = \{X_P\}$ une famille orthogonale. Alors*

$$c(\Lambda, P) = \mathrm{e}^{\Lambda(X_P)} \qquad \textit{pour } P \in \mathcal{P}(M)$$

est une (G, M)-famille. Dans ce cas on a

$$\text{(1)} \qquad c_P^Q(\Lambda) = \int_{\mathfrak{a}_P^Q} \mathrm{e}^{\Lambda(H + X_Q)} \,\Gamma_P^Q(H, X_P) \,\mathrm{d}H = \mathrm{e}^{\Lambda(X_Q)} \gamma_P^Q(\Lambda, X_P)$$

et

$$\text{(2)} \qquad c_M^Q(\Lambda) = \int_{\mathfrak{a}_M^Q} \mathrm{e}^{\Lambda(H + X_Q)} \,\Gamma_M^Q(H, \mathcal{X}) \,\mathrm{d}H = \mathrm{e}^{\Lambda(X_Q)} \gamma_M^Q(\Lambda, \mathcal{X}) \,.$$

Plus généralement, si

$$c(\Lambda, P) = (f \circ \iota_P)(\Lambda) \quad \textit{pour } P \in \mathcal{P}(M)$$

où f est la transformée de Fourier d'une mesure m à décroissance rapide on a

$$c_P^Q(\Lambda) = \int_{\mathfrak{H}_M} \int_{\mathfrak{a}_P^Q} e^{\Lambda(H+X_Q)}\, \Gamma_P^Q(H, X_P)\, dH\, dm(\mathcal{X}) \tag{3}$$

soit encore

$$c_P^Q(\Lambda) = \int_{\mathfrak{H}_M} e^{\Lambda(X_Q)} \gamma_P^Q(\Lambda, X_P)\, dm(\mathcal{X}) \tag{3'}$$

où $X_P = \pi_P(\mathcal{X})$ et

$$c_M^Q(\Lambda) = \int_{\mathfrak{H}_M} \int_{\mathfrak{a}_M^Q} e^{\Lambda(H+X_Q)}\, \Gamma_M^Q(H, \mathcal{X})\, dH\, dm(\mathcal{X}) \tag{4}$$

soit encore

$$c_M^Q(\Lambda) = \int_{\mathfrak{H}_M} e^{\Lambda(X_Q)} \gamma_M^Q(\Lambda, \mathcal{X})\, dm(\mathcal{X}) \,. \tag{4'}$$

PREUVE. D'après le lemme 1.9.1 on sait que

$$e^{\Lambda(X_R)} \gamma_P^R(\Lambda, X) = \int_{\mathfrak{a}_P^R} e^{\Lambda(H+X_R)}\, \Gamma_P^R(H, X)\, dH$$

est égale, pour Λ régulier, à

$$\sum_{\{Q|P\subset Q\}} (-1)^{a_P - a_Q} e^{\Lambda(X_Q)} \hat{\epsilon}_P^Q(\Lambda) \epsilon_Q^R(\Lambda)$$

qui est la définition de $c_P^R(\Lambda)$ si $c(\Lambda, P) = e^{\Lambda(X_P)}$, d'où l'assertion (1). L'assertion (3) résulte, au moins formellement, de (1) et la convergence résulte de ce que

$$|\gamma_P^R(\Lambda, X)|$$

est majoré par un polynôme en X. De même (2) et (4) résultent du lemme 1.9.3. □

Lemme 1.10.4. *Soit $\{c(\Lambda, P)\}$ une (G, M)-famille. Les fonctions $c_P^R(\Lambda)$ et $c_M^Q(\Lambda)$ définies pour Λ en dehors des murs se prolongent en fonctions lisses partout et on a*

$$c_M^Q(\Lambda) = \sum_{P\in\mathcal{P}^Q(M)} c_P^Q(\Lambda) \,. \tag{$*$}$$

PREUVE. Le problème est local en Λ ; il nous est donc loisible de supposer les $c(\Lambda, P)$ à support compact. Dans ce cas, d'après le corollaire 1.10.2 on peut les supposer de la forme

$$c(\Lambda, P) = (f \circ \iota_P)(\Lambda) \qquad \text{pour } P \in \mathcal{P}(M)$$

avec f dans l'espace de Schwartz. On a donc que pour $\Lambda \in i\mathfrak{a}_P^*$

$$c(\Lambda, P) = \int_{\mathfrak{H}_M} e^{\Lambda(X_P)} \varphi(\mathcal{X})\, d\mathcal{X}$$

avec $\varphi = \widehat{f}$ à décroissance rapide. Mais, le lemme 1.10.3 montre que pour $\Lambda \in i\mathfrak{a}_P^*$

$$c_P^Q(\Lambda) = \int_{\mathfrak{H}_M} e^{\Lambda(X_Q)} \gamma_P^Q(\Lambda, X_P) \varphi(\mathcal{X})\, d\mathcal{X} \,.$$

La lissité de c_P^Q résulte du lemme 1.9.1 et de ce que

$$\gamma_P^Q(\Lambda, X)$$

est une fonction lisse en Λ, majorée par un polynôme en X, alors que $\widehat{f}$ est à décroissance rapide. De même, compte tenu du lemme 1.10.3, on a pour $\Lambda \in i\mathfrak{a}_M^*$

$$c_M^Q(\Lambda) = \int_{\mathfrak{H}_M} e^{\Lambda(X_Q)} \gamma_M^Q(\Lambda, \mathcal{X}) \varphi(\mathcal{X})\, d\mathcal{X} .$$

La décomposition $(*)$ ainsi que la lissité de c_M^Q résultent du lemme 1.9.3. □

Lemme 1.10.5. *Supposons que c et d soient deux (G, M)-familles, la première étant à valeurs scalaires, et considérons la (G, M)-famille produit*

$$e(\Lambda, P) = c(\Lambda, P) d(\Lambda, P) .$$

Si on pose

$$e_M^R(\Lambda) = \sum_{P \in \mathcal{P}^R(M)} \epsilon_P^R(\Lambda) e(\Lambda, P)$$

on a

$$e_M^R(\Lambda) = \sum_{Q \in \mathcal{F}^R(M)} c_M^Q(\Lambda) d_Q^R(\Lambda) .$$

Preuve. Ici encore le problème est local en Λ ; il nous est donc loisible de supposer les familles c et d à support compact ; on peut alors, d'après le corollaire 1.10.2, supposer l'existence de fonction φ et ψ dans l'espace de Schwartz sur $\mathfrak{H}_M$ telles que

$$c(\Lambda, P) d(\Lambda, P) = \int_{\mathfrak{H}_M} \int_{\mathfrak{H}_M} e^{\Lambda(\mathcal{X}+\mathcal{Y})} \varphi(\mathcal{X}) \psi(\mathcal{Y})\, d\mathcal{X}\, d\mathcal{Y} .$$

Dans ce cas $e_M^R(\Lambda)$ est égal à l'intégrale triple

$$\int_{H \in \mathfrak{a}_P^R} \int_{\mathcal{X} \in \mathfrak{H}_M} \int_{\mathcal{Y} \in \mathfrak{H}_M} e^{\Lambda(H + X_R + Y_R)} \Gamma_M^R(H, \mathcal{X} + \mathcal{Y}) \varphi(\mathcal{X}) \psi(\mathcal{Y})\, d\mathcal{X}\, d\mathcal{Y}\, dH$$

Le lemme résulte alors du lemme 1.8.6. □

CHAPITRE 2

Espaces tordus

2.1. Sorites

La notion d'espace tordu peut se définir dans diverses catégories. Les définitions ci-dessous s'entendent soit dans la catégorie des ensembles, soit dans la catégorie des espaces localement compacts soit encore dans la catégorie des variétés algébriques.

Rappelons qu'un espace tordu est la donnée d'un couple $(G,\widetilde{G})$ où G est un groupe et $\widetilde{G}$ un G-torseur (c.-à-d. un G-espace principal homogène) à gauche, muni d'une application G-équivariante dans le groupe $\mathrm{Aut}(G)$ des automorphismes de G :

$$\mathrm{Ad}\colon \widetilde{G} \to \mathrm{Aut}(G)\ .$$

L'équivariance signifie que pour tout $x \in G$ et tout $\delta \in \widetilde{G}$ on a

$$\mathrm{Ad}(x\delta) = \mathrm{Ad}(x) \circ \mathrm{Ad}(\delta)$$

où $\mathrm{Ad}(x)$ est l'automorphisme intérieur défini par x. L'application Ad n'est pas injective en général : ses fibres sont des torseurs sous le centre Z_G de G. On notera $\mathrm{Int}(G)$ le groupe des automorphismes intérieurs et $\mathrm{Out}(G)$ le groupe des automorphismes extérieurs. La suite exacte

$$1 \to \mathrm{Int}(G) \to \mathrm{Aut}(G) \to \mathrm{Out}(G) \to 1$$

montre que la classe d'isomorphisme de $\widetilde{G}$ est déterminée par l'unique élément image de $\widetilde{G}$ dans $\mathrm{Out}(G)$.[1] On définit une action à droite de G sur $\widetilde{G}$ en posant

$$\delta\, x = \theta(x)\, \delta \qquad \text{avec } \theta = \mathrm{Ad}(\delta)\ .$$

On dispose alors sur $\widetilde{G}$ d'une structure de G-torseur à droite et à gauche donc en particulier d'une action par conjugaison de G sur $\widetilde{G}$ et de la notion de classe de G-conjugaison dans $\widetilde{G}$. On note $Z_G(\widetilde{G})$ le centralisateur de $\widetilde{G}$ dans G. Il est facile de voir que

$$Z_G(\widetilde{G}) = (Z_G)^\theta$$

le sous-groupe des θ-invariants dans le centre de G.

On peut regarder un espace tordu $(G,\widetilde{G})$ comme les composantes d'indice 0 et 1 :

$$G = \mathcal{G}_0 \qquad \text{et} \qquad \widetilde{G} = \mathcal{G}_1$$

d'un groupe gradué par $\mathbb{Z}$

$$\mathcal{G} = \coprod_{n\in\mathbb{Z}} \mathcal{G}_n\ .$$

1. Le lecteur prendra garde à ce que le groupe des automorphismes dépend fortement de la catégorie où on se place.

Tous les $\mathcal{G}_n$ sont des G-espaces tordus et on dispose en particulier du G-espace tordu inverse $\widetilde{G}^{-1}$:

$$\widetilde{G}^{-1} = \mathcal{G}_{-1} \,.$$

L'espace tordu $(G, \widetilde{G}^{-1})$ peut être défini au moyen d'une bijection : $\widetilde{G} \to \widetilde{G}^{-1}$ notée $\delta \mapsto \delta^{-1}$ vérifiant, pour x et y dans G :

$$(x\delta y)^{-1} = y^{-1}\delta^{-1}x^{-1} \qquad \text{et} \qquad \mathrm{Ad}(\delta^{-1}) = \mathrm{Ad}(\delta)^{-1} \,.$$

On dispose alors d'une application $\widetilde{G} \times \widetilde{G}^{-1} \to G$ qui sera notée comme un produit (c'est en effet le produit dans $\mathcal{G}$) :

$$(\tau, \delta^{-1}) \mapsto \tau\delta^{-1}$$

avec la propriété suivante : si $\tau = u\delta$ pour $u \in G$ on a $\tau\delta^{-1} = u$ et plus généralement pour tout $x \in G$ on a

$$\tau\, x\, \delta^{-1} = u\, \theta(x)$$

où $\theta = \mathrm{Ad}(\delta)$. La donnée de $\theta = \mathrm{Ad}(\delta)$ fournit un isomorphisme d'espace tordus

$$\widetilde{G} \to G \rtimes \theta \subset G \rtimes \mathrm{Aut}(G)$$

défini par

$$x\delta \mapsto x \rtimes \theta \quad \text{pour} \quad x \in G \,.$$

Toutefois, cet isomorphisme n'est pas canonique ; il dépend du choix de δ.

Dans le cadre des espaces localement compacts, un espace tordu $\widetilde{G}$ est un espace tordu ensembliste où G est un groupe localement compact et où les morphismes considérés dans la définition de la structure sont continus. Une mesure G-invariante à droite ou à gauche sur $\widetilde{G}$ sera appelée une mesure de Haar. La donnée d'une mesure de Haar à gauche μ sur G permet de définir une mesure de Haar à gauche $\tilde{\mu}$ sur $\widetilde{G}$ en posant pour $f \in \mathcal{C}_c(G)$:

$$\tilde{\mu}(f) = \int_G f(x\delta)\, \mathrm{d}\mu(x) \,.$$

Un espace tordu $\widetilde{G}$ localement compact sera dit unimodulaire si pour tout $\delta \in \widetilde{G}$ l'automorphisme $\theta = \mathrm{Ad}(\delta)$ est de module 1. Ceci implique que G est unimodulaire.

On dispose également de la notion d'espace tordu dans la catégorie des variétés algébriques. Considérons un espace tordu algébrique $(G, \widetilde{G})$ où G est groupe linéaire algébrique connexe défini sur un corps F. S'il est non vide, l'ensemble $\widetilde{G}(F)$ est un espace tordu sous $G(F)$ au sens ensembliste, et si A est une F-algèbre localement compacte alors $\widetilde{G}(A)$ est un espace tordu localement compact.

2.2. Exemples

Un des exemples, important pour les applications, est le suivant. Soit V un espace vectoriel de dimension finie sur un corps F et soit V^* son dual. Considérons le groupe $G = \mathrm{GL}(V)$; on dispose de la représentation contragrédiente de G dans V^* définie pour $x \in G$ par

$$x \mapsto x^\vee = {}^t x^{-1} \,.$$

On notera

$$\widetilde{G} = \mathrm{Isom}(V, V^*)$$

l'espace des isomorphismes $V \to V^*$ ou, si on préfère, l'espace des formes bilinéaires non dégénérées sur $V \times V$. C'est un G-torseur à droite et à gauche en posant pour $x \in G$ et $\delta \in \widetilde{G}$:

$$x\delta = x^\vee \circ \delta \quad \text{et} \quad \delta x = \delta \circ x\ .$$

Pour tout $\delta \in \widetilde{G}$ on définit un automorphisme $\theta = \mathrm{Ad}(\delta)$ de G en posant pour $x \in G$

$$\theta(x) = (\delta \circ x \circ \delta^{-1})^\vee$$

et ceci munit $\widetilde{G}$ d'une structure de G-espace tordu. Si on munit V d'une base on dispose alors d'un isomorphisme de groupes

$$\iota \colon \mathrm{GL}(V) \to \mathrm{GL}(n, F)$$

et de l'application

$$\delta_0 \in \mathrm{Isom}(V, V^*)$$

qui envoie la base de V sur la base duale dans V^*. Dans ce cas l'automorphisme de $\mathrm{GL}(n, F)$ associé à $\theta_0 = \mathrm{Ad}(\delta_0)$ est l'inverse de la transposée pour les matrices :

$$\iota \circ \theta_0(x) = {}^t\iota(x)^{-1}\ .$$

En d'autres termes le choix d'une base dans V fournit un isomorphisme

$$\widetilde{G} \simeq \mathrm{GL}(n) \rtimes \varepsilon$$

où $\varepsilon(m) = {}^t m^{-1}$ pour $m \in \mathrm{GL}(n)$.

Dans le *Morning Seminar* on suppose dans les deux premiers exposés que

$$\widetilde{G} = G \rtimes \theta \subset G \rtimes \langle\theta\rangle$$

où θ est un automorphisme d'ordre fini ; dans les exposés suivants (3 à 15) on considère, comme dans [10] et les autres articles d'Arthur sur le cas tordu, le cas un peu plus général où $\widetilde{G}$ (noté G chez Arthur) est une composante connexe d'un groupe réductif non connexe (noté G' dans [20] et G^+ chez Arthur et dont la composante neutre est notée G dans [20] et G^0 par Arthur).

2.3. Représentations tordues

Soit ω un caractère de G et $\widetilde{G}$ un G-espace tordu. Soit V un espace vectoriel. On appelle représentation tordue de G dans V pour le couple $(\widetilde{G}, \omega)$, ou simplement représentation de $(\widetilde{G}, \omega)$, la donnée pour tout $\delta \in \widetilde{G}$ d'un endomorphisme inversible

$$\widetilde{\pi}(\delta, \omega) \in \mathrm{GL}(V)$$

et d'une représentation π de G dans V :

$$\pi \colon G \to \mathrm{GL}(V)$$

vérifiant pour $x, y \in G$ et $\delta \in \widetilde{G}$

$$\widetilde{\pi}(x\,\delta\,y, \omega) = \pi(x)\,\widetilde{\pi}(\delta, \omega)\,(\pi \otimes \omega)(y)\ .$$

En particulier

$$\widetilde{\pi}(\delta\,x, \omega) = \widetilde{\pi}(\delta, \omega)\,(\pi \otimes \omega)(x) = \widetilde{\pi}(\theta(x)\,\delta, \omega) = \pi\big(\theta(x)\big)\,\widetilde{\pi}(\delta, \omega)$$

et donc $\widetilde{\pi}(\delta, \omega)$ entrelace $\pi \otimes \omega$ et $\pi \circ \theta$ si $\theta = \mathrm{Ad}(\delta)$. La donnée de $\widetilde{\pi}$ détermine π ; on dira que π est la restriction de $\widetilde{\pi}$ à G et on écrira $\pi = \widetilde{\pi}|G$.

Réciproquement $\widetilde{\pi}$ est déterminé par la donnée de la représentation π et, pour un $\delta \in \widetilde{G}$, d'un opérateur A qui entrelace $\pi \otimes \omega$ et $\pi \circ \theta$ avec $\theta = \mathrm{Ad}(\delta)$:

$$A\,(\pi \otimes \omega)(x) = (\pi \circ \theta)(x)\,A\,.$$

On reconstruit $\widetilde{\pi}$ en posant

$$\widetilde{\pi}(x\delta, \omega) = \pi(x)A \qquad \text{pour } x \in G\,.$$

Si V est un espace de Hilbert on dira que $\widetilde{\pi}$ est unitaire si $\widetilde{\pi}$ prend ses valeurs dans le groupe unitaire de V. Si $\widetilde{\pi}$ est unitaire et si π est irréductible le lemme de Schur montre que π détermine

$$A = \widetilde{\pi}(\delta, \omega)$$

à un scalaire non nul près, indépendant de δ.

On dira que deux représentations tordues $(\widetilde{\pi}, V)$ et $(\widetilde{\pi}', V')$ sont équivalentes s'il existe un opérateur d'entrelacement inversible

$$I \colon V \to V'$$

tel que, pour tout $\delta \in \widetilde{G}$ on ait

$$I\,\widetilde{\pi}(\delta, \omega) = \widetilde{\pi}'(\delta, \omega)\,I\,.$$

Fixons $\delta \in \widetilde{G}$ et posons $A = \widetilde{\pi}(\delta, \omega)$ et $A' = \widetilde{\pi}'(\delta, \omega)$. On doit avoir pour tout $x \in G$:

$$I\,\widetilde{\pi}(x\delta, \omega) = \widetilde{\pi}'(x\delta, \omega)\,I$$

soit encore

$$I\,\pi(x)A = \pi'(x)A'\,I$$

et en particulier $I\,A = A'\,I$ avec A inversible et donc

$$I\,\pi(x) = \pi'(x)\,I\,.$$

C'est dire que π et π' sont équivalentes. Mais la réciproque est fausse puisque, même si π est unitaire irréductible, la classe de π ne détermine A qu'à un scalaire non nul près.

Supposons que $(\widetilde{\pi}, V)$ est une représentation unitaire et que (π, V) est une somme directe hilbertienne (finie ou dénombrable) de représentations irréductibles. On dira que π est quasi simple (relativement à $\widetilde{G}$) s'il existe une représentation irréductible (σ, W) et un entier $\ell = \ell(\pi)$ positif ou nul tels que

$$(\pi, V) = \widehat{\bigoplus_{r \in \mathbb{Z}/\ell(\pi)}} (\sigma_r, W_r)$$

où $W_r = W$ en tant qu'espace vectoriel pour tout r, mais est muni de la représentation σ_r définie par

$$\sigma_r = (\sigma \circ \theta^r) \otimes \omega^{-r}$$

où $\theta = \mathrm{Ad}(\delta)$ avec δ fixé dans $\widetilde{G}$. De plus les (σ_r, W_r) sont deux à deux inéquivalentes pour des r non congrus modulo ℓ alors que

$$\sigma_r \simeq \sigma_{r+\ell}\,.$$

Lemme 2.3.1. *Supposons que $(\widetilde{\pi}, V)$ est une représentation unitaire et que (π, V) est une somme directe hilbertienne (finie ou dénombrable) de représentations irréductibles. Alors π est quasi simple si et seulement si $\widetilde{\pi}$ est irréductible.*

PREUVE. Par hypothèse, π est somme finie ou dénombrable de représentations irréductibles. On peut décomposer (π, V) en somme de composants isotypiques. Soit (σ_0, W_0) une des composantes isotypiques. C'est un multiple d'une représentation irréductible (σ, W) de G. Posons

$$A = \widetilde{\pi}(\delta, \omega)$$

et notons W_r l'espace $A^r W_0$. On a, pour $w \in W_r$,

$$\pi(x)w = A^r \pi(x) A^{-r} w = \sigma_r(x) w$$

avec

$$\sigma_r = (\sigma_0 \circ \theta^r) \otimes \omega^{-r} .$$

Donc (π, V) contient tous les (σ_r, W_r). En particulier, si π est quasi simple $\widetilde{\pi}$ est irréductible. Examinons la réciproque. Deux cas sont alors possibles :

(1) Il y a un nombre fini de composantes isotypiques. Il existe donc un plus petit entier $\ell \geq 1$ tel que

$$\sigma_0 \simeq \sigma_\ell .$$

Dans ce cas l'opérateur A^ℓ peut s'écrire comme une somme directe finie

$$A^\ell = \bigoplus_{r \in \mathbb{Z}/\ell(\pi)} B_r$$

où B_r est la restriction de A^ℓ au sous-espace isotypique W_r. Mais, tout projecteur spectral non trivial de B_0 permet de construire un sous-espace $\widetilde{G}$-invariant non trivial de V et comme $(\widetilde{\pi}, V)$ est irréductible B_0 est nécessairement scalaire. Il en est donc de même de A^ℓ. On en déduit qu'un sous espace G invariant W dans W_0 engendre un sous-espace $\widetilde{G}$-invariant qui n'est l'espace V tout entier que si $W = W_0$. On en déduit que σ_0 est irréductible et que donc π est quasi simple.

(2) Il y a un nombre infini de composantes isotypiques. Soit W un sous espace irréductible dans W_0. L'adhérence de la somme directe des $A^r W$ avec $r \in \mathbb{Z}$ est un sous-espace $\widetilde{G}$-invariant et c'est donc l'espace V tout entier par irréductibilité de $\widetilde{\pi}$. □

Nous supposerons dans la suite de cette discussion que $\widetilde{G}$ est un espace tordu localement compact unimodulaire, muni d'une mesure de Haar et que toutes les représentations unitaires considérées sont continues. Soit V l'espace vectoriel des fonctions de carré intégrable sur G. On dispose d'une représentation unitaire naturelle, appelée représentation régulière, de $\widetilde{G} \times \widetilde{G}$ dans V en posant pour $\varphi \in V$, $x \in G$ et $(\delta, \tau) \in \widetilde{G} \times \widetilde{G}$:

$$(\boldsymbol{\rho}(\delta, \tau)\varphi)(x) = \varphi(\delta^{-1} x \tau) .$$

C'est une variante de cette représentation qui est au cur de la théorie de la formule des traces tordue.

Soit $(\widetilde{\pi}, V)$ une représentation unitaire et soit (π, V) sa restriction à G. Considérons une fonction $g \in \mathcal{C}_c^\infty(G)$. Il est classique de considérer l'opérateur défini par l'intégrale (qui a un sens pour la topologie forte sur l'espace de opérateurs)

$$\pi(g) = \int_G g(x)\pi(x)\, \mathrm{d}x .$$

De même on posera pour $f \in \mathcal{C}_c^\infty(\widetilde{G})$

$$\widetilde{\pi}(f) = \int_{\widetilde{G}} f(y)\widetilde{\pi}(y)\,\mathrm{d}y := \int_G f(x\delta)\widetilde{\pi}(x\delta)\,\mathrm{d}x\,.$$

Lemme 2.3.2. *Soit $\widetilde{G}$ un espace tordu localement compact unimodulaire muni d'une mesure de Haar. Soit $(\widetilde{\pi}, V)$ une représentation unitaire irréductible. On suppose que $\pi(g)$ est un opérateur à trace pour toute fonction $g \in \mathcal{C}_c^\infty(G)$. Alors, l'opérateur $\widetilde{\pi}(f)$ sera à trace pour toute fonction $f \in \mathcal{C}_c^\infty(\widetilde{G})$ et, si $\ell(\pi) \neq 1$, on aura*

$$\operatorname{trace}\widetilde{\pi}(f) = 0\,.$$

PREUVE. On suppose que $R = \pi(g)$ est un opérateur à trace pour toute fonction $g \in \mathcal{C}_c^\infty(G)$. En particulier π est somme discrète d'irréductibles. Comme $(\widetilde{\pi}, V)$ est irréductible (π, V) est quasi simple. On a $f \in \mathcal{C}_c^\infty(\widetilde{G})$ et on pose $g(x) = f(x\delta)$ et $A = \widetilde{\pi}(\delta, \omega)$. L'opérateur $A = \widetilde{\pi}(\delta, \omega)$ est un opérateur unitaire et donc

$$\widetilde{\pi}(f) = RA$$

est un opérateur à trace. On rappelle que

$$V = \widehat{\bigoplus_{r \in \mathbb{Z}/\ell(\pi)}} W_r$$

et on observe que

$$RA(W_r) \subset W_{r+1}$$

et donc si $\ell \neq 1$

$$\operatorname{trace}(RA) = 0\,. \qquad \square$$

2.4. Multiplicités des représentations tordues

Considérons une représentation tordue $(\widetilde{\boldsymbol{\rho}}, H)$ somme directe de représentations de représentations irréductibles $(\widetilde{\pi}, V_\pi)$ avec multiplicité $m(\widetilde{\pi})$, c'est-à-dire que, comme $\widetilde{G}$-module,

$$H = \bigoplus_{\widetilde{\pi}} M(\widetilde{\pi}) \otimes V_\pi$$

où $M(\widetilde{\pi})$ est un espace de dimension $m(\widetilde{\pi})$ sur lequel $\widetilde{G}$ agit trivialement. Soit $\widetilde{\pi}$ une représentation de $\widetilde{G}$ dont la restriction π à G reste irréductible. On suppose que $\widetilde{\pi}$ intervient dans $(\widetilde{\boldsymbol{\rho}}, H)$ avec la multiplicité $m(\widetilde{\pi})$. Si on note $m(\pi)$ la multiplicité de π dans $(\boldsymbol{\rho}, H)$, la restriction à G de $(\widetilde{\boldsymbol{\rho}}, H)$, on a

$$m(\pi) = \sum_{\widetilde{\pi}|G \simeq \pi} m(\widetilde{\pi})$$

et en particulier

$$m(\widetilde{\pi}) \leq m(\pi)\,.$$

De fait on a

$$H = \bigoplus_{\pi} M(\pi) \otimes V_\pi \qquad \text{avec } M(\pi) = \bigoplus_{\widetilde{\pi}'|G \simeq \pi} M(\widetilde{\pi}')\,.$$

Cette notion naïve de multiplicité n'est pas la bonne lorsqu'on souhaite exploiter l'indépendance linéaire des traces et, pour ce faire, il sera nécessaire de regrouper les contributions des diverses $\widetilde{\pi}$ ayant même restriction π à G. En effet, soient $\widetilde{\pi}$ et $\widetilde{\pi}'$ deux représentations irréductibles dans un même espace V et qui ont la même restriction π à G avec π irréductible. Alors les opérateurs $A = \widetilde{\pi}(\delta,\omega)$ et $A' = \widetilde{\pi}'(\delta,\omega)$ sont proportionnels. Donc, si les opérateurs $\widetilde{\pi}(f)$ sont à trace, les formes linéaires

$$f \mapsto \operatorname{trace} \widetilde{\pi}(f) \quad \text{et} \quad f \mapsto \operatorname{trace} \widetilde{\pi}'(f)$$

sont proportionnelles. Notons

$$\lambda(\widetilde{\pi}', \widetilde{\pi}) \in \mathbb{C}^\times$$

le scalaire tel que, pour tout $\delta \in \widetilde{G}$ on ait

$$\widetilde{\pi}'(\delta,\omega) = \lambda(\widetilde{\pi}', \widetilde{\pi})\widetilde{\pi}(\delta,\omega) .$$

Si l'ensemble des $\widetilde{\pi}$ ayant même restriction π et intervenant avec une multiplicté non nulle est fini et si $\widetilde{\pi}(f)$ est un opérateur à trace pour toute $f \in \mathcal{C}_c^\infty(\widetilde{G})$, l'objet qu'il convient de considérer est la somme

$$\sum_{\widetilde{\pi}'|G=\pi} m(\widetilde{\pi}') \operatorname{trace} \widetilde{\pi}'(f) = m(\pi, \widetilde{\pi}) \operatorname{trace} \widetilde{\pi}(f)$$

où l'on a posé

$$m(\pi, \widetilde{\pi}) = \sum_{\widetilde{\pi}'|G=\pi} \lambda(\widetilde{\pi}', \widetilde{\pi})\, m(\widetilde{\pi}') .$$

L'ensemble des $\widetilde{\pi}$ ayant même restriction π forment un torseur sous $\mathbb{C}^\times$ de même que les nombres $\operatorname{trace} \widetilde{\pi}(f)$ (que l'on pourrait appeler la trace tordue). L'ensemble des nombres $m(\pi, \widetilde{\pi})$ peut être vu comme un torseur sous $\mathbb{C}^\times$ que l'on appelera la multiplicité tordue. Le produit des deux torseurs

$$m(\pi, \widetilde{\pi}) \operatorname{trace} \widetilde{\pi}(f)$$

est un nombre indépendant du choix du point base $\widetilde{\pi}$: il ne dépend que de π.

2.5. Espaces tordus réductifs

On suppose désormais que $(G, \widetilde{G})$ est un espace tordu algébrique où G est un groupe linéaire algébrique connexe défini sur un corps de nombres F et on suppose que $\widetilde{G}(F)$ est non vide. On peut alors définir l'espace tordu $\widetilde{G}(\mathbb{A})$ des points adéliques de $\widetilde{G}$. Tout élément $y \in \widetilde{G}(\mathbb{A})$ est de la forme

$$y = x\delta$$

avec $x \in G(\mathbb{A})$ et $\delta \in \widetilde{G}(F)$. L'automorphisme induit par

$$\theta = \operatorname{Ad}(\delta)$$

sur $\mathfrak{a}_G$ sera encore noté θ ; il est indépendant du choix de $\delta \in \widetilde{G}(F)$. On notera $\mathfrak{a}_{\widetilde{G}}$ le sous-espace vectoriel des points fixes sous θ dans $\mathfrak{a}_G$:

$$\mathfrak{a}_{\widetilde{G}} = (\mathfrak{a}_G)^\theta$$

et on pose

$$a_{\widetilde{G}} := \dim \mathfrak{a}_{\widetilde{G}} .$$

Supposons G réductif. On notera $\mathfrak{A}_{\widetilde{G}}$ le sous-groupe des points fixes sous θ dans $\mathfrak{A}_G$ et $\mathbf{H}_G$ induit un isomorphisme

$$\mathfrak{A}_{\widetilde{G}} \to \mathfrak{a}_{\widetilde{G}} .$$

Pour toutes les applications envisagées à ce jour il est loisible de supposer que l'automorphisme induit par θ sur $\mathfrak{a}_G$ est semi-simple voire même d'ordre fini. Toutefois, Kottwitz et Shelstad font dans [25, §6.1] une hypothèse moins restrictive : ils supposent simplement que l'application entre invariants et coinvariants

$$(\mathfrak{a}_G)^\theta \to (\mathfrak{a}_G)_\theta$$

est un isomorphisme. Si on note $\mathfrak{a}_G^{1-\theta}$ le noyau de la surjection sur les coinvariants, la condition peut se reformuler ainsi : on a une décomposition en somme directe

$$\mathfrak{a}_G = \mathfrak{a}_{\widetilde{G}} \oplus \mathfrak{a}_G^{1-\theta} .$$

Ceci est encore équivalent à demander que le jacobien

$$j(\widetilde{G}) = |\det(\theta - 1|\mathfrak{a}_G/\mathfrak{a}_{\widetilde{G}})|$$

soit non nul. Nous le supposerons désormais.

On a choisi un sous-groupe parabolique minimal P_0 dans G et un sous-groupe de Levi $M_0 \subset P_0$ définis sur F. Compte tenu de la conjugaison sur F des sous-groupes paraboliques minimaux et de leurs sous-groupes de Levi, il est possible de choisir $\delta_0 \in \widetilde{G}(F)$ de sorte que

$$\theta_0 = \mathrm{Ad}(\delta_0)$$

préserve P_0 et M_0. On suppose désormais δ_0 choisi ainsi. Il est uniquement déterminé modulo $M_0(F)$.

2.6. Éléments semi-simples ou elliptiques

On dit, suivant [25, Section 1.1, p. 13], qu'un élément $\delta \in \widetilde{G}$ est quasi semi-simple si $\mathrm{Ad}(\delta)$ induit un automorphisme semi-simple de G_{der}. Cela revient à demander que $\mathrm{Ad}(\delta)$ préserve une paire de Borel (B, T), où B est un sous-groupe de Borel et T un tore maximal dans B, définis sur la clôture algébrique. On dispose pour les éléments d'un tel espace tordu de la décomposition de Jordan : tout $\delta \in \widetilde{G}(F)$ s'écrit de manière unique

$$\delta = s_\delta n_\delta = n_\delta s_\delta$$

avec s_δ quasi semi-simple dans $\widetilde{G}(F)$ et n_δ unipotent dans $G(F)$. On notera G^δ le centralisateur de $\delta \in \widetilde{G}$ dans G et G_δ la composante neutre de G^δ :

$$G_\delta = (G^\delta)^0 .$$

On appelle centralisateur stable, noté I_δ, le sous-groupe engendré par G_δ et $Z_G(\widetilde{G})$ le centralisateur de $\widetilde{G}$ dans G. Dans le cas non tordu (c.-à-d. $G = \widetilde{G}$) on a $G_\delta = I_\delta$ lorsque δ est semi-simple. Mais en général le groupe I_δ est non connexe.

On dit qu'un élément $\delta \in \widetilde{G}(F)$ est elliptique s'il est quasi semi-simple et si de plus le tore déployé maximal du centre du centralisateur stable I_δ ou, ce qui est équivalent, du centralisateur connexe G_δ est égal au tore déployé maximal du centralisateur $Z_G(\widetilde{G})$ de $\widetilde{G}$ dans G. Une condition équivalente est que

$$\mathfrak{a}_{G_\delta} = \mathfrak{a}_{\widetilde{G}} .$$

2.7. Sous-espaces paraboliques

On dit que $\widetilde{P} \subset \widetilde{G}$ est un sous-espace parabolique si $\widetilde{P}$ est le normalisateur dans $\widetilde{G}$ d'un sous-groupe parabolique P de G et s'il est non vide. Un sous-groupe parabolique étant son propre normalisateur dans G il en résulte que $\widetilde{P}$ est un P-espace tordu. Le radical unipotent N de P est invariant par

$$\theta = \mathrm{Ad}(\delta)$$

pour tout $\delta \in \widetilde{P}$ et si M est un sous-groupe de Levi de P on peut choisir δ de sorte que $\widetilde{M} = M\delta$ soit un M-espace tordu. On dit que $\widetilde{M}$ est un sous-ensemble de Levi de $\widetilde{P}$ et on a la décomposition de Levi tordue :

$$\widetilde{P} = \widetilde{M}N \ .$$

On définit l'espace

$$\mathfrak{a}_{\widetilde{P}} = \mathfrak{a}_{\widetilde{M}}$$

comme le sous-espace des vecteurs dans $\mathfrak{a}_P = \mathfrak{a}_M$ fixes sous l'automorphisme θ induit par l'un quelconque des éléments $\delta \in \widetilde{M}$. Si $\widetilde{P} \subset \widetilde{Q}$ sont deux sous-ensembles paraboliques on a $\mathfrak{a}_{\widetilde{Q}} \subset \mathfrak{a}_{\widetilde{P}}$ et un supplémentaire canonique

$$\mathfrak{a}_{\widetilde{P}} = \mathfrak{a}_{\widetilde{Q}} \oplus \mathfrak{a}_{\widetilde{P}}^{\widetilde{Q}} \ .$$

Rappelons que l'on a choisi $\delta_0 \in \widetilde{G}(F)$ tel que

$$\theta_0 = \mathrm{Ad}(\delta_0)$$

préserve P_0. Le sous-ensemble $\widetilde{P}_0 = P_0.\delta_0$ est donc un sous-ensemble parabolique minimal. Lorsque P est standard, dire que son normalisateur dans $\widetilde{G}$ est non vide équivaut à dire que P est θ_0-stable. Soient M le sous-groupe de Levi de P contenant M_0 et N le radical unipotent de P. On observe que M et N sont θ_0-invariants et $\widetilde{M} = M\delta_0$ est un sous-ensemble de Levi de $\widetilde{P}$. Soient $\widetilde{P} \subset \widetilde{Q}$ deux sous-ensembles paraboliques standard (c'est-à-dire contenant $\widetilde{P}_0$). Puisque l'automorphisme θ_0 préserve P et Q, il induit une permutation de l'ensemble fini Δ_P^Q et donc induit un endomorphisme d'ordre fini ℓ dans $\mathfrak{a}_P^Q$. Une racine $\alpha \in \Delta_P^Q$ définit, par restriction, une forme linéaire $\widetilde{\alpha}$ sur $\mathfrak{a}_{\widetilde{P}}^{\widetilde{Q}}$ qui ne dépend que de l'orbite de α sous θ_0. On observera d'ailleurs que la forme linéaire $\widetilde{\alpha}$ sur $\mathfrak{a}_{\widetilde{P}}^{\widetilde{Q}}$ est aussi la restriction à cet espace de la moyenne

$$\frac{1}{\ell}\sum_{r=0}^{\ell-1}\theta_0^r(\alpha)$$

et on pourra identifier $\widetilde{\alpha}$ à cette moyenne sur l'orbite. On note

$$\Delta_{\widetilde{P}}^{\widetilde{Q}}$$

l'ensemble de ces orbites (ou des formes linéaires associées). On définit de même $\widetilde{\varpi}$ pour $\varpi \in \widehat{\Delta}_P^Q$ et on note

$$\widehat{\Delta}_{\widetilde{P}}^{\widetilde{Q}}$$

l'ensemble de ces orbites. Les lemmes suivants sont la clef de l'extension au cas tordu de la combinatoire :

Lemme 2.7.1. *L'application*

$$\widetilde{P} \mapsto \Delta_{\widetilde{P}_0}^{\widetilde{P}}$$

est une bijection entre l'ensemble des sous-ensembles paraboliques standard de $\widetilde{G}$ et l'ensemble des parties de $\Delta_{\widetilde{P}_0}^{\widetilde{G}}$.

Preuve. Il suffit d'observer que $\Delta_{\widetilde{P}_0}^{\widetilde{P}}$ est un ensemble d'orbites sous θ_0 dans $\Delta_{P_0}^{G}$ et d'invoquer le lemme 1.2.1. □

Lemme 2.7.2. *L'ensemble $\Delta_{\widetilde{P}}^{\widetilde{Q}}$ est une base obtuse et $\widehat{\Delta}_{\widetilde{P}}^{\widetilde{Q}}$ une base aigüe du dual de $\mathfrak{a}_{\widetilde{P}}^{\widetilde{Q}}$.*

Preuve. On rappelle que l'on peut représenter les éléments de

$$\Delta_{\widetilde{P}}^{\widetilde{Q}} \quad \text{et} \quad \widehat{\Delta}_{\widetilde{P}}^{\widetilde{Q}}$$

par des moyennes sur les orbites correspondantes ce qui permet le calcul des produits scalaires. Les assertions résultent alors du lemme 1.2.6. □

Lemme 2.7.3. *Le sous-espace $\mathfrak{a}_{\widetilde{P}}$ détermine $\mathfrak{a}_P$ et le centralisateur de $\mathfrak{a}_{\widetilde{P}}$ et de $\mathfrak{a}_P$ dans $\mathbf{W}$ coïncident.*

Preuve. Il suffit d'observer que le point $X_P \in \mathfrak{a}_P$ défini par

$$X_P = \sum_{\varpi \in \widehat{\Delta}_P} \varpi^{\vee}$$

appartient à l'intersection de $\mathfrak{a}_{\widetilde{P}}$ et de la chambre définie par P dans $\mathfrak{a}_P$. Son centralisateur dans $\mathbf{W}$, est le groupe de Weyl $\mathbf{W}^M$ où M est le sous-groupe de Levi de P. □

2.8. Chambres et facettes : cas tordu

Le quotient du normalisateur de M_0 dans $\widetilde{G}$ par M_0 est l'ensemble de Weyl de $\widetilde{G}$ et sera noté $\mathbf{W}^{\widetilde{G}}$ ou simplement $\widetilde{\mathbf{W}}$. On a

$$\widetilde{\mathbf{W}} = \mathbf{W} \rtimes \theta_0 \ .$$

Soit $\widetilde{M}$ et $\widetilde{M}'$ deux sous-ensembles de Levi. Pour alléger un peu les notations on écrira parfois $\widetilde{\mathfrak{a}}$ pour $\mathfrak{a}_{\widetilde{M}}$ et $\widetilde{\mathfrak{a}}'$ pour $\mathfrak{a}_{\widetilde{M}'}$. On note $\mathbf{W}(\widetilde{\mathfrak{a}}, \widetilde{\mathfrak{a}}')$ l'ensemble des restrictions à $\widetilde{\mathfrak{a}}$ des applications induites par des $s \in \mathbf{W}$ qui induisent un isomorphisme

$$\widetilde{\mathfrak{a}} \to \widetilde{\mathfrak{a}}' \ .$$

Lemme 2.8.1. *Soient $\widetilde{M}$ et $\widetilde{M}'$ deux sous-ensembles de Levi standard. L'ensemble $\mathbf{W}(\widetilde{\mathfrak{a}}, \widetilde{\mathfrak{a}}')$ est le sous-ensemble des points fixes sous θ_0 dans $\mathbf{W}(\mathfrak{a}, \mathfrak{a}')$ c'est-à-dire que $\mathbf{W}(\widetilde{\mathfrak{a}}, \widetilde{\mathfrak{a}}')$ est en bijection avec l'ensemble des $s \in \mathbf{W}^G$ tels que*

(i) $s(\mathfrak{a}) = \mathfrak{a}'$

(ii) $s\alpha > 0$ *pour toute* $\alpha \in \Delta_{P_0}^{M}$

(iii) $\theta_0(s) = s$.

La condition (ii) *est équivalente à la condition*

(ii′) $s^{-1}\alpha > 0$ *pour toute* $\alpha \in \Delta_{P_0}^{M'}$.

PREUVE. D'après le lemme 2.7.3, un élément $s \in \mathbf{W}(\widetilde{\mathfrak{a}}, \widetilde{\mathfrak{a}}')$ est la restriction d'un unique élément, encore noté s, dans $\mathbf{W}(\mathfrak{a}, \mathfrak{a}')$. D'après le lemme 1.3.6 il est représenté par un unique élément dans $\mathbf{W}$ encore noté s de longueur minimale dans sa classe modulo $\mathbf{W}^M$, ce qui équivaut à demander que $s\alpha > 0$ pour toute $\alpha \in \Delta_{P_0}^M$ ou, ce qui est équivalent, que $s^{-1}\alpha > 0$ pour toute $\alpha \in \Delta_{P_0}^{M'}$. Mais $\theta_0(s)$ a les mêmes propriétés et donc $s = \theta_0(s)$. □

On notera $\mathbf{W}(\mathfrak{a}_{\widetilde{M}})$ l'union disjointe des $\mathbf{W}(\mathfrak{a}_{\widetilde{M}}, \mathfrak{a}_{\widetilde{M}'})$ lorsque $\widetilde{M}'$ parcourt l'ensemble des sous-ensembles de Levi standard. On dispose dans $\mathfrak{a}_{\widetilde{M}}$ des chambres de Weyl complémentaires des hyperplans définis par les orbites des racines. Soit $s \in \mathbf{W}(\mathfrak{a}_{\widetilde{M}})$, on note $\Delta(\widetilde{M}, s)$ l'ensemble des projections $\widetilde{\alpha}$ sur $\mathfrak{a}_{\widetilde{M}}$ des $\alpha \in s^{-1}(\Delta_{P_0})$ qui sont non nulles. On définit une chambre $C_{\widetilde{M}}(s)$ dans $\mathfrak{a}_{\widetilde{M}}$ par les inégalités

$$\widetilde{\alpha}(H) > 0 \quad \text{pour} \quad \widetilde{\alpha} \in \Delta(\widetilde{M}, s)\ .$$

La chambre $C_{\widetilde{M}}(s)$ est l'ensemble des points fixes sous θ_0 dans $C_M(s)$.

Lemme 2.8.2. *Il y a une bijection naturelle entre les trois ensembles suivants*

(i) *L'ensemble* $C_{\widetilde{M}}$ *des chambres de Weyl dans* $\mathfrak{a}_{\widetilde{M}}$

(ii) *L'ensemble* $\mathcal{P}(\widetilde{M})$ *des sous-ensembles paraboliques* $\widetilde{P}$ *admettant* $\widetilde{M}$ *comme sous-ensemble de Levi*

(iii) *L'ensemble* $\mathbf{W}(\mathfrak{a}_{\widetilde{M}})$.

PREUVE. Considérons $s \in \mathbf{W}(\mathfrak{a}_{\widetilde{M}})$ alors $C_{\widetilde{M}}(s)$ est la projection sur $\mathfrak{a}_{\widetilde{M}}$ de la chambre $C_M(s)$ dans $\mathfrak{a}_M$ ou, si on préfère, l'intersection de $C_M(s)$ et $\mathfrak{a}_{\widetilde{M}}$. Une telle chambre dans $\mathfrak{a}_M$ a une intersection non triviale avec $\mathfrak{a}_{\widetilde{M}}$ si et seulement si elle est θ_0-invariante. On conclut en invoquant le lemme 2.8.1. □

2.9. Combinatoire : extension au cas tordu

Soit $\widetilde{M}$ un sous-ensemble de Levi, $\widetilde{P}$, $\widetilde{Q}$ et $\widetilde{R}$ des sous-ensembles paraboliques. On définit des fonctions caractéristiques

$$\tau_{\widetilde{P}}^{\widetilde{Q}} \quad \text{et} \quad \widehat{\tau}_{\widetilde{P}}^{\widetilde{Q}}$$

de cônes dans $\mathfrak{a}_{\widetilde{P}}^{\widetilde{Q}}$, ainsi que des fonctions

$$\phi_{\widetilde{P}}^{\widetilde{Q},\widetilde{R}}, \qquad \Gamma_{\widetilde{P}}^{\widetilde{Q}} \qquad \text{et} \qquad \Gamma_{\widetilde{M}}^{\widetilde{Q}}$$

en remplaçant les bases Δ_P^Q et $\widehat{\Delta}_P^Q$ dans $\mathfrak{a}_P^Q$ par $\Delta_{\widetilde{P}}^{\widetilde{Q}}$ et $\widehat{\Delta}_{\widetilde{P}}^{\widetilde{Q}}$ dans $\mathfrak{a}_{\widetilde{P}}^{\widetilde{Q}}$. Une famille M-orthogonale $\mathcal{X}$ définit une famille $\widetilde{M}$-orthogonale en définissant $X_{\widetilde{P}}$ pour $\widetilde{P} \in \mathcal{F}(\widetilde{M})$ comme la projection de X_P sur $\mathfrak{a}_{\widetilde{P}}$. La notion de $(\widetilde{G}, \widetilde{M})$-famille est aussi définie de manière naturelle. Une (G, M)-famille étant donnée, on lui associe une $(\widetilde{G}, \widetilde{M})$-famille comme suit : soit $\widetilde{P} \in \mathcal{F}(\widetilde{M})$ on définit $c(\Lambda, \widetilde{P})$ comme la restriction aux $\Lambda \in i\mathfrak{a}_{\widetilde{P}}^*$ de $c(\Lambda, P)$.

Lemme 2.9.1. *Considérons une* (G, M)*-famille définie par transformée de Fourier*

$$c(\Lambda, P) = \int_{\mathfrak{H}_M} \mathrm{e}^{\iota_P(\Lambda)(\mathcal{X})} \varphi(\mathcal{X})\, \mathrm{d}\mathcal{X}\ .$$

La $(\widetilde{G},\widetilde{M})$-famille associée est définie par :

$$c(\Lambda,\widetilde{P}) = \int_{\mathfrak{H}_M} \mathrm{e}^{\iota_{\widetilde{P}}(\Lambda)(\mathcal{X})}\varphi(\mathcal{X})\,\mathrm{d}\mathcal{X}$$

pour $\Lambda \in i\mathfrak{a}^*_{\widetilde{P}}$.

Lemme 2.9.2. *L'analogue des assertions* 1.6.1 *à* 1.10.5 *sont encore valables pour les fonctions pour* $\tau^{\widetilde{Q}}_{\widetilde{P}}$, $\widehat{\tau}^{\widetilde{Q}}_{\widetilde{P}}$, $\Gamma^{\widetilde{Q}}_{\widetilde{P}}$ *et* $\Gamma^{\widetilde{Q}}_{\widetilde{M}}$ *et les $(\widetilde{G},\widetilde{M})$-familles.*

Preuve. Pour traiter le cas tordu il convient de remplacer partout les racines simples par leurs orbites sous θ_0 et les espaces vectoriels par leur sous-espaces de points fixes sous θ_0. À ceci près, et compte tenu des lemmes 2.7.1 à 2.8.2, les preuves s'étendent *verbatim* au cas tordu. □

En particulier, le lemme 2.9.2 fournit les énoncés suivants :

Proposition 2.9.3. *Considérons une famille orthogonale $\mathcal{X}$ et posons*

$$\Gamma_{\widetilde{M}}(H,\mathcal{X}) = \sum_{\widetilde{P}\in\mathcal{F}(\widetilde{M})} (-1)^{a_{\widetilde{P}}-a_{\widetilde{G}}}\,\widehat{\tau}_{\widetilde{P}}(H-X_P)\,.$$

Supposons que la famille orthogonale $\mathcal{X}$ est régulière. Alors, la fonction

$$H \mapsto \Gamma_{\widetilde{M}}(H,\mathcal{X})$$

est la fonction caractéristique de l'ensemble des H dont la projection sur $\mathfrak{a}^{\widetilde{G}}_{\widetilde{M}}$ appartient à l'enveloppe convexe des projections des X_s avec $s \in \mathbf{W}(\mathfrak{a}_{\widetilde{M}})$ ou, ce qui est équivalent, l'enveloppe convexe des projections des X_P pour $\widetilde{P} \in \mathcal{P}(\widetilde{M})$.

Proposition 2.9.4. *On a*

(1) $$\tau^{\widetilde{R}}_{\widetilde{P}}(H) = \sum_{\widetilde{P}\subset\widetilde{Q}\subset\widetilde{R}} \Gamma^{\widetilde{Q}}_{\widetilde{P}}(H,X)\tau^{\widetilde{R}}_{\widetilde{Q}}(H-X)$$

(2) $$\widehat{\tau}^{\widetilde{R}}_{\widetilde{P}}(H-X) = \sum_{\widetilde{P}\subset\widetilde{Q}\subset\widetilde{R}} (-1)^{a_{\widetilde{Q}}-a_{\widetilde{R}}}\,\widehat{\tau}^{\widetilde{Q}}_{\widetilde{P}}(H)\Gamma^{\widetilde{R}}_{\widetilde{Q}}(H,X)\,.$$

(3) $$\Gamma^{\widetilde{R}}_{\widetilde{P}}(H,X+Y) = \sum_{\widetilde{P}\subset\widetilde{Q}\subset\widetilde{R}} \Gamma^{\widetilde{Q}}_{\widetilde{P}}(H,X)\Gamma^{\widetilde{R}}_{\widetilde{Q}}(H-X,Y)$$

et

(4) $$\Gamma^{\widetilde{R}}_{\widetilde{M}}(H,\mathcal{X}+\mathcal{Y}) = \sum_{\widetilde{Q}\in\mathcal{F}^{\widetilde{R}}(\widetilde{M})} \Gamma^{\widetilde{Q}}_{\widetilde{M}}(H,\mathcal{X})\Gamma^{\widetilde{R}}_{\widetilde{Q}}(H-X_{\widetilde{Q}},Y_{\widetilde{Q}})$$

Enfin, si e est produit de deux $(\widetilde{G},\widetilde{M})$-familles, on a

(5) $$e^{\widetilde{R}}_{\widetilde{M}}(\Lambda) = \sum_{\widetilde{Q}\in\mathcal{F}^{\widetilde{R}}(\widetilde{M})} c^{\widetilde{Q}}_{\widetilde{M}}(\Lambda)d^{\widetilde{R}}_{\widetilde{Q}}(\Lambda)\,.$$

Preuve. Les équations (1), (2) et (3) sont les variantes tordues des équations (1), (2) et (3) du lemme 1.8.2 respectivement. L'équation (4) est la variante tordue du lemme 1.8.6. Enfin (5) est la variante tordue du lemme 1.10.5. □

2.10. Volumes de convexes et polynômes

On dispose de l'ensemble des racines réduites $\mathcal{R}$. Plus généralement, soit M un sous-groupe de Levi semi-standard, on notera $\mathcal{R}_M$ l'ensemble des racines réduites défini par la projection sur $\mathfrak{a}_M^*$ des racines de G dans $\mathfrak{a}_0$. On prendra garde que ce n'est pas en général un système de racines. Pour $P \in \mathcal{P}(M)$ on notera $\mathcal{R}_P$ le sous-ensemble des racines de $\mathcal{R}_M$ positives sur la chambre associée à P.

On appellera famille M-radicielle la donnée de nombres réels z_β pour chaque $\beta \in \mathcal{R}_M$ et on pose

$$X_P = \sum_{\beta\in\mathcal{R}_P} z_\beta \beta^\vee .$$

Si P et Q sont adjacents le mur étant défini par γ on a

$$X_P - X_Q = \sum_{\beta\in\mathcal{R}_P} z_\beta\beta^\vee - \sum_{\beta\in\mathcal{R}_Q} z_\beta\beta^\vee = (z_\gamma + z_{-\gamma})\gamma^\vee$$

car $\mathcal{R}_P \cap \mathcal{R}_Q$ est le complémentaire de γ dans $\mathcal{R}_P$ et de $-\gamma$ dans $\mathcal{R}_Q$. La famille des X_P définie à partir de la collection des z_β est donc une famille M-orthogonale. Notons $\mathfrak{z}_M$ l'espace vectoriel des familles de scalaires $\mathbf{z} = \{z_\beta\}$ pour $\beta \in \mathcal{R}_M$. L'application qui à $\mathbf{z}$ associe la famille des

$$X_P = \sum_{\beta\in\mathcal{R}_P} z_\beta\beta^\vee$$

est une application linéaire

$$j\colon \mathfrak{z}_M \to \mathfrak{H}_M$$

dont l'image sera notée $\mathfrak{Y}$.

On rappelle que l'on a introduit en 1.9.3 des polynômes γ_M. Le lemme suivant est une variante des lemmes 7.1 et 7.2 de [6].

Lemme 2.10.1. *Soit $\mathcal{X}$ la famille orthogonale associée à une famille radicielle* $\mathbf{z}$. *Le polynôme*

$$\gamma_M(\mathcal{X}) = \gamma_M \circ j(\mathbf{z})$$

peut s'écrire sous la forme

$$\gamma_M \circ j(\mathbf{z}) = \sum_F c_F \prod_{\beta\in F} z_\beta$$

où F parcourt l'ensemble des bases de $\mathfrak{a}_M^G$ formées de racines réduites pour M et où

$$c_F = \mathrm{vol}(F)$$

est le volume du parallélépipède engendré par F.

Preuve. Par définition

$$\gamma_M \circ j(\mathbf{z}) = \lim_{\Lambda\to 0} \sum_{P\in\mathcal{P}(M)} \mathrm{e}^{\Lambda(X_P)}\,\epsilon_P^G(\Lambda) \qquad \text{avec } X_P = \sum_{\beta\in\mathcal{R}_P} z_\beta\beta^\vee .$$

Donc

$$\frac{\partial}{\partial z_\beta}\gamma_M \circ j(\mathbf{z}) = \lim_{\Lambda\to 0} \sum_{P\in\mathcal{P}(M)} \frac{\partial}{\partial z_\beta}\mathrm{e}^{\Lambda(X_P)}\,\epsilon_P^G(\Lambda)$$

est égal à

$$\lim_{\Lambda\to 0} \sum_{\{P\in\mathcal{P}(M)|\beta\in\mathcal{R}_P\}} \Lambda(\beta^\vee)\mathrm{e}^{\Lambda(X_P)}\,\epsilon_P^G(\Lambda) .$$

On rappelle que

$$\epsilon_P^G(\Lambda) = \mathrm{vol}(\check{\Delta}_P^G) \prod_{\alpha\in\Delta_P^G} \Lambda(\alpha^\vee)^{-1} .$$

Si nous supposons que $\Lambda = \Lambda_0 + t\beta$ avec Λ_0 générique dans $\mathfrak{a}_L$ l'orthogonal de $\beta^\vee$ et $t \neq 0$ alors

$$\frac{\partial}{\partial z_\beta}\gamma_M \circ j(\mathbf{z}) = \lim_{\Lambda_0\to 0}\lim_{t\to 0} \sum_{\{P\in\mathcal{P}(M)|\beta\in\mathcal{R}_P\}} t\beta(\beta^\vee)\mathrm{e}^{\Lambda(X_P)}\,\epsilon_P^G(\Lambda_0+t\beta) .$$

Maintenant, si $\beta\in\Delta_P\subset\mathcal{R}_P$, on a

$$\epsilon_P^G(\Lambda_0+t\beta) = \frac{|\beta^\vee|}{t\beta(\beta^\vee)}\epsilon_Q^G(\Lambda_0)$$

où Q est le sous-groupe parabolique tel que

$$\Delta_P = \Delta_Q \cup \beta$$

et où $|\beta^\vee|$ est la longueur de $\beta^\vee$. On a utilisé que

$$\mathrm{vol}(\check{\Delta}_P^G) = |\beta^\vee\wedge\alpha_1^\vee\wedge\cdots\wedge\alpha_r^\vee| = |\beta^\vee|\,|\overline{\alpha}_1^\vee\wedge\cdots\wedge\overline{\alpha}_r^\vee| = |\beta^\vee|\,\mathrm{vol}(\check{\Delta}_Q^G)$$

où $\overline{\alpha}$ est la projection de α sur l'orthogonal de β. Par contre $\epsilon_P^G(\Lambda_0+t\beta)$ a une limite finie lorsque $t\to 0$ si $\beta\notin\Delta_P$. Donc, si on note L le sous-groupe de Levi tel que $\mathfrak{a}_L$ soit l'orthogonal de $\beta^\vee$ alors

$$\frac{\partial}{\partial z_\beta}\gamma_M\circ j(\mathbf{z}) = |\beta^\vee| \lim_{\Lambda_0\to 0}\sum_{Q\in\mathcal{P}(L)} \mathrm{e}^{\Lambda_0(X_Q)}\,\epsilon_Q^G(\Lambda_0) = |\beta^\vee|\,\gamma_L(\Lambda_0) .$$

Maintenant les X_Q sont indépendants de la variable z_β. Donc $\gamma_M\circ j(\mathbf{z})$ est somme monômes de degré ≤ 1 en chaque variable z_β. Plus précisément on a

$$\gamma_M\circ j(\mathbf{z}) = z_\beta|\beta^\vee|\,\gamma_L(\Lambda_0) + \text{des termes ne contenant pas } z_\beta .$$

Chaque racine $\gamma\in\mathcal{R}_P-\{\beta\}$ se projette en un multiple d'une racine réduite δ pour Q et on a donc

$$X_Q = \sum_{\gamma\in\mathcal{R}_P-\{\beta\}} z_\gamma\overline{\gamma}^\vee = \sum_{\delta\in\mathcal{R}_Q} y_\delta\delta^\vee \qquad \text{avec } y_\delta = \sum_{\gamma\to\delta} n_\gamma z_\gamma$$

et donc, si $\delta_1,\cdots,\delta_r$ est une base de $\mathfrak{a}_L$ formée d'éléments de $\mathcal{R}_L$ on a

$$y_{\delta_1}\cdots y_{\delta_r}|\delta_1^\vee\wedge\cdots\wedge\delta_r^\vee| = \sum z_{\gamma_1}\cdots z_{\gamma_r}|\overline{\gamma}_1^\vee\wedge\cdots\wedge\overline{\gamma}_r^\vee|$$

la somme portant sur les familles $\gamma_1,\ldots,\gamma_r$ d'éléments de $\mathcal{R}_M$ se projetant sur des multiples de $\delta_1,\ldots,\delta_r$. Elle sont donc telles que

$$\{\beta,\gamma_1,\cdots,\gamma_r\}$$

est une base de $\mathfrak{a}_M$. On voit alors, par récurrence sur le nombre de racines, que $\gamma_M\circ j(\mathbf{z})$ est la somme des monômes

$$c_F\prod_{\beta\in F} z_\beta$$

où F est une base de $\mathfrak{a}_M^G$ formé de coracines réduites pour M et où

$$c_F = \mathrm{vol}(F) = |\beta_0^\vee\wedge\cdots\wedge\beta_r^\vee|$$

est le volume du parallélépipède engendré par les $\beta_i^\vee\in F$. □

Considérons une famille radicielle $\{z_\beta\}$ et soit $\mathcal{X}$ la famille orthogonale associée. Soit $\widetilde{L}$ un sous-ensemble de Levi de $\widetilde{G}$. Pour tout $\widetilde{P}$ de Levi $\widetilde{M}$ on définit $X_{\widetilde{P}}$ comme la projection de X_P sur $\mathfrak{a}_{\widetilde{P}} = \mathfrak{a}_{\widetilde{L}}$. Les $X_{\widetilde{P}}$ définissent une famille $\widetilde{M}$-orthogonale.

Lemme 2.10.2.

$$\gamma_{\widetilde{L}}^{\widetilde{G}} \circ j(\mathbf{z}) = \sum_F c_{F_{\widetilde{L}}} \prod_{\beta\in F} z_\beta$$

où la somme porte sur les familles F de racines γ telles que l'ensemble $F_{\widetilde{L}}$ de leur projections $\overline{\gamma}$ sur $\mathfrak{a}_{\widetilde{L}}^{\widetilde{G}}$ soit une base de cet espace et où

$$c_{F_{\widetilde{L}}} = |\overline{\gamma}_1^\vee \wedge \cdots \wedge \overline{\gamma}_r^\vee| \, .$$

PREUVE. D'après la variante tordue du lemme 2.10.1 on sait que

$$\gamma_{\widetilde{L}}^{\widetilde{G}} \circ j(\mathbf{z}) = \sum_B c_B \prod_{\delta\in B} y_\delta$$

où B parcourt les bases de l'ensemble $\mathcal{R}_{\widetilde{L}}$. Comme dans le lemme précédent on observe que chaque racine $\gamma \in \mathcal{R}_P$ se projette en un multiple d'une racine réduite δ pour $\widetilde{P}$ et on a donc

$$X_{\widetilde{P}} = \sum_{\gamma\in\mathcal{R}_P} z_\gamma \overline{\gamma}^\vee = \sum_{\delta\in\mathcal{R}_{\widetilde{P}}} y_\delta \delta^\vee \quad \text{avec} \quad y_\delta = \sum_{\gamma\to\delta} n_\gamma z_\gamma$$

et donc, si $\delta_1, \ldots, \delta_r$ est une base B de $\mathfrak{a}_{\widetilde{P}}$ formée d'éléments de $\mathcal{R}_{\widetilde{P}}$ on a

$$y_{\delta_1} \cdots y_{\delta_r} |\delta_1^\vee \wedge \cdots \wedge \delta_r^\vee| = \sum_{\{F|F_{\widetilde{L}}=B\}} z_{\gamma_1} \cdots z_{\gamma_r} |\overline{\gamma}_1^\vee \wedge \cdots \wedge \overline{\gamma}_r^\vee|$$

la somme portant sur les familles $\gamma_1, \ldots, \gamma_r$ d'éléments de $\mathcal{R}_P$ se projetant sur des multiples de $\delta_1, \ldots, \delta_r$. □

On dira qu'une (G, M)-famille c est radicielle si elle est obtenue de la manière suivante :

$$c(\Lambda, P) = (f \circ \iota_P)(\Lambda)$$

et

$$f = g \circ j^*$$

où

$$j^* : \mathfrak{H}_M^* \to \mathfrak{Z}_M^*$$

est l'application linéaire duale de l'application j définie plus haut.

Le corollaire suivant reproduit et étend au cas tordu le résultat d'Arthur ([6, Corollary 7.3] pour les (G, M)-familles radicielles. C'est un cas particulier de résultats de Finis et Lapid [22].

Corollaire 2.10.3. *Soit $\{c(\Lambda, P)\}$ une (G, M)-famille de la forme*

$$c(\Lambda, P) = (g \circ j^* \circ \iota_P)(\Lambda) \, .$$

On a

$$c_{\widetilde{L}}^{\widetilde{G}}(0) = (D_{\widetilde{L}}^{\widetilde{G}} g)(0)$$

où $D_{\widetilde{L}}^{\widetilde{G}}$ est l'opérateur différentiel déduit du polynôme $\gamma_{\widetilde{L}}^{\widetilde{G}} \circ j$ par transformation de Fourier. C'est une combinaison linéaire de monômes différentiels produits de *dérivées partielles par rapport aux variables z_β où chaque variables intervient au plus une fois :*

$$D_{\widetilde{L}}^{\widetilde{G}} = \sum_F c_{F_{\widetilde{L}}} D_F \qquad \textit{avec } D_F = \prod_{\beta^\vee \in F} \partial_{z_\beta}$$

le produit des dérivations portant sur les coracines dans F.

Preuve. Comme ci-dessus il suffit de traiter le cas où $f = g \circ j^*$ avec g à support compact. Sa transformée de Fourier m est une mesure à décroissance rapide de support contenu dans $\mathfrak{Y}$. D'après l'équation (4′) du lemme 1.10.3 on a

$$c_{\widetilde{L}}^{\widetilde{G}}(0) = \int_{\mathfrak{H}_M} \gamma_{\widetilde{L}}^{\widetilde{G}}(\mathcal{X})\, \mathrm{d}m(\mathcal{X})\,.$$

Si on note h de composé de g avec l'injection

$$\mathfrak{Y}^* \to \mathfrak{Z}^*$$

on a donc

$$c_{\widetilde{L}}^{\widetilde{G}}(0) = \int_{\mathfrak{Y}} \gamma_{\widetilde{L}}^{\widetilde{G}}(\mathbf{y})\widehat{h}(\mathbf{y})\, \mathrm{d}\mathbf{y} = \int_{\mathfrak{Z}} \gamma_{\widetilde{L}}^{\widetilde{G}} \circ j(\mathbf{z})\widehat{g}(\mathbf{z})\, \mathrm{d}\mathbf{y}\,.$$

L'assertion résulte alors immédiatement du lemme 2.10.2 par transformation de Fourier. □

2.11. Les fonctions σ_Q^R et $\widetilde{\sigma}_Q^R$

Soit Q un sous-groupe parabolique standard. On notera Q^+ le sous-groupe parabolique standard dont le sous-groupe de Levi admet pour racines simples les éléments des orbites sous θ_0 des racines dans $\Delta_{P_0}^Q$. On notera Q^- le sous-groupe parabolique standard dont le sous-groupe de Levi admet pour racines simples les $\alpha \in \Delta_{P_0}^Q$ telles que l'orbite de α sous θ_0 soit toute entière contenue dans $\Delta_{P_0}^Q$. Les sous-groupes paraboliques Q^+ et Q^- sont stables sous θ_0 et on note $\widetilde{Q}^+$ (resp. $\widetilde{Q}^-$) les sous-ensembles paraboliques associés.

Lemme 2.11.1. *Soient Q et R deux sous-groupes paraboliques standard. Il existe un sous-ensemble parabolique (standard) $\widetilde{P}$ avec*

$$Q \subset P \subset R$$

si et seulement si $Q^+ \subset R^-$. Dans ce cas on a

$$Q \subset Q^+ \subset P \subset R^- \subset R\,.$$

En d'autres termes $\widetilde{Q}^+$ est le plus petit sous-ensemble parabolique $\widetilde{P}$ avec $Q \subset P \subset R$ et $\widetilde{R}^-$ est le plus grand.

Preuve. D'après le lemme 2.7.1 les sous-ensembles paraboliques $\widetilde{P}$ avec $Q \subset P \subset R$ sont en bijection avec les sous-ensembles $\Delta_{P_0}^P$ vérifiant

$$\Delta_{P_0}^Q \subset \Delta_{P_0}^P \subset \Delta_{P_0}^R$$

et formés d'orbites sous θ_0. Le lemme est alors conséquence des définitions de Q^+ et R^-. □

Lemme 2.11.2. *Supposons $Q^+ \subset R^-$. Le sous-espace $\widetilde{\mathfrak{a}}_Q^R$ des θ_0-invariants dans $\mathfrak{a}_Q^R$ est égal au sous-espace $\mathfrak{a}_{\widetilde{Q}^+}^{\widetilde{R}^-}$.*

PREUVE. Tout d'abord il est clair que $\tilde{\mathfrak{a}}_Q^R$ contient $\mathfrak{a}_{\tilde{Q}^+}^{\tilde{R}^-}$. Réciproquement, considérons $H \in \tilde{\mathfrak{a}}_Q^R$. Pour $\alpha \in \Delta_{P_0}^Q$ on a

$$\alpha(H) = \tilde{\alpha}(H) = 0$$

et ces $\tilde{\alpha}$ forment l'ensemble $\Delta_{\tilde{P}_0}^{\tilde{Q}^+}$. On en déduit que $\tilde{\mathfrak{a}}_Q^R \subset \mathfrak{a}_{\tilde{Q}^+}^{\tilde{G}}$. De même pour $\varpi \in \widehat{\Delta}_R^G$ on a

$$\varpi(H) = \tilde{\varpi}(H) = 0$$

d'où on déduit que $\tilde{\mathfrak{a}}_Q^R \subset \mathfrak{a}_{\tilde{P}_0}^{\tilde{R}^-}$. □

On considère deux sous-groupes paraboliques $Q \subset R$. On définit σ_Q^R comme la fonction caractéristique de l'ensemble des H tels que

(i) $\alpha(H) > 0$ pour tout $\alpha \in \Delta_Q^R$

(ii) $\alpha(H) \leq 0$ pour tout $\alpha \in \Delta_Q^G - \Delta_Q^R$

(iii) $\varpi(H) > 0$ pour tout $\varpi \in \widehat{\Delta}_R$

On observera que, d'après le lemme 1.7.1, $\sigma_Q^R(H) = 1$ implique que $\varpi(H) > 0$ pour tout $\varpi \in \widehat{\Delta}_Q$ et il est immédiat de vérifier que, pour P et Q fixés,

$$\sum_{\{R|P\subset R\}} \sigma_Q^R = \tau_Q^P \hat{\tau}_P$$

(voir le lemme 2.11.5 pour une preuve dans un cas plus général).

Nous aurons aussi besoin de la variante tordue de cette fonction caractéristique de cône. On suppose $Q^+ \subset R^-$ et soit $\widetilde{P}$ un sous-ensemble parabolique tel que

$$Q \subset P \subset R\,.$$

On définit ${}_{\tilde{P}}\sigma_Q^R$ comme la fonction caractéristique de l'ensemble des H tels que

(i) $\alpha(H) > 0$ pour tout $\alpha \in \Delta_Q^R$

(ii) $\alpha(H) \leq 0$ pour tout $\alpha \in \Delta_Q - \Delta_Q^R$

(iii) $\tilde{\varpi}(H) > 0$ pour tout $\tilde{\varpi} \in \widehat{\Delta}_{\tilde{P}}$

Lemme 2.11.3. *La fonction caractéristique* ${}_{\tilde{P}}\sigma_Q^R$ *est indépendante de* $\widetilde{P}$.

PREUVE. Considérons H tel que $\alpha(H) > 0$ pour tout $\alpha \in \Delta_Q^R$ et $\tilde{\varpi}(H) > 0$ pour tout $\tilde{\varpi} \in \widehat{\Delta}_{\tilde{P}}$. En particulier $\overline{\alpha}(H) > 0$ pour tout $\overline{\alpha} \in \Delta_{Q^+}^P$. Ceci implique $\tilde{\alpha}(H) > 0$ pour tout $\tilde{\alpha} \in \Delta_{\tilde{Q}^+}^{\tilde{P}}$. On a donc

$$\tau_{\tilde{Q}^+}^{\tilde{P}}(H)\hat{\tau}_{\tilde{P}}(H) = 1$$

et il résulte alors de la variante tordue du lemme 1.7.1 que

$$\hat{\tau}_{\tilde{Q}^+}(H) = 1$$

c'est-à-dire que $\tilde{\varpi}(H) > 0$ pour tout $\tilde{\varpi} \in \widehat{\Delta}_{\tilde{Q}^+}$. On a donc ${}_{\tilde{P}}\sigma_Q^R = {}_{\tilde{Q}^+}\sigma_Q^R$. □

Si $Q^+ \subset R^-$ et compte tenu du lemme 2.11.3 il est loisible de poser

$$\tilde{\sigma}_Q^R = {}_{\tilde{P}}\sigma_Q^R$$

où $\widetilde{P}$ est l'un quelconque des sous-ensembles paraboliques avec $Q \subset P \subset R$. Par convention $\tilde{\sigma}_Q^R = 0$ si $Q^+ \not\subset R^-$.

Lemme 2.11.4. *Si $Q = R$ alors $\tilde{\sigma}_Q^R = 0$ sauf si $Q = G$ auquel cas $\tilde{\sigma}_G^G = 1$.*

PREUVE. Considérons $\widetilde{P}$ avec $Q = P = R$. Les hypothèses impliquent

$$\alpha(H) \leq 0 \qquad \forall \alpha \in \Delta_P$$

alors que

$$\tilde{\varpi}(H) > 0 \qquad \forall \tilde{\varpi} \in \widehat{\Delta}_{\widetilde{P}}$$

ce qui, d'après le lemme 1.2.8, impose $\Delta_P = \varnothing$ et donc $P = G$. □

Lemme 2.11.5. *Pour tout $Q \subset P$ on a l'égalité :*

$$\sum_{R \supset P} \tilde{\sigma}_Q^R = \tau_Q^P \hat{\tau}_{\widetilde{P}}$$

PREUVE. On observe tout d'abord que les supports des diverses $\tilde{\sigma}_Q^R$ sont disjoints lorsque R varie. La fonction $\tau_Q^P \hat{\tau}_{\widetilde{P}}$ est la fonction caractéristique des H tels que

$$\alpha(H) > 0 \quad \forall \alpha \in \Delta_Q^P \qquad \text{et} \qquad \tilde{\varpi}(H) > 0 \quad \forall \tilde{\varpi} \in \widehat{\Delta}_{\widetilde{P}} \,.$$

Fixons H dans le support de $\tau_Q^P \hat{\tau}_{\widetilde{P}}$. Soit R le sous-groupe parabolique avec $R \supset Q$ et tel que

$$\Delta_Q^R = \{\alpha \in \Delta_Q \mid \alpha(H) > 0\}$$

alors $R \supset P$ et par définition ${}_{\widetilde{P}}\sigma_Q^R(H) = \tilde{\sigma}_Q^R(H) = 1$. □

Lemme 2.11.6. *Considérons $H \in \mathfrak{a}_0$ de la forme $H = H_1 + H_2$ avec $H_1 \in \mathfrak{a}_0$ et*

(i) $$H_2 \in \mathfrak{a}_R^G$$

ou bien

(ii) $$H_2 \in \mathfrak{a}_{\widetilde{R}^-}^{\widetilde{G}} \,.$$

En particulier, dans le second cas, on a $H_2 = \theta_0(H_2)$. Supposons que

$$\tilde{\sigma}_Q^R(H) = 1 \,.$$

Il existe une constante c telle que

$$\|H_2\| \leq c\|H_1\| \,.$$

PREUVE. Supposons H_2 de la forme (i). On peut écrire

$$H_2 = \sum_{\alpha \in \Delta_Q^G} a_\alpha \varpi_\alpha \qquad \text{avec } a_\alpha = \alpha(H_2) \,.$$

Par hypothèse $a_\alpha = 0$ pour $\alpha \in \Delta_Q^R$. Par ailleurs pour $\alpha \in \Delta_Q^G - \Delta_Q^R$ on a $\alpha(H) \leq 0$ et donc pour un tel α, on a

(1) $$a_\alpha = \alpha(H_2) = \alpha(H) - \alpha(H_1) \leq -\alpha(H_1) \leq c_1\|H_1\|$$

pour une constante $c_1 > 0$. On en déduit que

(1′) $$a_\alpha \leq c_1\|H_1\| \qquad \text{pour } \alpha \in \Delta_Q^G \,.$$

Par hypothèse

$$\tilde{\varpi}(H) = \tilde{\varpi}(H_2) + \tilde{\varpi}(H_1) > 0$$

pour $\tilde{\varpi} \in \widehat{\Delta}_{\widetilde{P}}$ et donc il existe $c_2 > 0$ telle que

(2) $$\tilde{\varpi}(H_2) > -c_2\|H_1\| \,.$$

Maintenant, si $\widetilde{\varpi}_\alpha \in \widehat{\Delta}_{\widetilde{R}^-}$ est la moyenne sur l'orbite de $\varpi_\alpha \in \widehat{\Delta}_R$ on a

$$\widetilde{\varpi}_\alpha(H_2) = a_\alpha\langle\varpi_\alpha, \widetilde{\varpi}_\alpha\rangle + \sum_{\substack{\beta\in\Delta_Q^G \\ \alpha\neq\beta}} a_\beta\langle\varpi_\beta, \widetilde{\varpi}_\alpha\rangle\ .$$

On remarque que les produits scalaires $\langle\varpi_\beta, \widetilde{\varpi}_\alpha\rangle$ sont tous positifs ou nuls. Compte tenu de $(1')$ et (2) on a

$$-c_2\|H_1\| < \widetilde{\varpi}_\alpha(H_2) \le rc_1\|H_1\| + a_\alpha\langle\varpi_\alpha, \widetilde{\varpi}_\alpha\rangle$$

où r est le rang de G. Comme $\langle\varpi_\alpha, \widetilde{\varpi}_\alpha\rangle$ est strictement positif on obtient

$$(3) \qquad a_\alpha \ge -c_3\|H_1\|$$

Les assertions du lemme se déduisent immédiatement de $(1')$ et (3) pour le cas (i). Dans le cas (ii) on peut encore écrire

$$H_2 = \sum_{\alpha\in\Delta_Q^G} a_\alpha\varpi_\alpha \qquad \text{avec } a_\alpha = \alpha(H_2)$$

mais cette fois on a $a_\alpha = 0$ seulement pour $\alpha \in \Delta_Q^{R^-}$. Par ailleurs, comme ci-dessus, on a (1) pour $\alpha \in \Delta_Q^G - \Delta_Q^R$ et donc on a

$$(1'') \qquad a_\alpha \le c_1\|H_1\| \qquad \text{pour } \alpha \in \Delta_Q^G - \Delta_Q^R\ .$$

Comme H_2 est supposé θ_0-invariant, le nombre a_α est constant sur l'orbite de α ; l'inégalité $(1'')$ est donc encore vraie pour tout $\alpha \in \Delta_Q^G - \Delta_Q^{R^-}$. On en déduit l'inégalité $(1')$ et on conclut comme dans le cas (i). □

2.12. Quelques inégalités géométriques

Dans toute cette section Q est un sous-groupe parabolique standard de G. On utilisera le symbole

$$\ll$$

qui signifie qu'il existe $c > 0$ tel que le membre de gauche soit inférieur à c fois celui de droite.

Lemme 2.12.1. *Soient P un sous-groupe parabolique θ_0-stable contenant Q et*

$$s = s_0 \rtimes \theta_0 \in \mathbf{W}^{\widetilde{P}} = \mathbf{W}^P \rtimes \theta_0\ .$$

On a deux possibilités :

(1) *il existe une constante $c > 0$ telle que*

$$\langle X, X\rangle - \langle X, sX\rangle \ge c\langle X, X\rangle$$

ou, ce qui est équivalent,

$$\|(1-s)X\| \gg \|X\|$$

pour tout $X \in \overline{C}_0 \cap \mathfrak{a}_Q^P$ où $\overline{C}_0$ est l'adhérence de la chambre de Weyl positive,

(2) *il existe un sous-ensemble parabolique propre $\widetilde{P}_1 \subsetneq \widetilde{P}$ de sous-ensemble de Levi $\widetilde{M}_1$ avec $Q \subset P_1 \subset P$ et*

$$s = s_0 \rtimes \theta_0 \in \mathbf{W}^{\widetilde{M}_1} = \mathbf{W}^{M_1} \rtimes \theta_0\ .$$

PREUVE. Tout d'abord on observe que s étant une isométrie, on a

$$2(\langle X, X\rangle - \langle X, sX\rangle) = \langle X - sX, X - sX\rangle = \|(1-s)X\|^2 \geq 0 .$$

Supposons désormais que $Q \neq P$, sinon le lemme est trivial. Sur le compact, intersection de $\overline{C}_0 \cap \mathfrak{a}_Q^P$ et de la sphère de rayon 1 (intersection qui est non vide puisque $Q \neq P$), il existe Y où la fonction

$$X \mapsto \langle X, X - sX\rangle$$

atteint son minimum $c \geq 0$. Si $c > 0$ le lemme est démontré. Supposons $c = 0$; ceci équivaut à $Y = sY$. On a alors

(1) $$\langle Y, Y - sY\rangle = \langle Y, Y - \theta_0 Y\rangle + \langle Y, \theta_0 Y - sY\rangle = 0 .$$

Mais, Y est dans l'adhérence de la chambre de Weyl positive C_0 et il en est de même de $\theta_0 Y$ puisque θ_0 préserve la chambre positive. D'après le lemme 1.5.2,

$$\theta_0 Y - s_0(\theta_0 Y)$$

est combinaison à coefficients positifs ou nuls de racines positives. On en déduit que

(2) $$\langle Y, \theta_0 Y - sY\rangle \geq 0 .$$

Enfin on a

(3) $$2\langle Y, Y - \theta_0 Y\rangle = \langle Y - \theta_0 Y, Y - \theta_0 Y\rangle \geq 0$$

La conjonction de (1), (2) et (3) implique

$$\langle Y - \theta_0 Y, Y - \theta_0 Y\rangle = 0$$

et donc

$$Y = \theta_0 Y \qquad \text{et} \qquad Y = s_0(Y) .$$

Le sous-groupe parabolique standard P_1 dont le sous-groupe de Levi M_1 a pour racines simples les

$$\alpha \in \Delta_{P_0}^P \qquad \text{telles que } \alpha(Y) = 0$$

est donc un sous-groupe parabolique qui est θ_0-stable puisque $Y = \theta_0 Y$ et qui contient Q puisque $Y \in \mathfrak{a}_Q^P$. Enfin on a

$$s_0 \in \mathbf{W}^{M_1}$$

puisque $Y = s_0(Y)$. Il reste à observer que P_1 est strictement plus petit que P puisque $Y \neq 0$. □

Lemme 2.12.2. *Soient $s \in \mathbf{W}^{\tilde{G}} = \mathbf{W} \rtimes \theta_0$ et R un sous-groupe parabolique contenant Q. Supposons qu'il existe un unique sous-espace parabolique $\widetilde{P}$ vérifiant les deux conditions suivantes :*

$$Q \subset P \subset R \qquad \textit{et} \qquad s \in \mathbf{W}^{\tilde{P}} .$$

Considérons $H \in \mathfrak{a}_Q^G$ avec $\tilde{\sigma}_Q^R(H) = 1$ alors

$$\|(1-s)H\| \gg \|H\| .$$

PREUVE. On a une décomposition orthogonale :

$$H = H_0 + H_1 + H_2$$

avec $H_0 \in \mathfrak{a}_Q^P$, $H_1 \in \mathfrak{a}_{\widetilde{P}}^{\widetilde{G}}$ et $H_2 \in \mathfrak{b}$ où $\mathfrak{b}$ est l'orthogonal de $\mathfrak{a}_{\widetilde{P}}^{\widetilde{G}}$ dans $\mathfrak{a}_P^G$. On observe que $(1-s)$ envoie $\mathfrak{a}_Q^P$ dans $\mathfrak{a}_{P_0}^P$, préserve le sous-espace $\mathfrak{a}_P^G$ et agit comme $(1-\theta_0)$ sur ce sous-espace ; en particulier il s'annule sur $\mathfrak{a}_{\widetilde{P}}^{\widetilde{G}}$; de plus

(1) $$\|(1-s)H_2\| \gg \|H_2\|$$

par injectivité de $(1-s)$ sur $\mathfrak{b}$. D'après l'équation (ii) du lemme 2.11.6 on sait que si $\widetilde{\sigma}_Q^R(H) = 1$ alors

(2) $$\|H_1\| \ll \|H_0 + H_2\|$$

et, sous la même hypothèse le lemme 2.12.1 montre que

(3) $$\|(1-s)H_0\| \gg \|H_0\|$$

et donc, compte tenu de (1)

(4) $$\|(1-s)H\| = \|(1-s)(H_0 + H_2)\| \gg \|H_0\| + \|H_2\|$$

et au total on obtient que si $\widetilde{\sigma}_Q^R(H) = 1$ alors

(5) $$\|(1-s)H\| \gg \|H\| .$$ □

2.13. Une application omniprésente

Ce paragraphe introduit une application q qui sera présente fréquemment dans la quatrième partie. Les lemmes ci-dessous sont des variantes des lemmes 2.12.1 et 2.12.2 ci-dessus.

Soit Q un sous-groupe parabolique standard. Pour $X \in \mathfrak{a}_0$ on note X_Q sa projection sur $\mathfrak{a}_Q$. On considère l'application linéaire

$$q\colon \mathfrak{a}_0^G \to \mathfrak{a}_Q^G$$

définie par

$$X \mapsto \big((1-\theta_0)X\big)_Q$$

et on note $\mathfrak{k}$ son noyau. Les sous-groupes

$$Q_0 = Q \cap \theta_0^{-1}Q \qquad \text{et} \qquad \theta_0(Q_0) = \theta_0(Q) \cap Q$$

sont aussi des sous-groupes paraboliques standard. Puisque

$$\mathfrak{a}_0^{Q_0} \subset \mathfrak{a}_0^Q \quad \text{et} \quad \theta_0(\mathfrak{a}_0^{Q_0}) \subset \mathfrak{a}_0^Q$$

on a

$$\mathfrak{a}_0^{Q_0} \subset \mathfrak{k} .$$

D'où l'égalité $q(X_{Q_0}) = q(X)$ pour tout X.

Lemme 2.13.1. *On a une majoration*

$$\|X\| \ll \|q(X)\|$$

pour tout $X \in \mathfrak{a}_{Q_0}^{Q^+}$ *vérifiant* $\tau_Q^{Q^+}(X)\phi_{Q_0}^Q(X) = 1$. *(La fonction* $\phi_{Q_0}^Q$ *a été introduite dans le lemme* 1.7.5*).*

PREUVE. Par hypothèse l'élément X appartient au cône $\mathcal{C}$ engendré par les $\varpi^\vee$, pour $\varpi \in \hat{\Delta}_Q^{Q^+}$, et les $-\overline{\alpha}^\vee$ pour pour $\alpha \in \Delta_{Q_0}^Q$ où $\overline{\alpha}$ est la projection de $\alpha \in \Delta_0^Q - \Delta_0^{Q_0}$ sur le dual de $\mathfrak{a}_{Q_0}^Q$. Il suffit de prouver que le cône engendré par les images de ces éléments par l'application q est un « vrai » cône, c'est-à-dire ne contient pas de sous-espace non nul. Il suffit encore de prouver que $\overline{\mathcal{C}} \cap \mathfrak{k} = \{0\}$. Soit donc X dans cette intersection. On pose $Y = X^Q$ et $Z = X_Q$. On a

$$0 = q(X) = Z - (\theta_0 Z)_Q - (\theta_0 Y)_Q \,.$$

Par produit scalaire avec Z, on obtient

$$(*) \qquad \langle Z, Z - (\theta_0 Z)_Q \rangle = \langle Z, (\theta_0 Y)_Q \rangle \,.$$

L'élément $(\theta_0 Y)_Q$ appartient au cône engendré par les $-\big(\theta_0(\overline{\alpha}^\vee)\big)_Q$ pour $\alpha \in \Delta_0^Q - \Delta_0^{Q_0}$. Puisque $\theta_0(Q_0) \subset Q$, on a

$$(\theta_0 \overline{\alpha}^\vee)_Q = (\theta_0 \alpha^\vee)_Q \,.$$

D'autre part, θ_0 envoie injectivement $\Delta_0^Q - \Delta_0^{Q_0}$ sur un sous-ensemble de $\Delta_0^{Q^+} - \Delta_0^Q$: en effet si α et $\theta_0\alpha$ appartiennent à Δ_0^Q alors α appartient à $\Delta_0^{Q_0}$. Donc, d'une part $(\theta_0 Y)_Q$ appartient au cône engendré par les $-\beta^\vee$, pour $\beta \in \Delta_Q^{Q^+}$, d'autre part cet élément n'est nul que si $Y = 0$. L'élément Z appartient au cône engendré par les $\varpi^\vee$, pour $\varpi \in \hat{\Delta}_Q^{Q^+}$. Il en résulte que le membre de droite de $(*)$ est négatif ou nul. Or celui de gauche est positif ou nul : en effet, comme $Z = Z_Q$ on a

$$\langle Z, Z - (\theta_0 Z)_Q \rangle = \langle Z, Z - \theta_0 Z \rangle = \frac{1}{2} \|(1 - \theta_0) Z\|^2 \,.$$

Les deux membres de l'équation $(*)$ sont donc nuls. La nullité de celui de gauche entraîne que

$$Z = (\theta_0 Z)_Q = \theta_0 Z \,.$$

Le lemme 2.11.2 entraîne alors $Z = 0$. Donc $0 = q(X) = -(\theta_0 Y)_Q$. On a déjà dit que cela impliquait $Y = 0$. □

Corollaire 2.13.2. *Soient $Q \subset R$ deux sous-groupes paraboliques standard. On suppose que $Q^+ = R^-$. On a une majoration*

$$\|X\| \ll \|q(X)\|$$

pour tout $X \in \mathfrak{a}_{Q_0}^G$ vérifiant $\widetilde{\sigma}_Q^R(X) \phi_{Q_0}^Q(X) = 1$.

PREUVE. On note $\mathfrak{b}$ le supplémentaire orthogonal de $\mathfrak{a}_{\tilde{R}^-}^{\tilde{G}}$ dans $\mathfrak{a}_{R^-}^G$. On décompose X en une somme de vecteurs orthogonaux :

$$X = X_0 + X_1 + X_2 \qquad \text{avec } X_0 \in \mathfrak{a}_{Q_0}^{R^-},\ X_1 \in \mathfrak{b} \text{ et } X_2 \in \mathfrak{a}_{\tilde{R}^-}^{\tilde{G}} \,.$$

Tout d'abord l'équation (ii) du lemme 2.11.6 montre que

$$\|X_2\| \ll \|X_0 + X_1\| \,.$$

Comme $Q^+ = R^-$ on a $X_0 \in \mathfrak{a}_{Q_0}^{Q^+}$. La condition $\widetilde{\sigma}_Q^R(X) = 1$ implique $\tau_Q^R(X) = 1$ et en particulier $\tau_Q^{Q^+}(X_0) = 1$. Alors, d'après le lemme 2.13.1, on a

$$\|X_0\| \ll \|q(X_0)\| \,.$$

Comme $\mathfrak{a}_{\tilde{R}^-}^{\tilde{G}}$ est le noyau de la restriction de q à $\mathfrak{a}_{R^-}^{G}$, l'application q est injective sur $\mathfrak{b}$ et on a donc

$$\|X_1\| \ll \|q(X_1)\| .$$

Compte tenu de ces trois inégalités et en observant que $q(X_0)$ et $q(X_1)$ sont orthogonaux on obtient

$$\|X\| \ll \|q(X_0)\| + \|q(X_1)\| \ll \|q(X_0 + X_1)\| = \|q(X)\| . \qquad \square$$

Lemme 2.13.3. *Soit $T \in \mathfrak{a}_0$ tel que $T = \theta_0 T$ et soit P' avec $Q_0 \subset P' \subset Q$. On a une majoration*

$$\|(H - T_{Q_0})\| \ll \|q(H)\| + \|(H-T)_{P'}^{Q}\|$$

pour tous T, H tels que $\tilde{\sigma}_Q^R(H-T)\phi_{Q_0}^{P'}(H-T)\tau_{P'}^Q(H-T) = 1$.

Preuve. On a $q(T_{Q_0}) = 0$ en vertu de l'égalité $T = \theta_0 T$. En remplaçant H par $H + T_{Q_0}$, on est ramené au cas $T = 0$. On applique le lemme 2.13.2 à H_Q et $H^{P'}$. On en déduit

$$\|H_Q + H^{P'}\| \ll \|q(H_Q + H^{P'})\| .$$

On a aussi

$$\|q(H_Q + H^{P'})\| \ll \|q(H)\| + \|q(H_{P'}^Q)\| \ll \|q(H)\| + \|H_{P'}^Q\| .$$

Enfin

$$\|H\| \ll \|H_Q + H^{P'}\| + \|H_{P'}^Q\| .$$

Le lemme en résulte. $\square$

CHAPITRE 3

Théorie de la réduction

3.1. Les fonctions $\mathbf{H}_P$

Rappelons que l'on a choisi un sous-groupe parabolique minimal P_0 de G sur F et un sous-groupe de Levi M_0. Pour chaque place v de F on choisit un sous-groupe parabolique P_{00} minimal sur F_v, de sous-groupe de Levi M_{00}. On les choisit de sorte que $M_{00} \subset M_0$ et $P_{00} \subset P_0$. On note A_{00} la composante déployée d'un tore maximal de M_{00} et on rappelle que

$$\mathrm{Norm}_G(M_{00}) = \mathrm{Norm}_G(A_{00}) .$$

Lorsque v est une place finie on associe à A_{00} un appartement $\mathcal{A}$ de l'immeuble $\mathfrak{B}$ de G_v. On dit que $\mathbf{K}_v$ est un sous-groupe compact spécial de $G(F_v)$ s'il est le stabilisateur d'un point spécial $s \in \mathcal{A}$ (*cf.* [31, 1.9]).

Lemme 3.1.1. *Soit v une place finie. Un sous-groupe spécial $\mathbf{K}_v$ vérifie les propriétés suivantes*

(i) $G(F_v) = P_{00}(F_v)\mathbf{K}_v$

(ii) *Si M est un sous-groupe de Levi de P contenant M_{00} alors $\mathbf{K}_v \cap M(F_v)$ est un sous-groupe compact maximal spécial de $M(F_v)$.*

(iii) $\mathrm{Norm}_{G(F_v)}(M) \subset M(F_v)\mathbf{K}_v$.

PREUVE. Le point (i) est la décomposition d'Iwasawa [31, 3.3.2]. Le point (ii) résulte de ce que $\mathcal{A}$ s'identifie à un appartement de l'immeuble $\mathfrak{B}_M$ de faison compatible à un plongement $\mathfrak{B}_M \subset \mathfrak{B}$ et s est *a fortiori* spécial pour M. Le groupe $\mathrm{Norm}_{G(F_v)}(M_{00})$ opère sur $\mathcal{A}$ par transformations affines. Comme $M_{00}(F_v)$ opère par translation, le groupe $\mathbf{W} = \mathrm{Norm}_{G(F_v)}(M_{00})/M_{00}(F_v)$ opère naturellement sur l'espace vectoriel $\mathrm{Vect}(\mathcal{A})$ associé à l'espace affine $\mathcal{A}$. On rappelle que d'après [31, 1.9] $\mathbf{K}_v \cap \mathrm{Norm}_{G(F_v)}(M_{00})$ s'envoie surjectivement sur le groupe de Weyl $\mathbf{W}$. Ceci établit (iii) pour M_{00}. Le cas général résulte de ce que étant donné $n \subset \mathrm{Norm}_{G(F_v)}(M)$ il existe $m \subset M(F_v)$ avec $mn \subset \mathrm{Norm}_{G(F_v)}(M_{00})$. □

Nous dirons que $\mathbf{K}$ est un bon sous-groupe compact dans $G(\mathbb{A})$ s'il est de la forme

$$\mathbf{K} = \prod_v \mathbf{K}_v$$

où $\mathbf{K}_v$ est un sous-groupe compact maximal de $G(F_v)$ pour toute place v et de plus, aux places finies, $\mathbf{K}_v$ est sous-groupe maximal spécial de $G(F_v)$; enfin, aux places réelles, on suppose que l'involution de Cartan relative à $\mathbf{K}_v$ laisse stable M_{00}.

Lemme 3.1.2. *Soit $\mathbf{K}_G$ un bon sous-groupe compact maximal.*

(i) *On a la décomposition d'Iwasawa* : $G(\mathbb{A}) = P_0(\mathbb{A})\,\mathbf{K}_G$.

(ii) *Si M est un sous-groupe de Levi de P contenant M_0 alors*

$$\mathbf{K}_M = \mathbf{K}_G \cap M(\mathbb{A})$$

est un bon sous-groupe compact maximal de $M(\mathbb{A})$.

(iii) *On a*

$$\mathrm{Norm}_{G(\mathbb{A})}(M) \subset M(\mathbb{A})\mathbf{K}_G \, .$$

PREUVE. C'est une conséquence facile du lemme 3.1.1. □

Nous choisirons désormais un bon sous-groupe compact $\mathbf{K}_G$ (le plus souvent noté simplement $\mathbf{K}$) de $G(\mathbb{A})$. On dispose de la fonction

$$\mathbf{H}_P \colon P(\mathbb{A}) \to \mathfrak{a}_P$$

que l'on prolonge, au moyen de la décomposition d'Iwasawa, en une fonction

$$\mathbf{H}_P \colon G(\mathbb{A}) \to \mathfrak{a}_0 \, .$$

en posant

$$\mathbf{H}_P(pk) = \mathbf{H}_P(p)$$

et on observe que $\mathbf{H}_P(\xi\, x) = \mathbf{H}_P(x)$ pour tout $\xi \in P(F)$. La fonction $\mathbf{H}_P$ dépend du choix de $\mathbf{K}$.

Lorsque $P = P_0$ nous noterons $\mathbf{H}_0$ la fonction $\mathbf{H}_{P_0}$. Nous prolongerons $\mathbf{H}_0$ en une fonction $\widetilde{\mathbf{H}}_0$ sur $\widetilde{G}(\mathbb{A})$ en posant

$$\widetilde{\mathbf{H}}_0(x\delta_0) = \mathbf{H}_0(x) \, .$$

3.2. Hauteurs

La construction que nous donnons ici est essentiellement celle proposée dans la section I.2.2 du livre [29] auquel nous renvoyons pour des preuves détaillées.

Soit V un F-espace vectoriel de dimension finie muni d'une base $\{e_i\}_{1\leq i\leq n}$. On pose

$$\|a\|_0 = \prod_v \sup_i |a_i|_v \qquad \text{pour } a = \sum a_i e_i \in V \otimes \mathbb{A} \, .$$

Cette fonction vérifie :

(1) $$\|\lambda\, a\|_0 = |\lambda| \, . \, \|a\|_0 \qquad \text{pour } \lambda \in \mathbb{A}^\times \, .$$

On pourra remarquer que $\|a\|_0 \geq |a_i|$ si $a_i \in \mathbb{A}^\times$ et en particulier

(2) $$\|\xi\|_0 \geq 1 \qquad \text{pour } \xi \in V - \{0\} \, .$$

On appellera hauteur sur V une fonction

$$\| \ \| \colon V \otimes \mathbb{A} \to \mathbb{R}$$

vérifiant la propriété (1) et équivalente à $\| \ \|_0$ c'est-à-dire que

$$c_1\|a\|_0 \leq \|a\| \leq c_2\|a\|_0$$

pour des constantes c_i strictement positives. En particulier, les hauteurs construites à partir de deux bases distinctes sont équivalentes.

De manière analogue, pour $g \in \mathrm{End}(V \otimes \mathbb{A})$ de matrice g_{ij} on pose

$$\|g\|_0 = \prod_v \sup_{i,j} |g_{ij}|_v \, .$$

Il existe une constante c_3 telle que pour $g \in \mathrm{End}(V \otimes \mathbb{A})$ et $v \in V \otimes \mathbb{A}$ on ait

(3) $$\|gv\|_0 \leq c_3 \|g\|_0 \,.\, \|v\|_0$$

et une constante c_4 telle que

(4) $$\|g_1 g_2\|_0 \leq c_4 \|g_1\|_0 \,.\, \|g_2\|_0 \,.$$

Une hauteur est bornée sur les compacts. Donc, si $\mathbf{K}$ est un sous-groupe compact du groupe $\mathrm{GL}(V, \mathbb{A})$ on peut, par intégration sur $\mathbf{K}$, construire une hauteur bi-invariante sur V :

$$\|kv\| = \|vk\| = \|v\| \qquad \forall k \in \mathbf{K}\,.$$

On définit une hauteur sur $\mathrm{GL}(V \otimes \mathbb{A})$ en considérant une hauteur sur l'espace vectoriel

$$\mathrm{End}(V) \oplus \mathrm{End}(V)$$

et en posant pour $g \in \mathrm{GL}(V \otimes \mathbb{A})$:

$$|g| = \|(g, {}^t g^{-1})\|\,.$$

En particulier, on a [1]

$$|g| = |g^{-1}|\,.$$

Compte tenu de (3) et (4) on voit qu'il existe une constante c_3' telle que

(5) $$\|g\, v\| \leq c_3' |g| \,.\, \|v\|$$

et une constante c_4' telle que

(6) $$|g_1 g_2| \leq c_4' |g_1| \,.\, |g_2|\,.$$

Enfin, il existe c_0 telle que

(7) $$|g| \geq c_0\,.$$

Supposons donnée une représentation linéaire fidèle de G dans V

$$\rho\colon G \to \mathrm{GL}(V)$$

cela permet de définir une hauteur pour les éléments de $G(\mathbb{A})$ en posant

$$|x| = |\rho(x)| = \big\|\big(\rho(x), {}^t\rho(x^{-1})\big)\big\|\,.$$

Une telle hauteur vérifie encore (5), (6) et (7).

Lemme 3.2.1. *Il existe des constantes c_5 et N telles que l'ensemble des $\xi \in G(F)$ tels que $|\xi| \leq A$ est un ensemble fini de cardinal majoré par $c_5 \,.\, A^N$.*

Preuve. L'application

$$g \mapsto (g, {}^t g^{-1})$$

composée avec la projection sur l'espace projectif associé à l'espace vectoriel

$$\mathrm{End}(V) \oplus \mathrm{End}(V)$$

a des fibres de cardinal au plus 2. L'assertion résulte alors des propriétés classiques des hauteurs sur un espace projectif. □

1. Dans [29] les auteurs utilisent $\mathrm{SL}(V)$ plutôt que $\mathrm{GL}(V)$ et n'utilisent pas la composition avec la diagonale $|g| = \|(g, g^{-1})\|$. C'est la raison de leur inégalité (iii) p. 20, qui pour nous est simplement $|g| = |g^{-1}|$.

Lemme 3.2.2 (*cf.* [29, assertion (v), p. 20]). *Il existe une constante c_6 telle que pour tout $x \in G(\mathbb{A})$*

$$\|\mathbf{H}_0(x)\| \leq c_6\big(1 + \big|\log|x|\big|\big) .$$

PREUVE. Il suffit de le prouver pour $x = p = mn \in P_0(\mathbb{A})$. Considérons dans $\mathrm{GL}(V)$ un sous-groupe des matrices triangulaires supérieures par blocs $P = MN$ où M est diagonal par blocs et N unipotent. Alors $p = mn \in MN$ peut s'écrire $p = m + X$ avec X dans l'algèbre de Lie de N, identifiée à un sous-espace vectoriel de $\mathrm{End}(V)$, et donc on a $\|m\| \leq \|p\|$. Maintenant soit ρ la représentation rationnelle utilisée pour définir la hauteur sur G. Quitte à changer de base et donc à utiliser une hauteur équivalente, on peut supposer que

$$\rho(P_0) \subset P \qquad \rho(M_0) \subset M \qquad \rho(N_0) \subset N$$

où P est, comme ci-dessus, un sous-groupe des matrices triangulaires supérieures par blocs ; alors pour $p = mn \in P_0(\mathbb{A})$ on a $\|\rho(p)\| \geq \|\rho(m)\|$. L'assertion en résulte facilement. □

3.3. Calcul de $\mathbb{H}_O(wn)$

Lemme 3.3.1. *Soit $w \in G(F)$ un représentant d'un élément s du groupe de Weyl de G. Il existe une constante c telle que pour tout $n \in N_0(\mathbb{A})$ et tout $\varpi \in \widehat{\Delta}_{P_0}$ on ait*

(i) $$\varpi\big(\mathbf{H}_0(wn)\big) \leq c .$$

Supposons que $s = s_\alpha$ est une symétrie par rapport à une racine simple α on a

(ii) $$\mathbf{H}_0(w_\alpha\, n) = t_\alpha(n)\, \alpha^\vee \in \mathbb{R}\alpha^\vee$$

avec $t_\alpha(n) \leq c$. Le nombre $t_\alpha(n)$ est indépendant du choix du représentant $w_\alpha \in G(F)$.

PREUVE. Soit S_0 un tore maximal dans M_0. Choisissons un ordre sur les racines de S_0 (sur la clôture algébrique) compatible avec l'ordre sur les racines de A_0 (c'est-à-dire les racines relatives) déjà choisi. Un caractère rationnel de M_0

$$\lambda \in X_F(M_0)$$

définit un caractère de S_0. Supposons le dominant. Soit V_λ la représentation rationnelle irréductible de G de poids dominant λ et de vecteur de plus haut poids e_λ. On observe que λ est encore un poids dominant de la restriction à M_0 de la représentation V_λ. Il en résulte que M_0 agit sur le vecteur e_λ par le caractère λ. On a donc, pour $m \in M_0(\mathbb{A})$ et $n \in N_0(\mathbb{A})$

$$m\, e_\lambda = m^\lambda\, e_\lambda \qquad \text{et} \qquad n\, e_\lambda = e_\lambda .$$

On choisit une hauteur $\mathbf{K}$-invariante sur cet espace, normalisée de sorte que $\|e_\lambda\| = 1$. Alors si $x = n\, m\, k$ avec $k \in \mathbf{K}$ on a

$$\|x^{-1} e_\lambda\| = \|k^{-1}\, m^{-1}\, n^{-1} e_\lambda\| = \|m^{-1}\, e_\lambda\| = |m^{-\lambda}| \,.\, \|e_\lambda\| .$$

Mais, comme

$$|m^\lambda| = \exp\Big(\lambda\big(\mathbf{H}_0(x)\big)\Big)$$

on a

$$\lambda\big(\mathbf{H}_0(x)\big) = -\log\|x^{-1} e_\lambda\|$$

et en particulier si on pose $w^{-1}\,e_\lambda = e_{s^{-1}(\lambda)}$ on aura

$$-\log\|e_{s^{-1}(\lambda)}\| = -\log\|w^{-1}\,e_\lambda\| = \lambda\big(\mathbf{H}_0(w)\big)$$

et

$$\lambda\big(\mathbf{H}_0(wn)\big) = -\log\|n^{-1}e_{s^{-1}(\lambda)}\|\,.$$

Comme n est dans le radical unipotent

$$n^{-1}e_{s^{-1}(\lambda)} = e_{s^{-1}(\lambda)} + v$$

où v est une somme de vecteurs de poids supérieurs à $s^{-1}(\lambda)$. Donc il existe une constante c_1 telle que

$$\|n^{-1}e_{s^{-1}(\lambda)}\| \geq c_1\|e_{s^{-1}(\lambda)}\|$$

soit encore

$$\lambda\big(\mathbf{H}_0(wn)\big) \leq c_2\,.$$

D'après Borel et Tits (*cf.* [16, §12 p. 141, commentaires suivant la proposition 12.13]) pour tout $\varpi \in \widehat{\Delta}_{P_0}$ il existe un entier d tel que $\lambda = d\varpi$ soit le poids dominant d'une représentation rationnelle. Ceci établit l'assertion (i). Maintenant soit s_α une symétrie relativement à une racine simple et soit $\beta \neq \alpha$ une autre racine simple. Si $\lambda = d_\beta\varpi_\beta$ on a $s_\alpha(\lambda) = \lambda$ et donc, par unicité à un scalaire près du vecteur de poids dominant on voit que $w_\alpha^{-1}e_\lambda$ est proportionnel à e_λ ce qui implique

$$n^{-1}w_\alpha^{-1}e_\lambda = c_\alpha\, n\, e_\lambda = c_\alpha e_\lambda \qquad \text{avec } c_\alpha \in F^\times\,.$$

Il en résulte que

$$\varpi_\beta\big(\mathbf{H}_0(w_\alpha n)\big) = \varpi_\beta\big(\mathbf{H}_0(w_\alpha)\big) = 0$$

d'où on déduit que

$$\mathbf{H}_0(w_\alpha n) \in \mathbb{R}\alpha^\vee\,.$$

Enfin, l'inégalité $t_\alpha(n) \leq c$ résulte de (i). □

Lemme 3.3.2. *Soient $w_s \in G(F)$ un représentant d'un élément s du groupe de Weyl et $n \in N(\mathbb{A})$.*

(i) *Il existe des réels $h_\beta(s,n) \geq -c$, où c est la constante du lemme 3.3.1, tels que*

(1)
$$s^{-1}\mathbf{H}_0(w_s\,n) = \sum_{\beta\in\mathcal{R}(s)} h_\beta(s,n)\,\beta^\vee$$

soit encore

(2)
$$\mathbf{H}_0(w_s\,n) = \sum_{\gamma\in\mathcal{R}(s^{-1})} k_\gamma(s,n)\,\gamma^\vee$$

avec des réels $k_\gamma(s,n) \leq c$.

(ii) *La fonction*

$$s \mapsto Y_s(n,T) = s^{-1}\big(T - \mathbf{H}_0(w_s n)\big), \qquad s \in \mathbf{W}$$

est une famille orthogonale, régulière si $\mathbf{d}_{P_0}(T) > c$.

(iii) *Plus généralement, la fonction*

$$s \mapsto Y_s(x,T) = s^{-1}\big(T - \mathbf{H}_0(w_s x)\big)$$

est une famille orthogonale et, si $x = mnk$ est une décomposition d'Iwasawa, on a

(1′)
$$Y_s(x,T) + \mathbf{H}_0(x) + \sum_{\beta\in\mathcal{R}(s)} h_\beta(s,n,T)\,\beta^\vee = 0$$

avec $h_\beta(s,n,T) \geq 0$ *si* $\mathbf{d}_{P_0}(T) \geq c$.

PREUVE. Supposons $s = s_\alpha t$ avec $l(s) = l(t) + 1$ et s_α la symétrie définie par rapport à la racine simple α. On écrit

$$w_t n = m\,n'\,k$$

d'où

$$\mathbf{H}_0(w_t n) = \mathbf{H}_0(m)$$

et $w_s \equiv w_\alpha\, w_t$ modulo $M(F)$; donc

$$\mathbf{H}_0(w_s n) = \mathbf{H}_0(w_\alpha m\, n'\, k) = s_\alpha\big(\mathbf{H}_0(m)\big) + \mathbf{H}_0(w_\alpha n')$$

soit encore

$$s^{-1}\mathbf{H}_0(w_s\, n) = t^{-1}\mathbf{H}_0(w_t\, n) + s^{-1}\mathbf{H}_0(w_\alpha\, n') \ .$$

Il résulte alors de l'équation (ii) du lemme 3.3.1 que

$$t^{-1}\mathbf{H}_0(w_t\, n) - s^{-1}\mathbf{H}_0(w_s\, n) = t_\alpha(n')\gamma^\vee$$

avec $\gamma = t^{-1}\alpha^\vee$. Les hypothèses du lemme 1.5.1 sont donc vérifiées pour

$$s \mapsto s^{-1}\mathbf{H}_0(w_s\, n) \ .$$

Les formules (1) et (2) en résultent et la construction par récurrence, suivant 1.5.1, des coefficients $h_\beta(s,n)$ et $k_\gamma(s,n)$ fournit les majorations souhaitées. Compte tenu de 1.5.2 l'assertion (ii) en résulte immédiatement. Pour établir (iii) on observe que si $x = mnk$ est une décomposition d'Iwasawa alors

$$Y_s(x,T) = Y_s(n,T) - \mathbf{H}_0(x) \ . \qquad \square$$

Lemme 3.3.3. *Soit* $w_s \in G(F)$ *un représentant d'un élément* s *du groupe de Weyl.*

(i) *Le vecteur* $\mathbf{H}_0(w_s) \in \mathfrak{a}_0$ *est indépendant du choix de* w_s *et de* P_0.

(ii) *Il existe un point* $T_0 \in \mathfrak{a}_0^G$ *tel que*

$$\mathbf{H}_0(w_s) = T_0 - sT_0 \qquad \text{et} \qquad \mathbf{H}_0(w_s^{-1}) = T_0 - s^{-1}T_0 \ .$$

(iii) *L'élément* T_0 *est égal à*

$$T_0 = \sum_{\alpha\in\Delta_0} t_\alpha(1)\varpi_\alpha^\vee \ .$$

où $\varpi_\alpha^\vee \in \mathfrak{a}_0^G$ *est l'élément de la base duale correspondant à* $\alpha \in \Delta_0$ *et* $t_\alpha(1)$ *le réel introduit à l'équation* (ii) *du lemme* 3.3.1 *pour* $n = 1$.

PREUVE. On rappelle que l'on a fixé $\mathbf{K}$ et M_0. D'après le lemme 3.1.2(iii), on peut écrire $w_s = m_s k_s$ avec $m_s \in M_0(\mathbb{A})$, bien défini modulo $M_0(F)$, et $k_s \in \mathbf{K}$ et donc

$$\mathbf{H}_0(w_s) = \mathbf{H}_0(m_s) = \mathbf{H}_{M_0}(m_s)$$

est indépendant du choix de w_s et de P_0. Comme $w_t = m_t k_t$, on voit que

$$\mathbf{H}_0(w_s w_t) = \mathbf{H}_0(w_s m_t) = \mathbf{H}_0(w_s) + s\mathbf{H}_0(m_t)$$

et donc

$$\mathbf{H}_0(w_s w_t) = \mathbf{H}_0(w_s) + s\mathbf{H}_0(w_t) \ .$$

Cette relation montre que

$$s \mapsto \mathbf{H}_0(w_s)$$

est un 1-cocycle de $\mathbf{W}$ à valeurs dans $\mathfrak{a}_0$. Comme la multiplication par l'entier $|\mathbf{W}|$ est inversible la cohomologie est nulle. C'est donc un cobord et on obtient l'existence d'un $T_0 \in \mathfrak{a}_0$ tel que

$$\mathbf{H}_0(w_s) = T_0 - sT_0 \ .$$

Pour achever la preuve de (ii) on remarque que comme w_s^{-1} et $w_{s^{-1}}$ sont congrus modulo $M(F)$ on a

$$\mathbf{H}_0(w_s^{-1}) = \mathbf{H}_0(w_{s^{-1}}) \qquad \text{et donc} \qquad \mathbf{H}_0(w_s^{-1}) = T_0 - s^{-1}T_0 \ .$$

Pour établir (iii) écrivons

$$T_0 = \sum_{\alpha\in\Delta_0} c_\alpha \varpi_\alpha^\vee \ .$$

On observe que

$$s_\alpha \varpi_\beta = \varpi_\beta \quad \text{si } \beta \neq \alpha \qquad \text{et} \qquad s_\alpha \varpi_\alpha = \varpi_\alpha - \alpha^\vee$$

et donc

$$\mathbf{H}_0(w_\alpha) = T_0 - s_\alpha(T_0) = c_\alpha(\varpi_\alpha^\vee - s_\alpha\varpi_\alpha^\vee) = c_\alpha\alpha^\vee \ .$$

Pour conclure on observe que d'autre part, d'après l'équation (ii) du lemme 3.3.1,

$$\mathbf{H}_0(w_\alpha) = t_\alpha(1)\alpha^\vee \ .$$

□

On posera

$$Y_s(T) = s^{-1}T + T_0 - s^{-1}T_0 \ .$$

On a donc, avec les notations du lemme 3.3.2 et compte tenu du lemme 3.3.3 :

$$Y_s(T) = Y_s(1, T) \ .$$

La fonction $s \mapsto Y_s(T)$ définit une famille orthogonale. On observera que

$$Y_s(T_0) = T_0$$

et est donc indépendant de s. Soit M le sous-groupe de Levi d'un sous-groupe parabolique standard P ; à tout $S \in \mathcal{P}(M)$ on associe, suivant les conventions de la section 1.5, le vecteur

$$Y_S(T) \in \mathfrak{a}_M$$

qui est la projection de $Y_s(T)$ sur $\mathfrak{a}_M$ lorsque $s \in \mathbf{W}$ est tel que sS est standard.

3.4. Espaces $\mathbf{X}_P$, $\mathbf{X}_{P,G}$ et $\mathbf{Y}_P$

L'étude des formes automorphes et de la formule des traces amène à considérer divers espaces homogènes pour lesquels nous allons fixer les notations. L'espace le plus important est

$$\mathbf{X}_G = \mathfrak{A}_G G(F)\backslash G(\mathbb{A}) \ .$$

C'est sur cet espace que vivent les formes automorphes pour G, qui sont de plus invariantes sous $\mathfrak{A}_G$; ce sont les seules que nous considérerons ici. Plus généralement si P est un sous-groupe parabolique de sous-groupe de Levi M et de radical unipotent N_P on aura besoin de considérer l'espace [2]

$$\mathbf{X}_P = \mathfrak{A}_P P(F) N_P(\mathbb{A})\backslash G(\mathbb{A})$$

ainsi que sa variante

$$\mathbf{X}_{P,G} = \mathfrak{A}_G P(F) N_P(\mathbb{A})\backslash G(\mathbb{A})$$

2. On rappelle que, par définition, $\mathfrak{A}_P = \mathfrak{A}_M$.

de sorte que

$$\mathbf{X}_P = \mathfrak{A}_P \backslash \mathbf{X}_{P,G} \,.$$

On observera que l'on dispose d'une injection naturelle

$$\mathbf{X}_M \to \mathbf{X}_P$$

et d'une bijection

$$\mathbf{X}_M / \mathbf{K}_M \simeq \mathbf{X}_P / \mathbf{K}_G \,.$$

Nous aurons besoin de considérer également les espaces

$$\mathbf{Y}_P = \mathfrak{A}_G P(F) \backslash G(\mathbb{A}) \,.$$

On observera que $\mathbf{Y}_G = \mathbf{X}_G$. Enfin on a une surjection

$$\mathbf{Y}_P \to \mathbf{X}_{P,G}$$

dont les fibres sont isomorphes à $N(F)\backslash N(\mathbb{A})$.

3.5. Ensembles de Siegel

Désormais, le sous-groupe compact $\mathbf{K}_G$ est simplement noté $\mathbf{K}$. Soit $t \in \mathbb{R}$; on appelle ensemble de Siegel un sous-ensemble de $G(\mathbb{A})$ de la forme

$$\mathfrak{S}_{t,\Omega} = \Omega A_0(t) \mathbf{K}$$

où Ω est un sous-ensemble compact de $P_0(\mathbb{A})$ et

$$A_0(t) = \{\exp(H) \mid H \in \mathfrak{a}_0^G \text{ et } \alpha(H) > t, \, \forall \alpha \in \Delta_{P_0}^G\} \,.$$

On souligne que par construction on a $\mathbf{H}_G(x) = 0$ pour $x \in \mathfrak{S}_{t,\Omega}$.

Lemme 3.5.1. *Il existe un compact $\Omega' \subset G(\mathbb{A})$ tel que tout $x \in \mathfrak{S}_{t,\Omega}$ peut s'écrire la forme*

$$x = ac \qquad \textit{avec } a \in A_0(t) \textit{ et } c \in \Omega' \,.$$

PREUVE. On peut choisir Ω sous la forme $\Omega_1 \times \Omega_2$ avec

$$\Omega_1 \subset N_0(\mathbb{A}) \qquad \text{et} \qquad \Omega_2 \subset M_0(\mathbb{A}) \,.$$

On a alors

$$\mathfrak{S}_{t,\Omega} = \Omega_1 A_0(t) \Omega_3 \qquad \text{où } \Omega_3 = \Omega_2 \mathbf{K} \,.$$

Comme $a^{-1}\omega a$ reste dans un compact lorsque $a \in A_0(t)$ et $\omega \in \Omega_2$ on a

$$\mathfrak{S}_{t,\Omega} \subset A_0(t)\Omega'$$

où Ω' est un compact. □

Nous aurons besoin du théorème suivant pour lequel on renvoie au livre de Borel [15] :

Théorème 3.5.2. *Pour $t \in \mathbb{R}$ donné l'ensemble des $\gamma \in G(F)$ tels que*

$$\gamma \,.\, \mathfrak{S}_{t,\Omega} \cap \mathfrak{S}_{t,\Omega} \neq \varnothing$$

est fini. De plus, pour t assez petit et Ω assez gros, on a

$$G(\mathbb{A}) = \mathfrak{A}_G G(F) \,.\, \mathfrak{S}_{t,\Omega} \,.$$

En d'autres termes, l'application naturelle

$$\mathfrak{S}_{t,\Omega} \to \mathbf{X}_G$$

est à fibres finies de cardinal borné. De plus, pour t assez petit et Ω assez gros, l'application est surjective.

Il en résulte que l'espace homogène

$$\mathbf{X}_G = \mathfrak{A}_G G(F)\backslash G(\mathbb{A})$$

est de volume fini, et que de plus il est compact si G_{der}, le groupe dérivé, est anisotrope.

Proposition 3.5.3. *Soit Q un sous-goupe parabolique. Pour t donné assez petit, il existe des compacts $\Omega_1 \subset N_Q(\mathbb{A})$ et $\Omega_2 \in G(\mathbb{A})$ tels que tout $x \in G(\mathbb{A})$ on ait*

$$x = \eta\, n\, a\, \omega \qquad \text{avec } \eta \in Q(F),\ n \in \Omega_1,\ a \in \mathfrak{A}_0,\ \omega \in \Omega_2$$

et

$$\alpha\big(\mathbf{H}_0(a)\big) > t \qquad \forall \alpha \in \Delta_{P_0}^Q\ .$$

En particulier il existe une constante c telle que pour $x \in G(\mathbb{A})$ il existe $x_0 \in G(\mathbb{A})$ et $\eta \in Q(F)$ avec $x = \eta\, x_0$ et

$$\log|x_0| \leq c\,(1 + \|\mathbf{H}_0(x_0)\|)\ .$$

Preuve. Ceci résulte de la décomposition d'Iwasawa

$$G(\mathbb{A}) = Q(\mathbb{A})\mathbf{K} = N_Q(\mathbb{A})M_Q(\mathbb{A})\mathbf{K}$$

ainsi que du lemme 3.5.1 et du théorème 3.5.2 appliqués au sous-groupe de Levi M_Q de Q. □

Lemme 3.5.4 (*cf.* [24, Theorem 1(1)]). *Il existe $c \in \mathbb{R}$ tel que, pour tout $x \in \mathfrak{S}^G$ et tout $\gamma \in G(F)$, on ait*

$$\varpi_\alpha\big(\mathbf{H}_0(\gamma x) - \mathbf{H}_0(x)\big) \leq c \tag{1}$$

pour tout $\alpha \in \Delta_0$.

Preuve. Par décomposition de Bruhat et d'Iwasawa on a

$$\mathbf{H}_0(\gamma x) - \mathbf{H}_0(x) = \mathbf{H}_0(w_s na) - \mathbf{H}_0(a) = (s-1)\mathbf{H}_0(a) + \mathbf{H}_0(wn)$$

avec w représentant $s \in \mathbf{W}^G$, $n \in N_0(\mathbb{A})$ et a vérifiant

$$\alpha\big(\mathbf{H}_0(a)\big) > t \qquad \forall \alpha \in \Delta_{P_0}^G\ .$$

Maintenant le lemme 3.3.2 montre que

$$\varpi_\alpha\big(\mathbf{H}_0(wn)\big) \leq c_1$$

et le lemme 1.5.2 montre que

$$\varpi_\alpha\big((s-1)\mathbf{H}_0(a)\big) \leq c_2\ .$$

□

Lemme 3.5.5. *Soient $\gamma \in G(F)$, $x \in \mathfrak{S}^G$ et $y \in \mathfrak{S}^G$. Si $x^{-1}\gamma y \in \Omega$ où Ω est un compact, alors $\mathbf{H}_0(x) - \mathbf{H}_0(y)$ appartient à un compact.*

Preuve. Si $x^{-1}\gamma y \in \Omega$, on a $\gamma y \in x\Omega$ et donc $\mathbf{H}_0(\gamma y) - \mathbf{H}_0(x)$ reste dans un compact. Compte tenu du lemme 3.5.4 on en déduit une majoration

$$\varpi_\alpha\big(\mathbf{H}_0(x) - \mathbf{H}_0(y)\big) \leq c_2$$

pour tout α. La situation est symétrique en x et y. Donc $\mathbf{H}_0(x) - \mathbf{H}_0(y)$ appartient à un compact. □

Lemme 3.5.6 ([29, 1.2.2(vii)]). *Il existe $c > 0$ tel que, pour tout $x \in \mathfrak{S}$ (domaine de Siegel pour G) et tout $\xi \in G(F)$:*

$$|x| \leq c|\xi\, x|\,.$$

Preuve. Comme, d'après le lemme 3.5.1, $x = a\omega$ avec ω dans un compact et $a \in \mathfrak{A}_0$, il suffit de traiter le cas $x = a \in \mathfrak{A}_0$. Le lemme résulte alors de la remarque suivante : si ξ est une matrice rationnelle dans $\mathrm{GL}(V)$ et a une matrice diagonale dans $\mathrm{GL}(V \otimes \mathbb{R})$ on a

$$\|\xi a\|_0 = \prod_v \sup_{i,j} |\xi_{ij} a_{jj}|_v \geq \sup_{i,j} \prod_v |\xi_{ij} a_{jj}|_v = \sup_j |a_{jj}|_{\mathbb{R}} = \|a\|_0\,. \qquad \square$$

3.6. Une partition de $\mathbf{X}_G$

Pour établir la partition 3.6.3 (qui est l'analogue pour $\mathbf{X}_P$ de la partition 1.7.5 de l'espace vectoriel $\mathfrak{a}_0$) nous aurons besoin du lemme suivant :

Lemme 3.6.1 (*cf.* [20, Lecture 3, Erratum Lemma 3.2.3]). *Fixons $T_G \in \mathfrak{a}_0$ et soit P un sous-groupe parabolique standard. Pour $T \in \mathfrak{a}_0$ assez régulier (de faison précise si $\mathbf{d}_{P_0}(T) > C_1$ où C_1 est une constante dépendant de T_G), l'ensemble des $\xi \in G(F)$ tels que, pour $x \in G(\mathbb{A})$ donné on ait*

(1) $\alpha(\mathbf{H}_0(\xi\, x) - T_G) > 0 \quad \alpha \in \Delta^P_{P_0} \qquad$ *et* $\qquad \alpha(\mathbf{H}_0(\xi\, x) - T) > 0\ \forall \alpha \in \Delta^G_{P_0} - \Delta^P_{P_0}$

est soit vide soit forme une seule classe modulo $P(F)$.

Preuve. Pour T donné, il suffit de considérer le cas particulier où

$$\alpha(\mathbf{H}_0(x) - T_G) > 0 \quad \forall \alpha \in \Delta^P_{P_0} \qquad \text{et} \qquad \alpha(\mathbf{H}_0(x) - T) > 0 \quad \forall \alpha \in \Delta^G_{P_0} - \Delta^P_{P_0}\,.$$

Compte tenu de la décomposition de Bruhat il reste à montrer que si T est assez régulier et si $\xi = w_s$ représente un élément s dans le groupe de Weyl de $G(F)$, alors les hypothèses sont satisfaites seulement si s appartient au groupe de Weyl du sous-groupe de Levi M de P. On observe que si $x = mnk$ on a, d'après le lemme 3.3.2,

$$s^{-1}\mathbf{H}_0(w_s\, x) = \mathbf{H}_0(x) + \sum_{\beta \in \mathcal{R}(s)} h_\beta(s,n)\, \beta^\vee \tag{2}$$

avec des scalaires $h_\beta(s,n) \geq -c$. On notera ρ_0 la demi-somme des racines dans P_0. Considérons

$$\lambda = \rho_0 - s^{-1}\rho_0 = \sum_{\beta \in \mathcal{R}(s)} \beta\,.$$

On observe que pour tout $\beta \in \mathcal{R}(s)$ alors $\gamma = -s(\beta)$ est positive et donc

$$\lambda(\beta^\vee) = \rho_0(\beta^\vee + \gamma^\vee) > 0\,. \tag{3}$$

De plus $s\lambda$ est l'opposé d'une somme de racines positives :

$$s\lambda = - \sum_{\gamma \in \mathcal{R}(s^{-1})} \gamma\,. \tag{4}$$

Compte tenu de l'équation (2) et de l'inégalité (3) il existe une constante C telle que

$$s\lambda(\mathbf{H}_0(w_s x) - T_G) + C \geq \lambda\big(\mathbf{H}_0(x)\big)\,.$$

Supposons $T - T_G$ régulier, ce qui est loisible ; alors l'hypothèse (1) implique que

$$\alpha(\mathbf{H}_0(w_s x) - T_G) > 0 \qquad \forall \alpha \in \Delta^G_{P_0}$$

et donc, d'après (4),

$$s\lambda(\mathbf{H}_0(w_s x) - T_G) \leq 0$$

ce qui implique

(5) $$\lambda\big(\mathbf{H}_0(x)\big) \leq C\ .$$

On peut écrire

$$\mathbf{H}_0(x) = \sum_{\alpha\in\Delta_{P_0}^G} d_\alpha \varpi_\alpha^\vee + \mathbf{H}_G$$

avec $\mathbf{H}_G \in \mathfrak{a}_G$ et (5) fournit l'inégalité

(6) $$\sum_{\beta\in\mathcal{R}(s)} \sum_{\alpha\in\Delta_{P_0}^G} c_\beta^\alpha\, d_\alpha \leq C$$

où les c_β^α sont des entiers naturels définis par

$$\beta = \sum_{\alpha\in\Delta_{P_0}^G} c_\beta^\alpha \alpha\ .$$

Par hypothèse

$$d_\alpha = \alpha\big(\mathbf{H}_0(x)\big) > \alpha(T_G) \qquad \forall\alpha\in\Delta_{P_0}^P$$

et

$$d_\alpha = \alpha\big(\mathbf{H}_0(x)\big) > \alpha(T) \qquad \forall\alpha\in\Delta_{P_0}^G - \Delta_{P_0}^P\ .$$

L'inégalité (6) n'est possible, si T est assez régulier, que si les $\beta\in\mathcal{R}(s)$ ne font intervenir que les $\alpha\in\Delta_{P_0}^P$ auquel cas s appartient au groupe de Weyl de M, le sous-groupe de Levi de P, ainsi qu'il résulte du lemme 1.3.2. □

On introduit, pour $P_0\subset Q$, l'ensemble $\mathfrak{S}_{P_0}^Q(T_G,T)$ des

$$x = nac \in G(\mathbb{A})$$

a vec $n\in N_Q(\mathbb{A})$, $a = \mathrm{e}^H$ pour $H\in\mathfrak{a}_0$, $c\in C_Q$ où C_Q est un compact (qui sera choisi assez gros dans la proposition 3.6.3), et vérifiant

$$\alpha(\mathbf{H}_0(x) - T_G) > 0 \quad \forall\alpha\in\Delta_{P_0}^Q \quad \text{et} \quad \varpi(\mathbf{H}_0(x) - T) \leq 0 \quad \forall\varpi\in\widehat{\Delta}_{P_0}^Q$$

soit encore, d'après le lemme 1.8.3, tel que

$$\Gamma_{P_0}^Q(\mathbf{H}_0(x) - T_G, T - T_G) = 1\ .$$

On note $F_{P_0}^Q(\bullet, T)$ la fonction caractéristique de l'ensemble

$$Q(F)\mathfrak{S}_{P_0}^Q(T_G,T)\ .$$

Lemme 3.6.2. *Soit $x\in G(\mathbb{A})$ tel que $F_{P_0}^Q(x,T) = 1$. Il existe $\gamma\in Q(F)$ tel que*

$$\gamma x = nac$$

avec c dans un compact, $n\in N_Q(\mathbb{A})$ et la projection de $\mathbf{H}_0(a)$ dans $\mathfrak{a}_0^Q$ est bornée.

Preuve. Par définition de $F_{P_0}^Q$ on peut choisir $\gamma\in Q(F)$ tel que γx appartienne à $\mathfrak{S}_{P_0}^Q(T_G,T)$. Le lemme résulte alors de ce que, d'après le lemme 1.8.1, la projection de

$$\mathbf{H}_0(\gamma x) = \mathbf{H}_0(a) + \mathbf{H}_0(c)$$

sur $\mathfrak{a}_0^Q$ est bornée. □

Proposition 3.6.3 ([20, Proposition 3.2.1]). *Si le compact C_Q implicite dans la définition de $\mathfrak{S}^Q_{P_0}(T_G,T)$ est assez gros alors, pour $-T_G$ et T assez réguliers, c'est-à-dire $\mathbf{d}_{P_0}(T)\geq c$ et $\mathbf{d}_{P_0}(-T_G)\geq c'$ où c et c' sont des contantes dépendant de G, on a*

$$\sum_{\{Q|P_0\subset Q\subset P\}}\sum_{\xi\in Q(F)\backslash P(F)} F^Q_{P_0}(\xi\,x,T)\tau^P_Q(\mathbf{H}_0(\xi\,x)-T)=1\,.$$

Preuve. D'après la proposition 3.5.3, si $-T_G$ est assez régulier, il existe un compact C tel que pour tout $x\in G(\mathbb{A})$ il existe

$$\xi\in P(F)$$

tel que :

$$\xi\,x=nac$$

avec $n\in N_0(\mathbb{A})$, $a=\mathrm{e}^H$ pour $H\in\mathfrak{a}_0$ et $c\in C$, vérifiant

$$\tau^P_{P_0}(\mathbf{H}_0(\xi\,x)-T_G)=1\,.$$

Maintenant l'équation (1) du lemme 1.8.2 montre que

$$\tau^P_{P_0}(\mathbf{H}_0(\xi\,x)-T_G)=\sum_{P_0\subset Q\subset P}\Gamma^Q_{P_0}(\mathbf{H}_0(\xi\,x)-T_G,T-T_G)\tau^P_Q(\mathbf{H}_0(\xi\,x)-T)\,.$$

On observe que si, pour un certain Q, notre $\xi\,x=nac$ vérifie de plus

$$\Gamma^Q_{P_0}(\mathbf{H}_0(\xi\,x)-T_G,T-T_G)\tau^P_Q(\mathbf{H}_0(\xi\,x)-T)=1$$

alors, si $C_Q\supset C$ on a

$$\xi\,x\in\mathfrak{S}^Q_{P_0}(T_G,T)$$

et donc

$$F^Q_{P_0}(\xi\,x,T)\tau^P_Q(\mathbf{H}_0(\xi\,x)-T)=1$$

Il reste à observer que d'après le lemme 1.2.7 les hypothèses du lemme 3.6.1 sont satisfaites et donc un tel ξ est uniquement déterminé modulo $Q(F)$ si T est assez régulier. □

Lemme 3.6.4. *Pour P fixé et sous les hypothèses de 3.6.3, on a*

$$\sum_{Q\subset P\subset R}\sum_{\xi\in Q(F)\backslash P(F)} F^Q_{P_0}(\xi\,x,T)\sigma^R_Q(\mathbf{H}_0(\xi\,x)-T)=\widehat{\tau}_P(\mathbf{H}_0(x)-T)\,.$$

Preuve. Ceci résulte de la décomposition

$$\tau^P_Q\widehat{\tau}_P=\sum_{\{R|P\subset R\}}\sigma^R_Q$$

(*cf.* lemme 2.11.5) et de la proposition 3.6.3. □

Lemme 3.6.5. *Supposons T assez régulier (comme à la proposition 3.6.3 ci-dessus). Soit $x\in\mathfrak{S}^Q_{P_0}(T_G,T)$ avec*

$$\widetilde{\sigma}^R_Q(\mathbf{H}_0(x)-T)=1\,.$$

Alors

$$\alpha(\mathbf{H}_0(x)-T_G)>0\qquad\forall\alpha\in\Delta^R_{P_0}\,.$$

PREUVE. Par hypothèse
$$\alpha(\mathbf{H}_0(x)-T)>0 \qquad \forall\alpha\in\Delta_Q^R\,.$$
Comme on suppose d'autre part $x\in\mathfrak{S}_{P_0}^Q(T_G,T)$ on a
$$\varpi(\mathbf{H}_0(x)-T)\le 0 \qquad \forall\varpi\in\widehat{\Delta}_{P_0}^Q$$
il résulte du lemme 1.2.7 que

(i) $$\alpha(\mathbf{H}_0(x)-T)>0 \qquad \forall\alpha\in\Delta_{P_0}^R-\Delta_{P_0}^Q$$

mais comme $\alpha(T-T_G)>0$ pour tout $\alpha\in\Delta_{P_0}^G$ on a aussi

(ii) $$\alpha(\mathbf{H}_0(x)-T_G)>0 \qquad \forall\alpha\in\Delta_{P_0}^R\,.$$ □

Lemme 3.6.6. *Soient $\widetilde{P}$ un sous-ensemble parabolique, Q et R deux sous-groupes paraboliques standard tels que $Q\subset P\subset R$. Considérons $\delta\in\widetilde{P}(F)$, $n,n'\in N_0(\mathbb{A})$ et $a\in\mathfrak{A}_0$. Soit Ω un sous-ensemble compact de $\widetilde{G}(\mathbb{A})$. Supposons que*

(i) $$a^{-1}\,n\,\delta\,n'\,a\in\Omega$$

et que a satisfasse aux inégalités

(ii) $$\alpha(\mathbf{H}_0(a)-T)>0 \qquad \forall\alpha\in\Delta_{P_0}^R-\Delta_{P_0}^Q$$

et

(iii) $$\alpha(\mathbf{H}_0(a)-T_G)>0 \qquad \forall\alpha\in\Delta_{P_0}^R\,.$$

Alors, il existe une constante $c(\Omega)$ telle que si $\mathbf{d}_{P_0}(T)>c(\Omega)$ alors, avec les notations du lemme 2.11.1, *on a*
$$\delta\in\widetilde{Q}^+(F)\,.$$

PREUVE. La décomposition de Bruhat permet d'écrire
$$\delta=\nu\eta\,w_s\,\nu'$$
avec $\nu,\nu'\in N_0(F)$, $\eta\in M_0(F)$ et où w_s représente un élément
$$s=s_0\rtimes\theta_0$$
de l'ensemble de Weyl de $\widetilde{M}$. On a donc
$$\widetilde{\mathbf{H}}_0(a^{-1}n\delta\,n'a)=\widetilde{\mathbf{H}}_0(a^{-1}\,w_s\,a\,n'')=\mathbf{H}_0(a^{-1})+s\mathbf{H}_0(a)+\widetilde{\mathbf{H}}_0(\,w_sn'')\,.$$
Posons
$$A_s-s^{-1}\big(\mathbf{H}_0(a)-\widetilde{\mathbf{H}}_0(w_sn'')\big)\,.$$
L'hypothèse (i) implique que
$$A_1-A_s=\mathbf{H}_0(a)-s^{-1}\mathbf{H}_0(a)+s^{-1}\widetilde{\mathbf{H}}_0(w_sn'')$$
appartient au compact $s^{-1}\widetilde{\mathbf{H}}_0(\Omega)$. Fixons $T_1\in\mathfrak{a}_0$ vérifiant $\mathbf{d}_{P_0}(T_1)\ge c$, où c est la constante du lemme 3.3.1. On introduit
$$B_s=s^{-1}\big(T_1-\widetilde{\mathbf{H}}_0(w_sn'')\big) \qquad\text{et}\qquad C_s=s^{-1}(\mathbf{H}_0(a)-T_1)\,.$$
On observe que $A_s=B_s+C_s$. Soit
$$\lambda=\sum_{\varpi\in\widehat{\Delta}_{P_0}^P}\varpi\,.$$

C'est une forme linéaire sur $\mathfrak{a}_0^P$ qui est θ_0-invariante et strictement positive sur toutes les racines positives pour M. Compte tenu de la θ_0-invariance on a

$$\lambda(s^{-1}X) = \lambda(s_0^{-1}X) .$$

On sait par le lemme 3.3.2 que $\lambda(B_1 - B_s)$ est positive. La condition de compacité sur $A_1 - A_s$ impose que $\lambda(C_1 - C_s)$ est borné supérieurement par une constante $c_0(\Omega)$. Si $\widetilde{P} \neq \widetilde{Q}^+$ et si $w_s \neq \widetilde{Q}^+(F)$ la décomposition réduite de s_0 fait intervenir une racine simple $\alpha \in \Delta_{P_0}^P - \Delta_{P_0}^{Q^+}$. Mais le lemme 1.5.2 montre que $\lambda(C_1 - C_s)$ est la somme de

$$\lambda(\beta^\vee)\alpha(\mathbf{H}_0(a) - T_1)$$

où β est une racine positive et d'autres termes qui sont minorés d'après (iii). On en déduit que, d'après l'hypothèse (ii) et pour une certaine constante $c_1(\Omega)$

$$\alpha(T - T_1) < \alpha(\mathbf{H}_0(a) - T_1) \leq c_1(\Omega)$$

ce qui est impossible si par ailleurs $\mathbf{d}_{P_0}(T) > c(\Omega)$, pour une constante $c(\Omega)$ bien choisie. □

Corollaire 3.6.7 (*cf.* [20, Lemma 4.1.3]). *Soit Ω un compact de $\widetilde{G}(\mathbb{A})$. Supposons que*

$$F_{P_0}^Q(x,T)\widetilde{\sigma}_Q^R(\mathbf{H}_0(x) - T) \neq 0$$

et

$$x^{-1}\, n\, \delta\, n'\, x \in \Omega$$

avec $\delta \in \widetilde{P}(F)$, $n \in N_0(\mathbb{A})$ et $x \in G(\mathbb{A})$. Si $\mathbf{d}_{P_0}(T) > c(\Omega)$ ceci implique $\delta \in \widetilde{Q}^+(F)$.

Preuve. Quitte à changer x en $\xi\, x$ avec $\xi \in Q(F)$ on peut supposer vérifiées les inégalités (i) et (ii) de la preuve du lemme 3.6.5. On écrit $x = n_1\, m\, a\, k$ avec $m \in M_0(\mathbb{A})$ et $\mathbf{H}_0(m) = 0$. Quitte à changer n et n' on peut supposer $n_1 = 1$. Maintenant, modulo conjugaison de δ par $\gamma \in P_0(F)$ on peut supposer que m appartient à un ensemble compact. Donc a satisfait les conditions (i), (ii) et (iii) de 3.6.6. □

3.7. Lemmes de finitude

Lemme 3.7.1. *Pour x fixé, il existe des constantes C, N et A telles que l'ensemble des $\xi \in G(F)$ vérifiant, pour $X \in \mathfrak{a}_0$,*

$$\widehat{\tau}_P^G(\mathbf{H}_0(\xi\, x) - X) \neq 0$$

est un ensemble fini de classes modulo $P(F)$ dont les représentants peuvent être choisis de sorte que

$$|\xi| \leq C|x|^{N+1}\mathrm{e}^{A\|X\|} .$$

En particulier cet ensemble peut être choisi indépendant de x, lorsque x reste dans un compact.

Preuve. Si cet ensemble est non vide on peut, quitte à changer ξ et x, supposer que x vérifie

$$\widehat{\tau}_P^G(\mathbf{H}_0(x) - X) \neq 0$$

c'est-à-dire

$$\varpi(\mathbf{H}_0(x) - X) > 0 \qquad \forall \varpi \in \widehat{\Delta}_P^G .$$

De plus, compte tenu de la proposition 3.5.3, on peut supposer que

$$\alpha(\mathbf{H}_0(x) - T_G) > 0 \qquad \forall \alpha \in \Delta_{P_0}^P .$$

Ceci implique (d'après le lemme 1.7.1)

$$\varpi(\mathbf{H}_0(x) - T_G) > 0 \qquad \forall \varpi \in \widehat{\Delta}^G_{P_0}\,.$$

Maintenant on peut écrire $\xi = n_1 w\,\eta\,n_2$ et donc, si s est l'image de w dans le groupe de Weyl, on a

$$\mathbf{H}_0(\xi\,x) = \mathbf{H}_0(w\,n_2\,x) = s\mathbf{H}_0(x) + \mathbf{H}_0(w\,n)$$

pour un certain n (dépendant de x) et, d'après le lemme 3.3.2,

$$\mathbf{H}_0(w_s\,n) = \sum_{\gamma\in\mathcal{R}(s^{-1})} k_\gamma(s,n)\,\gamma^\vee$$

avec des réels $k_\gamma(s,n) \le c$. Donc il existe une constante c' telle que

(1) $$\varpi\big(\mathbf{H}_0(\xi\,x)\big) \le \varpi\big(s\mathbf{H}_0(x)\big) + c' \qquad \forall \varpi \in \widehat{\Delta}^G_{P_0}\,.$$

D'après la proposition 3.5.3 on peut choisir ξ, modulo $P(F)$ à gauche, de sorte que

(2) $$\alpha(T_G) \le \alpha\big(\mathbf{H}_0(\xi\,x)\big) \qquad \forall \alpha \in \Delta^P_{P_0}\,.$$

Par ailleurs, si

$$\widehat{\tau}^G_P(\mathbf{H}_0(\xi\,x) - X) \ne 0$$

on a

(3) $$\varpi(X) \le \varpi\big(\mathbf{H}_0(\xi\,x)\big) \qquad \forall \varpi \in \widehat{\Delta}^G_P\,.$$

En combinant (1), (2) et (3) ainsi que le lemme 3.2.2 on obtient que

$$\|\mathbf{H}_0(\xi\,x)\| \le c''(1 + \log|x| + \|X\|)\,.$$

En invoquant la deuxième assertion de la proposition 3.5.3 on voit qu'avec notre choix de $\xi\,x$ on a

$$\log|\xi\,x| \le c'''(1 + \log|x| + \|X\|)\,.$$

et donc il existe des constantes C_1, N et A telles que

$$|\xi\,x| \le C_1|x|^N \mathrm{e}^{A\|X\|}$$

et donc

$$|\xi| \le C_2|\xi\,x|\,.\,|x^{-1}| \le C|x|^{N+1}\mathrm{e}^{A\|X\|}$$

ce qui, d'après le lemme 3.2.1, impose à ξ d'être dans un ensemble fini. □

Lemme 3.7.2. *Soit $\widetilde{P}$ un sous-ensemble parabolique. Pour x fixé, il existe des constantes C', N' et A' telles que l'ensemble des $\xi \in G(F)$ vérifiant*

$$\widehat{\tau}^{\widetilde{G}}_{\widetilde{P}}(\mathbf{H}_0(\xi\,x) - T) \ne 0$$

est un ensemble fini de classes modulo $P(F)$ dont les représentants peuvent être choisis de sorte que

$$|\xi| \le C'|X|^{N'+1}\mathrm{e}^{A'\|T\|}\,.$$

En particulier cet ensemble peut être choisi indépendant de x, lorsque x reste dans un compact.

Preuve. La preuve est identique à celle du lemme 3.7.1 à ceci près qu'au lieu de (3) on a

(3') $$\widetilde{\varpi}(T) \le \widetilde{\varpi}\big(\mathbf{H}_0(\xi\,x)\big) \qquad \forall \widetilde{\varpi} \in \widehat{\Delta}^{\widetilde{G}}_{\widetilde{P}}\,.$$

La conclusion est identique (avec des constantes différentes). □

On dira que $\delta \in \widetilde{G}(F)$ est primitif si sa classe de conjugaison ne rencontre aucun $\widetilde{P}(F)$ lorsque $\widetilde{P}$ parcourt l'ensemble des sous-ensembles paraboliques propres, c'est-à-dire $\widetilde{P} \neq \widetilde{G}$. On notera $\widetilde{G}(F)_{\text{prim}}$ l'ensemble des éléments primitifs.

Lemme 3.7.3. *Soit Ω un compact de $\widetilde{G}(\mathbb{A})$ et $\mathfrak{S}$ un ensemble de Siegel. L'ensemble des $\delta \in \widetilde{G}(F)_{\text{prim}}$ tels qu'il existe $x \in \mathfrak{S}$ avec*

$$x^{-1}\,\delta\, x \in \Omega$$

est fini.

Preuve. La décomposition de Bruhat permet d'écrire

$$\delta = \eta\, w_s\, \xi\, \eta'$$

avec $\xi \in M_0(F)$ et w_s représente un élément de l'ensemble de Weyl $\mathbf{W} \rtimes \theta_0$. Grâce au lemme 3.5.1 et au théorème 3.5.2 on a

$$a^{-1}\delta\, a = a^{-1}\eta\, w_s\, \xi\, \eta'\, a \in \Omega'$$

pour un $a \in A_0(t)$ et pour un compact Ω', soit encore

$$n\, a'\, w_s\, \xi\, n' \in \Omega'$$

avec $n \in N_0(\mathbb{A})$, $n' = a^{-1}\eta' a \in N_0(\mathbb{A})$ et $a' = a^{-1} w_s a w_s^{-1}$ et donc

$$(*) \qquad \mathbf{H}_0(n\, a'\, w_s\, \xi\, n') = \mathbf{H}_0(a') + \mathbf{H}_0(w_s n')$$

appartient à un compact. On observe que

$$\mathbf{H}_0(a') = (s-1)\mathbf{H}_0(a)\ .$$

Puisque a est dans un domaine de Siegel, $X = \mathbf{H}_0(a) + S$ est dans la chambre positive pour un certain $S \in \mathfrak{a}_0$. C'est dire que

$$X = \sum a_\alpha \varpi_\alpha^\vee$$

avec $a_\alpha > 0$. Maintenant $(*)$ montre que

$$\langle X, (s-1)X\rangle + \langle X, \mathbf{H}_0(w_s n')\rangle$$

est borné. D'après le lemme 3.3.2, on a

$$\langle \tilde{\varpi}^\vee, \mathbf{H}_0(w_s n')\rangle \leq c$$

pour tout n' et tout $\tilde{\varpi}$. On a donc

$$C_1 \leq \langle X, (s-1)X\rangle + \langle X, \mathbf{H}_0(w_s n')\rangle \leq \langle X, (s-1)X\rangle + C_2\ .$$

Il existe donc une constante C telle que

$$\langle X, (1-s)X\rangle \leq C$$

Mais, si $\langle X, (1-s)X\rangle$ reste borné alors que $\|X\|$ tend vers l'infini, il résulte du lemme 2.12.1 qu'il existe un sous-ensemble parabolique standard $\widetilde{P}$ strictement plus petit que $\widetilde{G}$ avec

$$w_s\xi \in \widetilde{P}(F)\ .$$

Donc δ appartient à $\widetilde{P}(F)$, ce qui contredit la primitivité de δ. On en déduit que $X = \mathbf{H}_0(a) + S$ doit rester borné ce qui impose à a de rester dans un compact et donc δ appartient à un ensemble fini. □

Lemme 3.7.4. *Soit Ω un compact de $\widetilde{G}(\mathbb{A})$ et $\widetilde{P}$ un sous-ensemble parabolique. L'ensemble des $\delta \in \widetilde{M}(F)$ qui sont quasi semi-simples et tels qu'il existe $x \in G(\mathbb{A})$ et $n \in N(\mathbb{A})$ avec*

$$x^{-1}\delta\, n\, x \in \Omega$$

appartiennent à un ensemble fini de classes de $M(F)$-conjugaison.

PREUVE. Pour tout élément quasi semi-simple $\delta \in \widetilde{M}(F)$ il existe un sous-ensemble parabolique

$$\widetilde{P}_1 = \widetilde{M}_1 N_1 \subset \widetilde{P}$$

et $\delta_1 \in \widetilde{M}_1(F)$ tel que δ_1 soit un conjugué de δ, et soit un élément primitif pour $\widetilde{M}_1$. On a donc

$$\delta = \gamma^{-1}\delta_1\gamma$$

pour un $\gamma \in M(F)$ et

$$x_1^{-1}\delta_1\, n'\, x_1 \in \Omega$$

avec $x_1 = \gamma x$. Mais $x_1 = m_1 n_1 k_1$ avec $m_1 n_1 \in M_1(\mathbb{A})N_1(\mathbb{A})$ et donc

$$m_1^{-1}\delta_1\, m_1 n'' \in \mathbf{K}\Omega\mathbf{K}$$

d'où on déduit que

$$m_1^{-1}\delta_1\, m_1 \in \Omega'$$

où Ω' est un compact dans $\widetilde{M}_1(\mathbb{A})$. Compte tenu du théorème 3.5.2 on voit qu'il existe $m_2 \in M_1(\mathbb{A})$ appartenant à un domaine de Siegel pour M_1 et $\xi \in \widetilde{M}_1(F)$ conjugué de δ_1 tels que l'on ait

$$m^{-1}\xi\, m \in \Omega' .$$

On invoque alors le lemme 3.7.3 et la finitude du nombre de classes de conjugaison de sous-ensembles paraboliques. □

Deuxième partie

Théorie spectrale, troncatures et noyaux

CHAPITRE 4

L'opérateur de troncature

Nous utiliserons les mesures de Tamagawa sur les groupes adéliques unipotents. En particulier, si N est un groupe unipotent, le quotient $N(F)\backslash N(\mathbb{A})$ est de volume 1.

4.1. Définition et une propriété d'annulation

Considérons une fonction φ dans

$$L^1_{\rm loc}(Q(F)\backslash G(\mathbb{A}))\ .$$

Soit P un sous-groupe parabolique. Le terme constant de φ le long de P sera noté $\Pi_P\varphi$ ou φ_P

$$\Pi_P\varphi(x) = \varphi_P(x) = \int_{N_P(F)\backslash N_P(\mathbb{A})} \varphi(n\,x)\,\mathrm{d}n$$

où N_P est le radical unipotent de P.

On définit pour $T \in \mathfrak{a}_0$ un opérateur de troncature par

$$\mathbf{\Lambda}^{T,Q}\varphi(x) = \sum_{P_0\subset P\subset Q} (-1)^{\mathfrak{a}_P-\mathfrak{a}_Q} \sum_{\xi\in P(F)\backslash Q(F)} \widehat{\tau}_P^Q(\mathbf{H}_0(\xi\,x)-T)\,\varphi_P(\xi\,x)\ .$$

On observe que, d'après le lemme 3.7.1, les sommes en ξ portent sur des ensembles finis. Dans le cas où $Q = G$ on écrira le plus souvent $\mathbf{\Lambda}^T$ pour $\mathbf{\Lambda}^{T,G}$. Une propriété importante de l'opérateur de troncature est donnée par le lemme suivant :

Lemme 4.1.1 **([3, Lemma 1.1]).** *Supposons $\mathbf{d}_{P_0}(T) \geq c$ où c est la constante du lemme* 3.3.1. *Soit $Q = M_QN_Q$ un sous-groupe parabolique,*

$$(\Pi_Q\circ\mathbf{\Lambda}^T\varphi)(x) := \int_{N_Q(F)\backslash N_Q(\mathbb{A})} (\mathbf{\Lambda}^T\varphi)(nx)\,\mathrm{d}n \neq 0$$

implique

(i) $$\varpi(\mathbf{H}_0(x)-T)\leq 0 \qquad \forall\varpi\in\widehat{\Delta}_Q^G$$

ou, ce qui est équivalent,

(ii) $$\phi_Q^G(\mathbf{H}_0(x)-T) = 1\ .$$

En particulier, pour T assez régulier et $Q\neq G$

(iii) $$\widehat{\tau}_Q(\mathbf{H}_0(x)-T)\int_{N_Q(F)\backslash N_Q(\mathbb{A})} (\mathbf{\Lambda}^T\varphi)(nx)\,\mathrm{d}n = 0\ .$$

Preuve. Considérons un sous-groupe parabolique standard $P = MN$ et posons

$$A_P = \int_{N_Q(F)\backslash N_Q(\mathbb{A})} \sum_{\xi\in P(F)\backslash G(F)} \psi(\xi n\,x)\,\mathrm{d}n$$

où
$$\psi(x) = \widehat{\tau}_P(\mathbf{H}_0(x) - T)\varphi_P(x) \,.$$
On rappelle que d'après le lemme 1.3.7
$$\mathbf{W}(\mathfrak{a}_0, P) = \{s \in \mathbf{W} \mid s^{-1}\alpha > 0 \text{ pour } \alpha \in \Delta_{P_0}^P\}$$
est l'ensemble des représentants de longueur minimale pour les classes du quotient
$$\mathbf{W}^M \backslash \mathbf{W}^G \,.$$
Si $\mathcal{R}^M \subset (\mathfrak{a}_0^G)^*$ est l'ensemble des racines réduites de M, on pourra remarquer que pour $s \in \mathbf{W}(\mathfrak{a}_0, P)$ on a l'équivalence $\alpha > 0 \Leftrightarrow s^{-1}\alpha > 0$ pour les $\alpha \in \mathcal{R}^M$. On a la décomposition de Bruhat
$$G = \coprod_{s \in \mathbf{W}(\mathfrak{a}_0, P)} P\, w_s\, N_0$$
où l'on a choisi un représentant w_s pour chaque s ; de plus
$$P\backslash P\, w_s\, N_0 \cong N_s \backslash N_0$$
où l'on a posé $N_s = w_s^{-1} N_0 w_s \cap N_0$. On a donc
$$A_P = \sum_{s \in \mathbf{W}(\mathfrak{a}_0, P)} A_{s,P}$$
avec
$$A_{s,P} = \int_{N_Q(F)\backslash N_Q(\mathbb{A})} \sum_{\nu \in N_s(F)\backslash N_0(F)} \psi(w_s \nu n x)\, \mathrm{d}n \,.$$
Fixons s et w_s. Soit $N_0^1 = N_0 \cap M_Q$. Alors
$$N_Q(F)\backslash N_Q(\mathbb{A}) = N_0(F)\backslash N_0^1(F) N_Q(\mathbb{A})$$
et $A_{s,P}$ se récrit :
$$A_{s,P} = \int_{N_s(F)\backslash N_0^1(F) N_Q(\mathbb{A})} \psi(w_s\, n_1 x)\, \mathrm{d}n_1$$
où la mesure $\mathrm{d}n_1$ contient la mesure discrète sur $N_0^1(F)$. écrivons ceci comme une intégrale itérée
$$A_{s,P} = \int_{N^s} \left(\int_{N_s^*} \psi(w_s\, n_s^* n^s x)\, \mathrm{d}n_s^* \right) \mathrm{d}n^s$$
où n^s décrit
$$N^s = w_s^{-1} N_0(\mathbb{A}) w_s \cap N_0^1(F) N_Q(\mathbb{A}) \backslash N_0^1(F) N_Q(\mathbb{A})$$
et où n_s^* décrit
$$N_s^* = N_s(F)\backslash w_s^{-1} N_0(\mathbb{A}) w_s \cap N_0^1(F) N_Q(\mathbb{A}) \,.$$
La décomposition radicielle montre que
$$N_0^1(F) N_Q(\mathbb{A}) \cap w_s^{-1} N_0(\mathbb{A}) w_s$$
est égal à
$$(N_0^1(F) \cap w_s^{-1} N_0(F) w_s)(N_Q(\mathbb{A}) \cap w_s^{-1} N_0(\mathbb{A}) w_s) \,,$$
le premier facteur étant contenu dans $N_s(F)$. On remarque que $N_s(F)$ est en fait le produit de $N_Q(F) \cap w_s^{-1} N_0(F) w_s$ et de ce facteur, et l'on peut donc récrire l'intégrale sur N_s^* comme une intégrale sur
$$N_* = N_Q(F) \cap w_s^{-1} N_0(F) w_s \backslash N_Q(\mathbb{A}) \cap w_s^{-1} N_0(\mathbb{A}) w_s$$

c'est-à-dire

$$A_{s,P} = \int_{N^s}\left(\int_{N_*} \psi(w_s\, n_* n^s x)\, \mathrm{d}n_*\right) d\, \mathrm{d}^s\ .$$

On a remarqué que $w_s N_0 w_s^{-1} \cap M = N_0 \cap M$. Le sous-groupe

$$P'_s = w_s Q w_s^{-1} \cap M$$

de M contient $N_0 \cap M$; c'est donc un sous-groupe parabolique standard de M, de radical unipotent

$$N'_s = w_s N_Q w_s^{-1} \cap M\ .$$

En particulier $N'_s \subset N_0$, et la décomposition $N_0 = N(M \cap N_0)$ implique que

$$N_0 \cap w_s N_Q w_s^{-1} = N''_s N'_s$$

où

$$N''_s = N \cap w_s N_Q w_s^{-1}\ .$$

Le changement de variable $w_s n_* w_s^{-1} = n''_s n'_s$ donne alors une intégrale sur le produit

$$\big(N''_s(F)\backslash N''_s(\mathbb{A})\big) \times \big(N'_s(F)\backslash N'_s(\mathbb{A})\big)\ ,$$

et on obtient

$$A_{s,P} = \iiint \psi(n''_s n'_s w_s\, n^s x)\, \mathrm{d}n''_s\, \mathrm{d}n'_s\, \mathrm{d}n^s\ .$$

Comme $N''_s \subset N$, l'intégrale sur le quotient $N''_s(F)\backslash N''_s(\mathbb{A})$ peut autre omise compte tenu de l'invariance à gauche de ψ par $N(\mathbb{A})$, les mesures étant normalisées de sorte que ce quotient soit de volume 1. On a donc obtenu pour $A_{s,P}$ l'expression suivante :

$$\int_{N^s} \widehat{\tau}_P(\mathbf{H}_0(w_s n^s x) - T)\left(\int_{N'_s(F)\backslash N'_s(\mathbb{A})} \varphi_P(n'_s w_s n^s x)\, \mathrm{d}n'_s\right) \mathrm{d}n^s$$

en utilisant que $\mathbf{H}_0$ est invariant à gauche par $n'_s \in N_0(\mathbb{A})$. Par ailleurs le sous-groupe P'_s est l'intersection avec M d'un unique sous-groupe parabolique standard $R = P'_s N$ de G; en particulier $R \subset P$. Son radical unipotent est le sous-groupe $N_R = N'_s N$. On a donc, en désignant par φ_R le terme constant de φ le long de R :

$$A_{s,P} = \int_{N^s} \varphi_R(w_s n^s x)\widehat{\tau}_P(\mathbf{H}_0(w_s n^s x) - T)\, \mathrm{d}n^s\ .$$

Posons

$$\Sigma^1 = \{\alpha \in \Delta_{P_0} \mid s^{-1}\alpha > 0, s^{-1}\alpha|\mathfrak{a}_Q = 0\}$$
$$\Sigma_1 = \{\alpha \in \Delta_{P_0} \mid s^{-1}\alpha > 0, s^{-1}\alpha|\mathfrak{a}_Q \neq 0\}$$

et

$$\Sigma = \Sigma_1 \cup \Sigma^1 = \{\alpha \in \Delta_{P_0} \mid s^{-1}\alpha > 0\}\ .$$

On rappelle que $R = P'_s N$ et donc le sous-groupe de Levi M_R de R est contenu dans

$$P'_s = w_s Q w_s^{-1} \cap M$$

et donc

$$M_R = M \cap w_s M_Q w_s^{-1}$$

d'où on déduit que les racines simples dans M_R sont les racines simples de P qui s'annulent sur $s(\mathfrak{a}_Q)$. Elles vérifient $s^{-1}\alpha > 0$ puisque $s \in \mathbf{W}(\mathfrak{a}_0, P)$ et donc $\Delta^P_{P_0} \subset \Sigma$. On en déduit que

$$\Delta^R_{P_0} = \Delta^P_{P_0} \cap \Sigma^1 \subset \Sigma^1\ .$$

Notons S le sous-groupe parabolique tel que $\Delta_{P_0}^S = \Delta_{P_0}^R \cup \Sigma_1$. Il résulte des remarques qui précèdent que

$$\Delta_{P_0}^P \subset \Delta_{P_0}^S \subset \Sigma\,.$$

Les P contenant R et tels que

$$R \cap M = P'_s$$

sont en bijection avec les sous ensembles de Σ_1 ce qui est équivalent à demander que $R \subset P \subset S$. On veut calculer

$$(\mathbf{\Lambda}^T\varphi)_Q(x) = \int_{N_Q(F)\backslash N_Q(\mathbb{A})} (\mathbf{\Lambda}^T\varphi)(nx)\,\mathrm{d}n = \sum_{P_0\subset P\subset G} (-1)^{\mathfrak{a}_P-\mathfrak{a}_G} \sum_{s\in\mathbf{W}(\mathfrak{a}_0,P)} A_{s,P}\,.$$

La dernière expression peut se récrire comme une somme de termes associés aux couples (s,R) où R est un sous-groupe parabolique admettant un sous-groupe de Levi vérifiant :

$$M_R \subset w_s M_Q w_s^{-1}\,.$$

On obtient

$$(\mathbf{\Lambda}^T\varphi)_Q(x) = \sum_{(s,R)} \sum_{\{P|R\subset P\subset S\}} (-1)^{a_P-a_G} A_{s,P}\,.$$

On observe que l'ensemble N^s ne dépend pas de P et donc

$$(\mathbf{\Lambda}^T\varphi)_Q(x) = \sum_{(s,R)} \int_{N^s} \varphi_R(w_s\,n^s x) \sum_{\{P|R\subset P\subset S\}} (-1)^{a_P-a_G}\widehat{\tau}_P(\mathbf{H}_0(w_s\,n^s x)-T)\,\mathrm{d}n^s$$

soit encore

$$(\mathbf{\Lambda}^T\varphi)_Q(x) = \sum_{(s,R)} (-1)^{a_S-a_G} \int_{N^s} \varphi_R(w_s\,n^s x)\phi_R^{S,G}(\mathbf{H}_0(w_s\,n^s x)-T)\,\mathrm{d}n^s\,.$$

où (avec les notations du lemme 1.7.3)

$$\phi_R^{S,G}(H) = \sum_{\{P|R\subset P\subset S\}} (-1)^{a_P-a_S}\,\widehat{\tau}_P(H)\,.$$

Pour conclure la preuve de (i) on invoque le lemme 4.1.2 ci-dessous. L'équivalence de (i) et (ii) n'est autre que le lemme 1.7.3. L'assertion (iii) est alors immédiate. □

Lemme 4.1.2. *Soient Q, R et S comme ci-dessus. Alors, si $\mathbf{d}_{P_0}(T) \geq c$,*

$$\phi_R^{S,G}(\mathbf{H}_0(w_s\,n^s x)-T) \neq 0$$

implique

$$\varpi(\mathbf{H}_0(x)-T) \leq 0 \qquad \forall\varpi \in \widehat{\Delta}_Q^G\,.$$

Preuve. D'après le lemme 1.7.3, $\phi_R^{S,G}$ est la fonction caractéristique de l'ensemble des H tels que $\varpi(H) > 0$ pour $\varpi \in \widehat{\Delta}_S^G$ et $\varpi(H) \leq 0$ pour $\varpi \in \widehat{\Delta}_R^G - \widehat{\Delta}_S^G$. On suppose

$$\phi_R^{S,G}(\mathbf{H}_0(w_s n^s x)-T) \neq 0$$

c'est-à-dire que

$$\mathbf{H}_0(w_s n^s x) - T = \sum_\alpha t_\alpha\,\alpha^\vee$$

avec

$$t_\alpha > 0 \quad \alpha \in \Delta_{P_0}^G - \Delta_{P_0}^S \qquad \text{et} \qquad t_\alpha \leq 0 \quad \alpha \in \Delta_{P_0}^S - \Delta_{P_0}^R = \Sigma_1\,.$$

Pour $\varpi \in \widehat{\Delta}_Q$ on a

$$\varpi(s^{-1}(\mathbf{H}_0(w_s n^s x) - T)) = \sum_{\alpha\in\Delta_{P_0}} t_\alpha\, \varpi(s^{-1}\alpha^\vee) \le 0\,.$$

En effet, chaque terme est ≤ 0 :
- si $\alpha \notin \Sigma$ alors $\alpha \notin \Delta_{P_0}^S \subset \Sigma$ et donc $s^{-1}\alpha^\vee < 0$ et $t_\alpha > 0$;
- si $\alpha \in \Sigma_1$ alors $s^{-1}\alpha^\vee > 0$ et $t_\alpha \le 0$;
- si $\alpha \in \Sigma^1$ alors $s^{-1}\alpha \in \Delta_{P_0}^Q$ et donc $\varpi(s^{-1}\alpha^\vee) = 0$.

Mais par ailleurs,

$$s^{-1}\mathbf{H}_0(w_s n^s x) = \mathbf{H}_0(x) + s^{-1}\mathbf{H}_0(w_s n)$$

pour un $n \in N_0(\mathbb{A})$ et donc

$$s^{-1}(\mathbf{H}_0(w_s n^s x) - T) = (\mathbf{H}_0(x) - T) + Y_1(n,T) - Y_s(n,T)$$

avec

$$Y_s(n,T) = s^{-1}(T - \mathbf{H}_0(w_s n))\,.$$

D'après le lemme 3.3.2, si $\mathbf{d}_{P_0}(T) \ge c$, la famille des $Y_s(n,T)$ est une famille orthogonale régulière. Dans ce cas

$$\varpi(Y_1(n,T) - Y_s(n,T)) \ge 0$$

pour tout ϖ et donc $\varpi(\mathbf{H}_0(x) - T) \le 0$ pour $\varpi \in \widehat{\Delta}_Q$. □

Le lemme 4.1.1 a pour conséquence immédiate le

Corollaire 4.1.3. *Supposons $\mathbf{d}_{P_0}(T) \ge c$. L'opérateur $\mathbf{\Lambda}^T$ est un idempotent :*

$$\mathbf{\Lambda}^T(\mathbf{\Lambda}^T\varphi) = \mathbf{\Lambda}^T\varphi\,.$$

4.2. Un raffinement

Soit Q un sous-groupe parabolique standard. Pour $X \in \mathfrak{a}_Q^G$ et $T \in \mathfrak{a}_0^G$, on définit un élément

$$T[X] \in \mathfrak{a}_0^Q$$

comme suit : c'est l'unique élément de $\mathfrak{a}_0^Q$ tel que, pour tout $\varpi \in \widehat{\Delta}_0^G - \widehat{\Delta}_Q^G$, on ait l'égalité

$$\varpi(T[X]) = \varpi(T - X)\,.$$

En d'autres termes, si

$$T - X = \sum_{\alpha\in\Delta_0^G} x_\alpha\alpha^\vee \qquad \text{alors } T[X] = \sum_{\alpha\in\Delta_0^Q} x_\alpha\alpha^\vee\,.$$

Lemme 4.2.1. *On a*

(1) $$T[X] = T^Q - \sum_{\alpha\in\Delta_0^G-\Delta_0^Q} x_\alpha(\alpha^\vee)^Q\,.$$

De plus, si

(2) $$\phi_Q^G(X - T) = 1$$

alors $T[X]$ est « plus régulier » que T^Q : pour $\beta \in \Delta_0^Q$ on a

$$\beta(T[X]) \ge \beta(T^Q)\,.$$

Preuve. On observe que $(\alpha^\vee)^Q = \alpha^\vee$ pour $\alpha \in \Delta_0^Q$ et que

$$T^Q = (T-X)^Q = \sum_{\alpha\in\Delta_0^G} x_\alpha (\alpha^\vee)^Q$$

et (1) s'en déduit. Maintenant la condition (2) implique que les x_α sont positifs ou nuls pour $\alpha \notin \Delta_0^Q$ et comme $\beta(X) = 0$ pour $\beta \in \Delta_0^Q$ on a donc, compte tenu de (1) :

$$\beta(T[X]) = \beta(T) - \sum_{\alpha\notin\Delta_0^Q} x_\alpha \beta(\alpha^\vee) \geq \beta(T) = \beta(T^Q)$$

puisque $\beta(\alpha^\vee) \leq 0$. □

Rappelons que l'opérateur $\mathbf{\Lambda}^{T,Q}$ ne dépend en fait que de T^Q. Le lemme 4.1.1 se raffine en celui qui suit.

Lemme 4.2.2. *Il existe $c' > 0$ tel que, pour tout $c > 0$ et tout $T \in \mathfrak{a}_0^G$ vérifiant $\mathbf{d}_{P_0}(T) \geq c'(c+1)$, la propriété suivante soit vérifiée. Soit $x \in G(\mathbb{A})$ et notons X la projection de $\mathbf{H}_0(x)$ sur $\mathfrak{a}_Q^G$. On suppose que*

$$\|X - T_Q\| \leq c\,.$$

Alors, pour toute fonction φ sur $G(F)\backslash G(\mathbb{A})$, on a l'égalité

$$(\mathbf{\Lambda}^T\varphi)_Q(x) = (-1)^{a_Q - a_G}\phi_Q^G(X-T)\mathbf{\Lambda}^{T[X],Q}(\varphi_Q)(x)\,.$$

Preuve. D'après la preuve des lemmes 4.1.1 et 4.1.2, on sait que

$$(\mathbf{\Lambda}^T\varphi)_Q(x) = \sum_{(s,R)} (-1)^{a_S - a_G} \int_{N^s} \varphi_R(w_s\, n^s x)\, \phi_R^{S,G}(\mathbf{H}_0(w_s\, n^s x) - T)\, dn^s$$

et pour que

$$\phi_R^{S,G}(\mathbf{H}_0(w_s\, n^s x) - T)$$

soit non nul on doit avoir

$$\varpi\big(s^{-1}(\mathbf{H}_0(w_s n^s x) - T)\big) = \sum_{\alpha\in\Delta_{P_0}} t_\alpha\, \varpi(s^{-1}\alpha^\vee) \leq 0$$

pour $\varpi \in \widehat{\Delta}_Q$. On a vu (*cf.* lemme 4.1.2) que

$$s^{-1}(\mathbf{H}_0(w_s n^s x) - T) = (\mathbf{H}_0(x) - T) + Y_1(n,T) - Y_s(n,T)\,.$$

Par hypothèse

$$\varpi(\mathbf{H}_0(x) - T) = \varpi(X - T_Q)$$

reste borné et donc $\varpi\big(Y_1(n,T) - Y_s(n,T)\big)$ doit autre majoré. Pour $\mathbf{d}_{P_0}(T)$ assez grand, de faison précise si $\mathbf{d}_{P_0}(T) \geq c'(c+1)$ avec $\|X - T_Q\| \leq c$, ceci impose $s \in \mathbf{W}^Q$. On a alors

$$\Sigma^1 \subset \Delta_{P_0}^Q \qquad \text{et donc} \qquad R \subset Q$$

et

$$\Delta_{P_0}^S = \Delta_{P_0}^R \cup \Sigma_1 \qquad \text{avec } \Sigma_1 = \Delta_{P_0}^G - \Delta_{P_0}^Q\,.$$

On en déduit que S ne dépend que de R et Q : de fait, on a

$$\widehat{\Delta}_S = \widehat{\Delta}_R - \widehat{\Delta}_Q\,.$$

On rappelle que N^s est un quotient de $N_Q(\mathbb{A})\big(N_0(F)\cap Q(F)\big)$. On obtient alors

$$(1)\quad (\mathbf{\Lambda}^T\varphi)_Q(x) = \sum_{\{R|P_0\subset R\subset Q\}} (-1)^{a_R-a_G} \sum_{\xi\in R(F)\backslash Q(F)} \varphi_R(\xi\, x)\,\phi_R^{S,G}(\mathbf{H}_0(\xi\, x)-T)\,.$$

D'après le lemme 1.7.3, la fonction $\phi_R^{S,G}$ est la fonction caractéristique des $H\in\mathfrak{a}_0$ tels que

$$\varpi(H)\le 0 \qquad \text{pour tous les } \varpi\in\widehat{\Delta}_R^G-\widehat{\Delta}_S^G=\widehat{\Delta}_Q^G$$

et

$$\varpi(H)>0 \qquad \text{pour tous les } \varpi\in\widehat{\Delta}_S^G=\widehat{\Delta}_R^G-\widehat{\Delta}_Q^G\,.$$

On a donc

$$\phi_R^{S,G}(H)=\phi_Q^G(H)\widehat{\tau}_R^Q\circ\mathcal{Q}(H)$$

où $\mathcal{Q}(H)$ est l'élément de $\mathfrak{a}_{P_0}^Q$ défini par les équations

$$\varpi\big(\mathcal{Q}(H)\big)=\varpi(H) \qquad \text{pour tous les } \varpi\in\widehat{\Delta}_{P_0}^G-\widehat{\Delta}_Q^G\,.$$

Donc

$$\phi_R^{S,G}(\mathbf{H}_0(\xi\, x)-T)=\phi_Q^G(\mathbf{H}_0(\xi\, x)-T)\widehat{\tau}_R^Q\circ\mathcal{Q}(\mathbf{H}_0(\xi\, x)-T)\,.$$

On observera que

$$\mathbf{H}_0(\xi\, x)_Q=\mathbf{H}_0(x)_Q=X$$

et que, pour tous les $\varpi\in\widehat{\Delta}_{P_0}^G-\widehat{\Delta}_Q^G$ on a, par définition de $T[X]$,

$$\varpi(\mathbf{H}_0(\xi\, x)-T)=\varpi(\mathbf{H}_0(x)_Q+\mathbf{H}_0(\xi\, x)^Q-T)=\varpi(\mathbf{H}_0(\xi\, x)^Q-T[X])$$

c'est-à-dire que

$$\mathcal{Q}(\mathbf{H}_0(\xi\, x)-T)=\mathbf{H}_0(\xi\, x)^Q-T[X]\,.$$

On a donc aussi

$$(2)\qquad \phi_R^{S,G}(\mathbf{H}_0(\xi\, x)-T)=\phi_Q^G(X-T)\widehat{\tau}_R^Q(\mathbf{H}_0(\xi\, x)-T[X])\,.$$

Le lemme résulte immédiatement de (1) et (2). □

4.3. Troncature et décroissance

Fixons $Q\subset R$ deux sous-groupes paraboliques. Pour $P=M_PN_P$ avec $Q\subset P\subset R$ on a $N_R\subset N_P\subset N_Q$. Posons $\Sigma_P=\Delta_{P_0}^R-\Delta_{P_0}^P$. Le radical unipotent N_P de P est le produit de N_R et de $U=M_R\cap N_P$. Soit P_α le groupe associé à $\alpha\in\Sigma_P$ c'est-à-dire tel que

$$\Sigma_{P_\alpha}=\{\alpha\}$$

et soit U_α l'intersection de son radical unipotent avec M_R. Alors,

$$N_P=N_R\prod_{\alpha\in\Sigma_P}U_\alpha\,.$$

Soit ψ une fonction continue sur $N_Q(F)\backslash N_Q(\mathbb{A})$. Considérons

$$\psi_P(n_1)=\Pi_P\psi(n_1):=\int_{N_P(F)\backslash N_P(\mathbb{A})}\psi(nn_1)\,dn\,.$$

La fonction $\Pi_P\psi$ est encore invariante à gauche par $N_Q(F)$. Tous les groupes unipotents considérés sont contenus dans N_Q et invariants par celui-ci. On peut donc introduire

$$\Theta\psi=\sum_{Q\subset P\subset R}(-1)^{a_P-a_R}\Pi_P\psi=\sum_{Q\subset P\subset R}(-1)^{a_P-a_R}\psi_P\,.$$

On dispose de l'action à droite, notée $\boldsymbol{\rho}(X)$, des opérateurs X de l'algèbre enveloppante $\mathfrak{U}(\mathfrak{n}_Q)$, sur les fonctions lisses sur $N_Q(F)\backslash N_Q(\mathbb{A})$.

Lemme 4.3.1. *Soit $\mathcal{O}$ un sous-groupe ouvert compact du groupe des adèles finis de N_Q. Pour tout entier $r \geq 0$ il existe des opérateurs différentiels $X_{Q,R}$, définis par des éléments de l'algèbre enveloppante de $N_Q(F \otimes \mathbb{R})$, de la forme suivante :*

$$X_{Q,R} = \prod_{\alpha \in \Delta_Q^R} \left(\sum_{j=1}^{n_\alpha} Y_{\alpha,j}^r \right) \qquad \textit{avec } Y_{\alpha,j} \in \mathfrak{u}_\alpha = \operatorname{Lie} U_\alpha$$

et tels que

$$\|\Theta\psi\|_\infty \leq \|\boldsymbol{\rho}(X_{Q,R})\psi\|_\infty$$

pour toute fonction ψ lisse sur $N_Q(F)\backslash N_Q(\mathbb{A})/\mathcal{O}$.

Preuve. On peut supposer ψ invariante à gauche par $N_R(\mathbb{A})$. On a alors

$$\Theta\psi = \sum_P (-1)^{|\Sigma_P|} \prod_{\alpha \in \Sigma_P} \Pi_{P_\alpha}\psi = \sum_P (-1)^{|\Sigma_P|} \prod_{\alpha \in \Sigma_P} \Pi_{U_\alpha}\psi = \prod_{\alpha \in \Delta_Q^R} (1 - \Pi_{U\alpha})\psi$$

où l'on a noté Π_{U_α} l'intégrale sur $U_\alpha(F)\backslash U_\alpha(\mathbb{A})$. Comme l'intégration sur un sous-groupe unipotent (agissant à gauche) commute avec l'action à droite d'un opérateur différentiel, on peut traiter séparément chaque facteur $(1 - \Pi_{U\alpha})$. On doit donc estimer

$$\psi(n_1) - \int_{U_\alpha(F)\backslash U_\alpha(\mathbb{A})} \psi(un_1)\,\mathrm{d}u\,.$$

On considère une suite de composition de U_α

$$\{1\} \subset V_1 \subset V_2 \subset \cdots \subset V_{n_\alpha} = U_\alpha$$

dont les quotients sont isomorphes au groupe additif. On remarque que

$$1 - \Pi_{V_j} = 1 - \Pi_{V_{j-1}} + (1 - \Pi_{V_{j-1}\backslash V_j})\Pi_{V_{j-1}}$$

et donc

$$1 - \Pi_{U_\alpha} = \sum_{j=1}^{n_\alpha} (1 - \Pi_{V_{j-1}\backslash V_j})\Pi_{V_{j-1}}\,.$$

En observant que, si V est l'un quelconque de V_j, on a

$$\|\Pi_V\psi\|_\infty \leq \|\psi\|_\infty$$

on est ramené à traiter le cas d'un seul facteur $1 - \Pi_V$ ou V est de dimension 1. Le lemme résulte alors de ce que, si ψ est une fonction sur $\mathbb{R}/\mathbb{Z}$ ayant pour développement de Fourier

$$\psi(x) = \sum_{n \in \mathbb{Z}} a_n \mathrm{e}^{2\pi i n x}$$

on a pour $r > 0$

$$\|(1 - \Pi_V)\psi\|_\infty = \|\psi - a_0\|_\infty \leq \sum_{n \neq 0} |a_n| \leq \left(\sum n^{2r}|a_n|^2 \right)^{1/2} \left(\sum_{n \neq 0} \frac{1}{n^{2r}} \right)^{1/2}$$

et donc

$$\|\psi - a_0\|_\infty \leq c_r \left\| \frac{\partial^r \psi}{\partial n^r} \right\|_\infty\,.$$

□

Soit φ une fonction sur $\mathbf{X}_G = \mathfrak{A}_G G(F)\backslash G(\mathbb{A})$. On dit que φ est à croissance lente si, pour un certain N et pour tout x dans un domaine de Siegel $\mathfrak{S}$, on a

$$|\varphi(x)| \ll |x|^N .$$

On dira que φ est à croissance uniformément lente, si φ est $\mathbf{K}$-finie (à droite) et à croissance lente ainsi que toutes ses dérivées (pour l'action à droite des opérateurs de l'algèbre enveloppante) pour le même exposant N. On dit que φ est à décroissance rapide si, pour tout N,

$$|\varphi(x)| \leq c_N |x|^{-N}$$

pour $x \in \mathfrak{S}$.

Proposition 4.3.2. *Soit φ une fonction lisse sur $\mathbf{X}_G$ à croissance uniformément lente. Soit $\mathfrak{S}$ un domaine de Siegel dans $G(\mathbb{A})$. Pour tout couple d'entiers positifs A et B, il existe un ensemble fini $X_1, \ldots, X_r$ d'éléments de $\mathfrak{U}(\mathfrak{g})$ tels que :*

$$|\mathbf{\Lambda}^T \varphi(x)|\,|x|^B \ll \sum_i \sup_{y \in G(\mathbb{A})} |\boldsymbol{\rho}(X_i)\varphi(y)|\,|y|^{-A}$$

pour tout $x \in \mathfrak{S}$. En d'autres termes : si φ est à croissance uniformément lente sur $\mathbf{X}_G$, alors $\mathbf{\Lambda}^T \varphi$ est à décroissance rapide.

Preuve. Commençons par insérer dans l'expression de $\mathbf{\Lambda}^T$ l'identité du lemme 3.6.4

$$\sum_{Q \subset P \subset R} \sum_{\xi \in Q(F)\backslash P(F)} F_{P_0}^Q(\xi\, x, T)\sigma_Q^R(\mathbf{H}_0(\xi\, x) - T) = \widehat{\tau}_P(\mathbf{H}_0(x) - T)$$

pour chaque P. Donc

$$\mathbf{\Lambda}^T \varphi(x) = \sum_{\{Q,R | Q \subset R\}} A_{Q,R}(x)$$

avec

$$A_{Q,R}(x) = \sum_{\xi \in Q(F)\backslash G(F)} F_{P_0}^Q(\xi\, x, T)\sigma_Q^R(\mathbf{H}_0(\xi\, x) - T) \sum_{\{P | Q \subset P \subset R\}} (-1)^{a_P - a_G} \varphi_P(\xi\, x) .$$

Fixons Q et R et supposons tout d'abord que $Q = R$. On a alors $\sigma_Q^R = 0$ sauf dans le cas $Q = R = G$. Dans ce cas on simplement

$$A_{G,G}(x) = F_{P_0}^G(x, T)\varphi(x) .$$

Cette fonction est à décroissance rapide car $F_{P_0}^G$ est à support compact et l'inégalité est vérifiée en prenant pour X un opérateur de degré zéro c'est-à-dire une constante non nulle (dépendant de φ et de T). Supposons désormais $Q \neq R$. Il nous suffit de majorer

$$\sum_{\{P | Q \subset P \subset R\}} (-1)^{a_P - a_G} \varphi_P(\xi\, x) ,$$

sous la condition

(1) $$F_{P_0}^Q(\xi\, x, T)\sigma_Q^R(\mathbf{H}_0(\xi\, x) - T) = 1 .$$

Rappelons que pour x fixé il y a au plus un ξ modulo $Q(F)$ pour lequel un tel terme est non nul (*cf.* lemme 3.6.1). Compte tenu du lemme 3.5.6 il suffit de montrer que pour tout A et tout B on peut trouver des opérateurs différentiels X_i tels que

(2) $$|\xi\, x|^B \left| \sum_{\{P | Q \subset P \subset R\}} (-1)^{a_P - a_G} \varphi_P(\xi\, x) \right| \ll \sum_i \sup_y |\boldsymbol{\rho}(X_i)\varphi(y)|\,|y|^{-A} .$$

On s'intéresse aux $x \in \mathfrak{S}$; on a donc

$$\mathbf{H}_G(\xi\, x) = \mathbf{H}_G(x) = 0$$

et on remarque que l'on est libre de multiplier $\xi\, x$ par un élément de $Q(F)$ à gauche. Mais $\xi\, x$ vérifie (1), en particulier $F^Q_{P_0}(\xi\, x, T) = 1$. Il résulte alors du lemme 3.6.2 que l'on peut supposer

$$\xi\, x = n_1 a c \qquad \text{avec } n_1 \in N_Q(\mathbb{A}),\ a \in \mathfrak{A}_0^G \text{ et } c \in \Omega$$

où Ω est un compact et où la projection de $H = \mathbf{H}_0(a)$ dans $\mathfrak{a}_0^Q$ est bornée. La translation par un compact à droite ne change rien aux estimées. Il suffit donc d'étudier le cas où

$$\xi\, x = n_1 a \qquad \text{avec } a = \mathrm{e}^H \text{ et } H \in \mathfrak{a}_Q^G\ .$$

De plus on doit avoir

$$\sigma_Q^R(H - T) = 1\ .$$

On décompose H sous la forme

$$H = H_1 + H_2$$

où $H_1 \in \mathfrak{a}_Q^R$ et $H_2 \in \mathfrak{a}_R^G$. D'après l'équation (i) du lemme 2.11.6 on a

$$\|H_2\| \leq c\|H_1 - T\| \leq \|H_1\| + \|T\|\ .$$

Quitte à changer les constantes, il nous suffit de montrer que

$$\text{(3)} \qquad \mathrm{e}^{B'\|H_1\|}\left|\sum(-1)^{a_P}\varphi_P(n_1 a)\right|$$

est dominé par le membre de droite de (2). En appliquant le lemme 4.3.1 aux fonctions de la forme

$$\psi(n_1) = \varphi(n_1 a)$$

on obtient

$$\sup_{n_1}\left|\sum(-1)^{a_P}\varphi_P(n_1\, a)\right| \leq \sup_{n_1}|\boldsymbol{\rho}(\mathrm{Ad}(a^{-1})X_{Q,R})\varphi(n_1 a)|\ .$$

Les opérateurs $X_{Q,R}$ sont de la forme

$$X_{Q,R} = \sum_k Z_k \qquad \text{avec } Z_k = \prod_{\alpha\in\Delta_Q^R} Y^r_{\alpha,j_k}$$

et les Y_{α,j_k} se transforment sous $\mathrm{Ad}(a)$ par une racine β dont la décomposition en racines simples fait intervenir α avec un coefficient ≥ 1. Donc, pour tout $a = \mathrm{e}^{H_1}$ avec $H_1 \in \mathfrak{a}_Q^R$ on a

$$\mathrm{Ad}(a)Z_k = \mathrm{e}^{\lambda_k(H_1)}Z_k$$

où λ_k est une combinaison linéaire à coefficients entiers $\geq r$ des racines dans Δ_Q^R. En particulier il existe une constante $a > 0$ telle que

$$\mathrm{e}^{\lambda_k(H_1)} \gg \mathrm{e}^{ra\|H_1\|}$$

puisque $\sigma_Q^R(H - T) = 1$ (la constante implicite dépendant de T). Il en résulte que, pour r assez grand, (3) est dominé par

$$\mathrm{e}^{-A\|H\|}\sup_i|\boldsymbol{\rho}(X_{Q,R})\varphi(n_1 a)| \ll \sup_{i,y}|\boldsymbol{\rho}(X_{Q,R})\varphi(y)|\,|y|^{-A}\ . \qquad \square$$

La proposition 4.3.2 admet la variante suivante.

Proposition 4.3.3. *Soit φ une fonction lisse sur $\mathbf{X}_G$ à croissance uniformément lente. Pour tout couple d'entiers positifs A et B, il existe un ensemble fini d'éléments de $\mathfrak{U}(\mathfrak{g})$: $X_1, \ldots, X_r$ tels que*

$$|\mathbf{\Lambda}^T\varphi(x) - F_{P_0}^G(x,T)\varphi(x)|\,|x|^B \ll \mathrm{e}^{-A\mathbf{d}_{P_0}(T)} \sum_i \sup_{y\in G(\mathbb{A})} |\rho(X_i)\varphi(y)|\,|y|^{-A}$$

pour tout $x \in \mathfrak{S}^G$.

Preuve. Il suffit de reprendre la preuve de la proposition 4.3.2 ci-dessus, en observant que pour contrôler les termes

$$A_{Q,R}(x) = \sum_{\xi\in Q(F)\backslash G(F)} F_{P_0}^Q(\xi\,x,T)\sigma_Q^R(\mathbf{H}_0(\xi\,x)-T) \sum_{\{P|Q\subset P\subset R\}} (-1)^{a_P-a_G}\varphi_P(\xi\,x)$$

avec $Q \neq R$, on considère des $H = \mathbf{H}_0(\xi\,x)$ vérifiant

$$\sigma_Q^R(H-T) = 1$$

et donc $\alpha(H) > \alpha(T)$ pour $\alpha \in \Delta_Q^R$. Comme cet ensemble est non vide on a

$$\|H\| \gg (\|H\| + |\alpha(T)|) \geq \big(\|H\| + \mathbf{d}_{P_0}(T)\big)\ . \qquad \square$$

Cette proposition admet elle-même une variante immédiate quand on remplace $\mathbf{\Lambda}^T$ par $\mathbf{\Lambda}^{T,Q}$.

4.4. $\mathbf{\Lambda}^T$ comme projecteur

Proposition 4.4.1. *Soient φ et ψ des fonctions à croissance uniformément lente sur $\mathbf{X}_G/\mathbf{K}_f$. Alors*

$$\langle \mathbf{\Lambda}^T\varphi, \psi\rangle = \langle \varphi, \mathbf{\Lambda}^T\psi\rangle$$

les produits scalaires étant absolument convergents.

Preuve. Si φ est à croissance uniformément lente alors d'après la proposition 4.3.2 la fonction $\mathbf{\Lambda}^T\varphi$ est à décroissance rapide et donc le produit scalaire $\langle \mathbf{\Lambda}^T\varphi, \psi\rangle$ est absolument convergent et dépend continûment de φ pour la semi-norme :

$$\|\varphi\| = \sum_i \mathrm{Sup}_{x\in G(\mathbb{A})}|\boldsymbol{\rho}(X_i)\varphi(x)|\,|x|^{-N}\ .$$

Maintenant si φ est à support compact sur $\mathbf{X}_G$ on a

$$\int_{\mathbf{X}_G} \varphi(x)\left(\sum_{P(F)\backslash G(F)} \widehat{\tau}_P(\mathbf{H}_0(\xi\,x)-T)\,\overline{\psi_P(\xi\,x)}\right)\mathrm{d}x$$

soit encore

$$= \int_{\mathfrak{A}_G P(F)\backslash G(\mathbb{A})} \widehat{\tau}_P(\mathbf{H}_0(x)-T)\,\varphi(x)\,\overline{\psi_P(x)}\,\mathrm{d}x$$

et aussi

$$= \int_{\mathfrak{A}_G P(F)N(\mathbb{A})\backslash G(\mathbb{A})} \widehat{\tau}_P(\mathbf{H}_0(x)-T)\varphi_P(x)\overline{\psi_P(x)}\,\mathrm{d}x$$

vu l'invariance de $\mathbf{H}_0$ sous $N_0(\mathbb{A})$; l'expression finale est symétrique. L'assertion est donc démontrée pour les fonctions à support compact ; le cas général en résulte par continuité, les fonctions lisses et à support compact étant denses. $\square$

Corollaire 4.4.2. *Supposons T assez régulier (comme au lemme 4.1.1). L'opérateur $\mathbf{\Lambda}^T$ s'étend en un projecteur autoadjoint sur $L^2(\mathbf{X}_G)$.*

PREUVE. On vérifie à l'aide des propositions 4.3.2 et 4.4.1 et du corollaire 4.1.3 que

$$\langle (1-\mathbf{\Lambda}^T)\varphi, \mathbf{\Lambda}^T\varphi\rangle = 0$$

pour φ lisse et à support compact sur $\mathbf{X}_G$. Il en résulte que

$$\langle \varphi, \varphi\rangle = \langle \mathbf{\Lambda}^T\varphi, \mathbf{\Lambda}^T\varphi\rangle + \langle (1-\mathbf{\Lambda}^T)\varphi, (1-\mathbf{\Lambda}^T)\varphi\rangle$$

ce qui implique que $\mathbf{\Lambda}^T$ se prolonge en un opérateur continu involutif autoadjoint dans L^2 puisque de telles fonctions sont évidemment denses. □

CHAPITRE 5

Formes automorphes et produits scalaires

5.1. Formes automorphes sur $\mathbf{X}_P$

On rappelle qu'une forme automorphe sur

$$\mathbf{X}_G = \mathfrak{A}_G G(F)\backslash G(\mathbb{A})$$

est une fonction lisse, $\mathbf{K}$-finie et $\mathfrak{z}(\mathfrak{g})$-finie [1] et qui est à croissance lente. On sait qu'une telle fonction est alors automatiquement à croissance uniformément lente. Plus généralement, soit P un sous-groupe parabolique de sous-groupe de Levi M et de radical unipotent N_P et considérons

$$\mathbf{X}_P = \mathfrak{A}_P P(F) N_P(\mathbb{A})\backslash G(\mathbb{A}) \,.$$

On appellera forme automorphe sur $\mathbf{X}_P$ une fonction Φ sur $\mathbf{X}_P$ qui est $\mathbf{K}$-finie à droite et telle que pour tout $k \in \mathbf{K}$ la fonction sur $\mathbf{X}_M$ définie par

$$m \mapsto \Phi(m\,k)$$

soit automorphe. On notera

$$\mathcal{A}(\mathbf{X}_P)$$

l'espace de formes automorphes sur $\mathbf{X}_P$. On trouvera dans [29, p. 37] une autre définition de la notion de forme automorphe sur $\mathbf{X}_P$ qui est démontrée être équivalente à celle-ci. Soit σ une représentation automorphe de M. On notera

$$\mathcal{A}(\mathbf{X}_P, \sigma)$$

l'espace des formes automorphes sur $\mathbf{X}_P$ telles que pour tout $x \in G(\mathbb{A})$ la fonction

$$m \mapsto \Phi(mx) \qquad \text{pour } m \in M(\mathbb{A})$$

soit une forme automorphe de l'espace isotypique de σ dans $L^2_{\text{disc}}(\mathbf{X}_M)$. On dira, par abus de langage, que Φ est cuspidale sur $\mathbf{X}_P$ si

$$m \mapsto \Phi(mx)$$

est cuspidale. L'espace $\mathcal{A}_{\text{cusp}}(\mathbf{X}_P)$, des formes cuspidales (resp. $\mathcal{A}_{\text{disc}}(\mathbf{X}_P)$, des formes de carré intégrables), est muni d'une structure d'espace préhilbertien par le produit scalaire

$$\langle \Phi, \Psi \rangle_P = \int_{\mathbf{X}_P} \Phi(x)\overline{\Psi(x)}\,\mathrm{d}x = \int_{\mathbf{K}}\int_{\mathbf{X}_M} \Phi(mk)\overline{\Psi(mk)}\,\mathrm{d}m\,\mathrm{d}k \,.$$

1. $\mathfrak{z}(\mathfrak{g})$ désigne le centre de l'algèbre enveloppante de $\mathfrak{g}$.

5.2. Opérateurs d'entrelacement et séries d'Eisenstein

Soit Φ une fonction lisse sur $\mathbf{X}_P$. Pour

$$\lambda \in \mathfrak{a}_P^* \otimes \mathbb{C}$$

on pose

$$\Phi(x,\lambda) = \Phi(x)\mathrm{e}^{\langle \lambda+\rho_P, \mathbf{H}_P(x)\rangle}$$

où $\mathbf{H}_P(x)$ est la projection de $\mathbf{H}_0(x)$ sur $\mathfrak{a}_P$ et ρ_P est la demi-somme des racines dans N_P. Considérons un sous-groupe parabolique Q associé à P et

$$s \in \mathbf{W}(\mathfrak{a}_P, \mathfrak{a}_Q) .$$

On notera $\mathbf{s}$ l'opérateur défini par

$$\mathbf{s}\Phi(x) = \Phi(w_s^{-1}\, x)$$

et on pose

$$N_{s,P,Q} = N_Q \cap w_s N_P w_s^{-1} \backslash N_Q .$$

Supposons Φ cuspidale sur $\mathbf{X}_P$. Pour λ assez régulier dans la chambre associée à P dans $\mathfrak{a}_P^* \otimes \mathbb{C}$, il existe une fonction Ψ sur

$$\mathbf{X}_Q = \mathfrak{A}_Q Q(F) N_Q(\mathbb{A}) \backslash G(\mathbb{A})$$

telle que

$$\Psi(x, s\lambda) = \int_{N_{s,P,Q}(\mathbb{A})} \mathbf{s}\Phi(n\,x,\lambda)\,\mathrm{d}n$$

l'intégrale étant absolument convergente. On définit l'opérateur d'entrelacement $\mathbf{M}_{Q|P}(s,\lambda)$ par

$$\mathbf{M}_{Q|P}(s,\lambda)\Phi = \Psi .$$

En d'autres termes

$$\mathbf{M}_{Q|P}(s,\lambda)\Phi(x) = \mathrm{e}^{-\langle s\lambda+\rho_Q, \mathbf{H}_Q(x)\rangle} \int_{N_{s,P,Q}(\mathbb{A})} \Phi(w_s^{-1} n\, x)\mathrm{e}^{\langle \lambda+\rho_P, \mathbf{H}_P(w_s^{-1} n\, x)\rangle}\,\mathrm{d}n .$$

On posera

$$\mathbf{M}_{P|Q}(\lambda) = \mathbf{M}_{P|Q}(1,\lambda) .$$

Lemme 5.2.1.

$$\mathbf{M}_{s(P)|P}(s,\lambda) = \mathrm{e}^{\langle \lambda+\rho_P, T_0 - s^{-1}T_0\rangle}\mathbf{s} .$$

PREUVE. Lorsque

$$Q = w_s P\, w_s^{-1} = s(P)$$

le groupe $N_{s,P,Q}$ est trivial et on a simplement

$$\mathbf{M}_{s(P)|P}(s,\lambda)\Phi = \mathrm{e}^{\langle \lambda+\rho_P, \mathbf{H}_P(w_s^{-1})\rangle}\mathbf{s}\Phi .$$

On conclut en observant que, compte tenu du lemme 3.3.3, on a pour tout P semi-standard

$$\langle \lambda+\rho_P, \mathbf{H}_P(w_s^{-1})\rangle = \langle \lambda+\rho_P, \mathbf{H}_0(w_s^{-1})\rangle$$

et

$$\mathbf{H}_0(w_s^{-1}) = T_0 - s^{-1}T_0 . \qquad \square$$

Lorsque P et Q sont standard, et P fixé, la donnée du couple (s, λ) suffit à déterminer l'opérateur $\mathbf{M}_{Q|P}(s, \lambda)$ qui sera parfois noté simplement $\mathbf{M}(s, \lambda)$. Ce sera en particulier le cas dans 5.2.2(ii) ci-dessous.

Soit $P \subset Q$ une paire de sous-groupes paraboliques standard et soit Φ une forme automorphe cuspidale sur $\mathbf{X}_P$. On définit, pour $\lambda \in \mathfrak{a}_P^* \otimes \mathbb{C}$ assez régulier, une série d'Eisenstein sur Q en posant [2]

$$E^Q(x, \Phi, \lambda) = \sum_{\gamma \in P(F)\backslash Q(F)} \Phi(\gamma x, \Lambda) .$$

La série d'Eisenstein sera notée simplement $E(x, \Phi, \lambda)$ lorsque $Q = G$.

Soit R un sous-groupe parabolique standard de G ; on rappelle que l'on note $\Pi_R E$, ou parfois E_R, le terme constant de E le long de R (*cf.* section 4.1) :

$$\Pi_R E(x, \Phi, \lambda) = \int_{N_R(F)\backslash N_R(\mathbb{A})} E(nx, \Phi, \lambda)\, \mathrm{d}n .$$

On rappelle que l'on a introduit dans le lemme 1.3.7 le sous-ensemble $\mathbf{W}(\mathfrak{a}_P, R)$ du groupe de Weyl. On peut alors énoncer le théorème fondamental de Langlands.

Théorème 5.2.2. (i) *L'opérateur d'entrelacement* $\mathbf{M}_{Q|P}(s, \lambda)$ *possède un prolongement méromorphe à tout* $\mathfrak{a}_P^* \otimes \mathbb{C}$. *Si* P, Q *et* R *sont trois sous-groupes paraboliques (semi-standard), et* s *et* t *sont deux éléments du groupe de Weyl tels que*

$$s \in \mathbf{W}(\mathfrak{a}_P, \mathfrak{a}_Q) \qquad \textit{et} \qquad t \in \mathbf{W}(\mathfrak{a}_Q, \mathfrak{a}_R)$$

alors on a l'équation fonctionnelle :

$$\mathbf{M}_{R|Q}(t, s\lambda)\mathbf{M}_{Q|P}(s, \lambda) = \mathbf{M}_{R|P}(ts, \lambda) . \tag{1}$$

De plus,

$$\mathbf{M}_{Q|P}(s, -\overline{\lambda})^* = \mathbf{M}_{Q|P}(s, \lambda)^{-1} . \tag{2}$$

En particulier, pour λ *imaginaire pur l'opérateur d'entrelacement* $\mathbf{M}_{P|Q}(s, \lambda)$ *est une isométrie.*

(ii) *La série d'Eisenstein* $E(x, \Phi, \lambda)$ *converge absolument si* $\mathrm{Re}(\lambda) > \rho_P$. *Elle admet un prolongement méromorphe à tout* $\mathfrak{a}_P^* \otimes \mathbb{C}$ *et définit ainsi une forme automorphe qui est à croissance uniformément lente lorsque le paramètre* λ *reste dans un compact du domaine d'holomorphie. Elle satisfait les équations fonctionnelles*

$$E(x, \mathbf{M}(s, \lambda)\Phi, s\lambda) = E(x, \Phi, \lambda) \qquad \textit{pour } s \in \mathbf{W}(\mathfrak{a}_P) . \tag{3}$$

Supposons Φ *cuspidale sur* $\mathbf{X}_P$. *On a* [3]

$$\Pi_R E(x, \Phi, \lambda) = \sum_{s \in \mathbf{W}(\mathfrak{a}_P, R)} E^R(x, \mathbf{M}(s, \lambda)\Phi, s\lambda) . \tag{4}$$

Dans le cas particulier où P *et* R *sont associés on a simplement*

$$\Pi_R E(x, \Phi, \lambda) = \sum_{s \in \mathbf{W}(\mathfrak{a}_P, \mathfrak{a}_R)} (\mathbf{M}(s, \lambda)\Phi)(x, s\lambda) . \tag{5}$$

---

2. Nous utilisons la notation E^Q, suivant en cela Arthur et [29] plutôt que E_Q utilisé par Langlands [20, Lecture 15] pour éviter les confusions avec le terme constant le long de Q souvent noté ainsi.

3. On observera que, compte tenu des équations fonctionnelles 5.2.2(3), le choix dans 5.2.2(4) du représentant s, dans la classe modulo $\mathbf{W}^R$ définie par un élément de $\mathbf{W}(\mathfrak{a}_P, R)$, est indifférent.

PREUVE. Pour le prolongement analytique et les équations fonctionnelles on renvoie à [28] (voir aussi [29, IV.1.10]). Pour le calcul du terme constant on pourra consulter [27] ou [29, II.1.7]. □

5.3. La (G, M)-famille spectrale

Soit M un sous-groupe de Levi et soient P et Q dans $\mathcal{P}(M)$.

Lemme 5.3.1. *Supposons que P et Q correspondent à des chambres adjacentes dans $\mathfrak{a}_M$. Si $\mathbf{\Lambda}^\vee$ appartient au mur séparant les deux chambres on a*

$$\mathbf{M}_{Q|P}(\lambda + \Lambda) = \mathbf{M}_{Q|P}(\lambda) .$$

PREUVE. On rappelle que, par définition

$$\mathbf{M}_{Q|P}(\lambda) = \mathbf{M}_{Q|P}(1, \lambda)$$

et donc, dans le domaine de convergence,

$$\mathbf{M}_{Q|P}(\lambda + \Lambda)\Phi(x) = \mathrm{e}^{-\langle \lambda+\Lambda+\rho_Q, \mathbf{H}_Q(x)\rangle} \int_{N_{1,P,Q}(\mathbb{A})} \Phi(n\,x)\mathrm{e}^{\langle \lambda+\Lambda+\rho_P, \mathbf{H}_P(n\,x)\rangle}\,\mathrm{d}n .$$

Il suffit alors d'observer que si $\mathbf{\Lambda}^\vee$ appartient au mur séparant les deux chambres on a

$$\langle \Lambda, \mathbf{H}_Q(x)\rangle = \langle \Lambda, \mathbf{H}_P(nx)\rangle$$

pour tout $n \in N_0(\mathbb{A})$. □

Corollaire 5.3.2. *Pour P dans $\mathcal{P}(M)$ et λ donnés, la famille de fonctions à valeurs opérateurs*

$$\mathcal{M}(P, \lambda; \Lambda, Q) = \mathbf{M}_{Q|P}(\lambda)^{-1}\mathbf{M}_{Q|P}(\lambda + \Lambda)$$

indexée par $Q \in \mathcal{P}(M)$ est une (G, M)-famille.

PREUVE. L'équation fonctionnelle 5.2.2 montre que

$$\mathbf{M}_{R|P}(\lambda + \Lambda) = \mathbf{M}_{R|Q}(\lambda + \Lambda)\mathbf{M}_{Q|P}(\lambda + \Lambda) .$$

Donc,

(1) $$\mathcal{M}(P, \lambda; \Lambda, R) = \mathbf{M}_{Q|P}(\lambda)^{-1}\mathbf{M}_{R|Q}(\lambda)^{-1}\mathbf{M}_{R|Q}(\lambda + \Lambda)\mathbf{M}_{Q|P}(\lambda + \Lambda) .$$

Si nous supposons maintenant que Q et R sont associés à des chambres adjacentes et si Λ appartient au mur séparant les deux chambres on sait d'après le lemme 5.3.1 que

$$\mathbf{M}_{R|Q}(\lambda + \Lambda) = \mathbf{M}_{R|Q}(\lambda) .$$

Dans ce cas (1) se récrit

$$\mathcal{M}(P, \lambda; \Lambda, R) = \mathbf{M}_{Q|P}(\lambda)^{-1}\mathbf{M}_{Q|P}(\lambda + \Lambda) = \mathcal{M}(P, \lambda; \Lambda, Q) .$$ □

Rappelons que l'on a introduit (à la section 3.3) la famille orthogonale

$$Y_s(T) = s^{-1}T + T_0 - s^{-1}T_0$$

et que, si M est le sous-groupe de Levi d'un sous-groupe parabolique standard P, on associe à tout $S \in \mathcal{P}(M)$, le vecteur

$$Y_S(T) \in \mathfrak{a}_M$$

qui est la projection de $Y_s(T)$ sur $\mathfrak{a}_M$ lorsque $s \in \mathbf{W}$ est tel que sS est standard. Enfin on écrira parfois

$$Y_s \quad \text{pour } Y_s(0) \qquad \text{ainsi que} \qquad Y_S \quad \text{pour } Y_S(0)$$

et on observera que $Y_S(T_0) = T_0$ et est donc indépendant de S.

Proposition 5.3.3. *La famille de fonctions méromorphes de λ et Λ définie pour*

$$S \in \mathcal{P}(M)$$

par

(1) $$\mathcal{M}(P,T,\lambda;\Lambda,S) = \mathrm{e}^{\langle \Lambda, Y_S(T)\rangle}\, \mathbf{M}_{S|P}(\lambda)^{-1}\mathbf{M}_{S|P}(\lambda+\Lambda)$$

est une (G,M)-famille. Considérons $Q \in \mathcal{F}(M)$. Les fonctions méromorphes

(2) $$\mathcal{M}_M^Q(P,\lambda;\Lambda) = \sum_{S\in\mathcal{P}^Q(M)} \epsilon_S^Q(\Lambda)\mathcal{M}(P,\lambda;\Lambda,S)$$

et

(3) $$\mathcal{M}_M^Q(P,T,\lambda;\Lambda) = \sum_{S\in\mathcal{P}^Q(M)} \epsilon_S^Q(\Lambda)\mathcal{M}(P,T,\lambda;\Lambda,S)\,.$$

sont lisses pour les valeurs imaginaires pures des paramètres λ et Λ. De plus :

(4) $$\mathcal{M}_M^Q(P,T_0,\lambda;0) = \mathcal{M}_M^Q(P,\lambda;0)\,.$$

Preuve. Le fait que la formule (1) définisse une (G,M)-famille résulte des observations suivantes. Tout d'abord la famille de fonctions

$$\mathbf{c}(T;\Lambda,S) = \mathrm{e}^{\langle \Lambda, Y_S(T)\rangle}$$

définit une (G,M)-famille d'après le lemme 1.10.3 car $Y_S(T)$ est une famille M-orthogonale. Maintenant la famille de fonctions

$$\mathcal{M}(P,\lambda;\Lambda,S) = \mathbf{M}_{S|P}(\lambda)^{-1}\mathbf{M}_{S|P}(\lambda+\Lambda)$$

définit aussi une (G,M)-famille d'après le corollaire 5.3.2. Donc

$$\mathcal{M}(P,T,\lambda;\Lambda,S) = \mathbf{c}(T;\Lambda,S)\mathcal{M}(P,\lambda;\Lambda,S)$$

est le produit de deux (G,M)-familles : c'est une (G,M)-famille. La lissité de (2) et (3) pour les valeurs imaginaires pures des paramètres résulte alors du lemme 1.10.4. L'assertion (4) provient de ce que, pour tout s, on a $Y_s(T_0) = T_0$ et donc

$$\mathcal{M}_M^Q(P,T_0,\lambda;\Lambda) = \mathrm{e}^{\langle \Lambda, T_0\rangle}\mathcal{M}_M^Q(P,\lambda;\Lambda)\,. \qquad \square$$

Lemme 5.3.4. *Soient P, Q et R trois sous-groupes paraboliques. Soient s et t deux éléments du groupe de Weyl avec $s(\mathfrak{a}_P) = \mathfrak{a}_R$ et $t(\mathfrak{a}_Q) = \mathfrak{a}_R$ c'est-à-dire*

$$s \in \mathbf{W}(\mathfrak{a}_P,\mathfrak{a}_R), \qquad t \in \mathbf{W}(\mathfrak{a}_Q,\mathfrak{a}_R)\,.$$

Posons

$$u = t^{-1}s, \qquad S = t^{-1}R \qquad \text{et} \qquad \Lambda = u\lambda - \mu\,.$$

Alors,

(1) $$\mathbf{M}_{R|Q}(t,\mu)^{-1}\mathbf{M}_{R|P}(s,\lambda) = \mathrm{e}^{\langle \Lambda, Y_t\rangle}\mathbf{M}_{S|Q}(\mu)^{-1}\mathbf{M}_{S|Q}(\mu+\Lambda)\mathbf{M}_{Q|P}(u,\lambda)\,.$$

De plus,

(2) $$\mathbf{M}_{Q|P}(u,\lambda) = \mathrm{e}^{\langle \lambda+\rho_P, Y_u\rangle}\mathbf{M}_{Q|uP}(\mu+\Lambda)\mathbf{u}\,.$$

En particulier, si P, Q et R sont standard et si $s = t$ on a $P = Q$ et

(3) $$\mathbf{M}(s,\mu)^{-1}\mathbf{M}(s,\lambda) = \mathrm{e}^{\langle\Lambda,Y_s\rangle}\mathbf{M}_{S|Q}(\mu)^{-1}\mathbf{M}_{S|Q}(\lambda)\ .$$

Preuve. L'équation fonctionnelle pour les opérateurs d'entrelacement 5.2.2(1) montre que

$$\mathbf{M}_{R|Q}(t,\mu) = \mathbf{M}_{R|S}(t,\mu)\mathbf{M}_{S|Q}(1,\mu)\ .$$

Mais d'après le lemme 5.2.1 on sait que

$$\mathbf{M}_{R|S}(t,\mu) = \mathbf{M}_{tS|S}(t,\mu) = \mathrm{e}^{\langle\mu+\rho_S,T_0-t^{-1}T_0\rangle}\mathbf{t} = \mathrm{e}^{\langle\mu+\rho_S,Y_t\rangle}\mathbf{t}\ .$$

De même, en posant $u = t^{-1}s$, on a

$$\mathbf{M}_{R|P}(s,\lambda) = \mathbf{M}_{R|S}(t,u\lambda)\mathbf{M}_{S|P}(u,\lambda)$$

soit encore

$$\mathbf{M}_{R|P}(s,\lambda) = \mathrm{e}^{\langle u\lambda+\rho_S,Y_t\rangle}\mathbf{t}\mathbf{M}_{S|P}(u,\lambda)\ .$$

On a donc

$$\mathbf{M}_{R|Q}(t,\mu)^{-1}\mathbf{M}_{R|P}(s,\lambda) = \mathrm{e}^{\langle\Lambda,Y_t\rangle}\mathbf{M}_{S|Q}(\mu)^{-1}\mathbf{M}_{S|P}(u,\lambda)\ .$$

Par ailleurs en posant

$$\Lambda = u\lambda - \mu$$

l'équation fonctionnelle fournit

$$\mathbf{M}_{S|P}(u,\lambda) = \mathbf{M}_{S|Q}(\mu+\Lambda)\mathbf{M}_{Q|P}(u,\lambda)$$

et on voit alors que

$$\mathbf{M}_{R|Q}(t,\mu)^{-1}\mathbf{M}_{R|P}(s,\lambda)$$

est égal à

$$\mathrm{e}^{\langle\Lambda,Y_t\rangle}\mathbf{M}_{S|Q}(\mu)^{-1}\mathbf{M}_{S|Q}(\mu+\Lambda)\mathbf{M}_{Q|P}(u,\lambda)\ .$$

Ceci établit la première assertion. Maintenant

$$\mathbf{M}_{Q|P}(u,\lambda) = \mathbf{M}_{Q|uP}(\mu+\Lambda)\mathbf{M}_{uP|P}(u,\lambda)\ .$$

Mais, d'après le lemme 5.2.1

$$\mathbf{M}_{uP|P}(u,\lambda) = \mathbf{M}_{uP|P}(u,\lambda) = \mathrm{e}^{\langle\lambda+\rho_P,Y_u\rangle}\mathbf{u}$$

on a donc

$$\mathbf{M}_{Q|P}(u,\lambda) = \mathrm{e}^{\langle\lambda+\rho_P,Y_u\rangle}\mathbf{M}_{Q|uP}(\mu+\Lambda)\mathbf{u}\ . \qquad \square$$

Soient P et Q deux sous groupes paraboliques standard. On introduit la fonction méromorphe en λ et μ, à valeurs opérateurs

$$\boldsymbol{\omega}^T_{Q|P}(\lambda,\mu) = \sum_R \sum_{s\in\mathbf{W}(\mathfrak{a}_P,\mathfrak{a}_R)} \sum_{t\in\mathbf{W}(\mathfrak{a}_Q,\mathfrak{a}_R)} \mathrm{e}^{\langle s\lambda-t\mu,T\rangle}\epsilon^G_R(s\lambda-t\mu)\mathbf{M}(t,\mu)^{-1}\mathbf{M}(s,\lambda)$$

où R parcourt l'ensemble des sous-groupes paraboliques standard associés à P. On observera que cette expression n'est non nulle que si P et Q sont associés.

Lemme 5.3.5. *Notons M le sous-groupe de Levi de P. On a :*

$$\boldsymbol{\omega}^T_{Q|P}(\lambda,\mu) = \sum_{u\in\mathbf{W}(\mathfrak{a}_P,\mathfrak{a}_Q)} \mathcal{M}^G_M(Q,T,\mu;\Lambda)\mathbf{M}_{Q|P}(u,\lambda)\ .$$

Cette fonction est lisse pour les valeurs imaginaires pures des paramètres λ et μ.

PREUVE. Compte tenu du lemme 5.3.4 on voit que $\boldsymbol{\omega}^T_{Q|P}(\lambda,\mu)$ est égal à

$$\sum_{u\in\mathbf{W}(\mathfrak{a}_P,\mathfrak{a}_Q)}\sum_{S\in\mathcal{P}(M)} \mathrm{e}^{\langle\Lambda,Y_S(T)\rangle}\epsilon_S^G(\Lambda)\mathbf{M}_{S|Q}(\mu)^{-1}\mathbf{M}_{S|Q}(\mu+\Lambda)\mathbf{M}_{Q|P}(u,\lambda)\,.$$

On invoque alors la proposition 5.3.3. □

5.4. Séries d'Eisenstein et troncature

Le calcul du produit scalaire de deux séries d'Eisenstein tronquées

$$\int_{\mathbf{X}_G}\boldsymbol{\Lambda}^T E(x,\Phi,\lambda)\overline{\boldsymbol{\Lambda}^T E(x,\Psi,-\overline{\mu})}\,\mathrm{d}x$$

est un résultat classique, dû à Langlands [28], que nous rappelons au théorème 5.4.2. Compte tenu de l'autoadjonction (proposition 4.4.1) et de l'involutivité (corollaire 4.1.3) de $\boldsymbol{\Lambda}^T$ on a

$$\int_{\mathbf{X}_G}\boldsymbol{\Lambda}^T E(x,\Phi,\lambda)\overline{\boldsymbol{\Lambda}^T E(x,\Psi,-\overline{\mu})}\,\mathrm{d}x=\int_{\mathbf{X}_G}\boldsymbol{\Lambda}^T E(x,\Phi,\lambda)\overline{E(x,\Psi,-\overline{\mu})}\,\mathrm{d}x\,.$$

En utilisant la deuxième expression nous allons donner, dans le cas cuspidal, une preuve[4] du théorème 5.4.2 beaucoup plus simple que celle donnée par Arthur dans [3, p. 113-119]). Pour le passage du cas cuspidal au cas général on renvoie à la littérature.

Proposition 5.4.1. *Soit Φ cuspidale sur*

$$\mathbf{X}_Q=\mathfrak{A}_Q Q(F)N_Q(\mathbb{A})\backslash G(\mathbb{A})\,.$$

Pour λ dans le domaine de convergence de la série d'Eisenstein, la série d'Eisenstein tronquée

$$\boldsymbol{\Lambda}^T E(x,\Phi,\lambda)$$

est donnée par l'expression

$$\sum_S\sum_{s\in\mathbf{W}(\mathfrak{a}_Q,\mathfrak{a}_S)}\sum_{\xi\in S(F)\backslash G(F)}(-1)^{a(s)}\phi_{M,s}\big(s^{-1}(\mathbf{H}_0(\xi\,x)-T)\big)(\mathbf{M}(s,\lambda)\Phi)(\xi\,x,s\lambda)$$

où S parcourt l'ensemble des sous-groupes paraboliques standard associés à Q.

PREUVE. Par définition de $\boldsymbol{\Lambda}^T$ on a

$$\boldsymbol{\Lambda}^T E(x,\Phi,\lambda)=\sum_{\{P|P_0\subset P\}}(-1)^{\mathfrak{a}_P-\mathfrak{a}_G}\sum_{\xi\in P(F)\backslash G(F)}\widehat{\tau}_P^G(\mathbf{H}_0(\xi\,x)-T)\Pi_P E(\xi\,x,\Phi,\lambda)$$

qui par l'équation (3) du théorème 5.2.2 est égal à

$$\sum_{\{P|P_0\subset P\}}(-1)^{\mathfrak{a}_P-\mathfrak{a}_G}\sum_{\xi\in P(F)\backslash G(F)}\widehat{\tau}_P^G(\mathbf{H}_0(\xi\,x)-T)\sum_{s\in\mathbf{W}(\mathfrak{a}_Q,P)}E^P(\xi\,x,\mathbf{M}(s,\lambda)\Phi,s\lambda)$$

soit encore

$$\sum_{\{P|P_0\subset P\}}(-1)^{\mathfrak{a}_P-\mathfrak{a}_G}\sum_{s\in\mathbf{W}(\mathfrak{a}_Q,P)}\sum_{\xi\in P(F)\backslash G(F)}\widehat{\tau}_P^G(\mathbf{H}_0(\xi\,x)-T)E^P(\xi\,x,\mathbf{M}(s,\lambda)\Phi,s\lambda)\,.$$

Si on note S le sous-groupe parabolique standard avec

$$\mathfrak{a}_S=s(\mathfrak{a}_Q)$$

4. C'est la preuve donnée dans [20, Lecture 13].

et puisque nous sommes dans le domaine de convergence, l'expression

$$\sum_{\xi\in P(F)\backslash G(F)} \widehat{\tau}_P^G(\mathbf{H}_0(\xi\, x)-T)E^P(\xi\, x,\mathbf{M}(s,\lambda)\Phi,s\lambda)$$

est égale à

$$\sum_{\xi\in S(F)\backslash G(F)} \widehat{\tau}_P^G(\mathbf{H}_0(\xi\, x)-T)(\mathbf{M}(s,\lambda)\Phi)(\xi\, x,s\lambda)\ .$$

Par ailleurs, d'après le lemme 1.7.4,

$$\sum_{\{P|s^{-1}(P)\in\mathcal{F}_s(M)\}} (-1)^{a_P-a_G}\,\widehat{\tau}_P(H)=(-1)^{a(s)}\phi_{M,s}(s^{-1}H)\ .$$

Donc, compte tenu du lemme 1.4.4, on obtient que $\mathbf{\Lambda}^T E(x,\Phi,\lambda)$ est égal à

$$\sum_S\ \sum_{s\in\mathbf{W}(\mathfrak{a}_Q,\mathfrak{a}_S)}\ \sum_{\xi\in S(F)\backslash G(F)} (-1)^{a(s)}\phi_{M,s}\big(s^{-1}(\mathbf{H}_0(\xi\, x)-T)\big)(\mathbf{M}(s,\lambda)\Phi)(\xi\, x,s\lambda)$$

où S parcourt l'ensemble des sous-groupes paraboliques standard associés à Q. □

Théorème 5.4.2. *On suppose donnés $T\in\mathfrak{a}_0$ ainsi que*

$$\lambda\in\mathfrak{a}_Q^*\otimes\mathbb{C}\quad et\quad \mu\in\mathfrak{a}_R^*\otimes\mathbb{C}$$

qui coïncident sur $\mathfrak{a}_G$.

(i) *Lorsque Φ et Ψ sont cuspidales sur Q et R alors on a l'égalité de fonctions méromorphes :*

$$\int_{\mathbf{X}_G}\mathbf{\Lambda}^T E(x,\Phi,\lambda)\overline{E(x,\Psi,-\overline{\mu})}\,\mathrm{d}x=\langle\boldsymbol{\omega}^T_{R|Q}(\lambda,\mu)\Phi,\Psi\rangle\ .$$

En particulier, ce produit scalaire est nul si Q et R ne sont pas associés.[5]

(ii) *Dans le cas général (où Φ et Ψ ne sont plus nécessairement cuspidales) pour λ et μ dans des compacts fixés de $\mathrm{i}\mathfrak{a}_Q^*$ et $\mathrm{i}\mathfrak{a}_R^*$, il existe $A>0$ tel que*

(1) $$\left|\int_{\mathbf{X}_G^a}\mathbf{\Lambda}^T E(x,\Phi,\lambda)\overline{E(x,\Psi,-\overline{\mu})}\,\mathrm{d}x-\langle\boldsymbol{\omega}^T_{R|Q}(\lambda,\mu)\Phi,\Psi\rangle\right|\ll\mathrm{e}^{-A\,\mathbf{d}_{P_0}(T)}\ .$$

PREUVE. Considérons λ dans le domaine de convergence de la série d'Eisenstein $E(x,\Phi,\lambda)$ et soit μ une valeur non singulière pour $E(x,\Psi,-\overline{\mu})$. D'après la proposition 5.4.1 l'intégrale est égale à

$$\sum_S\ \sum_{s\in\mathbf{W}(\mathfrak{a}_Q,\mathfrak{a}_S)}\int_{\mathbf{X}_{S,G}}(-1)^{a(s)}\phi_{M,s}(s^{-1}Z(x,T))\,A(x,s)$$

avec

$$\mathbf{X}_{S,G}=\mathfrak{A}_G S(F)N_S(\mathbb{A})\backslash G(\mathbb{A})$$

et

$$A(x,s)=(\mathbf{M}(s,\lambda)\Phi)(x,s\lambda)\,\Pi_S\overline{E(x,\Psi,-\overline{\mu})}\,\mathrm{d}x\ .$$

Il suffit alors d'invoquer l'équation (5) du théorème 5.2.2 pour obtenir

$$A(x,s)=\sum_{t\in\mathbf{W}(\mathfrak{a}_R,\mathfrak{a}_S)}\mathrm{e}^{\langle s\lambda-t\mu+2\rho_S,H_S(x)\rangle}(\mathbf{M}(s,\lambda)\Phi)(x)\overline{(\mathbf{M}(t,-\overline{\mu})\Psi)(x)}\ .$$

5. On observera que T n'intervient que via sa projection T^G sur $\mathfrak{a}_0^G$.

Maintenant on remarque que la fonction

$$x \mapsto (\mathbf{M}(s,\lambda)\Phi)(x)\overline{(\mathbf{M}(t,-\overline{\mu})\Psi)(x)}$$

est invariante par $\mathfrak{A}_S S(F)N_S(\mathbb{A})$ et on pose

$$\langle \mathbf{M}(s,\lambda)\Phi, \mathbf{M}(t,-\overline{\mu})\Psi\rangle = \int_{\mathbf{X}_S} (\mathbf{M}(s,\lambda)\Phi)(x)\overline{(\mathbf{M}(t,-\overline{\mu})\Psi)(x)}\,\mathrm{d}x$$

avec

$$\mathbf{X}_S = \mathfrak{A}_S S(F)N_S(\mathbb{A})\backslash G(\mathbb{A}) .$$

En tenant compte de ce que

$$\mathbf{M}(t,-\overline{\mu})^* = \mathbf{M}(t,\mu)^{-1}$$

on obtient

$$\langle \mathbf{M}(s,\lambda)\Phi, \mathbf{M}(t,-\overline{\mu})\Psi\rangle = \langle \mathbf{M}(t,\mu)^{-1}\mathbf{M}(s,\lambda)\Phi, \Psi\rangle .$$

Par ailleurs

$$x \mapsto \mathbf{H}_S(x)$$

est invariante sous le noyau de $S(\mathbb{A}) \to \mathfrak{a}_S$ et on a une fibration

$$\mathfrak{a}_S^G \to \mathbf{X}_{S,G} \to \mathbf{X}_S$$

où

$$\mathbf{X}_{S,G} = \mathfrak{A}_G S(F)N_S(\mathbb{A})\backslash G(\mathbb{A}) .$$

On en déduit que, au moins formellement, le produit scalaire est égal à la somme sur s, t, et S de

$$\text{(2)} \qquad \langle \mathbf{M}(t,\mu)^{-1}\mathbf{M}(s,\lambda)\Phi, \Psi\rangle \int_{\mathfrak{a}_S^G} \mathrm{e}^{\langle s\lambda - t\mu, H\rangle}(-1)^{a(s)}\phi_{M,s}(s^{-1}(H-T))\,\mathrm{d}H .$$

La convergence est assurée d'après le lemme 1.9.2 si, pour μ fixé, λ est assez régulier et l'expression (2) ci-dessus est alors égale à

$$\langle \mathbf{M}(t,\mu)^{-1}\mathbf{M}(s,\lambda)\Phi, \Psi\rangle \mathrm{e}^{\langle s\lambda - t\mu, T_S^G\rangle}\epsilon_S^G(s\lambda - t\mu)$$

où T_S^G est la projection de T sur $\mathfrak{a}_S^G$. De plus, comme les formes linéaires $s\lambda$ et $t\mu$ sont triviales sur $\mathfrak{a}^S \oplus \mathfrak{a}_G$ on a

$$\langle s\lambda - t\mu, T_S^G\rangle = \langle s\lambda - t\mu, T\rangle .$$

On a ainsi établi (i) pour λ assez régulier. Maintenant les deux membres de l'équation (i)sont des fonctions méromorphes en λ et μ : c'est clair pour

$$\langle \boldsymbol{\omega}_{R|Q}^T(\lambda,\mu)\Phi, \Psi\rangle$$

compte tenu du théorème 5.2.2 ; par ailleurs pour λ et μ dans des compacts de l'ouvert où les séries d'Eisenstein sont holomorphes ces séries définissent des fonctions à croissance uniformément lente et donc l'intégrale définissant le produit scalaire est uniformément convergente et définit une fonction holomorphe sur cet ouvert. L'égalité (i) est donc encore vraie pour tout λ et μ en tant qu'égalité entre fonctions méromorphes. Le passage du cas cuspidal au cas général est dû à Arthur [7, Corollaire 9.2]. Nous renvoyons à l'article [7] pour une preuve. □

Soit $a = \mathrm{e}^{H_G}$ avec $H_G \in \mathfrak{a}_G$. On notera $\mathbf{X}_G^a$ le sous-ensemble du quotient

$$G(F)\backslash G(\mathbb{A})$$

formé des x tels que

$$\mathbf{H}_G(x) = \mathbf{H}_G(a) = H_G\ .$$

On observera que l'application naturelle $\mathbf{X}_G^a \to \mathbf{X}_G$ est une bijection.

Théorème 5.4.3. *Soient, comme ci-dessus $\lambda \in \mathfrak{a}_Q^* \otimes \mathbb{C}$ et $\mu \in \mathfrak{a}_R^* \otimes \mathbb{C}$; mais on ne suppose plus nécessairement qu'ils coïncident sur $\mathfrak{a}_G$.*

(i) *Lorsque Φ et Ψ sont cuspidales sur Q et R alors, si $a = \mathrm{e}^{H_G}$ on a l'égalité de fonctions méromorphes :*

$$\int_{\mathbf{X}_G^a} \mathbf{\Lambda}^T E(x, \Phi, \lambda)\overline{E(x, \Psi, -\overline{\mu})}\,\mathrm{d}x = \langle \boldsymbol{\omega}_{R|Q}^{H_G+T^G}(\lambda, \mu)\Phi, \Psi\rangle$$

où T^G est la projection de T sur $\mathfrak{a}_0^G$.

(ii) *Dans le cas général, pour λ et μ dans des compacts fixés de $i\mathfrak{a}_Q^*$ et $i\mathfrak{a}_R^*$, il existe $A > 0$ tel que*

$$\left| \int_{\mathbf{X}_G^a} \mathbf{\Lambda}^T E(x, \Phi, \lambda)\overline{E(x, \Psi, -\overline{\mu})}\,\mathrm{d}x - \langle \boldsymbol{\omega}_{R|Q}^{H_G+T^G}(\lambda, \mu)\Phi, \Psi\rangle \right| \ll \mathrm{e}^{-A\,\mathbf{d}_{P_0}(T)}\ .$$

Preuve. La preuve est une variante de la preuve du théorème 5.4.2. La seule différence est dans le résultat de l'intégration sur $\mathfrak{a}_S^G$. On a utilisé que cette intégration permet un changement de variable

$$H_S^G \mapsto H_S^G + T_S^G$$

où T_S^G est la projection de T sur $\mathfrak{a}_S^G$. On peut encore ici remplacer T_S^G par T^G car les formes linéaires $s\lambda$ et $t\mu$ sont triviales sur $\mathfrak{a}^S$ mais, comme on ne suppose plus que λ et μ coïncident sur $\mathfrak{a}_G$ on ne peut pas remplacer T^G par T. Enfin, la présence de H_G provient de ce qu'on intègre sur l'espace des x avec $\mathbf{H}_G(x) = \mathbf{H}_G(a) = H_G$. □

CHAPITRE 6

Le noyau intégral

6.1. Les opérateurs en question

L'espace tordu $\widetilde{G}(\mathbb{A})$ agit sur l'espace homogène

$$\mathbf{X}_G = \mathfrak{A}_G G(F)\backslash G(\mathbb{A})$$

via l'action naturelle de $\widetilde{G}(F) \times \widetilde{G}(\mathbb{A})$ sur $\mathbf{X}_G$ suivant les conventions de la section 2.3. Rappelons en la définition. Considérons un point $\dot{x} \in \mathbf{X}_G$ et $y \in \widetilde{G}(\mathbb{A})$. Choisissons un représentant $x \in G(\mathbb{A})$ de $\dot{x}$ et un élément $\delta \in \widetilde{G}(F)$. Alors,

$$\delta^{-1}\, x\, y$$

définit un élément de $G(\mathbb{A})$. Il est immédiat de voir que la classe dans $\mathbf{X}_G$ de cet élément est indépendante des choix de x et de δ ; nous la noterons

$$\dot{x} * y\ .$$

La représentation régulière gauche $\boldsymbol{\rho}$ de $G(\mathbb{A})$ dans $L^2(\mathbf{X}_G)$ admet un prolongement naturel en une représentation $\widetilde{\boldsymbol{\rho}}$ de $\widetilde{G}(\mathbb{A})$ définie par

$$\widetilde{\boldsymbol{\rho}}(y)\varphi(\dot{x}) = \varphi(\dot{x} * y)$$

pour $\varphi \in L^2(\mathbf{X}_G)$ et $y \in \widetilde{G}(\mathbb{A})$. Nous utiliserons, comme dans [25], un objet un peu plus général : on considère de plus un caractère unitaire ω de $G(\mathbb{A})$ trivial sur $\mathfrak{A}_G G(F)$ et l'opérateur $\widetilde{\boldsymbol{\rho}}(y,\omega)$ défini par

$$(\widetilde{\boldsymbol{\rho}}(y,\omega)\varphi)(\dot{x}) = (\omega\varphi)(\dot{x} * y) = \omega(\delta^{-1}x\, y)\, \varphi(\delta^{-1}x\, y)\ .$$

Si on pose $y = g\delta_0$ avec $g \in G(\mathbb{A})$ et où δ_0 est l'élément choisi à la section 2.5 dans $\widetilde{G}(F)$ préservant P_0, on a

$$\widetilde{\boldsymbol{\rho}}(y,\omega) = \widetilde{\boldsymbol{\rho}}(g\delta_0,\omega) = A(\omega) \circ B(\theta_0) \circ \boldsymbol{\rho}(g)$$

où $\theta_0 = \mathrm{Ad}(\delta_0)$ et où les opérateurs $A(\omega)$, $B(\theta_0)$ et $\boldsymbol{\rho}(g)$ sont définis par

$$(A(\omega)\varphi)(\dot{x}) = \omega(\dot{x})\,\varphi(\dot{x}), \quad (B(\theta_0)\varphi)(\dot{x}) = \varphi\big(\theta_0^{-1}(\dot{x})\big) \quad \text{et} \quad (\boldsymbol{\rho}(g)\varphi)(\dot{x}) = \varphi(\dot{x} * g)\ .$$

On a ainsi défini une représentation unitaire de $(\widetilde{G}(\mathbb{A}),\omega)$ au sens de la section 2.3. En effet, pour $x, z \in G(\mathbb{A})$ et $y \in \widetilde{G}(\mathbb{A})$ on a

$$\widetilde{\boldsymbol{\rho}}(x\,y\,z,\omega) = \boldsymbol{\rho}(x)\widetilde{\boldsymbol{\rho}}(y,\omega)(\boldsymbol{\rho}\otimes\omega)(z)\ .$$

Par intégration contre une fonction $f \in \mathcal{C}_c^\infty\big(\widetilde{G}(\mathbb{A})\big)$ on définit l'opérateur

$$\widetilde{\boldsymbol{\rho}}(f,\omega) = \int_{\widetilde{G}(\mathbb{A})} f(y)\widetilde{\boldsymbol{\rho}}(y,\omega)\,\mathrm{d}y\ .$$

En d'autres termes on a

$$(\widetilde{\boldsymbol{\rho}}(f,\omega)\varphi)(\dot{x}) = \int_{\widetilde{G}(\mathbb{A})} f(y)(\omega\varphi)(\dot{x} * y)\,\mathrm{d}y\ .$$

Si on pose $y = g\delta_0$ et $h(g) = f(g\delta_0)$ on aura

$$\widetilde{\boldsymbol{\rho}}(f,\omega) = A(\omega)B(\theta_0)\boldsymbol{\rho}(h)\,.$$

On aurait pu utiliser, comme on le fera parfois dans un cadre plus général (voir ci-dessous), la notation

$$\boldsymbol{\rho}(\delta,y,\omega) \quad \text{au lieu de } \widetilde{\boldsymbol{\rho}}(y,\omega) \qquad \text{et} \qquad \boldsymbol{\rho}(\delta,f,\omega) \quad \text{au lieu de } \widetilde{\boldsymbol{\rho}}(f,\omega)\,.$$

Mais comme ici l'opérateur $\boldsymbol{\rho}(\delta,f,\omega)$ est indépendant de $\delta \in \widetilde{G}(F)$ cette notation est inutilement lourde.

Plus généralement, soit P un sous-groupe parabolique et soit $\delta \in \widetilde{G}(F)$. Notons Q le sous-groupe parabolique obtenu par conjugaison par δ : $Q = \delta P \delta^{-1} = \theta(P)$ où $\theta = \mathrm{Ad}(\delta)$. Considérons un point $\dot{x} \in \mathbf{X}_Q$ et $y \in \widetilde{G}(\mathbb{A})$. Choisissons un représentant $x \in G(\mathbb{A})$ de $\dot{x}$. Alors,

$$\delta^{-1}\,x\,y$$

définit un élément de $G(\mathbb{A})$ dont la classe dans $\mathbf{X}_P$ est indépendante du choix de x. On considère de plus un caractère unitaire ω de $G(\mathbb{A})$ trivial sur $\mathfrak{A}_G G(F)$. Un élément $y \in \widetilde{G}(\mathbb{A})$ définit alors un opérateur noté $\boldsymbol{\rho}(\delta,y,\omega)$ entre l'espace des fonctions sur $\mathbf{X}_P$ et l'espace des fonctions sur $\mathbf{X}_Q$:

$$\boldsymbol{\rho}(\delta,y,\omega)\colon \Phi \mapsto \Psi$$

avec

$$\Psi(x) = \Phi(\delta^{-1}\,x\,y)\omega(\delta^{-1}x\,y)$$

(*cf.* section 2.3). Plus généralement, considérons une représentation automorphe σ de M et soit $\Phi \in \mathcal{A}(\mathbf{X}_P,\sigma)$. Pour $\mu \in \mathfrak{a}_P^* \otimes \mathbb{C}$ on définit un opérateur

$$\boldsymbol{\rho}_{P,\sigma,\mu}(\delta,y,\omega)$$

entre l'espace des fonctions de carré intégrable engendré par $\mathcal{A}(\mathbf{X}_P,\sigma)$ et celui engendré par $\mathcal{A}(\mathbf{X}_Q,\tau)$ où $\tau = \sigma \circ \theta^{-1}$ en posant

$$\Psi = \boldsymbol{\rho}_{P,\sigma,\mu}(\delta,y,\omega)\Phi$$

avec

$$\Psi(x) = \mathrm{e}^{-\langle\theta(\mu+\rho_P),\mathbf{H}_Q(x)\rangle}(\omega\Phi)(\delta^{-1}\,x\,y)\mathrm{e}^{\langle\mu+\rho_P,\mathbf{H}_P(\delta^{-1}\,x\,y)\rangle}\,.$$

On rappelle que $\mathbf{H}_P(x)$ est l'image dans $\mathfrak{a}_P$ de $p \in P(\mathbb{A})$: $\mathbf{H}_P(x) = \mathbf{H}_P(p)$ si $x = p\,k$ est une décomposition d'Iwasawa de x. Enfin, ρ_P (resp. ρ_Q) est la demi-somme des racines dans N_P (resp. N_Q). Par intégration contre une fonction $f \in \mathcal{C}_c^\infty\big(\widetilde{G}(\mathbb{A})\big)$ on définit l'opérateur

$$\boldsymbol{\rho}_{P,\sigma,\mu}(\delta,f,\omega) = \int_{\widetilde{G}(\mathbb{A})} f(y)\boldsymbol{\rho}_{P,\sigma,\mu}(\delta,y,\omega)\,\mathrm{d}y\,.$$

On posera

$$\widetilde{\boldsymbol{\rho}}_{P,\sigma,\mu}(f,\omega) := \boldsymbol{\rho}_{P,\sigma,\mu}(\delta_0,f,\omega)\,.$$

Lemme 6.1.1. *Supposons que $\delta = w_u\delta_0$ avec $u \in \mathbf{W}$. Si P est standard, on a*

$$\boldsymbol{\rho}_{P,\sigma,\mu}(\delta,f,\omega) = \mathrm{e}^{\langle\theta_0(\mu+\rho_P),\mathbf{H}_0(w_u^{-1})\rangle}\mathbf{u}\widetilde{\boldsymbol{\rho}}_{P,\sigma,\mu}(f,\omega)\,.$$

Preuve. On observe que, si on pose $Q = \theta(P)$ et $Q_0 = \theta_0(P)$,

$$(\boldsymbol{\rho}_{P,\sigma,\mu}(\delta, f, \omega)\Phi)(x)$$

est égal à

$$e^{\langle\theta_0(\mu+\rho_P),\mathbf{H}_{Q_0}(w_u^{-1}x)\rangle - \langle\theta(\mu+\rho_P),\mathbf{H}_Q(x)\rangle}(\mathbf{u}\widetilde{\boldsymbol{\rho}}_{P,\sigma,\mu}(f,\omega)\Phi)(x) .$$

Maintenant

$$\langle\theta_0(\mu + \rho_P), \mathbf{H}_{Q_0}(w_u^{-1}x)\rangle - \langle\theta(\mu + \rho_P), \mathbf{H}_Q(x)\rangle = \langle\theta_0(\mu + \rho_P), \mathbf{H}_{Q_0}(w_u^{-1})\rangle$$

et on conclut en observant que Q_0 est standard. □

6.2. Le noyau de la formule des traces

L'opérateur $\widetilde{\boldsymbol{\rho}}(f, \omega)$ est représenté par un noyau intégral sur $\mathbf{X}_G$:

$$\widetilde{\boldsymbol{\rho}}(f, \omega)\varphi(x) = \int_{\mathbf{X}_G} K_{\widetilde{G}}(f, \omega; x, y)\varphi(y)\,\mathrm{d}y$$

avec

$$K_{\widetilde{G}}(f, \omega; x, y) = \sum_{\delta\in\widetilde{G}(F)} \omega(y) f^1(x^{-1}\delta\, y)$$

où

$$f^1(x) = \int_{z\in\mathfrak{A}_G} f(z\, x)\,\mathrm{d}z .$$

Comme f est à support compact la fonction

$$y \mapsto K_{\widetilde{G}}(f, \omega; x, y)$$

est à support compact sur $\mathbf{X}_G$ pour x fixé. Le noyau $K_{\widetilde{G}}(f, \omega; x, y)$ sera noté $K_{\widetilde{G}}(f; x, y)$ si $\omega = 1$ voire même simplement $K_{\widetilde{G}}(x, y)$ si aucune confusion n'est à craindre, la fonction f et le caractère ω étant fixés.

Lemme 6.2.1. *Il existe des constantes $c(f)$ et N telles que pour tout x et tout y*

$$|K_{\widetilde{G}}(x, y)| \leq c(f)|x|^N\,|y|^N .$$

Preuve. On observe que, pour une certaine constante c on a

$$|\xi| \leq c|x|\,|y|\,|x^{-1}\xi\, y|$$

et donc, pour une certaine constante c' dépendant du support de f,

$$|\xi| \leq c'|x|\,|y|$$

si $x^{-1}\xi\, y$ appartient au support de f (qui est compact). L'assertion résulte alors du lemme 3.2.1. □

6.3. Factorisation de Dixmier-Malliavin

Théorème 6.3.1. *Toute fonction $f \in \mathcal{C}_c^\infty(\widetilde{G}(\mathbb{A}))$ est une somme finie de produits de convolution :*

$$f = \sum_i g_i * h_i^*$$

avec $g_i \in \mathcal{C}_c^\infty(\widetilde{G}(\mathbb{A}))$ et $h_i \in \mathcal{C}_c^\infty(G(\mathbb{A}))$ qui peuvent de plus être choisies **K**-*finies à gauche*[1] *si f est* **K**-*finie à droite et à gauche.*

Preuve. Ceci résulte du théorème de factorisation de Dixmier-Malliavin [21]. □

On dira qu'un noyau $K(x,y)$ est $\mathcal{A}$-admissible si pour x fixé dans $\mathbf{X}_G$ et pour tout $k \in \mathbf{K}$ la fonction

$$y \mapsto K(xk, y)$$

est lisse à support compact sur $\mathbf{X}_G$ et si de plus l'espace vectoriel engendré par ces fonctions est de dimension finie lorsque k parcourt **K**.

Lemme 6.3.2. *Si f est* **K**-*finie à droite et à gauche le noyau $K_{\widetilde{G}}(f,\omega;x,y)$ est somme finie de produits $K_i H_i^*$ où les K_i et les H_i sont des noyaux $\mathcal{A}$-admissibles.*

Preuve. Il résulte du théorème 6.3.1 que le noyau $K_{\widetilde{G}}(f,\omega;x,y)$ peut s'écrire

$$K_{\widetilde{G}}(f,\omega;x,y) = \sum_i \int_{\mathbf{X}_G} K_{\widetilde{G}}(g_i;x,z) K_G^*(h_i,\omega;y,z)\,\mathrm{d}z$$

où les g_i et les h_i sont **K**-finies à gauche. □

6.4. Propriétés du noyau tronqué

On utilisera l'opérateur de troncature sur un noyau $K(x,y)$ en le faisant agir sur la première ou la seconde variable. On pose :

$$\mathbf{\Lambda}_1^T K(x,y) = \mathbf{\Lambda}^T \phi(x) \qquad \text{pour } \phi(x) = K(x,y)$$

et

$$\mathbf{\Lambda}_2^T K(x,y) = \mathbf{\Lambda}^T \psi(y) \qquad \text{pour } \psi(y) = K(x,y)\ .$$

On rappelle que pour $f \in \mathcal{C}_c^\infty(G(\mathbb{A}))$ on a posé (*cf.* section 6.1)

$$K_{\widetilde{G}}(x,y) = \sum_{\delta \in \widetilde{G}(F)} f^1(x^{-1}\delta y)\ .$$

Lemme 6.4.1. *Le noyau*

$$H(x,y) = \mathbf{\Lambda}_1^T K_{\widetilde{G}}(x,y)$$

est $\mathcal{A}$-admissible si $f \in \mathcal{C}_c^\infty(G(\mathbb{A}))$ est **K**-*finie à gauche.*

---

1. Les fonctions peuvent probablement être choisies **K**-finies à droite et à gauche. Mais cela nécessiterait un raffinement du théorème de Dixmier-Malliavin que nous n'avons pas tenté d'établir. On obtient aussi une factorisation en fonctions **K**-finies à droite et à gauche si on utilise, comme Arthur, la technique de Duflo-Labesse ; toutefois cela impose de se contenter d'un ordre fini de différentiabilité, ce qui est suffisant pour les applications en vue, mais alourdit légèrement les énoncés. Nous ne l'emploierons pas.

PREUVE. L'opérateur de troncature appliqué à la première variable du noyau $K_{\tilde{G}}(x,y)$:

$$\mathbf{\Lambda}_1^T K_{\tilde{G}}(x,y)$$

fait intervenir une somme finie de termes indexés par des sous-groupes paraboliques comportant chacun une intégration sur un compact (pour le calcul du terme constant le long de P) et une somme en ξ qui est finie pour x fixé :

$$(-1)^{\mathfrak{a}_P-\mathfrak{a}_Q} \sum_{\xi\in P(F)\backslash Q(F)} \widehat{\tau}_P^Q(\mathbf{H}_0(\xi\, x)-T)\int_{N_P(F)\backslash N_P(\mathbb{A})} K_{\tilde{G}}(n\,\xi\, x,y)\,\mathrm{d}n\ .$$

La fonction

$$y\mapsto \mathbf{\Lambda}_1^T K_{\tilde{G}}(x,y)$$

est donc à support compact. On obtient une fonction $\mathbf{K}$-finie en x si f est $\mathbf{K}$-finie à gauche car l'opérateur de troncature commute à l'action de $\mathbf{K}$. □

Lemme 6.4.2. *Il existe N et pour tout M des constantes $c_M(f)$ et $c'_M(f)$ avec pour x dans un domaine de Siegel et pour tout y :*

$$|\mathbf{\Lambda}_1^T K_{\tilde{G}}(x,y)|\le c_M(f)\,|x|^{-M}\,|y|^N\ .$$

Enfin,pour x et y dans un domaine de Siegel

$$|\mathbf{\Lambda}_1^T \Lambda_2^T K_{\tilde{G}}(x,y)|\le c'_M(f)\,|x|^{-M}\,|y|^{-M}\ .$$

PREUVE. Les assertions résultent du lemme 6.2.1 et de la proposition 4.3.2. □

CHAPITRE 7

Décomposition spectrale

7.1. Sorites

Soient $(X, \mathrm{d}x)$, $(Y, \mathrm{d}y)$ et $(\Lambda, \mathrm{d}\lambda)$ trois espaces localement compacts dénombrables à l'infini, munis de mesures de Radon. On note $\langle \phi, \psi \rangle_\bullet$ le produit scalaire de deux fonctions dans $L^2(\bullet)$. On suppose donnée une fonction continue sur $Y \times \Lambda$:

$$E^Y(y, \lambda) \in \mathcal{C}(Y \times \Lambda)$$

telle que, si on pose

$$\widehat{\phi}(\lambda) = \int_Y \phi(y) E^Y(y, \lambda) \, \mathrm{d}y$$

pour ϕ continue et à support compact sur Y on ait

$$(*) \qquad \langle \phi, \psi \rangle_Y = \int_\Lambda \widehat{\phi}(\lambda) \overline{\widehat{\psi}(\lambda)} \, \mathrm{d}\lambda = \langle \widehat{\phi}, \widehat{\psi} \rangle_\Lambda \, .$$

On dit alors que $(Y, \mathrm{d}y)$ est muni d'une décomposition spectrale supportée par $(\Lambda, d\lambda)$. Considérons un noyau intégral $K(x, y)$ (c'est-à-dire une fonction sur $X \times Y$) représentant un opérateur entre $L^2(Y)$ et $L^2(X)$. On dira que K est admissible si, pour tout $x \in X$ la fonction

$$y \mapsto K(x, y)$$

est continue à support compact. On considére un noyau H de la forme $K_1 K_2^*$:

$$H(x, y) = \int_Y K_1(x, z) K_2^*(z, y) \, \mathrm{d}z := \int_Y K_1(x, z) \overline{K_2(y, z)} \, \mathrm{d}z$$

avec K_1 sur $X \times Y$ et K_2 sur $Y \times Y$ admissibles. On pose

$$\widehat{K}_i(z, \lambda) = \int_Y K_i(z, y) \overline{E^Y(y, \lambda)} \, \mathrm{d}y$$

et

$$H(x, y; \lambda) = \widehat{K}_1(x, \lambda) \overline{\widehat{K}_2(y, \lambda)} \, .$$

Proposition 7.1.1. *Si $H = K_1 K_2^*$ on a*

$$(1) \qquad H(x, y) = \int_\Lambda H(x, y; \lambda) \, \mathrm{d}\lambda = \int_\Lambda \widehat{K}_1(x, \lambda) \overline{\widehat{K}_2(y, \lambda)} \, \mathrm{d}\lambda \, .$$

En particulier, si $X = Y$ et $H = KK^*$ avec K admissible, on a

$$(2) \qquad H(x, x) = \int_\Lambda |\widehat{K}(x, \lambda)|^2 \, \mathrm{d}\lambda \, .$$

Plus généralement, si $H = K_1 K_2^*$ on a

$$(3) \qquad |H(x, y)| \leq K_1 K_1^*(x, x)^{1/2} K_2 K_2^*(y, y)^{1/2} \, .$$

PREUVE. On pose

$$\phi(z) = K_1(x,z) \qquad \text{et} \qquad \psi(z) = K_2(y,z)$$

et comme les K_i sont admissibles les fonctions ϕ et ψ sont continues et à support compact. La décomposition spectrale $(*)$ fournit (1) et (2). Pour obtenir (3) on observe que

$$|H(x,y)| \le \int_\Lambda |H(x,y;\lambda)|\,\mathrm{d}\lambda = \int_\Lambda |\widehat{K}_1(x,\lambda)\overline{\widehat{K}_2(y,\lambda)}|\,\mathrm{d}\lambda$$

puis on invoque l'inégalité de Schwarz.

$$\int_\Lambda |\widehat{K}_1(x,\lambda)\overline{\widehat{K}_2(y,\lambda)}|\,\mathrm{d}\lambda \le K_1K_1^*(x,x)^{1/2}K_2K_2^*(y,y)^{1/2}\,. \qquad \square$$

7.2. Le cas automorphe

On appelle donnée cuspidale pour G un couple (M,σ) où M est un sous-groupe de Levi standard dans G et σ une représentation cuspidale pour M triviale sur $\mathfrak{a}_M$. On dit que deux données cuspidales $\chi = (M,\sigma)$ et $\chi' = (M',\sigma')$ sont équivalentes s'il existe $g \in G(F)$ tel que

$$gMg^{-1} = M' \qquad \text{et} \qquad \sigma' \circ \mathrm{Ad}(g) \simeq \sigma\,.$$

Il est bien connu que l'on peut décomposer $L^2(\mathbf{X}_G)$ suivant les classes d'équivalence de données cuspidales : on construit des sous-espaces $L^2_\chi(\mathbf{X}_G)$ de $L^2(\mathbf{X}_G)$, attachés à chaque donnée cuspidale $\chi = (M,\sigma)$ au moyen des pseudo-séries d'Eisenstein (aussi appelées « séries theta »). Les données cuspidales inéquivalentes donnent naissance à des sous-espaces orthogonaux. On renvoie le lecteur à [28] et [29] pour des définitions et des preuves détaillées. En particulier la « décomposition suivant les données cuspidales » est le titre (et l'unique objet) du chapitre II de [29].

On notera $\Pi(\chi)$ le projecteur sur le sous-espace $L^2_\chi(\mathbf{X}_G)$. L'espace total est engendré par ces sous-espaces :

$$L^2(\mathbf{X}_G) = \widehat{\bigoplus_{\chi\in\mathcal{X}}} L^2_\chi(\mathbf{X}_G)$$

où $\mathcal{X}$ désigne l'ensemble des classes de données cuspidales. C'est la décomposition suivant les données cuspidales. On prendra garde que le projecteur $\Pi(\chi)$ commute à la représentation de $G(\mathbb{A})$ mais pas, en général, à la représentation tordue. La décomposition suivant les données cuspidales fournit une décomposition du noyau $K_{\widetilde{G}}$:

$$K_{\widetilde{G}}(x,y) = \sum_{\chi\in\mathcal{X}} K_{\widetilde{G},\chi}(x,y)$$

où $K_{\widetilde{G},\chi}$ est le noyau de l'opérateur

$$\widetilde{\boldsymbol{\rho}}(f,\omega) \circ \Pi(\chi) \colon L^2_\chi(\mathbf{X}_G) \to L^2(\mathbf{X}_G)\,.$$

La décomposition suivant les données cuspidales est aussi appelée décomposition spectrale grossiére. Nous allons maintenant donner la décomposition spectrale fine.

On note $\mathcal{L}^G$ l'ensemble des sous-groupes de Levi de G contenant le sous-groupe de Levi minimal fixé M_0. Soit $M \in \mathcal{L}^G$ un sous-groupe de Levi de G ; on notera $\mathbf{W}^G(M)$ le quotient de l'ensemble des $s \in \mathbf{W}^G$ tels que $s(M) = M$ par $\mathbf{W}^M$, le groupe de Weyl de M. On observera que $\mathbf{W}^G(M)$ est un groupe. On note (*cf.* section 1.4)

$$w^G(M) = |\mathbf{W}^G(M)|$$

son ordre.

Soit P un sous-groupe parabolique admettant M comme sous-groupe de Levi. Pour toute représentation σ automorphe de M choisissons une base orthonormale $\mathcal{B}^P(\sigma)$ dans l'espace préhilbertien $\mathcal{A}(\mathbf{X}_P, \sigma)$. Comme une représentation automorphe est admissible tout vecteur $\Phi \in \mathcal{A}(\mathbf{X}_P, \sigma)$ est combinaison linéaire finie d'éléments de $\mathcal{B}^P(\sigma)$ autrement dit $\mathcal{B}^P(\sigma)$ est une base de l'espace vectoriel $\mathcal{A}(\mathbf{X}_P, \sigma)$. Soit ϕ une fonction continue à support compact sur $\mathbf{X}_G$. Pour $\Psi \in \mathcal{B}^P(\sigma)$ et

$$\mu \in (i\mathfrak{a}_P^G)^*$$

on définit

$$\widehat{\phi}(\Psi, \mu) = \int_{\mathbf{X}_G} \phi(x)\, \overline{E(x, \Psi, \mu)}\, \mathrm{d}x\ .$$

Soient ϕ et ψ deux fonctions continues et à support compact sur $\mathbf{X}_G$. On note

$$\langle \phi, \psi \rangle_G := \int_{\mathbf{X}_G} \phi(x)\overline{\psi(x)}\, \mathrm{d}x$$

leur produit scalaire.

Théorème 7.2.1. *Le produit scalaire admet la décomposition spectrale suivante :*

$$\langle \phi, \psi \rangle_G = \sum_{\chi} \sum_{M \in \mathcal{L}^G/\mathbf{W}^G} \frac{1}{w^G(M)} \sum_{\sigma \in \Pi_{\mathrm{disc}}(M)_\chi} \int_{\mathrm{i}(\mathfrak{a}_M^G)^*} \sum_{\Psi \in \mathcal{B}^P(\sigma)} \widehat{\phi}(\Psi, \mu)\, \overline{\widehat{\psi}(\Psi, \mu)}\, \mathrm{d}\mu$$

où $\mathrm{d}\mu$ *est la mesure de Haar sur le groupe* $\mathrm{i}(\mathfrak{a}_M^G)^*$ *duale, au sens de la transformation de Fourier, de celle utilisée sur* $\mathfrak{a}_M^G$ [1]*. La somme sur* σ *porte sur l'ensemble* $\Pi_{\mathrm{disc}}(M)_\chi$ *des classes de représentations automorphes de* M *intervenant discrétement dans* $L^2_\chi(\mathbf{X}_M)$*.*

Preuve. On renvoie le lecteur à [28] ou [29] pour une preuve. □

Soit $K(x, y)$ un noyau intégral sur $\mathbf{X}_G$. On rappelle que le noyau K est dit $\mathcal{A}$-admissible si pour x fixé dans $\mathbf{X}_G$ et pour tout $k \in \mathbf{K}$ la fonction

$$y \mapsto K(xk, y)$$

est lisse à support compact sur $\mathbf{X}_G$ et si de plus l'espace vectoriel engendré par ces fonctions est de dimension finie lorsque k parcourt $\mathbf{K}$.

Proposition 7.2.2. *On considére une sous-groupe parabolique* P*. Soit* $H(x, y)$ *un noyau intégral de la forme* $K_1 K_2^*$ *où les* K_i *sont des noyaux* $\mathcal{A}$*-admissibles sur* $\mathbf{X}_P$*. Supposons de plus qu'il existe un automorphisme* θ *de* G *tel que : si* S *est un sous-groupe parabolique de* P *et* σ *une représentation automorphe discréte de* M*, le sous-groupe de Levi de* S*, on ait, pour* $\mu \in i(\mathfrak{a}_M^G)^*$*, des opérateurs bornés de rang fini :*

$$A_{1,\sigma,\mu} \in \mathrm{Hom}\Big(\mathcal{A}(\mathbf{X}_S, \sigma), \mathcal{A}\big(\mathbf{X}_{\theta(S)}, \theta(\sigma)\big)\Big)$$

1. Un facteur $(1/2\mathrm{i}\pi)^{a_M^G}$ intervient lorsqu'on qu'on munit $\mathfrak{a}^*$ de la mesure duale de celle sur $\mathfrak{a}$ au sens des espaces vectoriels au lieu de la mesure duale sur $\mathrm{i}\mathfrak{a}^*$ au sens de la transformation de Fourier.

et

$$A_{2,\sigma,\mu} \in \mathrm{Hom}\big(\mathcal{A}(\mathbf{X}_S,\sigma),\mathcal{A}(\mathbf{X}_S,\sigma)\big)$$

vérifiant

$$\int_{\mathbf{X}_P} K_1(x,y)\,E^P(y,\Psi,\mu)\,\mathrm{d}y = E^Q(x,A_{1,\sigma,\mu}\Psi,\theta\mu)$$

où $Q=\theta(P)$ *et*

$$\int_{\mathbf{X}_P} K_2(x,y)\,E^P(y,\Psi,\mu)\,\mathrm{d}y = E^P(x,A_{2,\sigma,\mu}\Psi,\mu)\ .$$

Alors le noyau $H_\chi(x,y)$ *admet la décomposition spectrale suivante :*

$$(1)\qquad H_\chi(x,y) = \sum_{M\in\mathcal{L}^P/\mathbf{W}^P}\frac{1}{w^P(M)}\sum_{\sigma\in\Pi_{\mathrm{disc}}(M)_\chi}\int_{\mathrm{i}(\mathfrak{a}_M^G)^*} H_\sigma(x,y;\mu)\,\mathrm{d}\mu$$

avec

$$H_\sigma(x,y;\mu) = \sum_{\Psi\in\mathcal{B}^P(\sigma)} E^Q(x,B_{\sigma,\mu}\Psi,\theta\mu)\overline{E^P(y,\Psi,\mu)}$$

où

$$B_{\sigma,\mu} = A_{1,\sigma,\mu}A^*_{2,\sigma,\mu}$$

et la somme en Ψ *porte sur un ensemble fini. Enfin si on pose*

$$h_\chi(x,y) = \sum_{M\in\mathcal{L}^P/\mathbf{W}^P}\frac{1}{w^P(M)}\sum_{\sigma\in\Pi_{\mathrm{disc}}(M)_\chi}\int_{\mathrm{i}(\mathfrak{a}_M^G)^*} |H_\sigma(x,y;\mu)|\,\mathrm{d}\mu$$

on a la majoration

$$(2)\qquad \sum_\chi |H_\chi(x,y)| \le \sum_\chi h_\chi(x,y) \le K_1K_1^*(x,x)^{1/2}K_2K_2^*(y,y)^{1/2}\ .$$

Preuve. Il résulte des généralités sur la décomposition spectrale des noyaux produits (proposition 7.1.1(1)) et de la forme explicite de la décomposition spectrale automorphe (théorème 7.2.1) que $H(x,y)$ est donné par

$$\sum_{M\in\mathcal{L}^P/\mathbf{W}^P}\frac{1}{w^P(M)}\sum_{\sigma\in\Pi_{\mathrm{disc}}(M)_\chi}\int_{\mathrm{i}(\mathfrak{a}_M^G)^*}\sum_{\Psi\in\mathcal{B}^P(\sigma)} H_\sigma(x,y;\Psi,\mu)\,\mathrm{d}\mu$$

où

$$H_\sigma(x,y;\Psi,\mu) = E^Q(x,A_{1,\sigma,\mu}\Psi,\theta\mu)\overline{E^P(y,A_{2,\sigma,\mu}\Psi,\mu)}\ .$$

On observe que comme par hypothèse les opérateurs $A_{i,\sigma,\mu}$ sont supposés de rang fini, l'opérateur produit

$$B_{\sigma,\mu} = A_{1,\sigma,\mu}A^*_{2,\sigma,\mu}$$

est tel que l'ensemble des $\Psi\in\mathcal{B}^P(\sigma)$ pour lesquels $B_{\sigma,\mu}\Psi\neq 0$ est fini. On peut donc définir un noyau $H_\sigma(x,y;\mu)$ comme fonction lisse de trois variables en posant :

$$H_\sigma(x,y;\mu) = \sum_{\Psi\in\mathcal{B}^P(\sigma)} E^Q(x,B_{\sigma,\mu}\Psi,\theta\mu)\overline{E^P(y,\Psi,\mu)}$$

puisque, pour chaque σ, les sommes en Ψ sont finies. Soit F une partie finie de $\mathcal{B}^P(\sigma)$. Si F est assez grand le sous-espace vectoriel engendré par F contient les images des $A_{i,\sigma,\mu}$ et de $B_{\sigma,\mu}$. Un calcul élémentaire d'algèbre linéaire montre alors que pour un tel F on a

$$\sum_{\Psi\in F} E^Q(x,B_{\sigma,\mu}\Psi,\theta\mu)\overline{E^P(y,\Psi,\mu)} = \sum_{\Psi\in F} E^Q(x,A_{1,\sigma,\mu}\Psi,\theta\mu)\overline{E^P(y,A_{2,\sigma,\mu}\Psi,\mu)}\ .$$

Donc pour tout F assez grand on a

$$H_\sigma(x,y;\mu) = \sum_{\Psi\in F} H_\sigma(x,y;\Psi,\mu)$$

et par passage à la limite on en déduit que

$$H_\sigma(x,y;\mu) = \sum_{\Psi\in\mathcal{B}^P(\sigma)} H_\sigma(x,y;\Psi,\mu)\,.$$

Ceci établit (1). L'assertion (2) résulte de l'équation (3) de la proposition 7.1.1. □

7.3. Estimée d'un noyau

On reprend les notations de la section 6.1 et de la proposition 7.2.2 mais on écrit Q' pour P. On pose $Q = \theta(Q')$. Soient S un sous-groupe parabolique standard de Q', M son Levi standard et σ une représentation automorphe pour M. Si Ψ appartient à l'espace des fonctions de type σ sur $\mathbf{X}_S$ c'est-à-dire si

$$\Psi \in \mathcal{A}(\mathbf{X}_S,\sigma)$$

on définit une fonction Φ sur $\mathbf{X}_{\theta(S)}$: en posant

$$\widetilde{\boldsymbol{\rho}}_{S,\sigma,\mu}(f,\omega)\Psi = \Phi$$

On a

$$\widetilde{\boldsymbol{\rho}}(f,\omega)E^{Q'}(x,\Psi,\mu) = E^Q(x,\widetilde{\boldsymbol{\rho}}_{S,\sigma,\mu}(f,\omega)\Psi,\theta_0\mu)\,.$$

On considére le noyau

$$K_{Q,\delta}(x,y) = \int_{N_Q(F)\backslash N_Q(\mathbb{A})} \omega(x) \sum_{\eta\in Q(F)} f^1(x^{-1}\,n_Q^{-1}\,\eta^{-1}\,\delta\, y)\,\mathrm{d}n_Q\,.$$

La fonction $K_{Q,\delta}(x,y)$ est le noyau intégral représentant l'opérateur défini par

$$\psi\mapsto\phi=\boldsymbol{\rho}(\delta,f,\omega)\psi \qquad \text{où } \phi(x) = \int_{\widetilde{G}(\mathbb{A})} (\omega\psi)(\delta^{-1}x\,y)f(y)\,\mathrm{d}y$$

entre $L^2(\mathbf{X}_{Q',G})$ et $L^2(\mathbf{X}_{Q,G})$. La décomposition de $K_{Q,\delta}(x,y)$ suivant les données cuspidales s'écrit

$$K_{Q,\delta}(x,y) = \sum_\chi K_{Q,\delta,\chi}(x,y)$$

où $K_{Q,\delta,\chi}(x,y)$ est le noyau de l'opérateur entre $L^2_\chi(\mathbf{X}_{Q',G})$ et $L^2(\mathbf{X}_{Q,G})$ défini par $\boldsymbol{\rho}(\delta,f,\omega)\circ\Pi(\chi)$.

Proposition 7.3.1. *Considérons une fonction $f\in\mathcal{C}_c^\infty(G(\mathbb{A}))$ qui soit $\mathbf{K}$-finie à droite et à gauche.*

(i) *Le noyau $K_{Q,\delta,\chi}(x,y)$ admet le développement spectral suivant :*

$$\sum_{M\in\mathcal{L}^{Q'}/\mathbf{W}^{Q'}} \frac{1}{w^{Q'}(M)} \sum_{\sigma\in\Pi_{\mathrm{disc}}(M)_\chi} \int_{\mathrm{i}(\mathfrak{a}_M^G)^*} K_{Q,Q',\sigma}(x,y;\mu)\,\mathrm{d}\mu$$

avec

$$K_{Q,Q',\sigma}(x,y;\mu) = \sum_{\Psi\in\mathcal{B}^{Q'}(\sigma)} E^Q(x,\widetilde{\boldsymbol{\rho}}_{S,\sigma,\mu}(f,\omega)\Psi,\theta\mu)\overline{E^{Q'}(y,\Psi,\mu)}\,.$$

(ii) *Il existe N tel que pour tout M il existe c tel que*

$$\sum_{\chi}\sum_{M\in\mathcal{L}^{Q'}/\mathbf{W}^{Q'}}\frac{1}{w^{Q'}(M)}\sum_{\sigma\in\Pi_{\mathrm{disc}}(M)_\chi}\int_{i(\mathfrak{a}_M^G)^*}|\boldsymbol{\Lambda}_1^{T,Q}K_{Q,Q',\sigma}(x,y;\mu)|\,\mathrm{d}\mu$$

est majoré par

$$c\,|x|^{-M}\,|y|^N\,.$$

Preuve. L'assertion (i) est une conséquence immédiate de la proposition 7.2.2. On en déduit que

$$\boldsymbol{\Lambda}_1^{T,Q}K_{Q,\delta,\chi}(x,y)$$

est égal à

$$\sum_{M\in\mathcal{L}^{Q'}/\mathbf{W}^{Q'}}\frac{1}{w^{Q'}(M)}\sum_{\sigma\in\Pi_{\mathrm{disc}}(M)_\chi}\int_{\mathrm{i}(\mathfrak{a}_M^G)^*}\boldsymbol{\Lambda}_1^{T,Q}K_{Q,Q',\sigma}(x,y;\mu)\,\mathrm{d}\mu\,.$$

D'après le théorème 6.3.1 le noyau $\boldsymbol{\Lambda}_1^{T,Q}K_{Q,Q',\sigma}$ est égal à une somme finie de produits de noyaux :

$$\boldsymbol{\Lambda}_1^{T,Q}K_{Q,Q',\sigma}(x,y,\mu)=\sum_i\int_{\mathbf{X}_G}\boldsymbol{\Lambda}_1^{T,Q}K_{Q,Q',\sigma}(g_i;x,z,\mu)K^*_{Q',Q',\sigma}(h_i,\omega;y,z,\mu)\,\mathrm{d}z\,.$$

Suivant l'équation (3) de la proposition 7.1.1, l'inégalité de Schwartz montre que l'expression

$$\sum_{\chi}\sum_{M\in\mathcal{L}^{Q'}/\mathbf{W}^{Q'}}\frac{1}{w^{Q'}(M)}\sum_{\sigma\in\Pi_{\mathrm{disc}}(M)_\chi}\int_{i(\mathfrak{a}_M^G)^*}|\boldsymbol{\Lambda}_1^{T,Q}K_{Q,Q',\sigma}(x,y;\mu)|\,\mathrm{d}\mu$$

est majorée par une somme finie de termes du type

$$|\boldsymbol{\Lambda}_1^{T,Q}\boldsymbol{\Lambda}_2^{T,Q}K_Q(g*g^*;x,x)|^{1/2}|K_{Q'}(h*h^*;y,y)|^{1/2}$$

enfin on invoque les lemmes 6.2.1 et 6.4.2 pour établir qu'il existe N tel que pour tout M il existe c tel que ceci soit majorée par

$$c\,|x|^{-M}\,|y|^N$$

pour tout x et tout y dans un domaine de Siegel de M_Q. On en déduit (ii). □

Corollaire 7.3.2. *Considérons une fonction $f\in\mathcal{C}_c^\infty(G(\mathbb{A}))$ qui soit* **K***-finie à droite et à gauche. Alors,*

$$\sum_{\chi}|\boldsymbol{\Lambda}_1^{T,Q}K_{Q,\delta,\chi}(x,y)|\le c\,|x|^{-M}\,|y|^N$$

pour tout x et tout y dans un domaine de Siegel de M_Q.

Preuve. L'assertion est une conséquence immédiate de la proposition 7.3.1(ii). On aurait pu aussi invoquer directement l'équation (2) de la proposition 7.2.2 puis, comme ci-dessus faire appel aux lemmes 6.2.1 et 6.4.2. □

Troisième partie

La formule des traces grossière

CHAPITRE 8

Formule des traces : état zéro

8.1. La problématique

Soit $f \in \mathcal{C}_c^\infty(G(\mathbb{A}))$. On a posé

$$f^1(\delta) = \int_{z \in \mathfrak{A}_G} f(z\,\delta)\,\mathrm{d}z \qquad \text{pour } \delta \in \widetilde{G}(\mathbb{A})\,.$$

On introduit également :

$$\widetilde{f}(\delta) = j(\widetilde{G}) \int_{\mathfrak{A}_{\widetilde{G}}} f(z\,\delta)\,\mathrm{d}z \qquad \text{avec } j(\widetilde{G}) = |\det(\theta_0 - 1|\mathfrak{a}_G/\mathfrak{a}_{\widetilde{G}})|\,.$$

On a l'identité suivante : pour tout $\delta \in \widetilde{G}(\mathbb{A})$

$$f^1(\delta) = \int_{\mathfrak{A}_{\widetilde{G}}\backslash\mathfrak{A}_G} \widetilde{f}(a^{-1}\delta\,a)\,\mathrm{d}a\,.$$

On rappelle (*cf.* section 6.1) que l'on a défini pour $y \in \widetilde{G}(\mathbb{A})$ l'opérateur $\widetilde{\boldsymbol{\rho}}(y,\omega)$ par

$$(\widetilde{\boldsymbol{\rho}}(y,\omega)\varphi)(\dot{x}) = (\omega\varphi)(\delta^{-1}x\,y)$$

pour φ dans $L^2(\mathbf{X}_G)$ avec δ quelconque dans $\widetilde{G}(F)$ et que pour $f \in \mathcal{C}_c^\infty(G(\mathbb{A}))$ l'opérateur

$$\widetilde{\boldsymbol{\rho}}(f,\omega) = \int_{\widetilde{G}(\mathbb{A})} f(y)\widetilde{\boldsymbol{\rho}}(y,\omega)\,\mathrm{d}y$$

est représenté par le noyau

$$\mathbf{K}_{\widetilde{G}}(x,y) = \sum_{\delta \in \widetilde{G}(F)} f^1(x^{-1}\delta y) \qquad \text{pour } x, y \in G(\mathbb{A})\,.$$

Le noyau est une fonction lisse sur $\mathbf{X}_G \times \mathbf{X}_G$.

Considérons $\delta \in \widetilde{G}(F)$ quasi semi-simple. Suivant les conventions de la section 2.6 on note G^δ le centralisateur de $\delta \in \widetilde{G}(F)$, G_δ sa composante neutre et on appelle centralisateur stable le groupe $I_\delta = G_\delta.Z_{\widetilde{G}}$. On introduit

$$\mathcal{O}_\delta(f,\omega) = \int_{I_\delta(\mathbb{A})\backslash G(\mathbb{A})} \omega(x) f(x^{-1}\delta\,x)\,\mathrm{d}\dot{x}$$

si $I_\delta(\mathbb{A})$ est dans le noyau de ω et $\mathcal{O}_\delta(f,\omega) = 0$ sinon. C'est l'intégrale orbitale tordue par ω. Nous aurons aussi besoin du nombre $a^G(\delta)$ est défini par

$$a^G(\delta) = \iota(\delta)^{-1}\,\mathrm{vol}\big(\mathfrak{A}_{\widetilde{G}} I_\delta(F)\backslash I_\delta(\mathbb{A})\big)$$

où $\iota(\delta)$ est l'ordre du quotient $G^\delta(F)/I_\delta(F)$.

Remarque 8.1.1. Pour éviter de manipuler des groupes non connexes, ce qui est en général le cas pour I_δ, le lecteur pourra à sa guise remplacer systématiquement I_δ par G_δ dans la définition des intégrales orbitales $\mathcal{O}_\delta(f,\omega)$ et des coefficients $a^G(\delta)$ ainsi que dans les expressions analogues intervenant dans la section 9.3. C'est d'ailleurs le point de vue adopté par Arthur dans [9, 11, 12] par exemple. Toutefois, l'introduction de I_δ semble indispensable dans l'étude de la stabilisation dans le cas tordu (*cf.* [25, 26]).

On notera $\widetilde{\Gamma}$ un ensemble de représentants des classes de conjugaison dans $\widetilde{G}(F)$. On a défini à la section 2.6 la notion d'élément elliptique. On notera $\widetilde{G}(F)_{\rm ell}$ l'ensemble des éléments elliptiques dans $\widetilde{G}(F)$ et $\widetilde{\Gamma}_{\rm ell}$ un ensemble de représentants des classes de $G(F)$-conjugaison dans $\widetilde{G}(F)_{\rm ell}$. On pose

$$k_{\rm ell}(x) = \sum_{\delta\in\widetilde{G}(F)_{\rm ell}} \omega(x) f^1(x^{-1}\delta\, x)\ .$$

Proposition 8.1.2. *L'intégrale de $k_{\rm ell}(x)$ est convergente. On pose*

$$J^{\widetilde{G}}_{\rm ell}(f,\omega) = \int_{\mathbf{X}_G} k_{\rm ell}(x)\,\mathrm{d}x\ . \tag{1}$$

C'est une distribution invariante et

$$J^{\widetilde{G}}_{\rm ell}(f,\omega) = \sum_{\delta\in\widetilde{\Gamma}_{\rm ell}} a^G(\delta)\mathcal{O}_\delta(\widetilde{f},\omega)\ . \tag{2}$$

Preuve. Un calcul élémentaire fournit l'égalité (2) au moins formellement. Grâce au lemme 3.7.4, on voit que dans l'expression (2) la somme porte en fait sur un ensemble fini (dépendant du support de f). On en déduit la convergence et l'égalité. On renvoie au théorème 9.1.2 pour une preuve plus détaillée dans un cas plus général. □

La représentation de $G(\mathbb{A})$ dans $L^2(\mathbf{X}_G)$ comporte en général un spectre discret et un spectre continu :

$$L^2(\mathbf{X}_G) = L^2_{\rm disc}(\mathbf{X}_G) \oplus L^2_{\rm cont}(\mathbf{X}_G)\ .$$

Nous noterons

$$\Pi(\widetilde{G},\omega)$$

l'ensemble des représentations irréductibles π de $G(\mathbb{A})$ admettant un prolongement tordu $\widetilde{\pi}$ et

$$\Pi_{\rm disc}(\widetilde{G},\omega)$$

le sous-ensemble des classes qui apparaissent dans $L^2_{\rm disc}(\mathbf{X}_G)$. On renvoie le lecteur à la discussion de la notion de multiplicité tordue $m(\pi,\widetilde{\pi})$ dans la section 2.4 et on rappelle que le nombre

$$m(\pi,\widetilde{\pi})\,\mathrm{trace}\,\widetilde{\pi}(f)$$

est indépendant du choix du prolongement $\widetilde{\pi}$.

Proposition 8.1.3. *L'opérateur $\widetilde{\boldsymbol{\rho}}(f,\omega)$ est à trace dans le spectre discret. On note*

$$J^{\widetilde{G}}_{G,\rm disc}(f,\omega) = \mathrm{trace}\big(\widetilde{\boldsymbol{\rho}}(f,\omega)|L^2_{\rm disc}(\mathbf{X}_G)\big)$$

cette trace[1]. *On a alors*

$$J^{\widetilde{G}}_{G,\mathrm{disc}}(f,\omega) = \sum_{\pi\in\Pi_{\mathrm{disc}}(\widetilde{G},\omega)} m(\pi,\widetilde{\pi})\ \mathrm{trace}\,\widetilde{\pi}(f)\ .$$

PREUVE. On sait grâce à W. Müller [30] que pour $h \in \mathcal{C}^\infty_c\big(G(\mathbb{A})\big)$ l'opérateur $\boldsymbol{\rho}(h)$ est à trace dans le spectre discret. Comme $\widetilde{\boldsymbol{\rho}}(f,\omega)$ est produit de $\boldsymbol{\rho}(h)$ avec $h(x) = f(x\delta_0)$ et d'opérateurs unitaires :

$$\widetilde{\boldsymbol{\rho}}(f,\omega) = A(\omega)B(\theta_0)\boldsymbol{\rho}(h)$$

on en déduit que l'opérateur $\widetilde{\boldsymbol{\rho}}(f,\omega)$ est encore à trace dans le spectre discret. Comme observé au lemme 2.3.2, seules les représentations $\widetilde{\pi}$ dont la restriction π à $G(\mathbb{A})$ sont irréductibles peuvent donner une contribution non nulle à la trace de $\widetilde{\boldsymbol{\rho}}(f,\omega)$ dans le spectre discret. On obtient ainsi la formule souhaitée. □

La formule des traces de Selberg, dans le cas compact, est l'égalité entre l'intégrale du noyau $K_{\widetilde{G}}(x,y)$ sur la diagonale et, d'autre part, la trace de cet opérateur développée suivant la décomposition spectrale de $L^2(\mathbf{X}_G)$, qui est une somme discrète avec multiplicité finie de représentations irréductibles.

Proposition 8.1.4. *Lorsque $\mathbf{X}_G$ est compact, c'est-à-dire lorsque G_{der} est anisotrope sur F, on a*

$$\sum_{\delta\in\widetilde{\Gamma}} a^G(\delta)\mathcal{O}_\delta(\widetilde{f},\omega) = \sum_{\pi\in\Pi(\widetilde{G},\omega)} m(\pi,\widetilde{\pi})\ \mathrm{trace}\,\widetilde{\pi}(f)\ .$$

PREUVE. La compacité de $\mathbf{X}_G$ implique que

$$\mathrm{trace}\,\widetilde{\boldsymbol{\rho}}(f,\omega) = \int_{\mathbf{X}_G} K_{\widetilde{G}}(x,x)\,\mathrm{d}x\ .$$

Lorsque G_{der} est anisotrope toutes les classes de conjugaison sont elliptiques, et la proposition 8.1.2 s'écrit simplement

$$\int_{\mathbf{X}_G} K_{\widetilde{G}}(x,x)\,\mathrm{d}x = \sum_{\delta\in\widetilde{\Gamma}} a^G(\delta)\mathcal{O}_\delta(\widetilde{f},\omega)\ .$$

Comme $\mathbf{X}_G$ est compact le spectre continu est nul et la proposition 8.1.3 s'écrit :

$$\mathrm{trace}\,\widetilde{\boldsymbol{\rho}}(f,\omega) = \sum_{\pi\in\Pi(\widetilde{G},\omega)} m(\pi,\widetilde{\pi})\ \mathrm{trace}\,\widetilde{\pi}(f)\ .$$ □

Lorsque G_{der} n'est pas anisotrope l'existence de classes non elliptiques a pour conséquence que, pour le noyau tout entier, l'intégrale sur la diagonale est (en général) divergente. Comme $\mathbf{X}_G$ n'est plus compact l'opérateur n'est pas (en général) à trace à cause de l'existence du spectre continu. La formule des traces est l'égalité du développement géométrique et du développement spectral pour une « trace renormalisée » de l'opérateur. La renormalisation se fait en soustrayant les contributions divergentes, au moyen de troncatures qui dépendent d'un paramètre $T \in \mathfrak{a}_0$ et du choix de P_0, M_0 et $\mathbf{K}$. Cette dépendance implique que la distribution obtenue n'est pas invariante par conjugaison. Nous noterons k^T la restriction à la diagonale du noyau tronqué. On disposera de deux expressions pour k^T, notées k^T_{geom} et k^T_{spec}, dont l'égalité est appelée identité fondamentale (*cf.* proposition 8.2.2). On

1. On verra que d'autres termes « discrets » indexés par les classes de sous-groupes de Levi interviennent dans la formule des traces.

démontrera que l'intégrale de k^T est convergente et on exhibera une expression asymptotique J^T, de l'intégrale sur $\mathbf{X}_G$ de k^T, qui est polynomiale en T (*cf.* théorème 11.1.1). On rappelle que l'on a introduit dans le lemme 3.3.3 un élément T_0. La trace renormalisée $J(f,\omega)$ sera, par définition, la valeur en $T = T_0$ de J^T. On obtiendra ainsi une expression indépendante du choix de P_0 (pour M_0 et $\mathbf{K}$ fixés). L'expression k^T_{geom} se prête bien au développement suivant les classes de conjugaison, appelé développement géométrique, ainsi qu'à la preuve du caractère polynomial en T de l'expression asymptotique J^T. Pour le développement suivant les classes de représentations automorphes, appelé développement spectral, on utilisera l'expression k^T_{spec}. Lorsque $\mathbf{X}_G$ est compact on a les égalités

$$J(f,\omega) = \sum_{\delta\in\widetilde{\Gamma}_{\mathrm{ell}}} a^G(\delta)\mathcal{O}_\delta(\widetilde{f},\omega) = \sum_{\pi\in\Pi_{\mathrm{disc}}(\widetilde{G},\omega)} m(\pi,\widetilde{\pi})\ \mathrm{trace}\,\widetilde{\pi}(f)$$

mais elles cessent d'être vraies en général ; c'est toutefois vrai pour certaines fonctions f. On dit alors que l'on dispose d'une formule des traces simple. De nombreux cas ont été étudiés dans la littérature, mais nous n'en dirons rien de plus ici.

8.2. L'identité fondamentale

On va utiliser diverses troncatures. Nous aurons besoin, pour les définir d'un analogue du noyau K pour chaque sous-espace parabolique. Soit $\widetilde{P}$ un sous-espace parabolique de sous-espace de Levi $\widetilde{M}$ contenant $\widetilde{M}_0$ et de radical unipotent N. On pose

$$K_{\widetilde{P}}(x,y) = \int_{N(F)\backslash N(\mathbb{A})} \sum_{\delta\in\widetilde{P}(F)} \omega(y) f^1(x^{-1}\delta\, n\, y)\, dn\,.$$

C'est le noyau de la représentation naturelle de $(\widetilde{G}(\mathbb{A}),\omega)$ dans $L^2(\mathbf{X}_{P,G})$ où, avec les notations de la section 3.4, on a posé

$$\mathbf{X}_{P,G} = \mathfrak{A}_G\, P(F)N(\mathbb{A})\backslash G(\mathbb{A})\,.$$

On utilisera l'opérateur de troncature sur ces noyaux en le faisant agir sur la première variable c'est-à-dire que par définition, si $Q\subset P$:

$$\mathbf{\Lambda}_1^{T,Q} K_{\widetilde{P}}(x,y) = \mathbf{\Lambda}^{T,Q}\phi(x) \qquad \text{pour } \phi(x) = K_{\widetilde{P}}(x,y)\,.$$

Lemme 8.2.1. *Soit $\widetilde{P}$ un sous-ensemble parabolique et soit ϕ une fonction sur $P(F)\backslash G(\mathbb{A}))$. On a*

$$\sum_{\{Q,R|Q\subset P\subset R\}} \sum_{\xi\in Q(F)\backslash P(F)} \widetilde{\sigma}_Q^R(\mathbf{H}_0(\xi\, x) - T)\, \mathbf{\Lambda}^{T,Q}\phi(\xi\, x) = \widehat{\tau}_{\widetilde{P}}(\mathbf{H}_0(x) - T)\, \phi_P(x)\,.$$

Preuve. On commence par observer que, par définition de l'opérateur de troncature,

$$\sum_{Q\subset P} \sum_{\xi\in Q(F)\backslash P(F)} \tau_Q^P(\mathbf{H}_0(\xi\, x) - T)\, \mathbf{\Lambda}^{T,Q}\phi(\xi\, x)$$

est égal à

$$\sum_{S\subset Q\subset P} \sum_{\xi\in S(F)\backslash P(F)} (-1)^{\mathfrak{a}_S-\mathfrak{a}_Q}\, \tau_Q^P(\mathbf{H}_0(\xi\, x) - T)\, \widehat{\tau}_S^Q(\mathbf{H}_0(\xi\, x) - T)\, \phi_S(\xi\, x)$$

où les sommes en ξ portent sur des ensembles finis (grâce aux lemmes 1.7.1 et 3.7.1). En effectuant d'abord la somme en Q sur les sous-groupes paraboliques tels que

$S \subset Q \subset P$ et compte tenu de la proposition 1.7.2 on voit que seul le terme avec $S = Q = P$ subsiste et l'expression se réduit à $\phi_P(x)$. On a donc

$$\sum_{Q \subset P} \sum_{\xi \in Q(F)\backslash P(F)} \tau_Q^P(\mathbf{H}_0(\xi\, x) - T)\, \mathbf{\Lambda}^{T,Q} \phi(\xi\, x) = \phi_P(x)\,.$$

Pour conclure il reste à observer que d'après 2.11.5 on a

$$\sum_{\{R|P\subset R\}} \widetilde{\sigma}_Q^R(\mathbf{H}_0(x) - T)\, \mathbf{\Lambda}^{T,Q}\phi(x) = \widehat{\tau}_{\widetilde{P}}(\mathbf{H}_0(x) - T)\, \tau_Q^P(\mathbf{H}_0(x) - T)\, \mathbf{\Lambda}^{T,Q}\phi(x)\,. \ \square$$

On pose

$$k^T_{\widetilde{P},\mathrm{geom}}(x) = \widehat{\tau}_{\widetilde{P}}(\mathbf{H}_0(x) - T)\, K_{\widetilde{P}}(x,y)$$

et

$$k^T_{\widetilde{P},\mathrm{spec}}(x) = \sum_{\{Q,R|Q\subset P\subset R\}} \sum_{\xi\in Q(F)\backslash P(F)} \widetilde{\sigma}_Q^R(\mathbf{H}_0(\xi\, x) - T)\, \mathbf{\Lambda}_1^{T,Q} K_{\widetilde{P}}(\xi\, x, y)\,.$$

Nous sommes maintenant en mesure d'énoncer l'identité fondamentale appelée *Basic Identity* dans ([20, Lectures 1, 2, 9]). On pose

$$k^T_{\mathrm{geom}}(x) = \sum_{\widetilde{P}\supset\widetilde{P}_0} (-1)^{a_{\widetilde{P}}-a_{\widetilde{G}}} \sum_{\xi\in P(F)\backslash G(F)} \widehat{\tau}_{\widetilde{P}}(\mathbf{H}_0(\xi\, x) - T)\, K_{\widetilde{P}}(\xi\, x, \xi\, x)$$

et

$$k^T_{\mathrm{spec}}(x) = \sum_{\widetilde{P}\supset\widetilde{P}_0} (-1)^{a_{\widetilde{P}}-a_{\widetilde{G}}} \sum_{Q\subset P\subset R} \sum_{\xi\in Q(F)\backslash G(F)} \widetilde{\sigma}_Q^R(\mathbf{H}_0(\xi\, x) - T)\, \mathbf{\Lambda}_1^{T,Q} K_{\widetilde{P}}(\xi\, x, \xi\, x)\,.$$

Proposition 8.2.2. *Les fonctions $k^T_{\widetilde{P},\mathrm{geom}}$, k^T_{geom}, $k^T_{\widetilde{P},\mathrm{spec}}$ et k^T_{spec} ne dépendent que de la projection de T sur le sous-espace des θ_0-invariants dans $\mathfrak{a}_0^G$ et on a les identités*

$$k^T_{\widetilde{P},\mathrm{geom}} = k^T_{\widetilde{P},\mathrm{spec}} \qquad \textit{et} \qquad k^T_{\mathrm{geom}} = k^T_{\mathrm{spec}}\,.$$

Preuve. Par définition, on a

$$k^T_{\mathrm{geom}}(x) = \sum_{\widetilde{P}\supset\widetilde{P}_0} (-1)^{a_{\widetilde{P}}-a_{\widetilde{G}}} \sum_{\xi\in P(F)\backslash G(F)} k^T_{\widetilde{P},\mathrm{geom}}(\xi\, x)$$

et

$$k^T_{\mathrm{spec}}(x) = \sum_{\widetilde{P}\supset\widetilde{P}_0} (-1)^{a_{\widetilde{P}}-a_{\widetilde{G}}} \sum_{\xi\in P(F)\backslash G(F)} k^T_{\widetilde{P},\mathrm{spec}}(\xi\, x)$$

On observe tout d'abord que les sommes en ξ portent sur des ensembles finis, d'après le lemme 3.7.2, et les expressions sont donc trivialement convergentes. Maintenant on a

$$k^T_{\widetilde{P},\mathrm{geom}}(x) = k^T_{\widetilde{P},\mathrm{spec}}(x)$$

d'après le lemme 8.2.1 appliqué à $\phi(x) = K_{\widetilde{P}}(x,y)$ en observant que dans ce cas on a $\phi_P = \phi$. $\square$

CHAPITRE 9

Développement géométrique

9.1. Convergence : côté géométrique

On dira que deux éléments dans $\widetilde{G}(F)$ sont ss-conjugués si leurs parties quasi semi-simples sont conjuguées. On notera $\mathfrak{O}$ l'ensemble des classes de ss-conjugaison. On peut décomposer $k^T_{\text{geom}}(x)$ suivant les classes de ss-conjugaison :

$$k^T_{\text{geom}}(x) = \sum_{\mathfrak{o}\in\mathfrak{O}} k^T_{\mathfrak{o}}(x)$$

où $k^T_{\mathfrak{o}}$ ne comporte que les contributions d'éléments δ dont la partie quasi semi-simple appartient à une même classe de conjugaison :

$$k^T_{\mathfrak{o}}(x) = \sum_{\widetilde{P}\supset\widetilde{P}_0} (-1)^{a_{\widetilde{P}}-a_{\widetilde{G}}} \sum_{\xi\in P(F)\backslash G(F)} \widehat{\tau}_{\widetilde{P}}(\mathbf{H}_0(\xi\, x) - T)\, K_{\widetilde{P},\mathfrak{o}}(\xi\, x, \xi\, x)\,.$$

avec

$$K_{\widetilde{P},\mathfrak{o}}(x,x) = \int_{N(F)\backslash N(\mathbb{A})} \sum_{\delta\in\mathfrak{o}\cap\widetilde{P}(F)} \omega(x) f^1(x^{-1}\delta\, n\, x)\,\mathrm{d}n\,.$$

On considère deux sous-groupes paraboliques standard $Q\subset R$. On a discuté dans le lemme 2.11.1 les propriétés des sous-groupes paraboliques Q^+ et R^-.

Proposition 9.1.1. *On considère l'espace quotient*

$$\mathbf{Y}_Q = \mathfrak{A}_G Q(F)\backslash G(\mathbb{A})\,.$$

Supposons T assez régulier c'est-à-dire $\mathbf{d}_{P_0}(T)\geq c$ où c est une constante dépendant du support de f. L'intégrale

$$\int_{\mathbf{Y}_Q} F^Q_{P_0}(x,T)\widetilde{\sigma}^R_Q(\mathbf{H}_0(x)-T)\left|\sum_{\{\widetilde{P}|\widetilde{Q}^+\subset\widetilde{P}\subset\widetilde{R}^-\}} (-1)^{a_{\widetilde{P}}-a_{\widetilde{G}}} K_{\widetilde{P},\mathfrak{o}}(x,x)\right|\mathrm{d}x$$

est convergente.

Preuve. On rappelle que

$$K_{\widetilde{P},\mathfrak{o}}(x,x) = \int_{N(F)\backslash N(\mathbb{A})} \sum_{\delta\in\mathfrak{o}\cap\widetilde{P}(F)} \omega(x) f^1(x^{-1}\delta\, n\, x)\,\mathrm{d}n\,.$$

D'après le corollaire 3.6.7, les $\delta\in P(F)\cap\mathfrak{o}$ qui donnent une contribution non nulle appartiennent à $\widetilde{Q}^+(F)\cap\mathfrak{o}$, pourvu que T soit assez régulier. Il suffit donc d'établir la convergence de l'intégrale

$$\int_{\mathbf{Y}_Q} F^Q_{P_0}(x,T)\widetilde{\sigma}^R_Q(\mathbf{H}_0(x)-T)\left|\sum_{\{\widetilde{P}|\widetilde{Q}^+\subset\widetilde{P}\subset\widetilde{R}^-\}} (-1)^{a_{\widetilde{P}}-a_{\widetilde{G}}} \Phi_{\widetilde{P},\mathfrak{o}}(x)\right|\mathrm{d}x$$

avec
$$\Phi_{\tilde{P},\mathfrak{o}}(x) = \int_{N(F)\backslash N(\mathbb{A})} \sum_{\delta\in\tilde{Q}^+(F)\cap\mathfrak{o}} f^1(x^{-1}\,\delta\, n\, x)\,\mathrm{d}n$$
soit encore
$$\Phi_{\tilde{P},\mathfrak{o}}(x) = \sum_{\eta\in\widetilde{M}_{Q^+}(F)\cap\mathfrak{o}} \Phi_{\tilde{P},\eta,\mathfrak{o}}(x)$$
avec
$$\Phi_{\tilde{P},\eta,\mathfrak{o}}(x) = \int_{N(F)\backslash N(\mathbb{A})} \sum_{\nu\in N_{Q^+}(F)} f^1(x^{-1}\,\eta\nu\, n\, x)\,\mathrm{d}n$$
où $\widetilde{M}_{Q^+}$ est le sous-ensemble de Levi de $\widetilde{Q}^+$ contenant $\widetilde{M}_0$ et N_{Q^+} son radical unipotent. On observe que dans cette expression seule l'intégrale sur $N(F)\backslash N(\mathbb{A})$ dépend de $\widetilde{P}$. Posons
$$\Xi_Q^R(x) = \tilde{\sigma}_Q^R(\mathbf{H}_0(x) - T) \sum_{\eta\in\widetilde{M}_{Q^+}(F)\cap\mathfrak{o}} \left| \sum_{\{\tilde{P}|Q\subset P\subset R\}} (-1)^{a_{\tilde{P}}-a_{\tilde{G}}}\,\Phi_{\tilde{P},\eta,\mathfrak{o}}(x)\right| .$$
Nous devons montrer que l'intégrale
$$\int_{\mathbf{Y}_Q} F_{P_0}^Q(x,T)\,\Xi_Q^R(x)\,\mathrm{d}x$$
est convergente. Nous allons tout d'abord d'estimer l'intégrale
$$(*) \qquad \Theta_Q^R(n,x) = \int_{\mathfrak{A}_G\backslash\mathfrak{A}_Q} \Xi_Q^R(nax)\,\delta_Q(a)^{-1}\,\mathrm{d}a$$
où δ_Q est le module pour Q, de façon uniforme lorsque x reste dans un compact fixe. On observe que puisque f est à support compact la somme sur η ne porte que sur un ensemble fini (dépendant *a priori* de x et a). L'homomorphisme de $\mathfrak{a}_Q^G$ dans $\mathfrak{a}_0$
$$H \mapsto \theta(H) - H$$
a pour noyau le sous-espace des θ-invariants, qui d'après le lemme 2.11.2 est l'espace
$$\tilde{\mathfrak{a}}_Q^G = \mathfrak{a}_{\tilde{Q}^+}^{\tilde{G}}$$
et on notera $\mathfrak{b}_Q^G$, le supplémentaire orthogonal de ce sous-espace dans $\mathfrak{a}_Q^G$; on a donc une décomposition en sous-espaces deux à deux orthogonaux :
$$\mathfrak{a}_Q^G = \tilde{\mathfrak{a}}_Q^G \oplus \mathfrak{b}_Q^G\ .$$
On observe que si $\eta \in \widetilde{M}_{Q^+}(F)$ et $a = \mathrm{e}^H$ avec $H \in \mathfrak{a}_Q^G$ on a
$$a^{-1}\,n_1\eta\, na = n_1' a^{-1}\theta(a)\eta n'$$
et si cette expression reste dans un compact il en est nécessairement de même pour $a^{-1}\theta(a)$. Pour le voir on décompose a en $a_0a_1a_2$ avec
$$a_0 \in \tilde{\mathfrak{a}}_Q^G = \mathfrak{a}_{\tilde{Q}^+}^{\tilde{G}}, \qquad a_1 \in \mathfrak{b}_Q^{Q^+} \qquad \text{et} \qquad a_2 \in \mathfrak{b}_{Q^+}^G$$
et on observe que
$$a^{-1}\theta(a) = a_1^{-1}\theta(a_1)\,.\,a_2^{-1}\theta_0(a_2)\ .$$
Maintenant si la décomposition de Bruhat de η s'écrit $\eta = \xi w_s \xi' \mu$ on voit tout d'abord que
$$(s-1)\mathbf{H}_0(a_1) + (\theta_0 - 1)\mathbf{H}_0(a_2) + \mathbf{H}_0(w_s n'')$$

reste borné et comme

$$(s-1)\mathbf{H}_0(a_1)+\mathbf{H}_0(w_s n'')\in\mathfrak{a}_0^{Q^+}\qquad\text{et}\qquad(1-\theta_0)\mathbf{H}_0(a_2)\in\mathfrak{a}_{Q^+}^G$$

on en déduit que que

$$(s-1)\mathbf{H}_0(a_1)+\mathbf{H}_0(w_s n'')\qquad\text{et}\qquad(\theta_0-1)\mathbf{H}_0(a_2)$$

restent aussi bornés. On remarque que l'application linéaire $(\theta-1)$ est injective sur $\mathfrak{b}_Q^G$. En particulier a_2 reste dans un compact. On rappelle que par hypothèse on a

$$\tau_Q^{Q^+}(\mathbf{H}_0(a_1)-T_1)=\tau_Q^{Q^+}(\mathbf{H}_0(a)-T)=1$$

où T_1 est la projection de T sur $\mathfrak{a}_Q^{Q^+}$. Posons $X=\mathbf{H}_0(a_1)-T_1$. On a donc

$$X=\sum_{\alpha\in\Delta_Q^{Q^+}}a_\alpha\varpi_\alpha\qquad\text{avec } a_\alpha>0\,.$$

Maintenant (comme dans le lemme 3.7.3) on observe que le lemme 3.3.2 implique que

$$\langle X,\mathbf{H}_0(w_s n'')\rangle\le c$$

d'où on déduit qu'il existe une constante C telle que

$$\langle X,(1-s)X\rangle\le C\,.$$

Il résulte alors du lemme 2.12.1 que X et donc a_1 restent dans un compact. Pour de tels a l'ensemble des η intervenant est contenu dans un compact. En particulier l'intégrale en $b=\mathrm{e}^H$ avec $H\in\mathfrak{b}_Q^G$ porte sur un compact. Il nous reste à estimer l'intégrale en $a_0=\mathrm{e}^H$ avec

$$H\in\widetilde{\mathfrak{a}}_Q^G=\mathfrak{a}_{\widetilde{Q}^+}^{\widetilde{R}^-}\oplus\mathfrak{a}_{\widetilde{R}^-}^{\widetilde{G}}\,.$$

Maintenant, compte tenu de l'équation (ii) du lemme 2.11.6 , il suffit de considérer les

$$H\in\mathfrak{a}_{\widetilde{Q}^+}^{\widetilde{R}^-}$$

qui vérifient de plus

$$\alpha(H)>\alpha(T)-C\qquad\forall\alpha\in\Delta_Q^R$$

où C dépend du support de f. Nous sommes ainsi essentiellement ramenés à la situation traitée par Arthur dans [2]. Rappelons en les étapes. Notons $\mathfrak{n}$ l'algèbre de Lie de N_{Q^+} et $\widehat{\mathfrak{n}}$ son dual. L'application exponentielle définit une bijection entre $\mathfrak{n}(F)$ et $N_{Q^+}(F)$. Soit ψ un caractère non trivial de $\mathbb{A}/F$. Posons

$$g(x,Y,\delta,n)=\int_{\mathfrak{n}(\mathbb{A})}\psi(\langle X,Y\rangle)f^1(x^{-1}\,\delta\,\mathrm{e}^X\,n\,x)\,\mathrm{d}X\,.$$

On note $\mathfrak{n}_\perp$ l'orthogonal de $\mathfrak{n}(F)$ c'est-à-dire l'ensemble des $Y\in\widehat{\mathfrak{n}}(\mathbb{A})$ tels que

$$\psi(\langle X,Y\rangle)=1\qquad\forall X\in\mathfrak{n}(F)\,.$$

La formule de Poisson montre que

$$\sum_{X\in\mathfrak{n}(F)}f^1(x^{-1}\,\eta\,\mathrm{e}^X\,n\,z\,x)=\sum_{Y\in\mathfrak{n}_\perp}g(x,Y,\eta,n)$$

et

$$\int_{N(F)\backslash N(\mathbb{A})}\sum_{X\in\mathfrak{n}(F)}f^1(x^{-1}\,\eta\,\mathrm{e}^X\,n\,x)\,\mathrm{d}n=\sum_{Y\in\mathfrak{n}_\perp(P)}g(x,Y,\eta,1)$$

où cette fois la somme porte sur le sous-ensemble $\mathfrak{n}_\perp(P)$ des éléments de $\mathfrak{n}_\perp$ qui sont triviaux sur $\mathfrak{n}(\mathbb{A})$. On fait maintenant intervenir la somme alternée sur les sous-ensembles paraboliques $\widetilde{P}$ et compte tenu du lemme 1.2.3 on obtient que

$$\sum_{\{\widetilde{P}|Q\subset P\subset R\}} (-1)^{a_{\widetilde{P}}-a_{\widetilde{G}}}\,\Phi_{\widetilde{P},\eta,\mathfrak{o}}(x) = \sum_{Y\in\mathfrak{n}_\perp(Q,R)} g(x,Y,\eta,1)$$

où $\mathfrak{n}_\perp(Q,R)$ est le sous-ensemble des $Y\in\mathfrak{n}_\perp$ ayant la propriété que $Y\in\mathfrak{n}_\perp(P)$ pour un seul sous-ensemble parabolique $\widetilde{P}$ tel que

$$Q\subset P\subset R\,.$$

Comme

$$\mathfrak{n}_\perp(P)\subset\mathfrak{n}_\perp(R^-)$$

on a donc

$$\mathfrak{n}_\perp(Q,R)=\mathfrak{n}_\perp(R^-)-\bigcup_{\substack{\widetilde{P}\subset\widetilde{R}^-\\ P\neq R^-}}\mathfrak{n}_\perp(P)$$

et

$$\Xi_Q^R(x)=\widetilde{\sigma}_Q^R(\mathbf{H}_0(x)-T)\sum_{\eta\in\widetilde{M}_{Q^+}(F)\cap\mathfrak{o}}\left|\sum_{Y\in\mathfrak{n}_\perp(Q,R)} g(x,Y,\eta,1)\right|\,.$$

On rappelle que l'on souhaite estimer l'intégrale $(*)$ définissant Θ_Q^R :

$$\Theta_Q^R(n,x)=\int_{\mathfrak{A}_G\backslash\mathfrak{A}_Q}\Xi_Q^R(nax)\,\delta_Q(a)^{-1}\,\mathrm{d}a\,.$$

Considérons donc, avec les notations du lemme 2.11.2, les $a=\mathrm{e}^H$ pour des $H\in\widetilde{\mathfrak{a}}_Q^R$ qui vérifient de plus

$$\alpha(H)>\alpha(T)\qquad\forall\alpha\in\Delta_Q^R\,.$$

On va voir que, si l'espace $\widetilde{\mathfrak{a}}_Q^R$ n'est pas réduit à zéro, de tels a agissent par dilatation non triviale sur au moins une des coordonnées de chaque élément de $\mathfrak{n}_\perp(Q,R)$. Pour cela on décompose $\mathfrak{n}_\perp$ suivant les caractères de l'action coadjointe de $\widetilde{\mathfrak{a}}_Q^R=\mathfrak{a}_{\widetilde{Q}^+}^{\widetilde{R}^-}$:

$$\mathfrak{n}_\perp=\bigoplus_\lambda\mathfrak{n}_\perp(\lambda)\,.$$

L'ensemble de ces caractères peut s'identifier avec l'ensemble des restrictions à $\mathfrak{a}_{\widetilde{Q}^+}^{\widetilde{R}^-}$ des racines de $\mathfrak{a}_0$ dans $\mathfrak{n}$. Un élément $Y\in\mathfrak{n}_\perp$ peut donc s'écrire

$$Y=\sum Y_\lambda$$

et on a $Y\in\mathfrak{n}_\perp(Q,R)$ seulement si pour tout $\alpha\in\Delta_{Q^+}^{R^-}$ il existe λ avec

$$Y_\lambda\neq 0\qquad\text{et}\qquad\langle\lambda,\widetilde{\varpi}_\alpha\rangle\neq 0\,.$$

En effet, s'il existait α tel que pour tout λ avec $Y_\lambda\neq 0$ on ait $\langle\lambda,\widetilde{\varpi}_\alpha\rangle=0$, alors Y appartiendrait à $\mathfrak{n}_\perp(R^-)$ et à $\mathfrak{n}_\perp(P)$ où P est le sous-groupe parabolique de R^- qui admet pour sous-groupe de Levi le centralisateur de $\widetilde{\varpi}_\alpha$, ce qui est exclu. Par ailleurs les $\widetilde{\varpi}_\alpha$ avec $\alpha\in\Delta_{Q^+}^{R^-}$ forment une base du dual de $\mathfrak{a}_{\widetilde{Q}^+}^{\widetilde{R}^-}$ et

$$\mathrm{Ad}(a)Y=\sum_\lambda\mathrm{e}^{\lambda(H)}Y_\lambda=\sum_\lambda\prod_{\widetilde{\alpha}\in\Delta_{\widetilde{Q}^+}^{\widetilde{R}^-}}\mathrm{e}^{h_{\widetilde{\alpha}}\langle\lambda,\widetilde{\varpi}_\alpha\rangle}\,Y_\lambda\,.$$

On observe de plus que

$$\delta_Q(a)^{-1}g(ax, Y, \delta, 1) = \delta_Q(a)^{-1}\delta_{Q^+}(a)\, g(x, \mathrm{Ad}(a)Y, \delta, 1)\ .$$

Pour $a = \mathrm{e}^H$ avec $H \in \mathfrak{a}_{Q^+}$ on a $\delta_Q(a) = \delta_{Q^+}(a)$. Maintenant g est une fonction lisse à décroissance rapide en Y comme transformée de Fourier d'une fonction lisse à support compact. Il en résulte que l'intégrale définissant Θ_Q^R est absolument convergente, uniformément lorsque x reste dans un compact. En utilisant la décomposition d'Iwasawa on voit que l'intégrale

$$\int_{\mathbf{Y}_Q} F_{P_0}^Q(x, T)\, \Xi_Q^R(x)\, \mathrm{d}x$$

est égale à

$$\int_{\mathbf{K}} \int_{\mathfrak{A}_Q M_Q(F)\backslash M_Q(\mathbb{A})} \int_{N_Q(F)\backslash N_Q(\mathbb{A})} F_{P_0}^Q(m, T)\Theta_Q^R(n, mk)\, \mathrm{d}n\, \mathrm{d}m\, \mathrm{d}k\ .$$

Il nous reste à observer que, compte tenu du lemme 1.8.3 et du théorème 3.5.2, l'intégrale en m porte sur un compact et que donc la somme sur η dans la définition de Ξ_Q^R ne porte que sur un ensemble fini qui peut être choisi indépendant de m, n et a. □

Théorème 9.1.2. *Supposons T assez régulier c'est-à-dire $\mathbf{d}_{P_0}(T) \geq c$ où c est une constante ne dépendant que du support de f. L'expression*

$$\sum_{\mathfrak{o}\in\mathfrak{O}} \int_{\mathbf{X}_G} |k_{\mathfrak{o}}^T(x)|\, \mathrm{d}x$$

est convergente. Seul un ensemble fini de $\mathfrak{o}$ fournit une contribution non nulle (cet ensemble dépend du support de f).

Preuve. La finitude résulte de ce que, d'après le lemme 3.7.4, les fonctions

$$x \mapsto K_{\widetilde{P},\mathfrak{o}}(x, x)$$

ne sont non identiquement nulles que pour un ensemble fini de $\mathfrak{o}$. Il suffit donc de considérer une classe $\mathfrak{o}$ et de prouver la convergence de

$$\int_{\mathbf{X}_G} |k_{\mathfrak{o}}^T(x)|\, \mathrm{d}x\ .$$

On utilise la partition du lemme 3.6.3

$$\sum_{\{Q|P_0\subset Q\subset P\}} \sum_{\xi\in Q(F)\backslash P(F)} F_{P_0}^Q(\xi\, x, T)\tau_Q^P(\mathbf{H}_0(\xi\, x) - T) = 1$$

et on obtient

$$k_{\mathfrak{o}}^T(x) = \sum_{\{\widetilde{P},Q|P_0\subset Q\subset P\}} \sum_{\xi\in Q(F)\backslash G(F)} (-1)^{a_{\widetilde{P}}-a_{\widetilde{G}}}\, k_{\widetilde{P},Q,\mathfrak{o}}^T(\xi\, x)$$

avec

$$k_{\widetilde{P},Q,\mathfrak{o}}^T(x) = F_{P_0}^Q(x, T)\tau_Q^P(\mathbf{H}_0(x) - T)\widehat{\tau}_{\widetilde{P}}(\mathbf{H}_0(x) - T)\, K_{\widetilde{P},\mathfrak{o}}(x, x)\ .$$

On rappelle que

$$\mathbf{Y}_Q = \mathfrak{A}_G Q(F)\backslash G(\mathbb{A})\ .$$

On va montrer que pour tout Q l'intégrale

$$\int_{\mathbf{Y}_Q} \left| \sum_{\{\widetilde{P}|Q\subset P\}} (-1)^{a_{\widetilde{P}}-a_{\widetilde{G}}} k^T_{\widetilde{P},Q,\mathfrak{o}}(x) \right| \mathrm{d}x$$

est convergente. On rappelle que d'après le lemme 2.11.5 on a

$$\sum_{R\supset P} \widetilde{\sigma}_Q^R = \tau_Q^P \widehat{\tau}_{\widetilde{P}} \, .$$

La convergence souhaitée est donc conséquence de la convergence des intégrales

$$\int_{\mathbf{Y}_Q} F^Q_{P_0}(x,T)\widetilde{\sigma}^R_Q(\mathbf{H}_0(x)-T) \left| \sum_{\{\widetilde{P}|Q\subset P\subset R\}} (-1)^{a_{\widetilde{P}}-a_{\widetilde{G}}} K_{\widetilde{P},\mathfrak{o}}(x,x) \right| \mathrm{d}x$$

qui a été établie dans la proposition 9.1.1. □

9.2. Dévelopement géométrique grossier

Soit $\mathfrak{o}$ une classe de ss-conjugaison. On rappelle que l'on a prouvé la convergence de l'intégrale sur $\mathbf{X}_G$ de

$$k^T_{\mathfrak{o}}(x) = \sum_{\widetilde{P}\supset \widetilde{P}_0} (-1)^{a_{\widetilde{P}}-a_{\widetilde{G}}} \sum_{\xi\in P(F)\backslash G(F)} \widehat{\tau}_{\widetilde{P}}(\mathbf{H}_0(\xi\, x)-T)\, K_{\widetilde{P},\mathfrak{o}}(\xi\, x, \xi\, x) \, .$$

avec

$$K_{\widetilde{P},\mathfrak{o}}(x,x) = \int_{N(F)\backslash N(\mathbb{A})} \sum_{\delta\in\mathfrak{o}\cap\widetilde{P}(F)} \omega(x) f^1(x^{-1}\delta\, n\, x)\,\mathrm{d}n \, .$$

On aura besoin d'une variante de l'expression $k^T_{\mathfrak{o}}(x)$ de même intégrale sur $\mathbf{X}_G$: on pose

$$j^T_{\mathfrak{o}}(x) = \sum_{\widetilde{P}\supset \widetilde{P}_0} (-1)^{a_{\widetilde{P}}-a_{\widetilde{G}}} \sum_{\xi\in P(F)\backslash G(F)} \widehat{\tau}_{\widetilde{P}}(\mathbf{H}_0(\xi\, x)-T)\, j_{\widetilde{P},\mathfrak{o}}(\xi\, x)$$

avec

$$j_{\widetilde{P},\mathfrak{o}}(x) = \sum_{\delta\in\mathfrak{o}\cap\widetilde{P}(F)} \int_{N(\delta,F)\backslash N(\delta,\mathbb{A})} \omega(x) f^1(x^{-1}\delta\, n\, x)\,\mathrm{d}n \, .$$

où $N(\delta) = N(\delta_s)$ est le sous-groupe de N qui centralise la partie semi-simple δ_s de δ.

Lemme 9.2.1. *On pose $\theta = \mathrm{Ad}(\delta)$. L'application de*

$$N \times N(\delta) \to N$$

définie par

$$n \times n' \mapsto n^{-1}\, n'\, \theta(n)$$

est surjective. L'image réciproque du sous-ensemble $n^{-1}\, N(\delta)\, \theta(n)$ est

$$N(\delta)\, .\, n \times N(\delta)\, .$$

Preuve. Soit $\theta = \theta_s\theta_u$ la décomposition de Jordan de θ. On peut munir le groupe nilpotent N d'une filtration par des sous-groupes normaux stables sous θ :

$$N = N_0 \supset N_1 \cdots \supset N_r = \{1\}$$

tels que $n_1^{-1}\, n^{-1}\, n_1\, n \in N_{i+1}$ pour $n \in N$ et $n_1 \in N_i$ et $\theta_u(n)n^{-1} \in N_{i+1}$ pour $n \in N_i$. Posons

$$S_k = N_k\, .\, N(\delta) = N(\delta).N_k\, .$$

Nous allons montrer, par récurrence descendante sur k, que l'application de

$$N_k \times N(\delta) \to S_k$$

définie par

$$n \times n' \mapsto n^{-1}\, n'\, \theta(n)$$

est surjective avec $(N(\delta) \cap N_k).n \times N(\delta)$ comme image réciproque dans $S_k \times N(\delta)$ au dessus de $n^{-1}\, N(\delta)\, \theta(n)$. Le lemme est le cas particulier $k = 0$. L'assertion est claire pour $k = r$. Supposons la vraie pour $k+1$; il en résulte que l'ensemble des $n^{-1}n'\,\theta(n)$ avec $n \in N_k$ et $n' \in N(\delta)$ est aussi égal à l'ensemble des $n^{-1}n''\,\theta(n)$ où cette fois on prend $n'' \in S_{k+1}$. Mais S_{k+1} est normal dans S_k avec pour quotient un groupe abélien muni d'une structure d'espace vectoriel et où θ agit par un endomorphisme semi-simple qui n'admet pas la valeur propre 1. L'assertion en résulte. □

Lemme 9.2.2. *Soit ϕ une fonction sur $\widetilde{P}(\mathbb{A})$.*

$$\int_{N(F)\backslash N(\mathbb{A})} \int_{N(\delta,F)\backslash N(\delta,\mathbb{A})} \sum_{\delta \in \mathfrak{o} \cap \widetilde{P}(F)} \phi(n^{-1}\delta\, n_1\, n)\, \mathrm{d}n_1\, \mathrm{d}n$$

est égal à

$$\int_{N(F)\backslash N(\mathbb{A})} \sum_{\delta \in \mathfrak{o} \cap \widetilde{P}(F)} \phi(\delta\, n)\, \mathrm{d}n\,.$$

Preuve. C'est une conséquence facile du lemme 9.2.1. □

Proposition 9.2.3.

$$\int_{\mathbf{X}_G} k_{\mathfrak{o}}^T(x)\, \mathrm{d}x = \int_{\mathbf{X}_G} j_{\mathfrak{o}}^T(x)\, \mathrm{d}x\,.$$

Preuve. La convergence de l'intégrale dans le membre de droite s'établit comme au théorème 9.1.2. Maintenant on a l'égalité

$$K_{\widetilde{P},\mathfrak{o}}(x,x) = \int_{N(F)\backslash N(\mathbb{A})} j_{\widetilde{P},\mathfrak{o}}(nx)\, \mathrm{d}n$$

qui est la conséquence du lemme 9.2.2. La proposition en résulte. □

Théorème 9.2.4. *Supposons T assez régulier. L'expression*

$$\sum_{\mathfrak{o} \in \mathfrak{O}} \int_{\mathbf{X}_G} |j_{\mathfrak{o}}^T(x)|\, \mathrm{d}x$$

est convergente.

Preuve. Les arguments sont une reprise, presque mot à mot, de ceux de la preuve du théorème 9.1.2. Nous les laissons en exercice pour le lecteur. (Voir aussi [2]). □

Ce sont les intégrales

$$\int_{\mathbf{X}_G} j_{\mathfrak{o}}^T(x)\, \mathrm{d}x$$

qui donnent naissance au développement géométrique fin et qui permettent en particulier d'obtenir des expressions explicites pour les contributions des classes quasi semi-simples (*cf.* section 9.3).

9.3. Termes quasi semi-simples

Soit δ un élément quasi semi-simple dans $\widetilde{G}(F)$. Soit I_δ le centralisateur stable de δ (*cf.* section 2.6 et la remarque 8.1.1). On note $\mathfrak{c}$ la classe de conjugaison de δ. Considérons un tore déployé maximal S_δ dans le centre de I_δ (ou, ce qui revient au même, dans la composante neutre G_δ du centralisateur de δ). Le centralisateur de S_δ est un sous-groupe de Levi M_δ et on pose $\widetilde{M}_\delta = M_\delta.\delta$. On observe que $I_\delta \subset M_\delta$ et que δ est elliptique dans $\widetilde{M}_\delta$. Le centralisateur G^δ normalise M_δ. Ceci fournit (dans les notations du lemme 2.8.1) une application

$$G^\delta(F) \to \mathbf{W}(\mathfrak{a}_{\widetilde{M}_\delta}, \mathfrak{a}_{\widetilde{M}_\delta})$$

de noyau $M_\delta \cap G^\delta(F)$. A conjugaison près on peut supposer que $\widetilde{M}_\delta$ est un sous-ensemble de Levi standard. Soit $\widetilde{P} = \widetilde{M}\,N$ un sous-ensemble parabolique standard et supposons que $\widetilde{M}$ contient un conjugué $\widetilde{M}_1$ de $\widetilde{M}_\delta$. Considérons

$$\delta_1 \in \mathfrak{c} \cap \widetilde{M}_1(F)\ .$$

On observe qu'alors $I_{\delta_1} \subset M_1 \subset M$ et donc le sous-groupe $N(\delta_1)$ est trivial. A conjugaison près dans M on peut supposer M_1 standard. Dans ces conditions il existe

$$s \in \mathbf{W}(\mathfrak{a}_{\widetilde{M}_\delta}, \mathfrak{a}_{\widetilde{M}_1})$$

de représentant w_s tel que $w_s \delta w_s^{-1} = \delta_1$. Comme dans le lemme 1.3.7, mais dans le cas tordu, on note

$$\mathbf{W}(\mathfrak{a}_{\widetilde{M}_\delta}, \widetilde{P})$$

l'union (disjointe) des quotients

$$\mathbf{W}^P(\mathfrak{a}_{\widetilde{M}_1}, \mathfrak{a}_{\widetilde{M}_1})\backslash \mathbf{W}(\mathfrak{a}_{\widetilde{M}_\delta}, \mathfrak{a}_{\widetilde{M}_1})$$

où $\widetilde{M}_1$ parcourt les sous-ensembles de Levi standard de $\widetilde{M}$ à conjugaison près par M. On introduit

$$j_{\widetilde{P},\mathfrak{c}}(x) = \iota(\delta)^{-1} \sum_{s\in \mathbf{W}(\mathfrak{a}_{\widetilde{M}_\delta}, \widetilde{P})} \ \sum_{\eta \in I_{\delta_s}\backslash P(F)} \omega(x) f^1(x^{-1}\eta^{-1}\,\delta_s\,\eta\, x)$$

où $\delta_s = w_s \delta\, w_s^{-1}$ et

$$\iota(\delta) = \# I_\delta(F)\backslash G^\delta(F)\ .$$

On pose

$$j_{\mathfrak{c}}^T(x) = \sum_{\widetilde{P}\supset \widetilde{P}_0} (-1)^{a_{\widetilde{P}} - a_{\widetilde{G}}} \sum_{\xi \in P(F)\backslash G(F)} \widehat{\tau}_{\widetilde{P}}(\mathbf{H}_0(\xi\, x) - T)\, j_{\widetilde{P},\mathfrak{c}}(\xi\, x)\ .$$

On définit de manière analogue $k_{\mathfrak{c}}^T$. On va donner une expression pour

$$\int_{\mathbf{X}_G} k_{\mathfrak{c}}^T(x)\,\mathrm{d}x = \int_{\mathbf{X}_G} j_{\mathfrak{c}}^T(x)\,\mathrm{d}x$$

au moyen d'intégrales orbitales pondérées. Pour cela nous aurons besoin d'introduire les objets suivants. On a considéré au lemme 3.3.2 la famille orthogonale $\mathcal{Y}(x,T)$ définie par les :

$$Y_s(x,T) = s^{-1}\big(T - \mathbf{H}_0(w_s x)\big) \qquad \text{pour } s \in \mathbf{W}\ .$$

On pose (*cf.* proposition 2.9.3)

$$v^T_{\widetilde{M}_\delta}(x) = \int_{\widetilde{\mathfrak{a}}^G_{M_\delta}} \Gamma^{\widetilde{G}}_{\widetilde{M}_\delta}\big(H, \mathcal{Y}(x,T)\big)\,\mathrm{d}H\ .$$

Si T est assez régulier

$$H \mapsto \Gamma^{\widetilde{G}}_{\widetilde{M}_\delta}\big(H, \mathcal{Y}(x,T)\big)$$

est la fonction caractéristique de l'enveloppe convexe des projections sur $\widetilde{\mathfrak{a}}^G_{M_\delta}$ des $Y_s(x,T)$ pour $s \in \mathbf{W}(\widetilde{\mathfrak{a}}_{M_\delta})$. Dans ce cas

$$v^T_{\widetilde{M}_\delta}(x)$$

est le volume de cette enveloppe convexe. C'est un polynôme en T, ne dépendant que de la projection de T sur le sous espace des vecteurs θ_0-invariants, de degré $(a_{\widetilde{M}_\delta} - a_{\widetilde{G}})$. On rappelle enfin que dans la section 8.1 on a associé à f une autre fonction $\widetilde{f}$.

Proposition 9.3.1. *L'intégrale*

$$\int_{\mathbf{X}_G} k^T_{\mathfrak{c}}(x)\,\mathrm{d}x = \int_{\mathbf{X}_G} j^T_{\mathfrak{c}}(x)\,\mathrm{d}x$$

est égale à

$$\frac{\mathrm{vol}\big(\mathfrak{A}_{I_\delta} I_\delta(F)\backslash I_\delta(\mathbb{A})\big)}{\iota(\delta)} \int_{I_\delta(\mathbb{A})\backslash G(\mathbb{A})} \omega(x) v^T_{\widetilde{M}_\delta}(x) \widetilde{f}(x^{-1}\delta\, x)\,\mathrm{d}x$$

si $I_\delta(\mathbb{A})$ est dans le noyau de ω et zéro sinon.

Preuve. En effet

$$j^T_{\mathfrak{c}}(x) = \iota(\delta)^{-1}\omega(x) \sum_{\xi \in I_\delta(F)\backslash G(F)} e_{\widetilde{M}_\delta}(\xi\, x, T) f^1(x^{-1}\xi^{-1}\delta\,\xi\, x)$$

où

$$e_{\widetilde{M}_\delta}(x,T) = \sum_{\widetilde{P}\supset\widetilde{P}_0} (-1)^{a_{\widetilde{P}}-a_{\widetilde{G}}} \sum_{s\in\mathbf{W}(\mathfrak{a}_{\widetilde{M}_\delta},\widetilde{P})} \widehat{\tau}_{\widetilde{P}}(\mathbf{H}_0(w_s x) - T)$$

soit encore, avec les notations de la proposition 1.8.7 (ou plutôt de sa variante tordue),

$$e_{\widetilde{M}_\delta}(x,T) = \sum_{s\in\mathbf{W}(\mathfrak{a}_{\widetilde{M}_\delta})} \sum_{s^{-1}(\widetilde{P})\in\mathcal{F}_s(\widetilde{M}_\delta)} (-1)^{a_{\widetilde{P}}-a_{\widetilde{G}}}\, \widehat{\tau}_{\widetilde{P}}(\mathbf{H}_0(w_s x) - T)$$

et donc

$$e_{\widetilde{M}_\delta}(x,T) = \sum_{s\in\mathbf{W}(\mathfrak{a}_{\widetilde{M}_\delta})} \sum_{\widetilde{Q}\in\mathcal{F}_s(\widetilde{M}_\delta)} (-1)^{a_{\widetilde{Q}}-a_{\widetilde{G}}}\, \widehat{\tau}_{\widetilde{Q}}\big(s^{-1}(\mathbf{H}_0(w_s x) - T)\big)\ .$$

On obtient la formule

$$(*) \qquad \int_{\mathbf{X}_G} j^T_{\mathfrak{c}}(x)\,\mathrm{d}x = \int_{\mathfrak{A}_{\widetilde{G}} I_\delta(F)\backslash G(\mathbb{A})} \iota(\delta)^{-1}\omega(x) e_{\widetilde{M}_\delta}(x,T) \widetilde{f}(x^{-1}\delta\, x)\,\mathrm{d}x\ .$$

On observe que, si $a = \exp H$ avec $H \in \mathfrak{a}_0$ alors, avec les notations du lemme 3.3.2,

$$\widehat{\tau}_{\widetilde{Q}}\big(s^{-1}(\mathbf{H}_0(w_s a x) - T)\big) = \widehat{\tau}_{\widetilde{Q}}\big(H - Y_s(x,T)\big)$$

et on déduit de la proposition 2.9.3 que

$$e_{\widetilde{M}_\delta}(a\,x,T) = \Gamma^{\widetilde{G}}_{\widetilde{M}_\delta}\big(H,\mathcal{Y}(x,T)\big)\ .$$

En observant que

$$\mathfrak{a}_{I_\delta} \simeq \widetilde{\mathfrak{a}}_{M_\delta} := \mathfrak{a}_{\widetilde{M}_\delta}$$

la formule $(*)$ se récrit

$$\int_{\mathbf{X}_G} j^T_{\mathfrak{c}}(x)\,\mathrm{d}x = \int_{\mathfrak{A}_{I_\delta} I_\delta(F)\backslash G(\mathbb{A})} \iota(\delta)^{-1}\omega(x)v^T_{\widetilde{M}_\delta}(x)\widetilde{f}(x^{-1}\delta\,x)\,\mathrm{d}x\ .$$

On observe enfin que cette expression est nulle si $I_\delta(\mathbb{A})$ n'est pas dans le noyau de ω. Sinon on obtient la formule souhaitée en décomposant l'intégrale par passage au quotient par $I_\delta(\mathbb{A})$. □

Remarque 9.3.2. Le lecteur observera que nous avons muni les espaces vectoriels isomorphes $\mathfrak{a}_{\widetilde{M}_\delta}$ et $\mathfrak{a}_{I_\delta}$ de la même mesure de Haar. Toutefois, si on souhaite utiliser les mesures de Tamagawa, les mesures de Haar canoniques qui leur sont associées sur ces espaces vectoriels, seront en général différentes. Cette remarque joue un rôle dans l'étude de la stabilisation (voir par exemple [26]).

9.4. Développement géométrique fin

Le cas des δ non quasi semi-simples suppose le traitement préalable des contributions unipotentes ; le cas général s'en déduit pas descente au centralisateur. Ceci a fait l'objet de deux articles d'Arthur : [8] et [9] (qui eux-mêmes reposent sur [10] publié ultérieurement) où il étudie les termes géométriques, y compris dans le cas tordu en s'appuyant sur [20].

Dans ces articles, l'espace tordu $\widetilde{G}$ (resp. G dans la notation d'Arthur) est une composante d'un groupe réductif non connexe G^+ de composante neutre G (resp. G^0) ; ceci revient à demander que l'automorphisme θ_0 ait une puissance θ_0^ℓ qui est un automorphisme intérieur représenté par un élément rationnel :

$$\theta_0^\ell = \mathrm{Ad}_G(x) \qquad \text{avec } x \in G(F)$$

et de plus Arthur ne considère pas de caractère ω non trivial.

Tout ceci est légèrement restrictif par rapport à notre cadre, mais cela est sans conséquence sérieuse sur les preuves. Le développement géométrique fin est donné dans [9]. Nous n'avons rien à ajouter à ces résultats (sauf l'introduction d'un caractère ω) et nous renvoyons le lecteur à ces articles.

CHAPITRE 10

Développement spectral grossier

Dans ce chapitre, ainsi d'ailleurs que dans toute la suite de ce livre, les fonctions f sont supposées $\mathbf{K}$-finies (à droite et à gauche).

10.1. Convergence : côté spectral

Rappelons que le membre de droite de l'identité fondamentale 8.2.2 est

$$k^T_{\mathrm{spec}}(x) = \sum_{\widetilde{P}} (-1)^{a_{\widetilde{P}}-a_{\widetilde{G}}} \sum_{Q\subset P\subset R} \sum_{\xi\in Q(F)\backslash G(F)} \widetilde{\sigma}^R_Q(\mathbf{H}_0(\xi\, x)-T)\cdot \mathbf{\Lambda}^{T,Q}_1 K_{\widetilde{P}}(\xi\, x,\xi\, x)\,.$$

où

$$K_{\widetilde{P}}(x,y) = \int_{N(F)\backslash N(\mathbb{A})} \sum_{\delta\in\widetilde{P}(F)} \omega(y) f^1(x^{-1}\,\delta\, n\, y)\,\mathrm{d}n$$

soit encore

$$K_{\widetilde{P}}(x,y) = \int_{N(\mathbb{A})} \sum_{\delta\in\widetilde{M}(F)} \omega(y) f^1(x^{-1}\, n^{-1}\delta\, y)\,\mathrm{d}n\,.$$

Posons

$$k^T_{\mathrm{spec}}(Q,R,x) = \widetilde{\sigma}^R_Q(\mathbf{H}_0(x)-T) \sum_{\{\widetilde{P}|\widetilde{Q}^+\subset P\subset \widetilde{R}^-\}} (-1)^{a_{\widetilde{P}}-a_{\widetilde{G}}}\, \mathbf{\Lambda}^{T,Q}_1 K_{\widetilde{P}}(x,x)\,.$$

On a donc

$$k^T_{\mathrm{spec}}(x) = \sum_{Q\subset R} \sum_{\xi\in Q(F)\backslash G(F)} k^T_{\mathrm{spec}}(Q,R,\xi\, x)\,.$$

On pose

$$\widetilde{\varepsilon}(Q,R) = (-1)^{a_{\widetilde{R}^-}-a_{\widetilde{G}}}$$

si $Q^+\subset R^-$, et 0 sinon. Notons $\widetilde{G}(Q,R)$ l'ensemble des δ qui appartiennent à $\widetilde{P}(F)$ pour un seul $\widetilde{P}$ avec $\widetilde{Q}^+\subset\widetilde{P}\subset\widetilde{R}^-$ c'est-à-dire $\delta\in\widetilde{R}^-(F)$ mais $\delta\notin\widetilde{P}(F)$ si

$$\widetilde{Q}^+\subset\widetilde{P}\subsetneq\widetilde{R}^-\,.$$

Posons

$$K_{Q,R}(x,y) = \int_{N_Q(F)\backslash N_Q(\mathbb{A})} \sum_{\delta\in\widetilde{G}(Q,R)} \omega(y) f^1(x^{-1}\; n_Q^{-1}\,\delta\, y)\,\mathrm{d}n_Q\,.$$

Lemme 10.1.1. *Avec ces notations on a*

$$k^T_{\mathrm{spec}}(x) = \sum_{Q\subset R} \widetilde{\varepsilon}(Q,R) \sum_{\xi\in Q(F)\backslash G(F)} \widetilde{\sigma}^R_Q(\mathbf{H}_0(\xi\, x)-T)\mathbf{\Lambda}^{T,Q}_1 K_{Q,R}(x,\xi\, x)\,.$$

Preuve. On observe que

$$\mathbf{\Lambda}_1^{T,Q} K_{\widetilde{P}}(x,y) = \mathbf{\Lambda}_1^{T,Q} \Pi_Q K_{\widetilde{P}}(x,y)$$

où

$$\Pi_Q K_{\widetilde{P}}(x,y) = \int_{N_Q(F)\backslash N_Q(\mathbb{A})} K_{\widetilde{P}}(nx,y)\,\mathrm{d}n_Q$$

et comme $N \subset N_Q$ on a

$$\Pi_Q K_{\widetilde{P}}(x,y) = \int_{N_Q(F)\backslash N_Q(\mathbb{A})} \sum_{\delta\in\widetilde{P}(F)} \omega(y) f^1(x^{-1}\, n_Q^{-1}\,\delta\, y)\,\mathrm{d}n_Q\,.$$

Mais

$$\sum_{\{\widetilde{P}|Q\subset P\subset R\}} (-1)^{a_{\widetilde{P}}-a_{\widetilde{G}}} \Pi_Q K_{\widetilde{P}}(x,y)$$

est égal à

$$\int_{N_Q(F)\backslash N_Q(\mathbb{A})} \sum_{\delta\in\widetilde{R}^-(F)} \omega(y) \sum_{\{\widetilde{P}|\delta\in\widetilde{P}(F),Q\subset P\subset R\}} (-1)^{a_{\widetilde{P}}-a_{\widetilde{G}}}\, f^1(x^{-1}\, n_Q^{-1}\,\delta\, y)\,\mathrm{d}n_Q\,.$$

La somme alternée des termes contenant δ est nulle sauf si δ appartient à $\widetilde{P}(F)$ pour un seul $\widetilde{P}$ avec $Q \subset P \subset R$ c'est-à-dire si $\delta \in \widetilde{G}(Q,R)$. On a donc

$$\sum_{\{\widetilde{P}|Q\subset P\subset R\}} (-1)^{a_{\widetilde{P}}-a_{\widetilde{G}}}\, \Pi_Q K_{\widetilde{P}}(x,y) = \widetilde{\varepsilon}(Q,R) K_{Q,R}(x,y)$$

ce qui fournit

$$k^T_{\mathrm{spec}}(Q,R,x) = \widetilde{\varepsilon}(Q,R)\, \widetilde{\sigma}_Q^R(\mathbf{H}_0(x)-T)\mathbf{\Lambda}_1^{T,Q} K_{Q,R}(x,x)\,. \qquad \square$$

Posons, pour $\delta \in \widetilde{G}(F)$,

$$K_{Q,\delta}(x,y) = \int_{N_Q(F)\backslash N_Q(\mathbb{A})} \omega(x) \sum_{\eta\in Q(F)} f^1(x^{-1}\, n_Q^{-1}\,\eta\,\delta\, y)\,\mathrm{d}n_Q$$

soit encore

$$K_{Q,\delta}(x,y) = \int_{N_Q(\mathbb{A})} \omega(x) \sum_{\mu\in M_Q(F)} f^1(x^{-1}\, n_Q^{-1}\,\mu\,\delta\, y)\,\mathrm{d}n_Q\,.$$

Lemme 10.1.2.

$$K_{Q,\delta}(n_1x, n_2y) = K_{Q,\delta}(x,y) = K_{Q,\delta}(\xi\, x, y)$$

si $n_1 \in N_Q(F)$, $n_2 \in \delta^{-1}N_Q(F)\delta$ et $\xi \in Q(F)$.

Preuve. Cela résulte immédiatement de la définition de $K_{Q,\delta}$. $\square$

Lemme 10.1.3. *Si $K_{Q,\delta}(x,y) \neq 0$ alors il existe un compact $C \subset \mathfrak{a}_0$ et $\eta \in Q(F)$ tels que*

$$\mathbf{H}_0\big(\eta\,\theta(y)\big) - \mathbf{H}_0(x) \in C$$

si θ est l'automorphisme de G défini par δ.

Preuve. Puisque f est à support compact on a

$$x^{-1}n_Q\,\eta\,\delta\,y \in C_1$$

où C_1 est un compact. La décomposition d'Iwasawa $x = nak$ de x montre que

$$a^{-1}n^{-1}\eta\,\delta\,y \in C_2$$

où C_2 est encore compact. On a donc

$$\widetilde{\mathbf{H}}_0(a^{-1}n^{-1}\eta\,\delta\,y) = \widetilde{\mathbf{H}}_0(\eta\,\theta(y)\delta) + \mathbf{H}_0(a^{-1})$$

borné et $\mathbf{H}_0(a^{-1}) = -\mathbf{H}_0(x)$. □

Lemme 10.1.4. *La somme sur ξ dans*

$$\sum_{\xi \in Q_\delta(F)\backslash Q(F)} \mathbf{\Lambda}_1^{T,Q} K_{Q,\delta}(x, \xi\, y)$$

porte sur un ensemble fini dont le cardinal est majoré par $c|x|^A|y|^B$.

Preuve. En effet on déduit du lemme 10.1.3 qu'il existe un compact $C_{Q,\delta} \subset \mathfrak{a}_Q$, dépendant du support de f, tel que les ξ qui interviennent vérifient

$$\mathbf{H}_Q\big(\theta(\xi\, y)\big) - \mathbf{H}_Q(x) \in C_{Q,\delta}$$

où θ est l'automorphisme induit par δ et $\mathbf{H}_Q(g)$ la projection de $\mathbf{H}_0(g)$ sur $\mathfrak{a}_Q$. En particulier, on a

$$\widehat{\tau}_Q\big(\mathbf{H}_0\big(\theta(\xi\, y)\big) - \mathbf{H}_0(x) - T_1\big) = 1$$

pour un certain T_1 (défini par le compact $C_{Q,\delta}$). Comme $\theta(Q_\delta) \subset Q$ il résulte alors du lemme 3.7.1 qu'on peut choisir $\xi' \in Q(F)\theta(\xi)$ de sorte que

$$|\xi'| \leq c_1|x|^{A_1}|y|^{B_1}$$

et on observe que l'application qui à $\xi \in Q_\delta(F)\backslash Q(F)$ associe la classe $Q(F)\theta_0(\xi)$ est injective. On invoque enfin le lemme 3.2.1. □

Lemme 10.1.5. *Considérons $\delta \in Q(F)\backslash\widetilde{G}(Q,R)$, $k, k_1 \in \mathbf{K}$, $n \in N_Q(\mathbb{A})$, m et $m_1 \in M_Q(\mathbb{A})$ avec*

$$\mathbf{H}_Q(m) = \mathbf{H}_Q(m_1) = 0$$

et $a \in \mathfrak{A}_Q^G$. Supposons que, pour $\xi \in Q(F)$, on ait

$$K_{Q,\delta}(m_1ak_1, \xi namk) \neq 0 \qquad \text{et} \qquad \widetilde{\sigma}_Q^R\big(\mathbf{H}_0(a)\big) = 1\,.$$

Alors il existe une constante $c > 0$ (ne dépendant que de f) telle que

$$\|\mathbf{H}_0(a)\| \leq c(1 + \|\mathbf{H}_0(m)\|)\,.$$

Preuve. Rappelons que l'on a choisi dans la section 2.5 un élément $\delta_0 \in \widetilde{M}_0(F)$ et on a noté θ_0 l'automorphisme associé. On remarque que, comme on peut modifier δ à gauche par un élément de $Q(F)$, on peut supposer $\delta\xi$ choisi de la forme

$$\delta\xi = w_s\eta = w_{s_0}\delta_0\eta$$

avec $\eta \in N_0(F)$ et où w_{s_0} représente un élément s_0 du groupe de Weyl de M_R- tel que

$$s_0^{-1}\alpha > 0 \qquad \text{pour toute } \alpha \in \Delta_{P_0}^Q\,.$$

Nous supposerons donc désormais que

$$\delta = w_s = w_{s_0}\delta_0 \qquad \text{et} \qquad \xi = \eta \in N_0(F)\,.$$

Notons θ l'automorphisme de G défini par δ. On observe que θ et θ_0 ont la même restriction à $\mathfrak{a}_{R^-}$. On a supposé

$$K_{Q,\delta}(m_1ak_1,\eta namk) \neq 0$$

et donc

$$k_1^{-1}\,m_1^{-1}\,a^{-1}\,n_Q^{-1}\mu\,\delta\,\eta\,n\;a\,m\,k \in \mathrm{Support}(f)$$

ce qui implique que

$$m_1^{-1}\,a^{-1}\,n_Q^{-1}\mu\,\delta\,\eta\,n\,a\,m \in \Omega$$

où Ω est un compact. On décompose $H = \mathbf{H}_0(a)$ en

$$H = H_1 \oplus H_2 \oplus H_3$$

au moyen de la décomposition en somme directe

$$\mathfrak{a}_Q^G = \mathfrak{a}_Q^{R^-} \oplus \mathfrak{b}_{R^-}^G \oplus \mathfrak{a}_{\tilde{R}^-}^{\tilde{G}}$$

où $\mathfrak{b}_{R^-}^G$ est l'orthogonal de $\mathfrak{a}_{\tilde{R}^-}^{\tilde{G}}$, le sous-espace des θ_0-invariants, dans $\mathfrak{a}_{R^-}^G$. Posons $a_i = \mathrm{e}^{H_i}$. On a

$$m_1^{-1}\,a_3^{-1}\,a_2^{-1}\,a_1^{-1}\,n_Q^{-1}\,\mu\,\delta\,\eta\,n\,a_1a_2a_3\,m = m_1^{-1}\,n_1^{-1}\mu_1\,a_1^{-1}\theta(a_1)\,b\,\delta\,n'\,m$$

où

$$b = \mathrm{e}^B \qquad \text{avec } B = (\theta_0 - 1)H_2\ .$$

Comme par hypothèse $\mathbf{H}_Q(m) = \mathbf{H}_Q(m_1) = 0$ on a

$$\mathbf{H}_{R^-}(m_1) = \mathbf{H}_{R^-}\big(\theta_0(m)\big) = 0$$

ce qui implique

$$\mathbf{H}_{R^-}\big(m_1^{-1}\,a^{-1}\,n_Q^{-1}\,\mu\,\theta(\eta\,n\,a\,m)\big) = \mathbf{H}_{R^-}(b) = B$$

et on en déduit que B reste borné. L'homomorphisme :

$$H_2 \mapsto B = (\theta_0 - 1)H_2$$

est injectif et donc H_2 reste aussi borné. Maintenant, compte tenu de l'équation (ii) du lemme 2.11.6, on contrôle H_3 au moyen de $H_1 + H_2$ et donc :

$$\|H_3\| \ll (1 + \|H_1\|)\ .$$

Pour conclure il reste à montrer qu'il existe $c_0' > 0$ avec

$$(*) \qquad \|H_1\| \ll (1 + \|\mathbf{H}_0(m)\|)\ .$$

Comme $\tilde{\sigma}_Q^R\big(\mathbf{H}_0(a)\big) = 1$ on a

$$\alpha(H_1) > 0 \qquad \forall \alpha \in \Delta_Q^{R^-}\ .$$

Comme H_1 appartient à $\mathfrak{a}_Q^{R^-}$ on a

$$\alpha(H_1) = 0 \qquad \forall \alpha \in \Delta_{P_0}^Q$$

et donc

$$(**) \qquad \alpha(H_1) \geq 0 \qquad \forall \alpha \in \Delta_{P_0}^{R^-}\ .$$

Comme θ_0 préserve la chambre positive, les inégalités $(**)$ sont aussi vérifiées par $\theta_0(H_1)$. Donc, pour $\alpha \in \Delta_{P_0}^Q$ on a

$$(1) \qquad \alpha\big(H_1 - \theta(H_1)\big) = -\alpha\big(\theta(H_1)\big) = -s_0^{-1}\alpha\big(\theta_0(H_1)\big) \leq 0$$

pour notre choix de s_0. On observe que comme

$$m_1^{-1}\, a^{-1}\, n_Q^{-1} \mu\, \delta\eta\; n\, a\, m \in \Omega$$

où Ω est un compact alors

$$\mathbf{H}_Q\big(m_1^{-1}\, a^{-1}\, n_Q^{-1}\, \mu\, \theta(\eta\, n\, a\, m)\big) = \mathbf{H}_Q\big(a^{-1}\theta(\eta\, n\, a\, m)\big)$$

est borné. Il en résulte que la projection de

$$H_1 - \theta(H_1) - \theta\big(\mathbf{H}_0(m)\big) - \mathbf{H}_0(w_s n') \tag{2}$$

sur $\mathfrak{a}_Q^{R^-}$ est bornée. En combinant (1) et (2) on obtient que, compte tenu du lemme 3.3.1, on a

$$H_1 - \theta(H_1) = X - Y \tag{3}$$

avec

$$\|X\| \leq c_1(1 + \|\mathbf{H}_0(m)\|) \qquad \text{et} \qquad \varpi(Y) \geq 0 \qquad \forall \varpi \in \widehat{\Delta}_{P_0}^{R^-} \,. \tag{3'}$$

Par ailleurs

$$H_1 - \theta(H_1) = \big(H_1 - \theta_0(H_1)\big) + (1 - s_0)\theta_0(H_1)$$

On a vu que H_1 et $\theta_0(H_1)$ sont dans l'adhérence de la chambre de Weyl positive ; il résulte du lemme 1.5.1 que $(1 - s_0)\theta_0(H_1)$ est combinaison linéaire à coefficients positifs ou nuls de coracines positives. Donc on a aussi

$$H_1 - \theta_0(H_1) = X - Y_1 \tag{4}$$

avec

$$\varpi(Y_1) \geq 0 \qquad \forall \varpi \in \widehat{\Delta}_{P_0}^{R^-} \,. \tag{4'}$$

Si X_0 et Y_0 sont les projections de X et Y_1 sur le sous-espace des θ_0-invariants dans $\mathfrak{a}_0^{R^-}$, il résulte de (4) que l'on a

$$0 = X_0 - Y_0$$

et donc, compte tenu de (3′) on a

$$\|Y_0\| = \|X_0\| \ll (1 + \|\mathbf{H}_0(m)\|) \,. \tag{3''}$$

Mais

$$\|Y_0\| = \|Y_1\| \cos(Y_1, Y_0)$$

et le cosinus de l'angle entre Y_1 et Y_0 est minoré par une constante $c_1 > 0$:

$$\cos(Y_1, Y_0) \geq c_1 \,.$$

En effet, sinon on pourrait trouver $Z \in \mathfrak{a}_0^{R^-}$ non nul satisfaisant (4′) et dont la projection sur les invariants serait nulle. Mais alors, si ℓ est l'ordre de θ_0, on a

$$Z + \sum_{r=1}^{r=\ell-1} \theta_0^r(Z) = 0$$

et donc $-Z$ satisfait aussi (4′) ce qui impose $\varpi(Z) = 0$ pour tout $\varpi \in \widehat{\Delta}_{P_0}^{R^-}$ et donc $Z = 0$ ce qui est absurde. Donc

$$\|Y_1\| \ll |Y_0\|$$

et l'inégalité (3″) ci-dessus implique l'inégalité

$$\|Y_1\| \ll (1 + \|\mathbf{H}_0(m)\|) \,. \tag{5}$$

Donc (4) et (5) montrent que

$$\|H_1 - \theta_0(H_1)\| \ll (1 + \|\mathbf{H}_0(m)\|) \, .$$

Comme θ_0 est une isométrie on a des inégalités analogues pour $\|\theta_0^r H_1 - \theta_0^{r+1} H_1\|$ et donc aussi pour $\|H_1 - \theta_0^r H_1\|$ (avec une autre constante). On en déduit que si H_0 est la moyenne sur la θ_0-orbite de H_1 on a encore une inégalité similaire :

(6)
$$\|H_1 - H_0\| \ll (1 + \|\mathbf{H}_0(m)\|) \, .$$

Mais

$$H_0 - s_0 H_0 = (H_0 - H_1) + \big(H_1 - \theta(H_1)\big) + \theta(H_1 - H_0)$$

et donc (3) et (6) impliquent que

$$H_0 - s_0 H_0 = X_2 - Y_2$$

avec

(6′)
$$\|X_2\| \ll (1 + \|\mathbf{H}_0(m)\|) \qquad \text{et} \qquad \varpi(Y_2) \geq 0 \quad \forall \varpi \in \widehat{\Delta}_{P_0}^{R^-} \, .$$

Comme $\alpha(H_1) \geq 0$ pour tout $\alpha \in \Delta_{P_0}^{R^-}$, il en est de même de $\alpha(H_0)$ et la projection de $(H_0 - s_0 H_0)$ sur $\mathfrak{a}_0^{R^-}$ est une combinaison à coefficients positifs de racines positives ; on a donc pour tout $\varpi \in \widehat{\Delta}_{P_0}^{R^-}$

$$\varpi(H_0 - s_0 H_0) \geq 0$$

et on en déduit que

(7)
$$\|H_0 - s_0 H_0\| \ll (1 + \|\mathbf{H}_0(m)\|) \, .$$

On peut écrire H_1 sous la forme

$$H_1 = \sum_{\alpha \in \Delta_{P_0}^{R^-} - \Delta_{P_0}^{Q}} \alpha(H_1) \varpi_\alpha^\vee \, .$$

Soit $\alpha \in \Delta_{P_0}^{R^-}$; trois cas se présentent :

Cas (i) : L'orbite de α sous θ_0 rencontre $\Delta_{P_0}^{Q}$. Soit $\alpha' \in \Delta_{P_0}^{Q}$ un élément de cette orbite. On a alors $\alpha'(H_1) = 0$ et donc

$$\alpha(H_0) = \alpha'(H_0) = \alpha'(H_0 - H_1)$$

et on déduit de (6) l'inégalité

$$|\alpha(H_0)| \ll (1 + \|\mathbf{H}_0(m)\|) \, .$$

Cas (ii) : L'orbite de α sous θ_0 ne rencontre pas $\Delta_{P_0}^{Q}$ et pour au moins un α' dans l'orbite on a

$$\varpi_{\alpha'}^\vee \neq s_0 \varpi_{\alpha'}^\vee \, .$$

On observe que, d'après le lemme 1.5.1, pour tout X dans l'adhérence de la chambre positive, on a

$$X - s_0 X = \sum_{\gamma \in \Delta_{P_0}^{R^-}} c_\gamma(X, s_0) \gamma^\vee$$

avec

$$c_\gamma(X, s_0) \geq 0 \, .$$

et donc $c_\gamma(X, s_0) = 0$ pour tout γ équivaut à $X = s_0 X$. Comme nous supposons $\varpi_{\alpha'} \neq s_0 \varpi_{\alpha'}$, il existe γ tel que

$$c_\gamma(\varpi_{\alpha'}, s_0) = c_2 > 0$$

et on a donc

$$\varpi_\gamma(H_0 - s_0H_0) = \sum_\beta \beta(H_0)c_\gamma(\varpi_\beta, s_0) \geq c_2\,\alpha'(H_0) = c_2\,\alpha(H_0)$$

et on a donc encore

$$|\alpha(H_0)| \ll (1 + \|\mathbf{H}_0(m)\|)\ .$$

Cas (iii) : La dernière possibilité serait que l'orbite de α sous θ_0 ne rencontre pas $\Delta_{P_0}^Q$ et que pour tout α' dans l'orbite on ait

$$\varpi_{\alpha'}^\vee = s_0\varpi_{\alpha'}^\vee\ .$$

Mais dans ce cas l'ensemble des racines $\beta \in \Delta_{P_0}^{R^-}$ qui sont orthogonales à tous les $\varpi_{\alpha'}$ est l'ensemble $\Delta_{P_0}^P$ des racines simples du sous-groupe de Levi M d'un sous-groupe parabolique P qui est θ_0-stable, qui est tel que

$$Q \subset P \subsetneq R^-\ ,$$

et dont le groupe de Weyl $\mathbf{W}^M$ contient s_0. On aurait donc

$$\delta = w_{s_0}\delta_0\eta \in \widetilde{P}(F) \subsetneq \widetilde{R}^-(F)\ .$$

Ceci est impossible puisque par hypothèse δ appartient à $\widetilde{G}(Q, R)$.
Il résulte de cette discussion que

$$|\alpha(H_0)| \ll (1 + \|\mathbf{H}_0(m)\|)$$

pour tout α et donc

(8) $$\|H_0\| \ll (1 + \|\mathbf{H}_0(m)\|)\ .$$

Compte tenu de (6) et (8) on obtient, comme espéré, l'inégalité $(*)$:

$$\|H_1\| \ll (1 + \|\mathbf{H}_0(m)\|)\ .$$ □

Rappelons que l'on a posé

$$\mathbf{Y}_Q = \mathfrak{A}_G Q(F)\backslash G(\mathbb{A})\ ,$$

et introduisons la sous-groupe parabolique

$$Q_\delta = Q \cap \delta^{-1}Q\delta\ .$$

Avec ces notations on a la proposition suivante :

Proposition 10.1.6. *Pour tout couple de sous-groupes paraboliques standard $Q \subset R$ et tout $\delta \in \widetilde{G}(Q, R)$ l'intégrale*

$$\int_{\mathbf{Y}_{Q_\delta}} \widetilde{\sigma}_Q^R(\mathbf{H}_0(x) - T)\left|\mathbf{\Lambda}_1^{T,Q} K_{Q,\delta}(x,x)\right| \mathrm{d}x$$

est convergente si $\mathbf{d}_{P_0}(T) \geq c$ où c est une constante ne dépendant que du support de f

PREUVE. Considérons $x = nmak$ avec $k \in \mathbf{K}$, $n \in \Omega \subset N_Q(\mathbb{A})$ où Ω est un compact, $m \in \mathfrak{S}_Q \subset M_Q(\mathbb{A})$ où $\mathfrak{S}_Q$ est un ensemble de Siegel pour M_Q (en particulier $\mathbf{H}_Q(m) = 0$) et $a \in \mathfrak{A}_Q^G$. On doit estimer

$$\int_\Omega \int_{\mathfrak{A}_Q^G} \int_{\mathfrak{S}_Q} \mathrm{e}^{-2\rho_Q(\mathbf{H}_0(a))}\widetilde{\sigma}_Q^R(\mathbf{H}_0(a) - T) \times \sum_{\xi \in Q_\delta(F)\backslash Q(F)} \left|\mathbf{\Lambda}_1^{T,Q} K_{Q,\delta}(mak, \xi nmak)\right| \mathrm{d}n\,\mathrm{d}a\,\mathrm{d}m$$

c'est-à-dire

$$\int_{\Omega}\int_{\mathfrak{A}_Q^G}\int_{\mathfrak{S}_Q}\widetilde{\sigma}_Q^R(\mathbf{H}_0(a)-T)\sum_{\xi\in Q_\delta(F)\backslash Q(F)}\left|\mathbf{\Lambda}_1^{T,Q}K_{Q,\delta}(mk,\xi a^{1-\delta}n'mk)\right|\,\mathrm{d}n\,\mathrm{d}a\,\mathrm{d}m$$

avec $n'=a^{-1}na$. D'après le lemme 6.2.1, l'opérateur de troncature fournit un noyau

$$(m_1,m_2)\mapsto \mathbf{\Lambda}_1^{T,Q}K_{Q,\delta}(m_1k,\xi a^{1-\delta}n'm_2k)$$

à décroissance rapide en m_1 et à croissance lente en m_2 sur le domaine de Siegel $\mathfrak{S}_Q$ de M_Q et, par restriction à la diagonale, on obtient une fonction ϕ à décroissance rapide en $m=m_1=m_2$ sur $\mathfrak{S}_Q$ en ce sens que, pour tout N, elle est majorée par

$$c_N(\phi)\,|m|^{-N}$$

ce qui, au vu des lemmes 10.1.4 et 10.1.5, permet de compenser la croissance éventuelle due à la somme sur ξ, et de contrôler l'intégrale sur a. □

Notons $\widetilde{\mathbf{W}}(Q,R)$ un ensemble de représentants de $\widetilde{G}(Q,R)$ modulo $Q(F)$ à droite et à gauche :

$$\widetilde{\mathbf{W}}(Q,R)\simeq Q(F)\backslash\widetilde{G}(Q,R)/Q(F)\,.$$

C'est un ensemble fini. On a

$$K_{Q,R}(x,y)=\sum_{\delta\in\widetilde{\mathbf{W}}(Q,R)}\ \sum_{\xi\in Q_\delta(F)\backslash Q(F)}K_{Q,\delta}(x,\xi\,y)\,.$$

Proposition 10.1.7. *Si* $\mathbf{d}_{P_0}(T)\geq c$*, où* c *est la constante de la proposition* 10.1.6*, on a*

$$\int_{\mathbf{X}_G}|k_{\mathrm{spec}}^T(x)|\,\mathrm{d}x<\infty\,.$$

Preuve. On observe que

$$\int_{\mathbf{X}_G}|k_{\mathrm{spec}}^T(x)|\,\mathrm{d}x\leq\sum_{Q\subset R}\widetilde{\varepsilon}(Q,R)\int_{\mathbf{Y}_Q}\widetilde{\sigma}_Q^R(\mathbf{H}_0(x)-T)|\mathbf{\Lambda}_1^{T,Q}K_{Q,R}(x,x)|\,\mathrm{d}x$$

et que

$$K_{Q,R}(x,x)=\sum_{\delta\in\widetilde{\mathbf{W}}(Q,R)}\ \sum_{\xi\in Q_\delta(F)\backslash Q(F)}K_{Q,\delta}(x,\xi\,x)\,.$$

L'assertion est alors une conséquence immédiate du lemme 10.1.1 et de la proposition 10.1.6. □

On aurait pu déduire cette proposition la conjonction de l'identité fondamentale 8.2.2 et du théorème 9.1.2. Mais la preuve donnée ci-dessus va pouvoir se raffiner pour établir la convergence du développement spectral grossier, c'est-à-dire du développement suivant les données cuspidales.

10.2. Annulations supplémentaires

On considère comme ci-dessus $Q \subset R$ et on suppose qu'il existe un sous-ensemble parabolique $\widetilde{P}$ avec

$$Q \subset P \subset R\,.$$

On note $\widetilde{Q}^+$ le plus petit (resp. $\widetilde{R}^-$ le plus grand) sous-ensemble parabolique avec cette propriété, c'est-à-dire que, dans les notations du lemme 2.11.1, on a

$$Q \subset Q^+ \subset P \subset R^- \subset R\,.$$

On choisira des représentants de l'ensemble fini de doubles classes

$$\widetilde{\mathbf{W}}(Q,R) \simeq Q(F)\backslash\widetilde{G}(Q,R)/Q(F)$$

de la forme $\delta = w_s$ où w_s représente un élément

$$s = s_0 \rtimes \theta_0$$

appartenant à l'ensemble de Weyl $\mathbf{W}^{\widetilde{M}_{R^-}}$ de $\widetilde{M}_{R^-}$. En choisissant s_0 de longueur minimale dans sa double classe il résulte des lemmes 1.3.4 et 1.3.5 que

$$s\alpha > 0 \quad \text{et} \quad s^{-1}\alpha > 0 \qquad \forall \alpha \in \Delta^Q_{P_0}\,.$$

Donc, plus généralement, $s\alpha > 0$ pour toute racine positive pour M_Q. On en déduit que,

$$M_s = Q_\delta \cap M_Q = M_Q \cap w_s^{-1} Q\, w_s$$

est un sous-groupe parabolique standard de M_Q. En effet, les racines dans le radical unipotent de M_s sont les restrictions à un sous-espace de $\mathfrak{a}_0$ de racines α pour M_Q telles que la restriction de $s\alpha$ à $\mathfrak{a}_Q^G$ soit une racine pour le radical unipotent de Q. Comme Q est standard de telles racines $s\alpha$ sont positives et donc nécessairement α est positive. On note S le sous-groupe parabolique standard de G tel que

$$M_s = S \cap M_Q\,.$$

On note N_S son radical unipotent. On observera que

$$\mathfrak{a}_S \supset \mathfrak{a}_Q \quad \text{et} \quad s(\mathfrak{a}_S) \supset \mathfrak{a}_Q$$

et que donc

$$s(\mathfrak{a}_0^S) \perp \mathfrak{a}_Q\,.$$

Lemme 10.2.1. *Supposons $\delta \in \widetilde{\mathbf{W}}(Q,R)$ et considérons l'expression*

$$\widetilde{\sigma}_Q^R(\mathbf{H}_0(x) - T) \int_{N_S^Q(F)\backslash N_S^Q(\mathbb{A})} \mathbf{\Lambda}_1^{T,Q} K_{Q,\delta}(n_S\, x, n_Q\, x)\, dn_S$$

où $N_S^Q = N_S \cap M_Q$. Alors, si T avec $\mathbf{d}_{P_0}(T) \geq c\big(1 + N(f)\big)$ où c est une constante ne dépendant que de G et $N(f)$ dépend du support de f, l'intégrale est nulle pour tout $x \in G(\mathbb{A})$ et tout $n_Q \in N_Q(\mathbb{A})$ sauf peut-être si $\delta \equiv \delta_0$ comme double classe modulo $Q(F)$.

Preuve. Si l'intégrale double est non nulle alors il résulte du lemme 4.1.1 que

$$\varpi(\mathbf{H}_0(x) - T) \leq 0 \qquad \forall \varpi \in \widehat{\Delta}_S^Q\,. \tag{1}$$

De plus, le lemme 10.1.3 montre que la projection de

$$\widetilde{\mathbf{H}}_0(w_s\, n_Q\, x) - \mathbf{H}_0(x)$$

sur $\mathfrak{a}_Q^G$ reste bornée ; plus précisément, reste dans une boule dont le rayon dépend du support de f. On a, pour un certain $n \in N_0(\mathbb{A})$,

$$\widetilde{\mathbf{H}}_0(w_s\, n_Q\, x) - \mathbf{H}_0(x) = \mathbf{H}_0(w_{s_0}\, n) + s\mathbf{H}_0(x) - \mathbf{H}_0(x)$$

et donc, pour toute forme linéaire λ sur $\mathfrak{a}_Q^G$, l'expression

$$\lambda\big(\mathbf{H}_0(w_{s_0}\, n) + s\mathbf{H}_0(x) - \mathbf{H}_0(x)\big)$$

reste bornée. Maintenant, d'après le lemme 3.3.1, il existe une constante $c \geq 0$ telle que pour tout $n \in N_0(\mathbb{A})$

$$\varpi\big(\mathbf{H}_0(w_{s_0}\, n)\big) \leq c$$

pour tout $\varpi \in \widehat{\Delta}_{P_0}^G$. Choisissons pour λ la somme des ϖ dans $\widehat{\Delta}_{Q+}^{R^-}$. C'est une forme linéaire θ_0-invariante et positive sur la chambre obtuse dans $\mathfrak{a}_{Q+}^{R^-}$. On a

$$\lambda\big(\mathbf{H}_0(x) - s\mathbf{H}_0(x)\big) \leq C(f) \tag{2}$$

pour une autre constante $C(f)$. Posons

$$X = \mathbf{H}_0(x) - T$$

et decomposons X sous la forme

$$X = X_0^S + X_S^Q + X_Q^R + X_R$$

où les X_A^B sont les projections de X sur les sous-espaces $\mathfrak{a}_A^B$. En particulier

$$X_S^Q = \sum_{\alpha \in \Delta_S^Q} c_\alpha \alpha^\vee \tag{3}$$

avec les $c_\alpha \leq 0$ d'après (1) et

$$X_Q^R = \sum_{\varpi \in \widehat{\Delta}_Q^R} c_\varpi \varpi^\vee \tag{4}$$

avec les $c_\varpi > 0$ si l'on suppose $\widetilde{\sigma}_Q^R(X) \neq 0$. Maintenant (2) se récrit

$$\lambda\big((\mathbf{H}_0(x) - T) - s(\mathbf{H}_0(x) - T) + (T - sT)\big) \leq C$$

soit encore

$$\lambda\big((X - sX) + (T - sT)\big) \leq C \tag{5}$$

On observe que, pour notre choix de λ,

$$\lambda(X) = \lambda(X_Q^R)$$

mais il résulte du lemme 1.5.2 que, en posant $s_0' = \theta_0^{-1}(s_0)$

$$X_Q^R - s_0' X_Q^R$$

est une combinaison linéaire de racines positives avec pour coefficients des $\beta(X_Q^R)$, où β est une racine simple, qui sont des réels positifs d'après (4) et donc

$$\lambda(X_Q^R - sX_Q^R) \geq 0$$

et (5) implique

$$\lambda(T - sT) \leq C + \lambda\big(s(X_0^S + X_S^Q + X_R)\big)\ .$$

Supposons l'intégrale de l'énoncé non nulle pour $\delta \in \widetilde{\mathbf{W}}(Q, R)$ avec $\delta \not\equiv \delta_0$ comme double classe modulo $Q(F)$. En particulier $\delta = w_s$ avec $s = s_0 \rtimes \theta_0$ et $s_0 \neq 1$;

donc il existe une racine $\alpha > 0$ dans le système de racines de R^- avec $s'_0\alpha < 0$ et il résulte du lemme 1.5.2 que

$$\lambda(T - sT) = \lambda(T - s'_0 T)$$

est arbitrairement grand pour T assez régulier. Pour montrer que ceci est impossible il suffit de montrer que

$$\lambda\big(s(X_0^S + X_S^Q + X_R)\big) \leq 0 \,.$$

Comme $s'_0 X_R \in \mathfrak{a}_R$ on a $\lambda(sX_R) = 0$. On rappelle que

$$\mathfrak{a}_S \supset \mathfrak{a}_Q \qquad \text{et} \qquad s(\mathfrak{a}_S) \supset \mathfrak{a}_Q$$

et donc

$$s(\mathfrak{a}_0^S) \perp \mathfrak{a}_Q$$

d'où on déduit que $\lambda(sX_0^S) = 0$. On a

$$\lambda(sX_S^Q) = \sum_{\alpha\in\Delta_S^Q} c_\alpha \lambda(s\alpha^\vee)$$

avec $c_\alpha \leq 0$ d'après (3). Mais, pour $\alpha \in \Delta_S^Q$ on a $\alpha^\vee = \beta^\vee + \gamma^\vee$ où β est la racine de $\Delta_{P_0}^Q - \Delta_{P_0}^S$ qui se projette sur $\alpha \in \Delta_S^Q$ et $\gamma^\vee \in \mathfrak{a}_0^S$. Mais

$$\Delta_{P_0}^Q \subset \Delta_{P_0}^{Q^+}$$

et donc $s\beta$ est une racine positive par choix des représentants dans $\widetilde{\mathbf{W}}(Q,R)$. Il reste à observer que

$$\lambda(s\alpha^\vee) = \lambda(s\beta^\vee) \geq 0$$

puisque $s\gamma^\vee$ est orthogonal à $\mathfrak{a}_Q$. □

Proposition 10.2.2. *Supposons $\delta \in \widetilde{\mathbf{W}}(Q,R)$ et $\delta \not\equiv \delta_0$ comme double classe modulo $Q(F)$. Alors, pour T assez régulier (comme au lemme* 10.2.1*), l'intégrale*

$$\int_{\mathfrak{A}_G Q_\delta(F)\backslash G(\mathbb{A})} \widetilde{\sigma}_Q^R(\mathbf{H}_0(x) - T)\mathbf{\Lambda}_1^{T,Q} K_{Q,\delta}(x,x)\,\mathrm{d}x$$

est nulle.

Preuve. L'expression

$$\int_{\mathfrak{A}_G Q_\delta(F)\backslash G(\mathbb{A})} \widetilde{\sigma}_Q^R(\mathbf{H}_0(x) - T)\mathbf{\Lambda}_1^{T,Q} K_{Q,\delta}(x,x)\,\mathrm{d}x$$

s'écrit encore

$$\int_{\mathfrak{A}_G Q_s(F) N_s(\mathbb{A})\backslash G(\mathbb{A})} k_{\mathrm{spec}}^T(Q,\delta,x)\,\mathrm{d}x$$

avec

$$k_{\mathrm{spec}}^T(Q,\delta,x) = \int_{Q_\delta(F)\backslash Q_s(F)N_s(\mathbb{A})} \widetilde{\sigma}_Q^R(\mathbf{H}_0(x) - T)\mathbf{\Lambda}_1^{T,Q} K_{Q,\delta}(mx,mx)\,\mathrm{d}m \,.$$

Mais $k_{\mathrm{spec}}^T(Q,\delta,x)$ est égal au produit de $\widetilde{\sigma}_Q^R(\mathbf{H}_0(x) - T)$ et de l'intégrale double

$$\int_{N_s^Q(F)\backslash N_s^Q(\mathbb{A})} \int_{N_Q(\mathbb{A})\cap Q_\delta(\mathbb{A})\backslash N_Q(\mathbb{A})} \mathbf{\Lambda}_1^{T,Q} K_{Q,\delta}(n_Q\, n_s\, x, n_Q\, n_s\, x)\,\mathrm{d}n_Q\,\mathrm{d}n_s$$

où $N_s^Q = N_s \cap M_Q$. Compte tenu des invariances de $K_{Q,\delta}$ observées dans le lemme 10.1.2, l'intégrale double s'écrit encore

$$\int_{N_s^Q(F)\backslash N_s^Q(\mathbb{A})} \int_{N_Q(\mathbb{A})\cap Q_\delta(\mathbb{A})\backslash N_Q(\mathbb{A})} \mathbf{\Lambda}_1^{T,Q} K_{Q,\delta}(n_s\, x, n_Q\, x)\, \mathrm{d}n_Q\, \mathrm{d}n_s\ .$$

On invoque alors le lemme 10.2.1. □

Par abus de notation nous écrirons

$$\delta_0 \in \widetilde{\mathbf{W}}(Q,R)$$

pour exprimer que la double classe modulo $Q(F)$ définie par δ_0 appartient à l'ensemble $\widetilde{\mathbf{W}}(Q,R)$. On rappelle que, par définition de $\widetilde{\mathbf{W}}(Q,R)$, on ne peut avoir

$$\delta_0 \in \widetilde{\mathbf{W}}(Q,R) \qquad \text{et} \qquad \delta_0 \in \widetilde{P}(F)$$

que pour un seul sous-ensemble parabolique $\widetilde{P}$ avec $Q \subset P \subset R$. Comme

$$\delta_0 \in \widetilde{Q}^+(F) \subset \widetilde{R}^-(F)$$

on voit que

$$Q^+ = R^- \qquad \text{équivaut à} \qquad \delta_0 \in \widetilde{\mathbf{W}}(Q,R)\ .$$

Dans ce cas, si $\widetilde{P}$ est le seul sous-ensemble parabolique qui vérifie $Q \subset P \subset R$ on a

$$\widetilde{\varepsilon}(Q,R) := (-1)^{a_{\widetilde{R}^-} - a_{\widetilde{G}}} = (-1)^{a_{\widetilde{P}} - a_{\widetilde{G}}}\ .$$

Nous poserons

$$\widetilde{\eta}(Q,R) = \sum_{\{\widetilde{P}|Q\subset P\subset R\}} (-1)^{a_{\widetilde{P}} - a_{\widetilde{G}}}\ .$$

Ce nombre est nul sauf si un seul sous-ensemble parabolique $\widetilde{P}$ vérifie $Q' \subset P \subset R$ auquel cas

$$\widetilde{\eta}(Q,R) = (-1)^{a_{\widetilde{P}} - a_{\widetilde{G}}}\ .$$

On a donc

$$\widetilde{\eta}(Q,R) = \begin{cases} \widetilde{\varepsilon}(Q,R) & \text{si } Q^+ = R^- \\ 0 & \text{sinon.} \end{cases}$$

Considérons maintenant

$$\mathbf{Y}_{Q_0} = \mathfrak{A}_G Q_0(F)\backslash G(\mathbb{A}) \qquad \text{avec } Q_0 = Q_{\delta_0} = Q \cap \delta_0^{-1} Q \delta_0\ .$$

On a observé que Q_0 est un sous-groupe parabolique standard.

Corollaire 10.2.3. *Si T est assez régulier (comme au lemme 10.2.1), l'intégrale*

$$\int_{\mathbf{X}_G} k_{\mathrm{spec}}^T(x)\, \mathrm{d}x$$

est égale à la somme

$$\sum_{\{Q,R|P_0\subset Q\subset R\}} \widetilde{\eta}(Q,R) \int_{\mathbf{Y}_{Q_0}} \widetilde{\sigma}_Q^R(\mathbf{H}_0(x) - T)\mathbf{\Lambda}_1^{T,Q} K_{Q,\delta_0}(x,x)\, \mathrm{d}x\ .$$

Dans le cas non tordu on a simplement

$$\int_{\mathbf{X}_G} k_{\mathrm{spec}}^T(x)\, \mathrm{d}x = \int_{\mathbf{X}_G} \mathbf{\Lambda}_1^T K_G(x,x)\, \mathrm{d}x$$

si T est assez régulier.

PREUVE. On rappelle que

$$\int_{\mathbf{X}_G} k^T_{\text{spec}}(x)\,\mathrm{d}x = \sum_{Q\subset R} \widetilde{\varepsilon}(Q,R) \int_{\mathbf{Y}_Q} \widetilde{\sigma}^R_Q(\mathbf{H}_0(x)-T)\mathbf{\Lambda}^{T,Q}_1 K_{Q,R}(x,x)\,\mathrm{d}x$$

et que

$$K_{Q,R}(x,x) = \sum_{\delta\in\widetilde{\mathbf{W}}(Q,R)} \sum_{\xi\in Q_\delta(F)\backslash Q(F)} K_{Q,\delta}(x,\xi\, x)\,.$$

La première assertion résulte alors immédiatement de la proposition 10.2.2. La seconde assertion résulte de ce que, dans le cas non tordu, la condition $\delta_0 \in \widetilde{\mathbf{W}}(Q,R)$ implique $Q = R$ mais le lemme 2.11.4 montre que $\sigma^Q_Q = 0$ sauf si $Q = G$. □

10.3. Contrôle du développement en χ

Proposition 10.3.1 ([3, Lemma 2.3]). *Soit $Q = N_Q M_Q$ un sous-groupe parabolique de G. Soit $\widetilde{P}_i$ des sous-ensembles paraboliques de $\widetilde{G}$ avec $Q \subset P_i$. Soit χ une donnée cuspidale. Supposons données une famille finie d'éléments x_i et y_i dans $G(\mathbb{A})$ et des constantes c_i telles que*

$$\sum c_i \int_{N_Q(F)\backslash N_Q(\mathbb{A})} K_{\widetilde{P}_i}(nmx_i,y_i)\,\mathrm{d}n = 0$$

pour tout $m \in M_Q(\mathbb{A})$ tel que $\mathbf{H}_Q(m) = 0$, alors

$$\sum c_i \int_{N_Q(F)\backslash N_Q(\mathbb{A})} K_{\widetilde{P}_i,\chi}(nx_i,y_i)\,\mathrm{d}n = 0\,.$$

PREUVE. Posons

$$\phi(m) = \int_{N_Q(F)\backslash N_Q(\mathbb{A})} \sum c_i K_{\widetilde{P}_i}(nmx_i,y_i)\,\mathrm{d}n$$

et

$$A(\psi) = \int_{M(F)\backslash M(\mathbb{A})^1} \phi_\chi(m)\psi(m)\,\mathrm{d}m \tag{1}$$

pour $\psi \in L^2(\mathbf{X}_M)$. La fonction ϕ est le terme constant suivant N_Q de

$$\sum c_i K_{\widetilde{P}_i}(mx_i,y_i)$$

ce qui annule les éventuelles contributions des données cuspidales attachées à un sous-groupe parabolique contenant Q strictement. On invoque la décomposition spectrale de ϕ. L'orthogonalité des contributions relatives à des données cuspidales inéquivalentes montre que $A(\psi) = 0$ si ψ est de type $\chi' \neq \chi$. Mais par ailleurs, si ψ est de type χ on a

$$A(\psi) = \int_{\mathfrak{S}} \phi(m)\psi(m)\,\mathrm{d}m = 0$$

par hypothèse. Il en résulte que l'intégrale (1) est nulle pour toute ψ ce qui implique la nullité de la fonction continue

$$m \mapsto \phi_\chi(m)\,.$$

□

Lemme 10.3.2. *Soit $Q = N_Q M_Q$ un sous-groupe parabolique de G. Soit χ une donnée cuspidale pour Q. Supposons que*

$$K_{Q,\delta,\chi}(x,y) \neq 0 \,.$$

Alors il existe un compact $C \subset \mathfrak{a}_0$, $m \in M_Q(\mathbb{A})$ avec $\mathbf{H}_Q(m) = 0$ et $\eta \in Q(F)$ tels que

$$\mathbf{H}_0\big(\eta\,\theta(y)\big) - \mathbf{H}_0(mx) \in C \,.$$

PREUVE. En reprenant la preuve de la proposition 10.3.1 avec

$$\phi(m) = K_{Q,\delta}(m\,x,y)$$

on voit que $K_{Q,\delta,\chi}(x,y) \neq 0$ implique l'existence d'un $m \in M_Q(\mathbb{A})$ avec $\mathbf{H}_Q(m) = 0$ tel que $K_{Q,\delta}(m\,x,y) \neq 0$. On conclut en invoquant le lemme 10.1.3. □

Corollaire 10.3.3. *Pour tout χ*

$$\int_{N_s^Q(F)\backslash N_s^Q(\mathbb{A})} \mathbf{\Lambda}_1^{T,Q} K_{Q,\delta,\chi}(n_s\,x, n_Q\,x)\,\mathrm{d}n_s = 0$$

sauf peut-être si $\delta \equiv \delta_0$ comme double classe modulo $Q(F)$.

PREUVE. On reprend la preuve du lemme 10.2.1 en invoquant Le lemme 10.3.2 au lieu du lemme 10.1.3. □

Nous allons maintenant énoncer un raffinement de la proposition 10.1.7 et du corollaire 10.2.3. On pose

$$k_\chi^T(x) = \sum_{\widetilde{P}\supset\widetilde{P}_0} (-1)^{a_{\widetilde{P}}-a_{\widetilde{G}}} \sum_{Q\subset P\subset R} \sum_{\xi\in Q(F)\backslash G(F)} \widetilde{\sigma}_Q^R(\mathbf{H}_0(\xi\,x)-T)\,\mathbf{\Lambda}_1^{T,Q} K_{\widetilde{P},\chi}(\xi\,x,\xi\,x)\,.$$

Théorème 10.3.4. *Si T est assez régulier (comme au lemme 10.2.1), on a*

$$\int_{\mathbf{X}_G} k_\chi^T(x)\,\mathrm{d}x = \sum_{\{Q,R|P_0\subset Q\subset R\}} \widetilde{\eta}(Q,R)\,A_Q^R(T,f,\omega,\chi)$$

avec

$$A_Q^R(T,f,\omega,\chi) = \int_{\mathbf{Y}_{Q_0}} \widetilde{\sigma}_Q^R(\mathbf{H}_0(x)-T)\mathbf{\Lambda}_1^{T,Q} K_{Q,\delta_0,\chi}(x,x)\,\mathrm{d}x\,.$$

Dans le cas non tordu on a simplement

$$\int_{\mathbf{X}_G} k_\chi^T(x)\,\mathrm{d}x = \int_{\mathbf{X}_G} \mathbf{\Lambda}_1^T K_\chi(x,x)\,\mathrm{d}x$$

si T est assez régulier. La fonction f étant supposée $\mathbf{K}$-finie (à droite et à gauche) on a :

$$\sum_{\chi\in\mathcal{X}} \int_{\mathbf{X}_G} \big|k_\chi^T(x)\big|\,\mathrm{d}x < \infty\,.$$

PREUVE. On a

$$k_\chi^T(x) = \sum_{Q\subset R} \sum_{\xi\in Q(F)\backslash G(F)} k_\chi^T(Q,R,\xi\,x)$$

avec

$$k_\chi^T(Q,R,x) = \widetilde{\sigma}_Q^R(\mathbf{H}_0(x)-T)\mathbf{\Lambda}_1^{T,Q} \sum_{\{\widetilde{P}|Q\subset P\subset R\}} (-1)^{a_{\widetilde{P}}-a_{\widetilde{G}}} K_{\widetilde{P},\chi}^Q(x,x)\,.$$

mais compte tenu de la proposition 10.3.1 on voit en reprenant les arguments du lemme 10.1.1 que

$$k_\chi^T(Q,R,x) = \widetilde{\varepsilon}(Q,R)\,\widetilde{\sigma}_Q^R(\mathbf{H}_0(x)-T)\mathbf{\Lambda}_1^{T,Q}K_{Q,R,\chi}(x,x)\,\mathrm{d}x\ .$$

L'analogue du résultat d'annulation 10.2.1, mais pour χ fixé, s'obtient lui aussi grâce à la proposition 10.3.1. Reprenons alors la démonstration de la proposition 10.1.7. Il suffit de démontrer l'analogue de la proposition 10.1.6, à savoir la finitude de

$$\sum_\chi \int_{\mathbf{Y}_{Q_\delta}} \widetilde{\sigma}_Q^R(\mathbf{H}_0(x)-T)\big|\mathbf{\Lambda}_1^{T,Q}K_{Q,\delta,\chi}(x,x)\big|\,\mathrm{d}x\ .$$

Il convient d'abord d'avoir pour

$$\sum_\chi |\mathbf{\Lambda}_1^{T,Q}K_{Q,\delta,\chi}|$$

des estimées similaires à celles obtenues pour $|\mathbf{\Lambda}_1^{T,Q}K_{Q,\delta}|$; en particulier, l'analogue du lemme 6.2.1 résulte du corollaire 7.3.2. Grâce à la proposition 10.3.1 on voit que les propriétés 10.1.4 et 10.1.5 restent vraies pour $K_{Q,\delta,\chi}$ puisque son support est contrôlé par celui de $K_{Q,\delta}$. La convergence de

$$\sum_\chi \int_{\mathbf{X}_G} |k_\chi^T(x)|\,\mathrm{d}x < \infty$$

en résulte. □

CHAPITRE 11

Formule des traces : propriétés formelles

On a

$$k^T_{\text{geom}}(x) = \sum_{\mathfrak{o}\in\mathfrak{O}} k^T_{\mathfrak{o}}(x) \qquad \text{et} \qquad k^T_{\text{spec}}(x) = \sum_{\chi\in\mathcal{X}} k^T_{\chi}(x)\,.$$

On sait que

$$k^T_{\text{geom}} = k^T_{\text{spec}}$$

et on note k^T la valeur commune de ces deux fonctions. Dans ce qui suit l'indice $\bullet$ peut représenter une classe de conjugaison quasi semi-simple $\mathfrak{o}$ ou encore une donnée cuspidale χ ou enfin être vide. Nous allons rencontrer le noyau de la formule des traces pour divers espaces tordus et diverses fonctions. Pour tenir compte de cette dépendance nous écrirons

$$k^{T,\widetilde{G}}_{\bullet}(f,\omega;x)$$

au lieu de $k^T_{\bullet}(x)$. Rappelons enfin que la convergence des intégrales

$$\int_{\mathbf{X}_G} k^{T,\widetilde{G}}_{\bullet}(f,\omega;x)\,\mathrm{d}x$$

a été l'objet des théorèmes 9.1.2 et 10.3.4.

11.1. Le polynôme asymptotique

On a introduit et calculé au lemme 1.9.1 une fonction $\gamma_Q(X)$; nous utiliserons ici son avatar tordu : soit $\widetilde{Q}$ un sous-ensemble parabolique, on pose

$$\gamma_{\widetilde{Q}}(X) = \int_{\mathfrak{A}_{\widetilde{G}}\backslash\mathfrak{A}_{\widetilde{Q}}} \Gamma_{\widetilde{Q}}(\mathbf{H}_0(a),X)\,\mathrm{d}a = \int_{\mathfrak{a}_{\widetilde{G}}\backslash\mathfrak{a}_{\widetilde{Q}}} \Gamma_{\widetilde{Q}}(H,X)\,\mathrm{d}H\,.$$

C'est un polynôme en X homogène de degré $a_{\widetilde{Q}} - a_{\widetilde{G}}$.

On notera $f_{\widetilde{Q}}$ une fonction dans $\mathcal{C}^\infty_c\big(\widetilde{M}_Q(\mathbb{A})\big)$ telle que pour tout $m \in \widetilde{M}_Q(\mathbb{A})$ de la forme $m = m_0\delta_0$ avec $m_0 \in M_Q(\mathbb{A})$ et $\mathbf{H}_Q(m_0) \in \mathfrak{a}_G$ on ait

$$\int_{\mathfrak{A}_Q} f_{\widetilde{Q}}(zm)\,\mathrm{d}z = \int_{\mathbf{K}}\int_{N_Q(\mathbb{A})}\int_{\mathfrak{A}_G\mathfrak{A}_{\widetilde{Q}}\backslash\mathfrak{A}_Q} f^1(k^{-1}\,a^{-1}\,m\,a\,n\,k)\,\mathrm{d}a\,\mathrm{d}n\,\mathrm{d}k\,.$$

Il est facile de voir que de telles fonctions $f_{\widetilde{Q}}$ existent.

Théorème 11.1.1. *Il existe une fonction polynôme*

$$T \mapsto J^T_{\bullet}(f,\omega)$$

dont le degré est inférieur ou égal à

$$a_{\widetilde{P}_0} - a_{\widetilde{G}} = \dim \mathfrak{a}^G_{\widetilde{P}_0}$$

telle que si $\mathbf{d}_{P_0}(T) \geq c(f)$ *on ait*

$$J_\bullet^{T,\widetilde{G}}(f,\omega) = \int_{\mathbf{X}_G} k_\bullet^{T,\widetilde{G}}(f,\omega;x)\,\mathrm{d}x$$

et

$$J_\bullet^{T+X,\widetilde{G}}(f,\omega) = \sum_{\widetilde{Q}} \gamma_{\widetilde{Q}}(X) J_\bullet^{T,\widetilde{Q}}(f_{\widetilde{Q}},\omega)\,.$$

La constante $c(f)$ *ne dépend que du support de* f.

PREUVE. D'après les théorèmes 9.1.2 et 10.3.4 les intégrales sont convergentes. Rappelons que

$$k_\bullet^{T,\widetilde{G}}(f,\omega;x) = \sum_{\widetilde{P}\supset\widetilde{P}_0} (-1)^{a_{\widetilde{P}}-a_{\widetilde{G}}} \sum_{\xi\in P(F)\backslash G(F)} \widehat{\tau}_{\widetilde{P}}(\mathbf{H}_0(\xi\,x)-T)\,K_{\widetilde{P},\bullet}(\xi\,x,\xi\,x)\,.$$

C'est la définition lorsque $\bullet$ est soit vide soit $\bullet = \mathfrak{o}$ une classe de conjugaison quasi semi-simple. Dans le cas $\bullet = \chi$ il convient d'observer, en utilisant les propositions 8.2.2 et 10.3.1, que l'identité fondamentale 8.2.2 est encore valable pour k_χ^T. Pour alléger la notation on omettra dans le reste de la preuve l'indice $\bullet$. Posons pour tout ensemble parabolique standard $\widetilde{Q}$

$$k_{\widetilde{Q}}^{T,\widetilde{G}}(f,\omega;x) = \sum_{\{\widetilde{P}|\widetilde{P}_0\subset\widetilde{P}\subset\widetilde{Q}\}} \sum_{\xi\in P(F)\backslash Q(F)} (-1)^{a_{\widetilde{P}}-a_{\widetilde{Q}}}\,\widehat{\tau}_{\widetilde{P}}^{\widetilde{Q}}(\mathbf{H}_0(\xi\,x)-T)\,K_{\widetilde{P}}(\xi\,x,\xi\,x)\,.$$

Compte tenu de la proposition 2.9.4, on a

$$\widehat{\tau}_{\widetilde{P}}(H-X) = \sum_{\widetilde{P}\subset\widetilde{Q}\subset\widetilde{R}} (-1)^{a_{\widetilde{Q}}-a_{\widetilde{R}}}\Gamma_{\widetilde{Q}}(H,X)\,\widehat{\tau}_{\widetilde{P}}^{\widetilde{Q}}(H)\,.$$

On observera que la fonction $H \mapsto \Gamma_{\widetilde{Q}}(H,X)$ ne dépend que de la projection de H sur $\mathfrak{a}_{\widetilde{Q}}$. On a alors

$$k^{T+X,\widetilde{G}}(f,\omega;x) = \sum_{\widetilde{Q}} \sum_{\eta\in Q(F)\backslash G(F)} \Gamma_{\widetilde{Q}}(\mathbf{H}_0(x)-T,X)\,k_{\widetilde{Q}}^{T,\widetilde{G}}(f,\omega;x)$$

et donc, pour T et X assez réguliers, on a

$$\int_{\mathbf{X}_G} k^{T+X,\widetilde{G}}(f,\omega;x)\,\mathrm{d}x = \sum_{\widetilde{Q}} \int_{\mathbf{Y}_Q} \Gamma_{\widetilde{Q}}(\mathbf{H}_0(x)-T,X)\,k_{\widetilde{Q}}^{T,\widetilde{G}}(f,\omega;x)\,\mathrm{d}x$$

avec

$$\mathbf{Y}_Q = \mathfrak{A}_G Q(F)\backslash G(\mathbb{A})$$

les intégrales étant absolument convergentes. On obtient

$$\int_{\mathbf{X}_G} k^{T+X,\widetilde{G}}(f,\omega;x)\,\mathrm{d}x = \sum_{\widetilde{Q}} \gamma_{\widetilde{Q}}(X) \int_{\mathfrak{A}_{\widetilde{Q}}\mathfrak{A}_G Q(F)\backslash G(\mathbb{A})} k_{\widetilde{Q}}^{T,\widetilde{G}}(f,\omega;x)\,\mathrm{d}x\,.$$

Compte tenu de la définition de $f_{\widetilde{Q}}$ et de la décomposition d'Iwasawa on voit que

$$\int_{\mathfrak{A}_{\widetilde{Q}}\mathfrak{A}_G Q(F)\backslash G(\mathbb{A})} k_{\widetilde{Q}}^{T,\widetilde{G}}(f,\omega;x)\,\mathrm{d}x = \int_{\mathbf{X}_{M_Q}} k^{T,\widetilde{Q}}(m,f_{\widetilde{Q}})\,\mathrm{d}m$$

et donc en posant, pour T et X assez réguliers,

$$J^{T,\widetilde{G}}(f,\omega) = \int_{\mathbf{X}_G} k^{T,\widetilde{G}}(f,\omega;x)\,\mathrm{d}x$$

on a

$$J^{T+X,\widetilde{G}}(f,\omega)=\sum_{\widetilde{Q}}\gamma_{\widetilde{Q}}(X)J^{T,\widetilde{Q}}(f_{\widetilde{Q}},\omega)\,.$$

Il reste à observer que

$$X\mapsto\gamma_{\widetilde{Q}}(X)$$

est une fonction polynôme sur $\mathfrak{a}_0$ de degré $a_{\widetilde{Q}}-a_{\widetilde{G}}$. □

11.2. Action de la conjugaison

Soit $y\in G(\mathbb{A})$ et posons

$$f^y(x)=f(y\,x\,y^{-1})$$

et soit $f_{\widetilde{Q},y}\in\mathcal{C}_c^\infty(\widetilde{M}_Q(\mathbb{A}))$ telle que, pour tout $m\in\widetilde{M}_Q(\mathbb{A})$, l'intégrale

$$\int_{\mathfrak{A}_Q}f_{\widetilde{Q},y}(zm)dz$$

soit égale à

$$\frac{j(\widetilde{G})}{j(\widetilde{Q})}\boldsymbol{\delta}_{\widetilde{Q}}(m)^{1/2}\int_{\mathbf{K}}\int_{N_Q(\mathbb{A})}\int_{\mathfrak{A}_Q}f^1(k^{-1}zm\,n\,k)\,u_{\widetilde{Q}}(k,y)\,\mathrm{d}z\,\mathrm{d}n\,\mathrm{d}k$$

avec

$$u_{\widetilde{Q}}(k,y)=\int_{\mathfrak{a}_{\widetilde{G}}\backslash\mathfrak{a}_{\widetilde{Q}}}\Gamma_{\widetilde{Q}}(H,-\mathbf{H}_0(k\,y))\,\mathrm{d}H\,.$$

De plus, si f est $\mathbf{K}$-invariante c.-à-d. si $f(k\,x\,k^{-1})=f(x)$ pour tout $k\in\mathbf{K}$, alors

$$f_{\widetilde{Q},y}(x)=u_{\widetilde{Q}}(y)\,f_{\widetilde{Q}}(x)\qquad\text{où } u_{\widetilde{Q}}(y)=\int_{\mathbf{K}}u_{\widetilde{Q}}(k,y)\,\mathrm{d}k\,.$$

Proposition 11.2.1. *On a*

$$J_\bullet^{T,\widetilde{G}}(f^y,\omega)=\sum_{\widetilde{Q}}J_\bullet^{T,\widetilde{Q}}(f_{\widetilde{Q},y},\omega)$$

la somme portant sur les sous-ensembles paraboliques standard.

Preuve. On utilisera les notations de la preuve du théorème 11.1.1 et on pose

$$k_{\widetilde{Q}}^{T,\widetilde{G}}(f,\omega;x,X)=\Gamma_{\widetilde{Q}}(\mathbf{H}_0(x)-T,X)\,k_{\widetilde{Q}}^{T,\widetilde{G}}(f,\omega;x)\,.$$

On observe que si $x=n\,m\,k$ est une décomposition d'Iwasawa on a

$$\mathbf{H}_0(x\,y)=\mathbf{H}_0(x)+\mathbf{H}_0(k\,y)$$

d'où on déduit que,

$$k^{T,\widetilde{G}}(f^y,\omega;x)=\sum_{\widetilde{Q}}\sum_{\eta\in Q(F)\backslash G(F)}k_{\widetilde{Q}}^{T,\widetilde{G}}(\eta\,x,f,-\mathbf{H}_0(k\,y))\,.$$

On pose

$$u_{\widetilde{Q}}(x,y)=u_{\widetilde{Q}}(k,y)$$

si $x=n\,m\,k$, ce qui fournit

$$\int_{\mathbf{X}_G}k^{T,\widetilde{G}}(f^y,\omega;x)\,\mathrm{d}x=\sum_{\widetilde{Q}}\int_{\mathbf{Y}_Q}u_{\widetilde{Q}}(x,y)\,k_{\widetilde{Q}}^{T,\widetilde{G}}(f,\omega;x)\,\mathrm{d}x\,.$$

Il reste à observer que

$$\int_{\mathbf{Y}_Q} u_{\widetilde{Q}}(x,y)\, k_{\widetilde{Q}}^{T,\widetilde{G}}(f,\omega;x)\,\mathrm{d}x = \int_{\mathbf{X}_{M_Q}} k^{T,\widetilde{Q}}(m, f_{\widetilde{Q},y})\,\mathrm{d}m$$

□

11.3. La formule des traces grossière

Proposition 11.3.1. *Les sous-groupes M_0 et $\mathbf{K}$ étant fixés, la valeur du polynôme $J_\bullet^{T,\widetilde{G}}(f,\omega)$ évalué en $T = T_0$ est indépendante du choix de P_0.*

Preuve. Soit P_0' un autre sous-groupe parabolique minimal de sous-groupe de Levi M_0. Il existe $s \in \mathbf{W}$ représenté par w_s tel que

$$P_0' = w_s^{-1} P_0\, w_s\ .$$

Si $x = n'm'k'$ est une décomposition d'Iwasawa relative à P_0' on pose

$$\mathbf{H}_0'(x) = \mathbf{H}_0(m')\ .$$

mais on a

$$\mathbf{H}_0(w_s\, x) = \mathbf{H}_0(w_s\, n'\, m'\, w_s^{-1}\, w_s\, k') = s\mathbf{H}_0(m') + \mathbf{H}_0(w_s)$$

et donc

$$\mathbf{H}_0'(x) = s^{-1}(\mathbf{H}_0(w_s\, x) - \mathbf{H}_0(w_s))\ .$$

Mais d'après le lemme 3.3.3 on a

$$\mathbf{H}_0(w_s) = T_0 - sT_0\ .$$

et donc

$$\mathbf{H}_0'(x) - T_0 = s^{-1}(\mathbf{H}_0(w_s\, x) - T_0)$$

ce qui implique par exemple que si $\widetilde{P}' = w_s^{-1}\widetilde{P}\, w_s$ on a

$$\widehat{\tau}_{\widetilde{P}}(\mathbf{H}_0(w_s\, x) - T_0) = \widehat{\tau}_{\widetilde{P}'}(\mathbf{H}_0'(x) - T_0)\ .$$

On conclut en observant que

$$K_{\widetilde{P}}(w_s\, x,\, w_s\, y) = K_{\widetilde{P}'}(x,y)\ .$$

□

La valeur de $J_\bullet^{T,\widetilde{G}}(f,\omega)$ en $T = T_0$ sera notée $J_\bullet^{\widetilde{G}}(f,\omega)$.

Théorème 11.3.2. *Soit $f \in \mathcal{C}_c^\infty(G(\mathbb{A}))$ qui est $\mathbf{K}$-finie. La forme grossière de la formule des traces est l'identité :*

$$\sum_{\mathfrak{o}} J_{\mathfrak{o}}^{\widetilde{G}}(f,\omega) = \sum_{\chi} J_\chi^{\widetilde{G}}(f,\omega)\ .$$

La somme sur $\mathfrak{o}$ ne comporte qu'un nombre fini de termes non nuls (dépendant du support de f). Les divers termes sont indépendants du choix de P_0 lorsque M_0 et $\mathbf{K}$ sont fixés.

Preuve. On rappelle que, compte tenu de l'identité fondamentale 8.2.2 :

$$k_{\mathrm{geom}}^T(x) = k_{\mathrm{spec}}^T(x)$$

on a

$$\sum_{\mathfrak{o}\in\mathfrak{O}} k_{\mathfrak{o}}^T(x) = \sum_{\chi\in\mathcal{X}} k_\chi^T(x)\ .$$

Pour T assez régulier on sait, d'après les théorèmes 9.1.2 (ou 9.2.4 si on préfère) et 10.3.4, que

$$\sum_{\mathfrak{o}\in\mathfrak{O}} \int_{\mathbf{X}_G} |k_{\mathfrak{o}}^T(x)|\,\mathrm{d}x < \infty \qquad \text{et} \qquad \sum_{\chi\in\mathcal{X}} \int_{\mathbf{X}_G} |k_{\chi}^T(x)|\,\mathrm{d}x < \infty\,.$$

On a donc pour T assez régulier

$$\sum_{\mathfrak{o}\in\mathfrak{O}} \int_{\mathbf{X}_G} k_{\mathfrak{o}}^T(x)\,\mathrm{d}x = \sum_{\chi\in\mathcal{X}} \int_{\mathbf{X}_G} k_{\chi}^T(x)\,\mathrm{d}x$$

ce qui fournit l'identité de polynômes en T :

$$\sum_{\mathfrak{o}} J_{\mathfrak{o}}^{T,\widetilde{G}}(f,\omega) = \sum_{\chi} J_{\chi}^{T,\widetilde{G}}(f,\omega)\,.$$

Son évaluation en $T = T_0$ fournit l'identité cherchée. La finitude de la somme sur $\mathfrak{o}$ résulte du théorème 9.1.2. L'indépendance du choix de P_0 résulte de la proposition 11.3.1. □

Quatrième partie

Forme explicite des termes spectraux

CHAPITRE 12

Introduction d'une fonction B

On rappelle que dans toute la suite de ce livre les fonctions f sont supposées **K**-finies (à droite et à gauche).

12.1. La formule de départ

Soit Q un sous-groupe parabolique de G. On rappelle que l'on a posé

$$Q' = \theta_0^{-1}(Q), \qquad Q_0 = Q \cap Q' \qquad \text{et} \qquad \mathbf{Y}_{Q_0} = \mathfrak{A}_G Q_0(F)\backslash G(\mathbb{A})\,.$$

Si $S \subset Q'$ est un sous-groupe parabolique on note $n^{Q'}(S)$ le nombre de chambres dans $a_S^{Q'}$. Soit maintenant χ une donnée cuspidale. On reprend les notations de la section 7.3 ; en particulier on note

$$\mathcal{B}_\chi^{Q'}(\sigma)$$

une base formée de vecteurs **K**-finis de type χ dans la composante isotypique $\mathcal{A}(\mathbf{X}_{Q'}, \sigma)$.

Proposition 12.1.1. *Le polynôme* $J_\chi^T(f,\omega)$*, introduit au théorème* 11.1.1*, admet la décomposition spectrale suivante :*

$$\begin{aligned}
&J_\chi^T(f,\omega)\\
&= \sum_{\{Q,R \mid P_0 \subset Q \subset R\}} \widetilde{\eta}(Q,R) \int_{\mathbf{Y}_{Q_0}} \widetilde{\sigma}_Q^R(\mathbf{H}_Q(x) - T)\\
&\times \Bigg(\sum_{\{S \mid P_0 \subset S \subset Q'\}} \frac{1}{n^{Q'}(S)} \sum_{\sigma \in \Pi_{\mathrm{disc}}(M_S)} \sum_{\Phi \in \mathcal{B}_\chi^{Q'}(\sigma)} \int_{\mathrm{i}(\mathfrak{a}_S^G)^*} \mathbf{\Lambda}^{T,Q} E^Q(x, \widetilde{\boldsymbol{\rho}}_{S,\sigma,\mu}((f,\omega)\Phi, \theta_0\mu)\\
&\qquad\qquad \times \overline{E^{Q'}(x,\Phi,\mu)}\,\mathrm{d}\mu \Bigg)\,\mathrm{d}x
\end{aligned}$$

pourvu que $\mathbf{d}_{P_0}(T) \geq c(f)$.[1]

PREUVE. D'après le théorème 11.1.1 le polynôme $J_\chi^T(f,\omega)$ admet l'expression suivante pour T assez régulier :

$$J_\chi^T(f,\omega) = \int_{\mathbf{X}_G} k_\chi^T(f,\omega;x)\,\mathrm{d}x$$

soit encore, suivant le théorème 10.3.4,

$$J_\chi^T(f,\omega) = \sum_{\{Q,R \mid P_0 \subset Q \subset R\}} \widetilde{\eta}(Q,R)\, A_Q^R(T,f,\omega,\chi)$$

1. On observera que l'on n'affirme pas la convergence absolue de l'intégrale multiple mais simplement la convergence des sommations itérées dans l'ordre indiqué. Un meilleur contrôle de la convergence est l'objet de la section 12.3.

où

$$A_Q^R(T,f,\omega,\chi)=\int_{\mathbf{Y}_{Q_0}}\widetilde{\sigma}_Q^R(\mathbf{H}_0(x)-T)\mathbf{\Lambda}_1^{T,Q}K_{Q,\delta_0,\chi}(x,x)\,\mathrm{d}x\ .$$

Ici $K_{Q,\delta_0,\chi}$ est la restriction du noyau K_{Q,δ_0} à $L^2_\chi(\mathbf{X}_{Q',G})$. La décomposition spectrale (*cf.* proposition 7.3.1) fournit pour le noyau $K_{Q,\delta_0,\chi}$ une expression de la forme suivante :

$$K_{Q,\delta_0,\chi}(x,y)=\sum_{M\in\mathcal{L}^{Q'}/\mathbf{W}^{Q'}}\frac{1}{w^{Q'}(M)}\sum_{\sigma\in\Pi_{\rm disc}(M)_\chi}\int_{i(\mathfrak{a}_M^G)^*}K_{Q,Q',\sigma}(x,y;\mu)\,\mathrm{d}\mu$$

avec

$$K_{Q,Q',\sigma}(x,y;\mu)=\sum_{\Phi\in\mathcal{B}_\chi^{Q'}(\sigma)}E^Q(x,\widetilde{\boldsymbol{\rho}}_{S,\sigma,\mu}(f,\omega)\Phi,\theta_0\mu)\overline{E^{Q'}(y,\Phi,-\overline{\mu})}\ . \qquad \square$$

On remarquera que puisque l'ensemble $\mathcal{B}_\chi^{Q'}(\sigma)$ est une base de vecteurs $\mathbf{K}$-finis de type χ dans la composante isotypique $\mathcal{A}(\mathbf{X}_{Q'},\sigma)$ et que f est supposée $\mathbf{K}$-finie, la somme sur Φ est une somme finie : en effet il n'y a qu'un nombre fini de Φ pour lesquels

$$\widetilde{\boldsymbol{\rho}}_{S,\sigma,\mu}(f,\omega)\Phi\neq 0\ .$$

De plus, les résultats de Langlands sur la décomposition spectrale montrent de plus qu'il n'y a qu'un nombre fini de σ pour lesquels $\mathcal{B}_\chi^{Q'}(\sigma)$ est non vide.

On aura besoin d'une variante de cette proposition faisant intervenir les multiplicateurs d'Arthur, imitant en cela les sections 3 et 4 de [5] dont on rappelle brièvement le contenu. On considère le groupe de Lie $G_\infty=G(F\otimes\mathbb{R})$. Considérons

$$\mathfrak{h}=\mathrm{i}\mathfrak{h}_{\mathbf{K}}\oplus\mathfrak{h}_0$$

où $\mathfrak{h}_{\mathbf{K}}$ est une sous-algèbre de Cartan du sous-groupe compact maximal $\mathbf{K}_\infty$ et $\mathfrak{h}_0$ l'algèbre de Lie d'un tore déployé maximal de G_∞. En particulier $\mathfrak{h}_\mathbb{C}$ est une sous-algèbre de Cartan pour $\mathfrak{g}_\mathbb{C}$. On notera $\mathbf{W}_\mathbb{C}$ le groupe de Weyl complexe de G_∞ et $w_\mathbb{C}$ son ordre. On dispose de la théorie des multiplicateurs d'Arthur ce qui permet de construire des fonctions $f_X\in\mathcal{C}_c^\infty\big(G(\mathbb{A})\big)$ pour $X\in\mathfrak{h}$ vérifiant

$$\pi(f_X)=\mathrm{e}^{\nu_\pi(X)}\pi(f)=\frac{1}{w_\mathbb{C}}\sum_{s\in\mathbf{W}_\mathbb{C}}\mathrm{e}^{\langle\nu_\pi,s^{-1}X\rangle}\pi(f)$$

pour toute représentation admissible irréductible π et où ν_π est le caractère infinitésimal de π_∞. On considère ici ν_π soit comme une forme linéaire $\mathbf{W}_\mathbb{C}$-invariante sur $\mathfrak{h}$ soit comme un élément de $\mathfrak{h}^*\otimes\mathbb{C}$. L'extension au cas tordu est immédiate. En particulier on a

$$\widetilde{\boldsymbol{\rho}}_{S,\sigma,\mu}(f_X,\omega)=\frac{1}{w_\mathbb{C}}\sum_{s\in\mathbf{W}_\mathbb{C}}\mathrm{e}^{\langle\nu_\sigma+\mu,s^{-1}X\rangle}\widetilde{\boldsymbol{\rho}}_{S,\sigma,\mu}(f,\omega)\ .$$

Corollaire 12.1.2. *Pour tout* $X\in\mathfrak{h}$, *si* $\mathbf{d}_{P_0}(T)\geq c(f)(1+\|X\|)$ *on a*

$$p_\chi^T(X)=J_\chi^T(f_X,\omega)=\sum_{\{Q,R|P_0\subset Q\subset R\}}\widetilde{\eta}(Q,R)\,A_Q^R(T,f_X,\omega,\chi)\ .$$

et

$$J^T_\chi(f_X,\omega)$$
$$= \sum_{\{Q,R|P_0\subset Q\subset R\}} \widetilde{\eta}(Q,R)\int_{\mathbf{Y}_{Q_0}} \widetilde{\sigma}^R_Q(\mathbf{H}_Q(x)-T)$$
$$\times\left(\sum_{\{S|P_0\subset S\subset Q'\}}\frac{1}{n^{Q'}(S)}\sum_{\sigma\in\Pi_{\mathrm{disc}}(M_S)}\sum_{\Phi\in\mathcal{B}^{Q'}_\chi(\sigma)}\int_{\mathrm{i}(\mathfrak{a}^G_S)^*}\mathbf{\Lambda}^{T,Q}E^Q(x,\widetilde{\boldsymbol{\rho}}_{S,\sigma,\mu}(f_X,\omega)\Phi,\theta_0\mu)\right.$$
$$\left.\times\,\overline{E^{Q'}(x,\Phi,\mu)}\,\mathrm{d}\mu\right)\mathrm{d}x\,.$$

PREUVE. Ceci résulte de la proposition 12.1.1 compte tenu de la dépendance en X du support de f_X. On renvoie le lecteur à [5, Proposition 3.1] pour un énoncé précis de cette dépendance. □

12.2. Estimations

Dans cette section on établit des raffinements des estimées 6.2.1 et 7.3.1.

Lemme 12.2.1. *Soit h une fonction à support compact sur $G(\mathbb{A})$, à valeurs $\geq$ 0. Alors il existe $c>0$ tel que*

$$\sum_{\gamma\in G(F)}\int_{\mathfrak{A}_G} h(x^{-1}z\gamma y)\,\mathrm{d}z \leq c\delta_{P_0}(x)^{1/2}\delta_{P_0}(y)^{1/2}$$

pour tous $x,y\in\mathfrak{S}^G$.

PREUVE. Soit h une fonction à support compact sur $G(\mathbb{A})$, à valeurs ≥ 0, et soit $x,y\in\mathfrak{S}^G$. On veut évaluer

$$\sum_{\gamma\in G(F)}\int_{\mathfrak{A}_G} h(x^{-1}z\gamma y)\,\mathrm{d}z\,.$$

Il suffit d'évaluer le nombre de γ tel que $x^{-1}\gamma y\in\Omega$, où Ω est l'intersection du support de h avec $G(\mathbb{A})^1$. Cet ensemble Ω est compact. D'après le lemme 3.5.5

$$\mathbf{H}_0(x)-\mathbf{H}_0(y)$$

appartient à un compact. Quitte à agrandir Ω, on peut donc supposer $x=y$. Fixons un élément régulier T_1 et utilisons la partition 3.6.3 : il existe un unique parabolique standard R tel que

$$(*)\qquad F^R_{P_0}(x,T_1)\tau_R(\mathbf{H}_0(x)-T_1)=1\,.$$

Si $x^{-1}\gamma x\in\Omega$, on a $\gamma x\in x\Omega$ et quitte à agrandir encore Ω, on peut supposer $x\in\mathfrak{A}_0(t)$. On a donc

$$\tau_R(\mathbf{H}_0(\gamma x)-T_2)=1$$

pour un $T_2\in T_1+\mathbf{H}_0(\Omega)$. En prenant T_1 assez grand, le lemme 3.6.1 implique que $\gamma\in R(F)$. On a déjà supposé $x\in\mathfrak{A}_0(t)$, on peut écrire $x=\mathrm{e}^H$ avec $H\in\mathfrak{a}_0$. La condition $(*)$ entraîne que H^R reste dans un compact. La condition $x^{-1}\gamma x\in\Omega$ entraîne donc

$$\mathrm{e}^{-H_R}\gamma\mathrm{e}^{H_R}\in\Omega'$$

où Ω' est un compact plus gros. En notant M_R le Levi standard de R, on est ramené à évaluer le nombre de

$$(\delta, \eta) \in M_R(F) \times N_R(F)$$

tels que $x^{-1}\delta\eta x \in \Omega$. Puisque e^{H_R} commute à δ, cela entraîne que δ reste dans un compact indépendant de e^{H_R}. Ces δ sont en nombre fini et on est ramené à évaluer le nombre de $\eta \in N_R(F)$ tels que $x^{-1}\eta x \in C$, où C est un sous-ensemble compact de $N_R(\mathbb{A})$. Par l'exponentielle, on descend à l'algèbre de Lie $\mathfrak{n}_R$ et on doit évaluer le nombre de $X \in \mathfrak{n}_R(F)$ tels que $\mathrm{ad}(x)^{-1}(X) \in \mathfrak{C}$, où $\mathfrak{C}$ est un sous-ensemble compact de $\mathfrak{n}_R(\mathbb{A})$. On peut majorer la fonction caractéristique de $\mathfrak{C}$ par une fonction $\psi \in C^\infty(\mathfrak{n}_R(\mathbb{A}))$ à valeurs positives ou nulles. Notre nombre d'éléments est majoré par

$$\sum_{X \in \mathfrak{n}_R(F)} \psi\big(\mathrm{ad}(x)^{-1}(X)\big) .$$

On utilise la formule de Poisson, en identifiant le dual de $\mathfrak{n}_R$ à l'algèbre opposée $\mathfrak{n}_{\bar{R}}$. La transformée de Fourier de $\psi \circ \mathrm{ad}(x)^{-1}$ est $\delta_R(x)\hat{\psi} \circ \mathrm{ad}(x)^{-1}$. La somme ci-dessus est égale à

$$\delta_R(x) \sum_{X \in \mathfrak{n}_{\bar{R}}(F)} \hat{\psi}\big(\mathrm{ad}(x)^{-1}(X)\big) .$$

Puisque $x \in \mathfrak{A}_0(t)$, $\mathrm{ad}(x)^{-1}$ dilate $\mathfrak{n}_{\bar{R}}$ et la dernière série est bornée indépendamment de x. On obtient une majoration par $\delta_R(x)$. Puisque $F^R_{P_0}(x, T_1) = 1$, ce terme est lui-même essentiellement borné [2] par $\delta_{P_0}(x)$. Enfin, puisque xy^{-1} reste dans un compact, ce dernier terme est essentiellement borné par $\delta_{P_0}(x)^{1/2}\delta_{P_0}(y)^{1/2}$. □

On rappelle que $(\mathfrak{a}^G_S)^*$ est naturellement un sous-espace de $\mathfrak{h}^*$ (avec $\mathfrak{h}$ comme dans la section 12.1). Notons $\mathfrak{h}^{S,*}$ son orthogonal. Á la représentation σ est associé un paramètre $\lambda(\sigma) \in (\mathfrak{h}^S_{\mathbb{C}})^*$.

Lemme 12.2.2. *Soit φ une fonction de Paley-Wiener sur $(\mathfrak{a}^G_{S,\mathbb{C}})^*$. Alors il existe une fonction ϕ sur $\mathfrak{h}^*_{\mathbb{C}}$ vérifiant les conditions suivantes :*

(i) *ϕ est de Paley-Wiener ;*

(ii) *ϕ est invariante par $W_{\mathbb{C}}$;*

(iii) *pour tout $\mu \in \mathrm{i}(\mathfrak{a}^G_S)^*$, $\phi(\lambda(\sigma) + \mu) \geq |\varphi(\mu)|^2$.*

Preuve. On choisit une fonction de Paley-Wiener φ^S sur $(\mathfrak{h}^S_{\mathbb{C}})^*$ telle que

$$\varphi^S\big(\lambda(\sigma)\big) = 1 .$$

On définit une fonction ϕ_1 sur $\mathfrak{h}^*_{\mathbb{C}}$ par

$$\phi_1(\nu) = \varphi(\nu_S)\varphi^S(\nu^S)$$

pour $\nu \in \mathfrak{h}^*_{\mathbb{C}}$, où ν_S et ν^S sont les projections orthogonales de ν sur $(\mathfrak{a}^G_{S,\mathbb{C}})^*$ et $(\mathfrak{h}^S_{\mathbb{C}})^*$. Décomposons $\lambda(\sigma)$ en ses parties réelles et imaginaires : $\lambda(\sigma) = X(\sigma) + \mathrm{i}Y(\sigma)$. Notons $W' \subset W_{\mathbb{C}}$ le fixateur de $X(\sigma)$ dans $W_{\mathbb{C}}$. Pour $w \notin W'$, on a

$$w^{-1}\big(X(\sigma)\big)^S \neq X(\sigma)$$

(sinon, par comparaison des normes, on a

$$w^{-1}\big(X(\sigma)\big) = w^{-1}\big(X(\sigma)\big)^S = X(\sigma)$$

2. « essentiellement borné » signifie pour nous qu'il existe c tel que le terme soit majoré par $c\delta_{P_0}(x)$

et $w \in W'$). On peut donc choisir $\beta_w \in \mathfrak{h}^S$ tel que $\beta_w\Big(w^{-1}\big(X(\sigma)\big)\Big) \neq \beta_w\big(X(\sigma)\big)$. Définissons ϕ_2 par

$$\phi_2(\nu) = \phi_1(\nu) \prod_{w \notin W'} \Big(\beta_w\big(w^{-1}(\nu)\big) - \beta_w\big(\lambda(\sigma)\big)\Big),$$

puis ϕ_3 par

$$\phi_3(\nu) = \phi_2(\nu)\overline{\phi_2\big(-\bar{\nu} + 2X(\sigma)\big)},$$

enfin ϕ par

$$\phi(\nu) = \sum_{w \in W_{\mathbb{C}}} \phi_3\big(w(\nu)\big) \ .$$

Cette fonction vérifie évidemment les deux premières conditions de l'énoncé. Vérifions la dernière, soit donc $\nu = \lambda(\sigma) + \mu$, avec $\mu \in \mathrm{i}(\mathfrak{a}_S^G)^*$. Pour $w \notin W'$ le terme $\phi\big(w(\nu)\big)$ contient le facteur $\beta_w(\nu) - \beta_w\big(\lambda(\sigma)\big)$. Puisque β_w est orthogonal à $(\mathfrak{a}_S^G)^*$, on a $\beta_w(\nu) = \beta_w\big(\lambda(\sigma)\big)$ et le facteur précédent est nul. Donc

$$\phi(\nu) = \sum_{w \in W'} \phi_3\big(w(\nu)\big) \ .$$

Pour $w \in W'$, la partie réelle de $w(\nu)$ est $X(\sigma)$. Donc

$$-\overline{w(\nu)} + 2X(\sigma) = w(\nu)$$

et

$$\phi_3\big(w(\nu)\big) = \phi_2\big(w(\nu)\big)\overline{\phi_2\big(w(\nu)\big)} \geq 0 \ .$$

On peut abandonner les $w \neq 1$: $\phi(\nu) \geq \phi_3(\nu) = |\phi_2(\nu)|^2$. Pour $w \notin W'$, la partie réelle de

$$\beta_w\big(w^{-1}(\nu)\big) - \beta_w\big(\lambda(\sigma)\big)$$

est $\beta_w\Big(w^{-1}\big(X(\sigma)\big)\Big) - \beta_w\big(X(\sigma)\big)$ qui n'est pas nulle. Donc

$$\big|\beta_w\big(w^{-1}(\nu)\big) - \beta_w\big(\lambda(\sigma)\big)\big|$$

est minoré par un nombre strictement positif. On en déduit une minoration

$$|\phi_2(w)| \geq c|\phi_1(\nu)| = c|\varphi(\mu)|$$

pour un certain $c > 0$. D'où

$$\phi(\nu) \geq c^2|\varphi(\mu)|^2 \ .$$

□

On fixe Q et R avec $\widetilde{\eta}(Q,R) \neq 0$. Cette condition équivaut à ce qu'il existe un et un seul parabolique, que l'on note P, avec $Q \subset P \subset R$ et $\theta_0(P) = P$. On fixe S et σ. Pour $\Psi \in \mathcal{B}_\chi^{Q'}(\sigma)$, on peut écrire

$$\widetilde{\boldsymbol{\rho}}_{S,\sigma,\mu}(f,\omega)\Psi = \sum_{\Phi \in \mathcal{B}^Q(\theta_0\sigma)_\chi} \hat{f}_{\Phi,\Psi}(\mu)\Phi \ ,$$

où la somme est finie et $\hat{f}_{\Phi,\Psi}$ est une fonction de Paley-Wiener sur $(\mathfrak{a}_{S,\mathbb{C}}^G)^*$. L'expression souhaitée pour $J_\chi^T(f,\omega)$ est donc combinaison linéaire d'intégrales itérées

$$(1) \quad \int_{\mathbf{Y}_{Q_0}} \widetilde{\sigma}_Q^R(\mathbf{H}_Q(x) - T)\bigg(\int_{\mathrm{i}(\mathfrak{a}_S^G)^*} \boldsymbol{\Lambda}^{T,Q} E^Q(x,\Phi,\theta_0\mu)\overline{E^{Q'}(x,\Psi,\mu)}\varphi(\mu)\,\mathrm{d}\mu\bigg)\,\mathrm{d}x$$

où φ est une fonction de Paley-Wiener sur $(\mathfrak{a}_{S,\mathbb{C}}^G)^*$ et dont nous devons montrer la convergence.

On note L, L', L_0 les Levi standard et N_Q, $N_{Q'}$, N_{Q_0} les radicaux unipotents de Q, Q' et Q_0. On fixe un ensemble de Siegel $\mathfrak{S}^L$ pour le quotient $L(F)\backslash L(\mathbb{A})^1$. On choisit un sous-ensemble compact $\Omega_{N_Q} \subset N_Q(\mathbb{A})$ tel que $N_Q(\mathbb{A}) = N_Q(F)\Omega_{N_Q}$ et on pose

$$\mathfrak{S}^Q = \Omega_{N_Q}\mathfrak{A}_Q^G\mathfrak{S}^L K \, .$$

C'est un ensemble de Siegel pour le quotient $Q(F)\backslash G(\mathbb{A})^1$. On introduit de même des ensembles $\mathfrak{S}^{L'}$, $\mathfrak{S}^{Q'}$, $\mathfrak{S}^{L_0}$, $\mathfrak{S}^{Q_0}$ et un ensemble $\mathfrak{S}^G$.

Proposition 12.2.3. *Soient Φ, Ψ et φ comme ci-dessus. Alors il existe $c > 0$ tel que*

$$\int_{\mathrm{i}(\mathfrak{a}_S^G)^*} |E^Q(x, \Phi, \theta_0\mu)\overline{E^{Q'}(y, \Psi, \mu)}\varphi(\mu)| \, \mathrm{d}\mu \leq c\delta_{P_0}(x)^{1/2}\delta_{P_0}(y)^{1/2}$$

pour tous $x \in \mathfrak{S}^Q$ et $y \in \mathfrak{S}^{Q'}$.

Preuve. Posons

$$J(x, y, \Phi, \Psi, \varphi) = \int_{\mathrm{i}(\mathfrak{a}_S^G)^*} |E^Q(x, \Phi, \theta_0\mu)\overline{E^{Q'}(y, \Psi, \mu)}\varphi(\mu)| \, \mathrm{d}\mu \, .$$

L'élément Φ est K-fini. La fonction

$$x \mapsto \delta_Q(x)^{-1/2}E^Q(x, \Phi, \theta_0\mu)$$

est invariante à gauche par $N_Q(\mathbb{A})$ et sa valeur absolue est invariante à gauche par $\mathfrak{A}_Q$. Les termes relatifs à Q' vérifient des propriétés similaires. Il en résulte l'existence d'un nombre fini de couples (Φ_i, Ψ_i) tels que pour $n\mathrm{e}^H xk \in \mathfrak{S}^Q$, avec $u \in N_Q(\mathbb{A})$, $H \in \mathfrak{a}_Q$, $x \in \mathfrak{S}^L$, $k \in K$, et pour un élément similaire $u'\mathrm{e}^{H'}yk' \in \mathfrak{S}^{Q'}$, on ait une majoration

$$J(n\mathrm{e}^H xk, u'\mathrm{e}^{H'}yk', \Phi, \Psi, \varphi) \leq \delta_Q(\mathrm{e}^H)^{1/2}\delta_{Q'}(\mathrm{e}^{H'})^{1/2} \sum_i J(x, y, \Phi_i, \Psi_i, \varphi) \, .$$

On peut donc se limiter à majorer $J(x, y, \Phi, \Psi, \varphi)$ pour $x \in \mathfrak{S}^L$ et $y \in \mathfrak{S}^{L'}$. D'après un théorème de Dixmier et Malliavin [21], on peut décomposer φ en somme finie de produits de deux fonctions de Paley-Wiener. Cela nous ramène au cas où φ est produit de deux telles fonctions φ_1 et φ_2. Par l'inégalité de Schwartz, on voit que

$$J(x, y, \Phi, \Psi, \varphi)^2$$

est majoré par

$$\int_{\mathrm{i}(\mathfrak{a}_S^G)^*} |E^Q(x, \Phi, \theta_0\mu)\varphi_1(\mu)|^2 \, \mathrm{d}\mu \int_{\mathrm{i}(\mathfrak{a}_S^G)^*} |E^{Q'}(y, \Psi, \mu)\varphi_2(\mu)|^2 \, \mathrm{d}\mu \, .$$

Les deux facteurs sont du même type, à quelques changements inessentiels près. Cela nous ramène à prouver que, pour Ψ et φ fixés, il existe c tel que

$$\int_{\mathrm{i}(\mathfrak{a}_S^G)^*} |E^{Q'}(y, \Psi, \mu)\varphi(\mu)|^2 \, \mathrm{d}\mu \leq c\delta_{P_0}(y)$$

pour tout $y \in \mathfrak{S}^{L'}$. Il existe $\Phi^{L'}$ appartenant à une induite convenable pour le groupe L' tel que

$$E^{Q'}(y, \Psi, \mu) = E^{L'}(y, \Phi^{L'}, \mu)$$

pour tout $y \in \mathfrak{S}^{L'}$. On peut donc aussi bien supposer ici $Q' = G$. On supprime alors les primes et on pose

$$J(y, \Phi, \varphi^2) = \int_{\mathrm{i}(\mathfrak{a}_S^G)^*} |E^G(y, \Phi, \mu)\varphi(\mu)|^2 \, \mathrm{d}\mu \, .$$

De nouveau, on peut supposer que $\varphi = \varphi_1\varphi_2$ et on utilise l'inégalité de Schwartz :

$$J(y, \Phi, \varphi^2)^2 \leq J(y, \Phi, \varphi_1^4) J(y, \Phi, \varphi_2^4) \, .$$

Cela nous ramène au cas où φ est un carré, disons $\varphi = \varphi_0^2$. On applique le lemme 12.2.2 à φ_0, soit ϕ la fonction qui s'en déduit. Alors

$$(1) \qquad J(y, \Phi, \varphi_0^4) \leq \int_{\mathrm{i}(\mathfrak{a}_S^G)^*} E^G(y, \Phi, \mu)\phi(\lambda(\sigma) + \mu)\overline{E^G(y, \Phi, \mu)\phi(\lambda(\sigma) + \mu)} d\mu \, .$$

On peut inclure Φ dans un sous-espace V de dimension finie de l'induite qui est une somme de composantes isotypiques pour l'action de K. Soit V' le supplémentaire de V invariant par K. D'après [19, théorème 3] (qui est une conséquence d'un théorème d'Arthur), il existe une fonction $h \in \mathcal{C}_c^\infty\big(G(\mathbb{A})\big)$ telle que $\boldsymbol{\rho}_{S,\sigma,\mu}(h)$ (il s'agit de l'action non tordue usuelle) annule V' et agisse sur V par multiplication par $\phi(\lambda(\sigma) + \mu)$. Considérons alors le noyau $K_G((h^* \star h)^1; y, y)$. Son expression spectrale est somme de termes tous positifs ou nuls et l'un d'eux est le membre de droite de la relation (1). On en déduit l'inégalité

$$J(y, \Phi, \varphi_0^4) \leq K_G((h^* \star h)^1; y, y) \, .$$

Mais

$$K_G((h^* \star h)1; y, y) = \sum_{\gamma \in G(F)} \int_{\mathfrak{A}_G} h^* \star h(y^{-1} z \gamma y) \, \mathrm{d}z \, .$$

Il reste à appliquer le lemme 12.2.1 pour obtenir la majoration cherchée. □

Proposition 12.2.4. *Soient Φ, Ψ et φ comme ci-dessus. Alors l'intégrale*

$$\int_{\mathrm{i}(\mathfrak{a}_S^G)^*} \boldsymbol{\Lambda}^{T,Q} E^Q(x, \Phi, \theta_0\mu)\overline{E^{Q'}(y, \Psi, \mu)}\varphi(\mu) \, \mathrm{d}\mu$$

est absolument convergente. Il existe un réel D et, quel que soit le réel r, il existe $c > 0$ tel que cette intégrale soit majorée par

$$c|y|^D \mathrm{e}^{D\|H\|} |x^L|^{-r}$$

pour tout y et tout $x = \mathrm{e}^H x^L$, avec $H \in \mathfrak{a}_Q$ et $x^L \in \mathfrak{S}^L$.[3]

Preuve. L'opérateur $\boldsymbol{\Lambda}^{T,Q}$ est une combinaison d'intégrales sur des compacts et de sommes finies, affectées de signes. Considérons l'opérateur (idiot) où on supprime les signes, notons-le $\boldsymbol{\Lambda}_+^{T,Q}$. Il est clair que

$$|\boldsymbol{\Lambda}^{T,Q}(h)| \leq \boldsymbol{\Lambda}_+^{T,Q}(|h|)$$

pour toute fonction h sur $Q(F)\backslash G(\mathbb{A})$. Alors l'expression

$$\int_{\mathrm{i}(\mathfrak{a}_S^G)^*} |\boldsymbol{\Lambda}^{T,Q} E^Q(x, \Phi, \theta_0\mu)\overline{E^{Q'}(y, \Psi, \mu)}\varphi(\mu)| \, \mathrm{d}\mu$$

est majorée par l'image par cet opérateur $\boldsymbol{\Lambda}_+^{T,Q}$ de la fonction

$$x \mapsto J(x, y, \Phi, \Psi, \varphi) \, .$$

3. Ici, T est considéré comme fixé ; on ne se demande pas comment le c ci-dessus dépend de T.

Or cette image est définie par une intégrale convergente, grâce à la proposition 12.2.3 et parce que, comme on vient de le dire, $\mathbf{\Lambda}_{+}^{T,Q}$ ne fait intervenir que des intégrales sur des compacts et des sommes finies. Considérons maintenant la même expression sans les valeurs absolues :

$$\int_{\mathrm{i}(\mathfrak{a}_S^G)^*} \mathbf{\Lambda}^{T,Q} E^Q(x,\Phi,\theta_0\mu)\overline{E^{Q'}(y,\Psi,\mu)}\varphi(\mu)\,\mathrm{d}\mu\,.$$

Elle est obtenue en appliquant $\mathbf{\Lambda}^{T,Q}$ (portant sur la variable x) à l'expression

$$\int_{\mathrm{i}(\mathfrak{a}_S^G)^*} E^Q(x,\Phi,\theta_0\mu)\overline{E^{Q'}(y,\Psi,\mu)}\varphi(\mu)\,\mathrm{d}\mu\,.$$

Celle-ci est à croissance modérée en les deux variables d'après la proposition 12.2.3. Ses dérivées en x sont des expressions similaires, la fonction est donc uniformément à croissance modérée. La majoration de l'énoncé se déduit alors de la proposition 4.3.2. □

12.3. Convergence d'une intégrale itérée

Dans la suite le terme T est un élément régulier de $\mathfrak{a}_0^G$, fixe par θ_0 [4]. On le limite à un domaine défini par des inégalités

$$c_1 < \alpha(T) \leq c_2\mathbf{d}_{P_0}(T)$$

pour tout $\alpha \in \Delta_0$, où c_1 et c_2 sont des réels strictement positifs arbitraires mais fixés (avec $\Delta_0 = \Delta_{P_0}$). Dans un tel domaine, les fonctions $\mathbf{d}_{P_0}(T)$, $\|T\|$ et $\alpha(T)$ pour $\alpha \in \Delta_0$ sont équivalentes.

Considérons l'intégrale itérée

$$\int_{\mathbf{Y}_{Q_0}} \widetilde{\sigma}_Q^R(\mathbf{H}_Q(y)-T)\left|\int_{\mathrm{i}(\mathfrak{a}_S^G)^*} \mathbf{\Lambda}^{T,Q} E^Q(y,\Phi,\theta_0\mu)\overline{E^{Q'}(y,\Psi,\mu)}\varphi(\mu)\,\mathrm{d}\mu\right|\mathrm{d}y$$

où φ est une fonction de Paley-Wiener. L'intégration sur $\mathbf{Y}_{Q_0}$ se décompose en une intégration sur le produit

$$\big(N_{Q_0}(F)\backslash N_{Q_0}(\mathbb{A})\big)\times\big(L_0(F)\backslash L_0(\mathbb{A})^1\big)\times\mathfrak{a}_{Q_0}^G\times K\,.$$

Par ailleurs, la fonction que l'on intègre est invariante à gauche par $N_Q(\mathbb{A})\cap N_{Q'}(\mathbb{A})$. Posons $Q_0^L = Q_0\cap L$, $Q_0^{L'} = Q_0\cap L'$. L'application naturelle

$$N_{Q_0}(F)\big(N_Q(\mathbb{A})\cap N_{Q'}(\mathbb{A})\big)\backslash N_{Q_0}(\mathbb{A}) \to \big(N_{Q_0^L}(F)\backslash N_{Q_0^L}(\mathbb{A})\big)\times\big(N_{Q_0^{L'}}(F)\backslash N_{Q_0^{L'}}(\mathbb{A})\big)$$

est un isomorphisme. On peut aussi bien intégrer sur

$$\big(N_{Q_0^L}(F)\backslash N_{Q_0^L}(\mathbb{A})\big)\times\big(N_{Q_0^{L'}}(F)\backslash N_{Q_0^{L'}}(\mathbb{A})\big)\times\big(L_0(F)\backslash L_0(\mathbb{A})^1\big)\times\mathfrak{a}_{Q_0}^G\times K\,.$$

On remplace y par $nn'x\mathrm{e}^H k$ (avec x appartenant à $L_0(F)\backslash L_0(\mathbb{A})^1$). La mesure $\mathrm{d}y$ se transforme en $\delta_{Q_0}(\mathrm{e}^H)^{-1}\,\mathrm{d}n\,\mathrm{d}n'\,\mathrm{d}x\,\mathrm{d}H\,\mathrm{d}k$. L'intégrale sur K est inoffensive, on l'oublie. Posons

$$(1)\qquad I(nn'x\mathrm{e}^H) = \int_{\mathrm{i}(\mathfrak{a}_S^G)^*} \mathbf{\Lambda}^{T,Q} E^Q(nx\mathrm{e}^H,\Phi,\theta_0\mu)\overline{E^{Q'}(n'x\mathrm{e}^H,\Psi,\mu)}\varphi(\mu)\,\mathrm{d}\mu\,.$$

4. Il faut garder en mémoire que l'on va *in fine* évaluer les polynômes en $T = T_0$ qui n'est pas nécessairement θ_0-invariant. Mais ce n'est pas une difficulté étant donné que les polynômes à évaluer ne dépendent que de la projection de T sur les invariants

Lemme 12.3.1. *Il existe un sous-ensemble compact $\omega \subset \mathfrak{a}_Q^G$ tel que, si l'intégrale $I(nn'x\mathrm{e}^H)$ est non nulle, alors (dans les notations de la section 2.13) $q(H) \in \omega$.*

Preuve. En effet, on a

$$(2)\quad I(nn'x\mathrm{e}^H) = \int_{\mathrm{i}(\mathfrak{a}_S^{Q'})^*} \int_{\mathrm{i}\mathfrak{a}_{Q'}^{G,*}} \mathbf{\Lambda}^{T,Q} E^Q\big(nx\mathrm{e}^H, \Phi, \theta_0(\mu_{Q'} + \mu^{Q'})\big) \\ \times \overline{E^{Q'}(n'x\mathrm{e}^H, \Psi, \mu_{Q'} + \mu^{Q'})} \varphi(\mu_{Q'} + \mu^{Q'})\,\mathrm{d}\mu_{Q'}\,\mathrm{d}\mu^{Q'} .$$

On a aussi

$$\mathbf{\Lambda}^{T,Q} E^Q\big(nx\mathrm{e}^H, \Phi, \theta_0(\mu_{Q'} + \mu^{Q'})\big) \\ = \delta_Q(\mathrm{e}^{H_Q})^{1/2} \mathrm{e}^{\langle H_Q, \theta_0(\mu_{Q'})\rangle} \mathbf{\Lambda}^{T,Q} E^Q\big(nx\mathrm{e}^{H^Q}, \Phi, \theta_0(\mu^{Q'})\big)$$

et

$$\overline{E^{Q'}(n'x\mathrm{e}^H, \Psi, \mu_{Q'} + \mu^{Q'})} = \delta_{Q'}(\mathrm{e}^{H_{Q'}})^{1/2} \mathrm{e}^{-\langle H_{Q'}, \mu_{Q'}\rangle} \overline{E^{Q'}(n'x\mathrm{e}^{H^{Q'}}, \Psi, \mu^{Q'})} .$$

L'expression pour $I(nn'x\mathrm{e}^H)$ contient donc la sous-intégrale

$$(3)\quad \int_{\mathrm{i}\mathfrak{a}_{Q'}^{G,*}} \mathrm{e}^{\langle H_Q, \theta_0(\mu_{Q'})\rangle - \langle H_{Q'}, \mu_{Q'}\rangle} \varphi(\mu_{Q'} + \mu^{Q'})\,\mathrm{d}\mu_{Q'} \\ = \int_{\mathrm{i}\mathfrak{a}_{Q'}^{G,*}} \mathrm{e}^{\langle \theta_0^{-1}(H_Q) - H_{Q'}, \mu_{Q'}\rangle} \varphi(\mu_{Q'} + \mu^{Q'})\,\mathrm{d}\mu_{Q'} .$$

C'est la transformée de Fourier partielle de la fonction φ, évaluée au point

$$\theta_0^{-1}(H_Q) - H_{Q'} .$$

Puisque φ est de Paley-Wiener, cette transformée de Fourier est à support compact. Plus précisément, il existe un sous-ensemble compact $\omega' \subset \mathfrak{a}_{Q'}^G$ tel que, quel que soit $\mu^{Q'}$, le support de cette transformée de Fourier soit inclus dans ω'. Donc

$$\theta_0^{-1}(H_Q) - H_{Q'} \in \omega'$$

ce qui équivaut à $q(H) \in \theta_0(\omega')$. □

Proposition 12.3.2. *L'intégrale*

$$\int_{\mathbf{Y}_{Q_0}} \tilde{\sigma}_Q^R(\mathbf{H}_Q(y) - T) \left| \int_{\mathrm{i}(\mathfrak{a}_S^G)^*} \mathbf{\Lambda}^{T,Q} E^Q(y, \Phi, \theta_0\mu) \overline{E^{Q'}(y, \Psi, \mu)} \varphi(\mu)\,\mathrm{d}\mu \right| \mathrm{d}y$$

est convergente.

Preuve. On doit prouver que le produit de $I(nn'x\mathrm{e}^H)$ avec

$$\tilde{\sigma}_Q^R(H - T)\delta_{Q_0}(\mathrm{e}^H)^{-1}$$

est absolument intégrable. On peut découper le domaine d'intégration en H grâce à la partition du lemme 1.7.5 appliquée au cas $P = Q_0$ et $R = Q$. C'est-à-dire que l'on peut fixer un sous-groupe parabolique P' avec $Q_0 \subset P' \subset Q$ et imposer que

$$\phi_{Q_0}^{P'}(H - T)\tau_{P'}^Q(H - T) = 1 .$$

Compte tenu du lemme 2.13.3, on en déduit la majoration

$$(4)\quad \|(H - T_{Q_0})\| \ll 1 + \|(H - T)_{P'}^Q\|$$

pour tous T, H tels que

$$\widetilde{\sigma}_Q^R(H-T)\phi_{Q_0}^{P'}(H-T)\tau_{P'}^Q(H-T)=1 \qquad \text{et} \qquad q(H)\in\omega\ .$$

Au lieu d'intégrer en

$$x\in L_0(F)\backslash L_0(\mathbb{A})^1$$

on peut intégrer sur $x\in\mathfrak{S}^{L_0}$. Pour tous n, x et H, on peut choisir $\gamma\in L(F)$ tel que

$$y'=\gamma n x \mathrm{e}^{H^Q}\in\mathfrak{S}^L\ .$$

D'après la proposition 12.2.4, il existe D tel que, pour tout r, on ait une majoration

$$\delta_{Q_0}(\mathrm{e}^H)^{-1}|I(nn'x\mathrm{e}^H)|\ll\|x\mathrm{e}^H\|^D\mathrm{e}^{-r\|\mathbf{H}_0(y')\|}\ . \tag{5}$$

Montrons que l'on a la relation

$$\|H_{P'}^Q\|+\|\mathbf{H}_0(x)\|\le 1+\|\mathbf{H}_0(y')\|\ . \tag{6}$$

D'après le lemme 3.5.4, il existe $c\in\mathbb{R}$ tel que

$$\varpi_\alpha\big(\mathbf{H}_0(\gamma^{-1}y')-\mathbf{H}_0(y')\big)\le c$$

pour tout $\alpha\in\Delta_0^Q$ soit encore

$$\varpi_\alpha\big(H^Q+\mathbf{H}_0(x)-\mathbf{H}_0(y')\big)\le c\ .$$

C'est dire qu'il existe H' tel que $H'-\mathbf{H}_0(y')$ soit borné et tel que

$$H'=H^Q+\mathbf{H}_0(x)+X$$

où X est combinaison linéaire d'éléments à coefficients positifs ou nuls de coracines $\alpha^\vee$ pour $\alpha\in\Delta_0^Q$. Écrivons X comme une somme :

$$X=X_1+X_2+X_3$$

où les X_i sont combinaison linéaire d'éléments à coefficients positifs ou nuls de coracines $\alpha^\vee$ pour $\alpha\in\Sigma_i$ avec

$$\Sigma_1=\Delta_0^Q-\Delta_0^{P'},\qquad \Sigma_2=\Delta_0^{P'}-\Delta_0^{Q_0}\qquad \text{et}\qquad \Sigma_3=\Delta_0^{Q_0}\ .$$

Parce que

$$\tau_{P'}^Q(H-T)=1$$

$H_{P'}^Q$ est dans le cône engendré par les $\varpi^\vee$ pour $\varpi\in\widehat{\Delta}_{P'}^Q$, lequel est contenu dans celui engendré par les $\alpha_{P'}^\vee$, pour $\alpha\in\Delta_0^Q-\Delta_0^{P'}$. L'élément $X_{1,P'}$ appartient à ce dernier cône. On en déduit

$$\|H_{P'}^Q\|+\|X_{1,P'}\|\ll\|H_{P'}^Q+X_{1,P'}\|=\|H'_{P'}\|\ll\|H'\|,$$

puis, parce que $X_1\mapsto X_{1,P'}$ est injective sur le cône auquel appartient X_1,

$$\|H_{P'}^Q\|+\|X_1\|\ll\|H'\|\ . \tag{7}$$

On a

$$H_{Q_0}^{P'}+X_{1,Q_0}^{P'}+X_{2,Q_0}=H'^{P'}_{Q_0}\ .$$

D'où

$$\|X_2\|\ll\|X_{2,Q_0}\|\ll\|H_{Q_0}^{P'}\|+\|H'\|+\|X_1\|\ .$$

La relation (4) entraîne

$$\|H_{Q_0}^{P'}\|\ll 1+\|H_{P'}^Q\|$$

(la constante implicite dépend de T). En utilisant (7), la relation ci-dessus devient

$$\|X_2\|\ll 1+\|H'\|\ . \tag{8}$$

Parce que x appartient à $\mathfrak{S}^{L_0}$, $\mathbf{H}_0(x)$ appartient, à une translation fixe près, au cône engendré par les $(\varpi_\alpha^\vee)^{Q_0}$ pour $\alpha \in \Delta_0^{Q_0}$, *a fortiori* à celui engendré par les $\alpha^\vee$. On en déduit

$$\|\mathbf{H}_0(x)\| \ll 1 + \|\mathbf{H}_0(x) + X_3\| .$$

D'autre part, on a

$$\mathbf{H}_0(x) + X_3 = (H')^{Q_0} - X_1^{Q_0} - X_2^{Q_0} .$$

D'où

$$\|\mathbf{H}_0(x)\| \ll 1 + \|H'\| + \|X_1\| + \|X_2\| .$$

Grâce à (7) et (8), on obtient encore

$$\|\mathbf{H}_0(x)\| \ll 1 + \|H'\| .$$

Cette relation, jointe à (7) et au fait que $H' - \mathbf{H}_0(y')$ est borné, entraîne (6). En utilisant (3) et (6), et en se rappelant que le r de la relation (5) est quelconque, cette dernière relation entraîne

$$\delta_{Q_0}(\mathrm{e}^H)^{-1}|I(nn'x\mathrm{e}^H)| \ll \mathrm{e}^{-r(\|H_{P'}^Q\|+\|\mathbf{H}_0(x)\|)}$$

pour tout r. L'intégrale de l'énoncé, limitée comme on l'a dit au domaine défini par

$$\phi_{Q_0}^{P'}(H-T)\tau_{P'}^Q(H-T) = 1$$

est alors bornée par l'intégrale de l'expression de droite ci-dessus sur le domaine suivant : x parcourt $\mathfrak{S}^{L_0}$, H parcourt un sous-ensemble de $\mathfrak{a}_{Q_0}^G$ sur lequel

$$\|H\| \ll 1 + \|H_{P'}^Q\|$$

et n et n' restent dans des compacts. Pour r assez grand, cette intégrale est finie. □

12.4. Transformation de l'opérateur $\Lambda^{T,Q}$

On veut calculer l'expression :

$$\int_{\mathbf{Y}_{Q_0}} \tilde{\sigma}_Q^R(\mathbf{H}_Q(y) - T) \int_{\mathrm{i}(\mathfrak{a}_S^G)^*} \mathbf{\Lambda}^{T,Q} E^Q(y, \tilde{\boldsymbol{\rho}}_{S,\sigma,\mu}(f,\omega)\Phi, \theta_0\mu)\overline{E^{Q'}(y,\Phi,\mu)}\, \mathrm{d}\mu\, \mathrm{d}y .$$

On décompose l'intégrale sur $\mathbf{Y}_{Q_0}$ comme dans la preuve précédente. On peut commencer par intégrer sur

$$\big(N_{Q_0^L}(F)\backslash N_{Q_0^L}(\mathbb{A})\big) \times \big(N_{Q_0^{L'}}(F)\backslash N_{Q_0^{L'}}(\mathbb{A})\big) .$$

Cette intégrale étant à support compact, on peut la permuter avec l'intégrale sur $\mathrm{i}(\mathfrak{a}_S^G)^*$. On obtient pour composée de ces deux intégrales l'expression

$$(1) \qquad \int_{\mathrm{i}(\mathfrak{a}_S^G)^*} (\mathbf{\Lambda}^{T,Q}E^Q)_{Q_0}\big(x\mathrm{e}^H k, \Phi, \theta_0(\mu)\big)\overline{E_{Q_0}^{Q'}(x\mathrm{e}^H k, \Psi, \mu)}\varphi(\mu)\, \mathrm{d}\mu$$

les indices Q_0 signifiant que l'on prend les termes constants. Le lemme 4.1.2 implique que ceci est nul si $\phi_{Q_0}^Q(H-T) \neq 1$. Dans la preuve précédente, on avait découpé le domaine d'intégration en H selon des paraboliques P'. On voit que maintenant, seul le domaine correspondant à $P' = Q$ donne une contribution non nulle.

Remarquons que les diverses relations que l'on a établies dans la preuve précédente s'appliquent aussi bien à l'intégrale ci-dessus. La relation (4) implique que, pour les H qui vérifiant

$$\tilde{\sigma}_Q^R(H-T) = 1$$

l'intégrale est nulle hors d'un domaine $\|H - T_{Q_0}\| \leq c$, où c est indépendant de T.

On fixe un réel η avec $0<\eta<1$ que l'on précisera dans la proposition 12.5.1 *et sera à l'ÅŞuvre dans la section* 12.6 (*on le supposera alors assez voisin de* 0).

Pour $Z \in \mathfrak{a}_0^G$, on note κ^Z la fonction caractéristique du sous-ensemble des $X \in \mathfrak{a}_0^G$ tels que $\|X\| \leq \|Z\|$. Remarquons que, quitte à agrandir le c' ci-dessus, les relations

$$\mathbf{d}_{P_0}(T) \geq c'(c+1) \qquad \text{et} \qquad \|H - T_{Q_0}\| \leq c$$

entraînent

$$\|H^Q - T_{Q_0}^Q\| \leq \|\eta T\|$$

autrement dit $\kappa^{\eta T}(H^Q - T_{Q_0}^Q) = 1$. En utilisant le lemme 4.2.2, on obtient que, pourvu que $\mathbf{d}_{P_0}(T) \geq c'(c+1)$, l'expression (1) multipliée par $\widetilde{\sigma}_Q^R(H-T)$, vaut

$$\kappa^{\eta T}(H^Q - T_{Q_0}^Q)\widetilde{\sigma}_Q^R(H-T)\phi_{Q_0}^Q(H-T)$$
$$\times \int_{\mathrm{i}(\mathfrak{a}_S^G)^*} \mathbf{\Lambda}^{T[H^Q],Q_0} E_{Q_0}^Q(x\mathrm{e}^H k, \Phi, \theta_0(\mu))\overline{E_{Q_0}^{Q'}(x\mathrm{e}^H k, \Psi, \mu)}\varphi(\mu)\,\mathrm{d}\mu$$

si $\|H - T_{Q_0}\| \leq c$, et 0 sinon. Mais la preuve de la relation (4) de la proposition 12.3.2 s'applique aussi bien à l'expression ci-dessus : cette expression est nulle si $\|H - T_{Q_0}\| > c$. Donc l'expression (1) multipliée par $\widetilde{\sigma}_Q^R(H-T)$ est égale à l'expression ci-dessus pour tout H.

Il est utile de préciser le nombre c, qui dépend de φ. Pour $X \in \mathfrak{h}$, notons $\mathrm{e}^{\langle X,\bullet\rangle}$ la fonction

$$\mu \mapsto \mathrm{e}^{\langle X,\mu\rangle} \qquad \text{sur } \mathrm{i}(\mathfrak{a}_S^G)^* \;.$$

Que se passe-t-il quand on remplace φ par $\varphi\mathrm{e}^{\langle X,\bullet\rangle}$? En examinant les preuves, on voit que le nombre c est essentiellement borné par le sup des normes des éléments du compact ω du lemme 12.3.1. Ce dernier est lui-même essentiellement le support d'une transformée de Fourier partielle de φ. Quand on remplace φ par son produit avec $\mathrm{e}^{\langle X,\bullet\rangle}$, le nouvel ω est essentiellement un translaté du ω initial par une projection de l'élément X. Le sup des normes de ses éléments est donc essentiellement borné par $1+\|X\|$. Il en est donc de même de la constante c. On a obtenu la proposition ci-dessous.

Proposition 12.4.1. *Il existe $c(\varphi)>0$ tel que :*

(i) *pour $\mathbf{d}_{P_0}(T) \geq c(\varphi)$, on a l'égalité entre*

$$\int_{\mathbf{Y}_{Q_0}} \widetilde{\sigma}_Q^R(\mathbf{H}_Q(y)-T)\int_{\mathrm{i}(\mathfrak{a}_S^G)^*} \mathbf{\Lambda}^{T,Q}E^Q(y,\Phi,\theta_0\mu)\overline{E^{Q'}(y,\Psi,\mu)}\varphi(\mu)\,\mathrm{d}\mu\,\mathrm{d}y$$

et

$$\int_{\mathfrak{a}_{Q_0}^G}\int_{L_0(F)\backslash L_0(\mathbb{A})^1}\int_{\mathbf{K}} \kappa^{\eta T}(H^Q - T_{Q_0}^Q)\widetilde{\sigma}_Q^R(H-T)\phi_{Q_0}^Q(H-T)\delta_{Q_0}(\mathrm{e}^H)^{-1}$$
$$\times \int_{\mathrm{i}(\mathfrak{a}_S^G)^*} \mathbf{\Lambda}^{T[H^Q],Q_0} E_{Q_0}^Q(x\mathrm{e}^H k, \Phi, \theta_0\mu)\overline{E_{Q_0}^{Q'}(x\mathrm{e}^H k, \Psi, \mu)}\varphi(\mu)\,\mathrm{d}\mu\,\mathrm{d}k\,\mathrm{d}x\,\mathrm{d}H;$$

(ii) *l'intégrale intérieure en μ du membre de droite ci-dessus est nulle pour tous x, k si*

$$\|H - T_{Q_0}\| > c(\varphi)\;;$$

(iii) *pour φ fixée, on a une majoration $c(\varphi\mathrm{e}^{\langle X,\bullet\rangle}) \ll (1+\|X\|)$ pour tout $X \in \mathfrak{h}$.*

12.5. De nouvelles majorations

Proposition 12.5.1. *Pour* $H \in \mathfrak{a}_{Q_0}^G$, *considérons*

$$\int_{L_0(F)\backslash L_0(\mathbb{A})^1} \int_{\mathbf{K}} \int_{\mathrm{i}(\mathfrak{a}_S^G)^*} |\mathbf{\Lambda}^{T[H^Q],Q_0} E_{Q_0}^Q(xe^H k, \Phi, \theta_0\mu) \\ \times \overline{E_{Q_0}^{Q'}(xe^H k, \Psi, \mu)}\varphi(\mu)| \,\mathrm{d}\mu\, \mathrm{d}k\, \mathrm{d}x \,.$$

(i) *On suppose* $\phi_{Q_0}^Q(H-T)=1$. *L'expression ci-dessus est convergente.*

(ii) *Il existe* η_0 *avec* $0<\eta_0<1$ *tel que si* η *vérifie* $0<\eta<\eta_0$, *la propriété suivante soit vérifiée. Il existe* $c>0$ *telle que l'expression ci-dessus soit majorée par* $c\delta_{Q_0}(e^H)\mathbf{d}_{P_0}(T)^{\dim(\mathfrak{a}_0^{Q_0})}$ *pour tout* T *et tout* H *vérifiant*

$$\widetilde{\sigma}_Q^R(H-T)\phi_{Q_0}^Q(H-T)\kappa^{\eta T}(H^Q - T_{Q_0}^Q) = 1\,.$$

Preuve. L'intégrale sur K est inessentielle, on l'oublie. On veut majorer l'intégrale intérieure. Comme dans la preuve de la proposition 12.2.3, on se ramène à majorer deux types d'intégrales :

$$\int_{\mathrm{i}(\mathfrak{a}_S^G)^*} |\mathbf{\Lambda}^{T[H^Q],Q_0} E_{Q_0}^Q(xe^H, \Phi, \theta_0\mu)\varphi(\mu)|^2 \,\mathrm{d}\mu \tag{1}$$

et

$$\int_{\mathrm{i}(\mathfrak{a}_S^G)^*} |E_{Q_0}^{Q'}(xe^H, \Psi, \mu)\varphi(\mu)|^2 \,\mathrm{d}\mu\,. \tag{2}$$

Considérons la seconde, que l'on peut écrire

$$\int_{\mathrm{i}(\mathfrak{a}_S^G)^*} E_{Q_0}^{Q'}(xe^H, \Psi, \mu)\overline{E_{Q_0}^{Q'}(xe^H, \Psi, \mu)}|\varphi(\mu)|^2 \,\mathrm{d}\mu\,.$$

Sous cette forme, on voit qu'elle se déduit de l'intégrale

$$\int_{\mathrm{i}(\mathfrak{a}_S^G)^*} E^{Q'}(y, \Psi, \mu)\overline{E^{Q'}(y', \Psi, \mu)}|\varphi(\mu)|^2 \,\mathrm{d}\mu$$

en prenant les termes constants en chacune des variables y, y', puis en posant $y = y' = e^H x$ (prendre des termes constants consiste à intégrer sur des compacts, cette opération commute à l'intégrale sur $\mathrm{i}(\mathfrak{a}_S^G)^*$). Fixons une fonction $h^{Q'}$ sur $Q'(F)\backslash G(\mathbb{A})^1$, à valeurs positives et telle que

$$h^{Q'}(y) \ll \delta_{P_0}(y)^{1/2} \ll h^{Q'}(y)$$

pour tout $y \in \mathfrak{S}^{Q'}$: par exemple la fonction

$$h^{Q'}(y) = \sum_{\gamma\in Q'(F)} \delta_{P_0}(\gamma y)^{1/2}\mathbf{1}_{\mathfrak{S}^{Q'}}(\gamma y)$$

où $\mathbf{1}_{\mathfrak{S}^{Q'}}$ est la fonction caractéristique de $\mathfrak{S}^{Q'}$. La proposition 12.2.3 nous dit que la dernière intégrale ci-dessus est essentiellement bornée par $h^{Q'}(y)h^{Q'}(y')$. Donc (2) est essentiellement bornée par

$$h_{Q_0}^{Q'}(xe^H)h_{Q_0}^{Q'}(xe^H)\,.$$

La fonction $h^{Q'}$ est à croissance modérée, donc $h_{Q_0}^{Q'}$ aussi. Pour H fixé, l'expression (2) est donc essentiellement bornée par $|x|^D$ pour un entier D assez grand. Considérons l'expression (1). Elle se déduit de même de

$$\text{(3)} \qquad \int_{\mathrm{i}(\mathfrak{a}_S^G)^*} E^Q(y,\Phi,\mu)\overline{E^Q(y',\Phi,\mu)}|\varphi(\mu)|^2\,\mathrm{d}\mu$$

en prenant en chaque variable les termes constants puis en appliquant l'opérateur $\mathbf{\Lambda}^{T[H^Q],Q_0}$, enfin en égalant $y = y' = x\mathrm{e}^H$. Quand on prend les termes constants, on obtient comme ci-dessus une fonction essentiellement bornée par

$$h_{Q_0}^Q(y)h_{Q_0}^Q(y')$$

où h^Q est l'analogue de $h^{Q'}$. Mais une majoration analogue vaut pour les dérivées en y et y' de notre fonction : en effet, par les procédés que l'on a déjà employés, de telles dérivées se majorent par des combinaisons linéaires d'intégrales similaires. Donc notre fonction est à croissance uniformément modérée en les deux variables y et y'. Quand on applique ensuite les opérateurs $\mathbf{\Lambda}^{T[H^Q],Q_0}$, on obtient une fonction à décroissance rapide en les deux variables grâce à la proposition 4.3.2 (l'hypothèse $\phi_{Q_0}^Q(H-T) = 1$ assure que $T[H^Q]$ est régulier). Donc, pour tout r, l'expression (1) est essentiellement bornée par $|x|^{-r}$ pour $x \in \mathfrak{S}^{L_0}$. Il en résulte que l'intégrale intérieure de l'expression de la proposition est à décroissance rapide en x. La première assertion de la proposition s'ensuit. Pour la seconde assertion, on a besoin d'un ingrédient supplémentaire. Montrons qu'il existe D tel que l'on ait une majoration

$$\text{(4)} \qquad h_{Q_0}^Q(x\mathrm{e}^H) \ll \delta_{Q_0}(\mathrm{e}^H)^{1/2}|x|^D$$

pour tout H tel que $\tau_{Q_0}^Q(H) = 1$ et pour tout $x \in \mathfrak{S}^{L_0}$.

On ne perd rien à supposer le temps de la preuve que $Q = G$. On peut aussi supposer que $x = \mathrm{e}^{\mathbf{H}_0(x)}$. Posons $Y = H + \mathbf{H}_0(x)$. Considérons l'ensemble des paraboliques standard P' tels que $Q_0 \subset P'$ et $\alpha(Y) > 0$ pour toute racine $\alpha \in \Sigma(N_{P'})$, où on désigne ainsi l'ensemble des racines intervenant dans le radical unipotent $N_{P'}$ de P'. Remarquons que pour deux paraboliques standard P'_1 et P'_2, et en notant $P'_3 = P'_1 \cap P'_2$, on a

$$\Sigma(N_{P'_3}) = \Sigma(N_{P'_1}) \cup \Sigma(N_{P'_2})\,.$$

Notre ensemble de paraboliques est donc stable par intersection, il possède en conséquence un plus petit élément que l'on note P'_0. Si $P'_0 \neq Q_0$, soit $\alpha \in \Delta_0^{P'_0} - \Delta_0^{Q_0}$. Le parabolique P'_α tel que $\Delta_0^{P'_\alpha} = \Delta_0 - \{\alpha\}$ contient Q_0 mais pas P'_0. Il existe donc $\beta \in \Sigma(N_{P'_\alpha})$ tel que $\beta(Y) \leq 0$. On fixe un tel β que l'on décompose dans la base Δ_0. Le coefficient de α est strictement positif. Puisque $\tau_{Q_0}(H) = 1$, on a donc $0 < \alpha(H) \leq \beta(H)$. D'où $0 < \alpha(H) \leq -\beta\big(\mathbf{H}_0(x)\big)$. Cela étant vrai pour tout $\alpha \in \Delta_0^{P'_0} - \Delta_0^{Q_0}$, on obtient une majoration

$$\|H^{P'_0}\| \ll \|\mathbf{H}_0(x)\|\,.$$

A fortiori

$$\|Y^{P'_0}\| \ll \|\mathbf{H}_0(x)\|\,.$$

On a supposé $P'_0 \neq Q_0$ mais cette majoration reste vraie si $P'_0 = Q_0$, auquel cas $Y^{P'_0} = \mathbf{H}_0(x)$. Fixons $v \in \mathbf{W}^{P'_0}$ tel que $\alpha(vY) \geq 0$ pour tout $\alpha \in \Delta_0^{P'_0}$. Pour

$\alpha \in \Delta_0 - \Delta_0^{P_0'}$, on a $\alpha(vY) = (v^{-1}\alpha)(Y)$. Puisque $v \in \mathbf{W}^{P_0'}$, $v^{-1}\alpha$ appartient à $\Sigma(N_{P_0'})$, donc $(v^{-1}\alpha)(Y) > 0$. On a donc $\alpha(vY) \geq 0$ pour tout $\alpha \in \Delta_0$.

On a

$$h_{Q_0}^G(\mathrm{e}^{H+\mathbf{H}_0(x)}) = \int_{N_{Q_0}(F)\backslash N_{Q_0}(\mathbb{A})} h^G(n\mathrm{e}^Y)\,\mathrm{d}n\,.$$

Pour tout n dans un ensemble de représentants de $N_{Q_0}(F)\backslash N_{Q_0}(\mathbb{A})$, fixons $\gamma \in G(F)$ tel que $\gamma n\mathrm{e}^Y \in \mathfrak{S}^G$. Calculons $\mathbf{H}_0(\gamma n\mathrm{e}^Y)$. En utilisant la décomposition de Bruhat-Tits, on peut supposer que $\gamma = \nu' w \nu$ où w normalise le Levi minimal et $\nu', \nu \in N_{P_0}(F)$. Alors

$$\mathbf{H}_0(\gamma n\mathrm{e}^Y) = \mathbf{H}_0(\mathrm{e}^{wY}wn') = wY + \mathbf{H}_0(wn')$$

où $n' = \mathrm{e}^{-Y}\nu n\mathrm{e}^Y$. D'après le lemme 3.3.1, on a une majoration $\varpi\big(\mathbf{H}_0(wn')\big) \leq c$ pour tout $\varpi \in \widehat{\Delta}_0$, où c est une certaine constante. On a

$$wY = vY + (wv^{-1} - 1)(vY)\,.$$

Puisque vY est dans la chambre positive fermée, on a $\varpi\big((wv^{-1}-1)(vY)\big) \leq 0$ pour tout $\varpi \in \widehat{\Delta}_0$. Donc $\varpi(\mathbf{H}_0(\gamma n\mathrm{e}^Y) - vY) \leq c$ pour tout ϖ. Il en résulte que

$$h^G(n\mathrm{e}^Y) \ll \delta_{P_0}(\gamma n\mathrm{e}^Y)^{1/2} \ll \delta_{P_0}(\mathrm{e}^{vY})^{1/2}\,.$$

On a

$$\delta_{P_0}(\mathrm{e}^{vY}) = \delta_{P_0'}(\mathrm{e}^{(vY)_{P_0'}})\delta_{P_0}^{P_0'}(\mathrm{e}^{(vY)^{P_0'}})\,.$$

On a $(vY)^{P_0'} = v(Y^{P_0'})$ et, par construction, $(vY)_{P_0'} = H_{P_0'}$, donc

$$\delta_{P_0'}(\mathrm{e}^{(vY)_{P_0'}}) = \delta_{P_0'}(\mathrm{e}^{H_{P_0'}}) = \delta_{Q_0}(\mathrm{e}^H)\delta_{Q_0}^{P_0'}(\mathrm{e}^{H^{P_0'}})^{-1}\,.$$

On obtient

$$h^G(n\mathrm{e}^Y) \ll \delta_{Q_0}(\mathrm{e}^H)^{1/2}\delta_{Q_0}^{P_0'}(\mathrm{e}^{H^{P_0'}})^{-1/2}\delta_{P_0}^{P_0'}(\mathrm{e}^{v(Y^{P_0'})})\,.$$

On a montré que $\|H^{P_0'}\|$ et $\|Y^{P_0'}\|$ étaient essentiellement bornés par $\|\mathbf{H}_0(x)\|$. Il en résulte que le produit des deux derniers termes ci-dessus est borné par $|x|^D$ pour D assez grand. L'intégration en u se faisant sur un compact, (4) en résulte. Montrons que pourvu que η soit assez petit, l'hypothèse

$$\text{(5)}\qquad \widetilde{\sigma}_Q^R(H-T)\phi_{Q_0}^Q(H-T)\kappa^{\eta T}(H^Q - T_{Q_0}^Q) = 1$$

implique

$$\tau_{Q_0}^P(H) = 1\,.$$

En effet, pour

$$\alpha \in \Delta_{Q_0}^P - \Delta_{Q_0}^Q$$

l'hypothèse $\widetilde{\sigma}_Q^R(H-T)$ implique $\alpha(H_Q) > \alpha(T_Q)$. L'hypothèse $\phi_{Q_0}^Q(H-T) = 1$ implique que $H^Q - T_{Q_0}^Q$ est combinaison linéaire à coefficients négatifs ou nuls de $\check{\beta}$ pour $\beta \in \Delta_{Q_0}^Q$. On a $\alpha(\check{\beta}) \leq 0$, donc $\alpha(H^Q) \geq \alpha(T^Q)$ et finalement $\alpha(H) > \alpha(T) > 0$. Pour $\alpha \in \Delta_{Q_0}^Q$, il existe une constante absolue $c > 0$ telle que l'hypothèse $\kappa^{\eta T}(H^Q - T_{Q_0}^Q) = 1$ implique

$$|\alpha(H - T_{Q_0})| < c\eta\alpha(T)$$

(rappelons que T reste dans un cône fixé, *cf.* section 12.3). D'où

$$\alpha(H) > \alpha(T_{Q_0}) - c\eta\alpha(T) \geq (1 - c\eta)\alpha(T)\,.$$

Il suffit que $c\eta < 1$ pour que cela entraîne $\alpha(H) \gg \alpha(T) > 0$. On suppose désormais

$$\widetilde{\sigma}_Q^R(H-T)\phi_{Q_0}^Q(H-T)\kappa^{\eta T}(H^Q - T_{Q_0}^Q) = 1 .$$

On suppose aussi η tel que la conclusion de (5) soit vérifiée. Pour simplifier, notons $\mathbf{\Lambda}$ l'opérateur $\mathbf{\Lambda}^{T[H^Q],Q_0}$ et C l'opérateur qui multiplie une fonction sur

$$\mathbf{Y}_{Q_0} \simeq Q_0(F)\backslash G(\mathbb{A})^1 \qquad \text{par la fonction } x \mapsto F_{P_0}^{Q_0}(x, T[H^Q]) .$$

L'intégrale intérieure de l'expression de l'énoncé se majore par la somme de deux intégrales analogues où on remplace $\mathbf{\Lambda}$ soit par $\mathbf{\Lambda} - C$, soit par C. Notons

$$I_{\mathbf{\Lambda}-C}(x,H) \qquad \text{et} \qquad I_C(x,H)$$

ces deux intégrales. Commençons par majorer la première. De nouveau, on doit majorer (2) et l'analogue, disons (1′), de (1) où $\mathbf{\Lambda}$ est remplacé par $\mathbf{\Lambda} - C$. Il résulte de (4) (appliqué à Q' : l'hypothèse $\tau_{Q_0}^{Q'}(H) = 1$ est satisfaite) que (2) est essentiellement majoré par $\delta_{Q_0}(\mathrm{e}^H)|x|^D$ pour un D assez grand. On a une majoration analogue pour la fonction déduite de (3) par passage aux termes constants. Comme on l'a expliqué, on l'a même pour ses dérivées, avec des constantes implicites dépendant de la dérivation mais un D uniforme. En appliquant la proposition 4.3.3, on voit que (1′) est essentiellement majoré par

$$\delta_{Q_0}(\mathrm{e}^H)\mathrm{e}^{-r\mathbf{d}_{P_0\cap L_0}^{L_0}(T[H^Q])}|x|^{-r}$$

pour n'importe quel r. On a déjà observé (juste avant le lemme 4.2.2) que $T[H^Q]$ était « plus régulier » que T, donc

$$\mathbf{d}_{P_0}(T) \ll \mathbf{d}_{P_0\cap L_0}^{L_0}(T[H^Q]) .$$

Il en résulte une majoration

$$I_{\mathbf{\Lambda}-C}(x,H) \ll \delta_{Q_0}(\mathrm{e}^H)\mathrm{e}^{-r\mathbf{d}_{P_0}(T)}|x|^{-r}$$

pour tout r, puis

$$\int_{L_0(F)\backslash L_0(\mathbb{A})^1} I_{\mathbf{\Lambda}-C}(x,H)\,\mathrm{d}x \ll \delta_{Q_0}(\mathrm{e}^H)\mathrm{e}^{-r\mathbf{d}_{P_0}(T)} . \tag{6}$$

Majorons maintenant $I_C(x,H)$. L'opérateur $\mathbf{\Lambda}$ n'intervient plus. Le procédé de la preuve de la proposition 12.2.3 nous conduit à majorer (2) et une intégrale analogue où Q remplace Q', mais sous les restrictions

$$\widetilde{\sigma}_Q^R(H-T)\phi_{Q_0}^Q(H-T)\kappa^{\eta T}(H^Q - T_{Q_0}^Q) = 1$$

et $F_{P_0}^{Q_0}(x, T[H^Q]) = 1$. On peut aussi supposer $x \in \mathfrak{S}^{L_0}$. Montrons que :

– il existe $c \in \mathbb{R}$ tel que

$$\alpha\big(H + \mathbf{H}_0(x)\big) \geq c \qquad \text{pour tout } \alpha \in \Delta_0^{Q_0} ; \tag{7}$$

– si η est assez petit, il existe $c' > 0$ tel que

$$\alpha\big(H + \mathbf{H}_0(x)\big) \geq c'\mathbf{d}_{P_0}(T) \qquad \text{pour tout } \alpha \in \Delta_0^P - \Delta_0^{Q_0} . \tag{8}$$

Pour $\alpha \in \Delta_0^{Q_0}$, c'est clair puisque $x \in \mathfrak{S}^{L_0}$. Soit $\alpha \in \Delta_0^P - \Delta_0^{Q_0}$. L'hypothèse $F_{P_0}^{Q_0}(x, T[H^Q]) = 1$ entraîne que $\mathbf{H}_0(x) - T[H^Q]$ est combinaison linéaire à coefficients négatifs ou nuls de $\check{\beta}$ pour $\beta \in \Delta_0^{Q_0}$. On a $\alpha(\check{\beta}) \geq 0$, donc

$$\alpha\big(\mathbf{H}_0(x)\big) \geq \alpha(T[H^Q])$$

et on est ramené à considérer $\alpha(H+T[H^Q])$. Ecrivons

$$T^Q_{Q_0} - H^Q = \sum_{\beta\in\Delta_0^Q-\Delta_0^{Q_0}} x_\beta \check{\beta}_{Q_0}$$

avec des $x_\beta \geq 0$ (c'est l'hypohèse $\phi^Q_{Q_0}(H-T)=1$). D'après le lemme 4.2.1 on a

$$T[H^Q] = T^{Q_0} - \sum_{\beta\in\Delta_0^Q-\Delta_0^{Q_0}} x_\beta \check{\beta}^{Q_0} .$$

Il en résulte que

$$H + T[H^Q] = H_Q + T^Q - \sum_{\beta\in\Delta_0^Q-\Delta_0^{Q_0}} x_\beta\check{\beta} = H_Q - T_Q + T - \sum_{\beta\in\Delta_0^Q-\Delta_0^{Q_0}} x_\beta\check{\beta} .$$

Si $\alpha \in \Delta_0^P - \Delta_0^Q$, les $\alpha(\check{\beta})$ sont négatifs ou nuls et $\alpha(H_Q - T_Q) > 0$ par l'hypothèse $\widetilde{\sigma}_Q^R(H-T) = 1$. Donc

$$\alpha(H + T[H^Q]) \geq \alpha(T) \geq \mathbf{d}_{P_0}(T) .$$

Supposons enfin $\alpha \in \Delta_0^Q - \Delta_0^{Q_0}$. Alors

$$\alpha(H + T[H^Q]) = \alpha(T) - \sum_{\beta\in\Delta_0^Q-\Delta_0^{Q_0}} x_\beta \alpha(\check{\beta})$$

et il existe une constante absolue $c_1 > 0$ telle que

$$\alpha(H + T[H^Q]) \geq \mathbf{d}_{P_0}(T) - c_1 \sup_{\beta\in\Delta_0^Q-\Delta_0^{Q_0}} x_\beta .$$

Il existe une constante absolue $c_2 > 0$ telle que la condition $\kappa^{\eta T}(H^Q - T^Q_{Q_0}) = 1$ implique

$$\sup_{\beta\in\Delta_0^Q-\Delta_0^{Q_0}} x_\beta \leq c_2\eta\mathbf{d}_{P_0}(T) .$$

Donc

$$\alpha(H + T[H^Q]) \geq (1 - c_1c_2\eta)\mathbf{d}_{P_0}(T) .$$

Si $c_1c_2\eta < 1$, la conclusion de (7) est vérifiée. En conséquence de (8), les éléments

$$H^Q + \mathbf{H}_0(x)^Q \quad \text{et} \quad H^{Q'} + \mathbf{H}_0(x)^{Q'}$$

restent dans des domaines de Siegel relatifs à Q et Q' (éventuellement plus gros que ceux que l'on a fixés, mais peu importe). On a alors une majoration

$$h^{Q'}(nx\mathrm{e}^H) \ll \delta_{P_0}(\mathrm{e}^{H+\mathbf{H}_0(x)})^{1/2}$$

pour tout $u \in N_{Q_0}(\mathbb{A})$ d'où

$$h^{Q'}_{Q_0}(x\mathrm{e}^H) \ll \delta_{P_0}(\mathrm{e}^{H+\mathbf{H}_0(x)})^{1/2} .$$

Donc (2) est essentiellement majoré par $\delta_{P_0}(\mathrm{e}^{H+\mathbf{H}_0(x)})$. Il en est de même de l'analogue de (2) relatif au parabolique Q et donc aussi de $I_C(x,H)$. Alors

$$\int_{L_0(F)\backslash L_0(\mathbb{A})^1} I_C(x,H)\,\mathrm{d}x \ll \delta_{Q_0}(\mathrm{e}^H) \int_{L_0(F)\backslash L_0(\mathbb{A})^1} F^{Q_0}_{P_0}(x, T[H^Q])\delta_{P_0}(x)\,\mathrm{d}x .$$

On majore la dernière intégrale en se limitant à un domaine de Siegel et en écrivant $x = vak$, avec v dans un compact de $(P_0 \cap L_0)(\mathbb{A})$, $a \in \mathfrak{A}^{L_0}(t)$ et $k \in K \cap L_0(\mathbb{A})$. Comme on sait, la décomposition des mesures introduit un $\delta_{P_0}(a)^{-1}$. L'intégrale est donc essentiellement bornée par la mesure du sous-ensemble des $a \in \mathfrak{A}^{L_0}(t)$ tels que $F_{P_0}^{Q_0}(a, T[H^Q]) = 1$. En écrivant $a = e^Y$, l'élément Y reste dans l'intérieur d'un polyèdre de $\mathfrak{a}_0^{L_0}$ dont les côtés ont une longueur essentiellement bornée par $\|T[H^Q]\|$, ou encore par

$$\|T\| + \|H^Q\| .$$

La condition $\kappa^{\eta T}(H^Q - T_{Q_0}^Q) = 1$ entraîne une majoration

$$\|H^Q\| \ll \|T\| .$$

Donc le volume du polyèdre est borné par $\|T\|^{\dim(\mathfrak{a}_0^{Q_0})}$. On obtient

$$\int_{L_0(F)\backslash L_0(\mathbb{A})^1} I_C(x, H)\, \mathrm{d}x \ll \delta_{Q_0}(e^H)\|T\|^{\dim(\mathfrak{a}_0^{Q_0})} .$$

Jointe à (6), cette majoration entraîne celle de l'énoncé. □

12.6. Retour à la formule de départ

Dorénavant, on suppose $0 < \eta < \eta_0$, *où* η_0 *vérifie les conditions de la proposition* 12.5.1.

La proposition 12.3.2 entraîne la convergence dans l'ordre indiqué des doubles intégrales figurant dans l'expression $J_\chi^T(f)$ de la section 12.1. La proposition 12.4.1 entraîne l'égalité

$$\begin{aligned}
&J_\chi^T(f, \omega) \\
&= \sum_{\{Q,R|P_0\subset Q\subset R\}} \widetilde{\eta}(Q, R) \sum_{\{S|P_0\subset S\subset Q'\}} \frac{1}{n^{Q'}(S)} \\
&\quad\times \sum_{\sigma\in\Pi_{\mathrm{disc}}(M_S)} \sum_{\Psi\in\mathcal{B}^{Q'}(\sigma)_\chi} \int_{\mathfrak{a}_{Q_0}^G} \int_{L_0(F)\backslash L_0(\mathbb{A})^1} \int_{\mathbf{K}} \kappa^{\eta T}(H^Q - T_{Q_0}^Q)\widetilde{\sigma}_Q^R(H - T) \\
&\quad\times \phi_{Q_0}^Q(H - T)\delta_{Q_0}(e^H)^{-1} \int_{\mathrm{i}(\mathfrak{a}_S^G)^*} \mathbf{\Lambda}^{T[H^Q],Q_0} E_{Q_0}^Q(xe^H k, \widetilde{\boldsymbol{\rho}}_{S,\sigma,\mu}(f, \omega)\Psi, \theta_0\mu) \\
&\qquad\qquad\times \overline{E_{Q_0}^{Q'}(xe^H k, \Psi, \mu)}\, \mathrm{d}\mu\, \mathrm{d}k\, \mathrm{d}x\, \mathrm{d}H .
\end{aligned}$$

Cela est vrai sous l'hypothèse $\mathbf{d}_{P_0}(T) \geq c'(c(f) + 1)$ où $c' > 0$ est une constante absolue et $c(f) > 0$ dépend de f. Quand on remplace f par f_X, pour $X \in \mathfrak{h}$, les fonctions φ qui interviennent dans le calcul sont changées en des combinaisons linéaires de fonctions $\varphi e^{\langle X, \bullet\rangle}$, avec $s \in W_{\mathbb{C}}$. D'après la proposition 12.4.1, on a donc une majoration

$$c(f_X) \ll 1 + \|X\| .$$

Précisément, $J_\chi^T(f_X)$ est l'expression déduite de celle ci-dessus en glissant dans la dernière intégrale le terme

$$|W_{\mathbb{C}}|^{-1} \sum_{s\in W_{\mathbb{C}}} e^{\langle sX, \theta_0(\lambda(\sigma)+\mu)\rangle} .$$

On écrit $\lambda(\sigma) = X(\sigma) + iY(\sigma)$. En suivant Arthur, on considère l'ensemble des quadruplets (Q, R, σ, s) qui interviennent dans l'expression de $J_\chi^T(f_X)$. Il y a une application

$$(Q, R, \sigma, s) \mapsto s^{-1}\theta_0\big(X(\sigma)\big)$$

définie sur cet ensemble, à valeurs dans $\mathfrak{h}$. On note $\mathbf{\Gamma}$ l'ensemble des fibres de cette application. Pour une fibre Γ, on note X_Γ son image. On peut alors écrire

$$J^T_\chi f_X, \omega) = \sum_{\Gamma\in\mathbf{\Gamma}} \mathrm{e}^{\langle X_\Gamma, X\rangle} \psi^T_\Gamma(X, f, \omega),$$

où $\psi^T_\Gamma(X, f, \omega)$ est la sous-somme de $J^T_\chi f_X, \omega)$ limitée aux $(Q, R, \sigma, s) \in \Gamma$ et multipliée par $\mathrm{e}^{-\langle X_\Gamma, X\rangle}$ (autrement dit, on a sorti de $\psi^T_\Gamma(X, f, \omega)$ la partie non unitaire des exponentielles).

12.7. De nouveaux polynômes

Lemme 12.7.1. *Soit $\Gamma \in \mathbf{\Gamma}$. Pour tout opérateur différentiel D sur $\mathfrak{h}$ à coefficients constants, on a une majoration*

$$|D\psi^T_\Gamma(X, f, \omega)| \ll (1 + \|X\|)^{\dim(\mathfrak{a}^G_0)} \mathbf{d}_{P_0}(T)^{\dim(\mathfrak{a}^G_0)}$$

pour tout T et tout $X \in \mathfrak{h}$.

Preuve. Le terme $\psi^T_\Gamma(X, f, \omega)$ est somme finie de termes

$$\int_{\mathfrak{a}^G_{Q_0}} \int_{L_0(F)\backslash L_0(\mathbb{A})^1} \int_{\mathbf{K}} \kappa^{\eta T}(H^Q - T^Q_{Q_0}) \tilde{\sigma}^R_Q(H - T) \phi^Q_{Q_0}(H - T) \delta_{Q_0}(\mathrm{e}^H)^{-1}$$
$$\times \int_{\mathrm{i}(\mathfrak{a}^G_S)^*} \mathbf{\Lambda}^{T[H^Q], Q_0} E^Q_{Q_0}(x\mathrm{e}^H k, \Phi, \theta_0\mu) \overline{E^{Q'}_{Q_0}(x\mathrm{e}^H k, \Psi, \mu)} \varphi(\mu)$$
$$\times\, \mathrm{e}^{\langle sX, \mathrm{i}Y(\sigma)+\mu\rangle}\, \mathrm{d}\mu\, \mathrm{d}k\, \mathrm{d}x\, \mathrm{d}H\ .$$

Appliquer l'opérateur D ne fait que remplacer φ par une autre fonction de Paley-Wiener. La proposition 12.5.1 nous permet de majorer essentiellement la triple intégrale intérieure par

$$\delta_{Q_0}(\mathrm{e}^H)\|T\|^{\dim(\mathfrak{a}^{Q_0}_0)}\ .$$

D'autre part, d'après la proposition 12.4.1, cette triple intégrale est nulle sauf si H vérifie une majoration

$$\|H - T_{Q_0}\| \ll 1 + \|X\|\ .$$

Donc $D\psi^T_\Gamma(X, f, \omega)$ est essentiellement borné par le produit de $\|T\|^{\dim(\mathfrak{a}^{Q_0}_0)}$ et de la mesure du sous-ensemble des $H \in \mathfrak{a}^G_{Q_0}$ vérifiant cette majoration, laquelle est essentiellement bornée par

$$(1 + \|X\|)^{\dim(\mathfrak{a}^G_{Q_0})}\ .$$

Le lemme en résulte. □

Proposition 12.7.2. *Pour tout $\Gamma \in \mathbf{\Gamma}$, il existe une unique fonction $p^T_\Gamma(X, f, \omega)$ qui est lisse en X et polynomiale en T de degré au plus $\dim(\mathfrak{a}^G_0)$ et qui vérifie les conditions suivantes :*

(i) *il existe $c >$ tel que*

$$J^T_\chi f_X, \omega) = \sum_{\Gamma\in\mathbf{\Gamma}} \mathrm{e}^{\langle X_\Gamma, X\rangle} p^T_\Gamma(X, f, \omega)$$

si $\mathbf{d}_{P_0}(T) \geq c(1 + \|X\|)$;

(ii) *pour tout opérateur différentiel D à coefficients constants sur $\mathfrak{h}$, il existe $R > 0$ et $c_1, c_2 > 0$ tel que*

$$\left|D\big(\psi_\Gamma^T(X,f,\omega) - p_\Gamma^T(X,f,\omega)\big)\right| \leq c_1 \mathrm{e}^{-R\mathbf{d}_{P_0}(T)}$$

si $\mathbf{d}_{P_0}(T) \geq c_2(1+\|X\|)$;

(iii) *pour tout opérateur différentiel D à coefficients constants sur $\mathfrak{h}$, il existe $R \in \mathbb{N}$ et $c' > 0$ tels que*

$$|Dp_\Gamma^T(X,f,\omega)| \leq c'(1+\|X\|)^R \mathbf{d}_{P_0}(T)^{\dim(\mathfrak{a}_0^G)}$$

pour tous X, T.

Preuve. Grâce au lemme 12.1.2 et à la proposition 12.4.1, on est presque dans la situation de la proposition 5.1 de [5]. La seule différence est que Arthur dispose d'une majoration

$$|D\psi_\Gamma^T(X,f,\omega)| \ll \mathbf{d}_{P_0}(T)^{\dim(\mathfrak{a}_0^G)}$$

alors que le lemme ci-dessus nous fournit seulement

$$|D\psi_\Gamma^T(X,f,\omega)| \ll (1+\|X\|)^{\dim(\mathfrak{a}_0^G)} \mathbf{d}_{P_0}(T)^{\dim(\mathfrak{a}_0^G)} .$$

Un examen de la preuve d'Arthur montre que celle-ci s'applique encore, avec bien sûr une conclusion plus faible concernant l'assertion (iii). □

12.8. Permutation de deux intégrales

Soient $Q, R, S, \sigma, \Phi, \Psi$ comme dans la section 12.2. Pour une fonction φ sur $\mathrm{i}(\mathfrak{a}_S^G)^*$, posons au moins formellement

$$A^T(\varphi) = \int_{\mathfrak{a}_{Q_0}^G} A^T(\varphi, H)\,\mathrm{d}H$$

où

$$A^T(\varphi,H) = \int_{L_0(F)\backslash L_0(\mathbb{A})^1} \int_{\mathbf{K}} \kappa^{\eta T}(H^Q - T_{Q_0}^Q)\widetilde{\sigma}_Q^R(H-T)\phi_{Q_0}^Q(H-T)\delta_{Q_0}(\mathrm{e}^H)^{-1}$$
$$\times \int_{\mathrm{i}(\mathfrak{a}_S^G)^*} \mathbf{\Lambda}^{T[H^Q],Q_0} E_{Q_0}^Q(x\mathrm{e}^H k, \Phi, \theta_0\mu)\overline{E_{Q_0}^{Q'}(x\mathrm{e}^H k, \Psi, \mu)}\varphi(\mu)\,\mathrm{d}\mu\,\mathrm{d}k\,\mathrm{d}x .$$

Fixons φ de Paley-Wiener sur $\mathrm{i}(\mathfrak{a}_S^G)^*$. Considérons une fonction $B \in C_c^\infty(\mathrm{i}\mathfrak{h}^{G,*})$ et sa transformée de Fourier inverse $\widehat{B}$ sur $\mathfrak{h}^G$. On peut restreindre B en une fonction sur $\mathrm{i}(\mathfrak{a}_S^G)^*$.

Lemme 12.8.1. *Les expressions*

$$A^T(\varphi \mathrm{e}^{\langle X, \bullet\rangle}, H) \quad \textit{pour } X \in \mathfrak{h}, \qquad \textit{et} \qquad A^T(\varphi B, H)$$

sont absolument convergentes. Les expressions

$$A^T(\varphi \mathrm{e}^{\langle X, \bullet\rangle}) \qquad \textit{et} \qquad A^T(\varphi B)$$

sont absolument convergentes. L'intégrale

$$\int_{\mathfrak{h}^G} A^T(\varphi \mathrm{e}^{\langle X, \bullet\rangle})\widehat{B}(X)\,\mathrm{d}X$$

est absolument convergente et est égale à $A^T(\varphi B)$.

PREUVE. Résumons ce que l'on a déjà prouvé. La proposition 12.5.1 (que l'on peut aussi bien appliquer à $\varphi e^{\langle X,\bullet\rangle}$ qui a même valeur absolue que φ) montre que

(1) $A^T(\varphi e^{\langle X,\bullet\rangle}, H)$ est absolument convergente et $|A^T(\varphi e^{\langle X,\bullet\rangle}, H)|$ est borné indépendamment de X et H, T étant fixé ; plus précisément, l'intégrale obtenue en remplaçant dans $A^T(\varphi e^{\langle X,\bullet\rangle}, H)$ toutes les fonctions par leurs valeurs absolues est bornée.

Par ailleurs, d'après la proposition 12.4.1 :

(2) il existe $c > 0$ tel que
$$A^T(\varphi e^{\langle X,\bullet\rangle}, H) = 0 \qquad \text{sauf si } \|H - T_{Q_0}\| \leq c(1 + \|X\|)\ .$$

L'intégrale $A^T(\varphi B, H)$ est aussi absolument convergente puisque φB est essentiellement bornée par φ. Utilisons la formule d'inversion de Fourier :
$$B(\mu) = \int_{\mathfrak{h}^G} \widehat{B}(X) e^{\langle X,\mu\rangle}\, dX\ .$$

On obtient formellement
$$A^T(\varphi B, H) = \int_{\mathfrak{h}^G} \widehat{B}(X) A^T(\varphi e^{\langle X,\bullet\rangle}, H)\, dX\ .$$

Ce calcul est justifié par (1) : quand on remplace toutes les fonctions par leurs valeurs absolues, l'expression ci-dessus reste essentiellement bornée par
$$\int_{\mathfrak{h}^G} |\widehat{B}(X)|\, dX$$
qui est convergente. En utilisant (2), on obtient
$$A^T(\varphi B, H) = \int_{X\in\mathfrak{h}^G;\|H-T_{Q_0}\|\leq c(1+\|X\|)} \widehat{B}(X) A^T(\varphi e^{\langle X,\bullet\rangle}, H)\, dX\ .$$

Mais l'intégrale
$$\int_{\mathfrak{a}^G_{Q_0}} \int_{X\in\mathfrak{h}^G;\|H-T_{Q_0}\|\leq c(1+\|X\|)} |\widehat{B}(X) A^T(\varphi e^{\langle X,\bullet\rangle}, H)|\, dX\, dH$$
est convergente. En effet, on peut oublier le terme $A^T(\varphi e^{\langle X,\bullet\rangle}, H)$ d'après (1). L'intégrale en H est essentiellement bornée par
$$(1 + \|X\|)^{\dim(\mathfrak{a}^G_{Q_0})}$$
et l'intégrale restante en X est convergente puisque $\widehat{B}$ est de Schwartz. Cela prouve la convergence de $A^T(\varphi B)$. Cela prouve aussi que l'on peut intervertir les intégrales :
$$A^T(\varphi B) = \int_{\mathfrak{h}^G} \widehat{B}(X) \int_{H\in\mathfrak{a}^G_{Q_0};\|H-T_{Q_0}\|\leq c(1+\|X\|)} A^T(\varphi e^{\langle X,\bullet\rangle}, H)\, dH\, dX\ .$$

Toujours d'après (2), on peut aussi bien supprimer la condition
$$\|H - T_{Q_0}\| \leq c(1 + \|X\|)\ .$$

L'intégrale intérieure devient $A^T(\varphi e^{\langle X,\bullet\rangle})$ et on obtient que $A^T(\varphi B)$ est donnée par l'intégrale de l'énoncé, laquelle est absolument convergente. □

12.9. Un polynôme associé à la fonction B

Soit B une fonction C^∞ à support compact sur $\mathrm{i}\mathfrak{h}^*$, que l'on suppose invariante par $W_\mathbb{C}$. Pour des données Q, R, S, σ intervenant dans l'expression ci-dessous, on définit B_σ sur $\mathrm{i}(\mathfrak{a}_S^G)^*$ par $B_\sigma(\mu) = B(\mathrm{i}Y(\sigma) + \mu)$. On pose

$$\begin{aligned}
&J_\chi^T(B, f, \omega)\\
&= \sum_{\{Q,R|P_0\subset Q\subset R\}} \widetilde{\eta}(Q,R) \sum_{\{S|P_0\subset S\subset Q'\}} \frac{1}{n^{Q'}(S)}\\
&\quad\times \sum_{\sigma\in\Pi_{\mathrm{disc}}(M_S)} \sum_{\Psi\in\mathcal{B}^{Q'}(\sigma)_\chi} \int_{\mathfrak{a}_{Q_0}^G} \int_{L_0(F)\backslash L_0(\mathbb{A})^1} \int_{\mathbf{K}} \kappa^{\eta T}(H^Q - T_{Q_0}^Q)\widetilde{\sigma}_Q^R(H-T)\\
&\qquad\times \phi_{Q_0}^Q(H-T)\delta_{Q_0}(\mathrm{e}^H)^{-1} \int_{\mathrm{i}(\mathfrak{a}_S^G)^*} \mathbf{\Lambda}^{T[H^Q],Q_0} E_{Q_0}^Q(x\mathrm{e}^H k, \widetilde{\boldsymbol{\rho}}_{S,\sigma,\mu}(f,\omega)\Psi, \theta_0\mu)\\
&\qquad\qquad\times \overline{E_{Q_0}^{Q'}(x\mathrm{e}^H k, \Psi, \mu)} B_\sigma(\mu)\,\mathrm{d}\mu\,\mathrm{d}k\,\mathrm{d}x\,\mathrm{d}H\ .
\end{aligned}$$

Cette expression est combinaison linéaire finie d'expressions $A^T(\varphi B')$ du paragraphe précédent, où φ est de Paley-Wiener et B' est C^∞ et à support compact. Donc les intégrales sont convergentes dans l'ordre indiqué. Pour $\epsilon > 0$, définissons B^ϵ par $B^\epsilon(\nu) = B(\epsilon\nu)$ pour tout $\nu \in \mathrm{i}\mathfrak{h}^{G,*}$.

Théorème 12.9.1. (i) *Pour tout B comme ci-dessus, il existe un unique polynôme $p_\chi^T(B,f,\omega)$ en T de degré au plus $\dim(\mathfrak{a}_0^G)$ tel que*

$$\lim_{\mathbf{d}_{P_0}(T)\to\infty} \big(J_\chi^T(B,f,\omega) - p_\chi^T(B,f,\omega)\big) = 0\ .$$

(ii) *Supposons $B(0) = 1$. Alors il existe $c > 0$ tel que*

$$J_\chi^T(f,\omega) = \lim_{\epsilon\to 0} p_\chi^T(B^\epsilon, f, \omega)$$

si $\mathbf{d}_{P_0}(T) \geq c$.

Preuve. C'est celle d'Arthur que nous ne reproduisons que pour nous rassurer. Pour $X \in \mathfrak{h}^G$, on a écrit

$$J_\chi^T(f_X,\omega) = \sum_{\Gamma\in\mathbf{\Gamma}} \mathrm{e}^{\langle X_\Gamma, X\rangle} \psi_\Gamma^T(X,f,\omega)\ .$$

Chaque $\psi_\Gamma^T(X,f,\omega)$ peut s'écrire comme une somme finie

$$\sum_{(Q,R,\sigma,s)\in\Gamma} \sum_{\Phi,\Psi,\varphi} \mathrm{e}^{\langle \mathrm{i}Y(\sigma), sX\rangle} A^T(Q,R,\sigma,s,\Phi,\Psi;\varphi\mathrm{e}^{\langle sX,\bullet\rangle})$$

où (Φ,Ψ,φ) décrit un ensemble fini indépendant de X et où les

$$A^T(Q,R,\sigma,s,\Phi,\Psi;\varphi\mathrm{e}^{\langle sX,\bullet\rangle})$$

sont les termes du paragraphe précédent (on a simplement précisé leur notation). Par définition, $J_\chi^T(f)$ est l'expression ci-dessus pour $X = 0$. Pour obtenir

$$J_\chi^T(B,f,\omega)$$

on doit glisser les fonctions B_σ dans les intégrales intérieures des termes

$$A^T(Q,R,\sigma,s,\Phi,\Psi;\varphi\mathrm{e}^{\langle sX,\bullet\rangle})\ .$$

Autrement dit

$$J^T_\chi(B,f,\omega)=\sum_{\Gamma\in\mathbf{\Gamma}}\psi^T_\Gamma(B,f,\omega),$$

où

$$\psi^T_\Gamma(B,f,\omega)=\sum_{(Q,R,\sigma,s)}\sum_{\Phi,\Psi,\varphi}A^T(Q,R,\sigma,s,\Phi,\Psi;\varphi B_\sigma)\,.$$

La fonction B_σ est la restriction à $\mathrm{i}(\mathfrak{a}_S^G)^*$ de la translatée de B par $\mathrm{i}Y(\sigma)$. La transformée de Fourier inverse de cette translatée est la fonction $X\mapsto \mathrm{e}^{\langle X,\mathrm{i}Y(\sigma)\rangle}\widehat{B}(X)$. En appliquant le lemme 12.8.1, on obtient

$$\psi^T_\Gamma(B,f,\omega)=\sum_{(Q,R,\sigma,s)}\int_{\mathfrak{h}^G}\widehat{B}(X)\mathrm{e}^{\langle \mathrm{i}Y(\sigma),X\rangle}\sum_{\Phi,\Psi,\varphi}A^T(Q,R,\sigma,s,\Phi,\Psi;\varphi_X)\,\mathrm{d}X,$$

cette expression étant absolument convergente.On remplace X par sX ce qui ne change pas $\widehat{B}(X)$ puisque B est invariante par $W_{\mathbb{C}}$. On obtient

$$\psi^T_\Gamma(B,f,\omega)=\int_{\mathfrak{h}^G}\widehat{B}(X)\psi^T_\Gamma(X,f,\omega)\,\mathrm{d}X\,.$$

On pose

$$p^T_\chi(B,f,\omega)=\sum_{\Gamma\in\mathbf{\Gamma}}\int_{\mathfrak{h}^G}\widehat{B}(X)p^T_\Gamma(X,f,\omega)\,\mathrm{d}X\,.$$

Les intégrales sont convergentes puisque $p^T_\Gamma(X,f,\omega)$ est à croissance modérée en X (proposition 12.7.2(iii)) et $\widehat{B}$ est à décroissance rapide. C'est un polynôme en T de degré au plus $dim(\mathfrak{a}_0^G)$ puisqu'il en est de même de $p^T_\Gamma(X,f,\omega)$. Alors

$$J^T_\chi(B,f,\omega)-p^T(B,f,\omega)=\sum_{\Gamma\in\mathbf{\Gamma}}\int_{\mathfrak{h}^G}\widehat{B}(X)(\psi^T_\Gamma(X,f,\omega)-p^T_\Gamma(X,f,\omega)\,\mathrm{d}X\,.$$

On découpe chaque intégrale en deux : l'une sur un domaine $(1+\|X\|)\leq c\mathbf{d}_{P_0}(T)$, l'autre sur le complémentaire, où c est une constante convenable. Dans la première, on a, d'après la proposition 12.7.2(ii)

$$|\psi^T_\Gamma(X,f,\omega)-p^T_\Gamma(X,f,\omega)|\ll \mathrm{e}^{-R\mathbf{d}_{P_0}(T)}$$

pour un certain $R>0$ et l'intégrale vérifie la même majoration puisque $\widehat{B}$ est intégrable. Dans la deuxième, on a

$$|\psi^T_\Gamma(X,f,\omega)|+|p^T_\Gamma(X,f,\omega)|\ll(1+\|X\|)^D\mathbf{d}_{P_0}(T)^{\dim(\mathfrak{a}_0^G)}$$

pour un certain entier D d'après le lemme 12.7.1 et la proposition 12.7.2(iii). L'intégrale est essentiellement bornée par

$$\mathbf{d}_{P_0}(T)^{\dim(\mathfrak{a}_0^G)}\int_{X\in\mathfrak{h}^G(c,T)}|\widehat{B}(X)|(1+\|X\|)^D\,\mathrm{d}X$$

où

$$\mathfrak{h}^G(c,T)=\{X\in\mathfrak{h}^G\mid(1+\|X\|)\geq c\mathbf{d}_{P_0}(T)\}\,.$$

Puisque $\widehat{B}$ est de Schwartz, cette expression est essentiellement majorée par

$$\mathbf{d}_{P_0}(T)^{-r}$$

pour tout réel r. Cela prouve la première assertion de l'énoncé. D'après la proposition 12.7.2(i), on a

$$J_\chi^T(f,\omega) = \sum_{\Gamma\in\mathbf{\Gamma}} p_\Gamma^T(0,f,\omega)$$

pourvu que $\mathbf{d}_{P_0}(T)$ soit assez grand. Par inversion de Fourier et d'après l'hypothèse $B(0)=1$, l'intégrale de $\widehat{B^\epsilon}$ vaut 1. Donc

$$J_\chi^T(f,\omega) = \sum_{\Gamma\in\mathbf{\Gamma}} \int_{\mathfrak{h}^G} \widehat{B^\epsilon}(X) p_\Gamma^T(0,f,\omega)\, \mathrm{d}X\ .$$

On a aussi

$$p^T(B^\epsilon,f,\omega) = \sum_{\Gamma\in\mathbf{\Gamma}} \int_{\mathfrak{h}^G} \widehat{B^\epsilon}(X) p_\Gamma^T(X,f,\omega)\, \mathrm{d}X\ .$$

Le calcul de

$$\widehat{B^\epsilon}(X) = \epsilon^{-\dim(\mathfrak{h}^G)}\widehat{B}(\epsilon^{-1}X)$$

puis un changement de variables entraîne l'égalité

$$J_\chi^T(f,\omega) - p^T(B^\epsilon,f,\omega) = \sum_{\Gamma\in\mathbf{\Gamma}} \int_{\mathfrak{h}^G} \widehat{B}(X)(p_\Gamma^T(0,f,\omega) - p_\Gamma^T(\epsilon X,f,\omega)\, \mathrm{d}X\ .$$

Le théorème des accroissements finis et la proposition 12.7.2(iii) entraînent une majoration

$$|p_\Gamma^T(0,f,\omega) - p_\Gamma^T(\epsilon X,f,\omega)| \ll \epsilon\|X\|(1+\|X\|)^D \mathbf{d}_{P_0}(T)^{\dim(\mathfrak{a}_0^G)}\ .$$

Toujours parce que $\widehat{B}$ est de Schwartz, la différence ci-dessus est alors essentiellement bornée par ϵ, d'où la seconde assertion de l'énoncé. □

CHAPITRE 13

Calcul de $A^T(B)$

13.1. Une majoration uniforme

Soit ϕ une forme automorphe sur $G(F)\backslash G(\mathbb{A})$ (non nécessairement de carré intégrable). On sait définir les termes constants cuspidaux de ϕ : ce sont les « composantes cuspidales » $\phi_{P,\mathrm{cusp}}$ des termes constants ϕ_P de ϕ pour les différents paraboliques standard P de G, *cf.* [29, I.3.5]. Un tel terme $\phi_{P,\mathrm{cusp}}$ s'écrit sous la forme

$$(1)\qquad \phi_{P,\mathrm{cusp}}(x) = \sum_{i=1}^{n_P} \mathrm{e}^{\langle \rho_P + \lambda_{P,i}, \mathbf{H}_P(x)\rangle} \sum_{j=1}^{n_{P,i}} p_{P,i,j}\big(\mathbf{H}_P(x)\big)\phi_{P,i,j}(x),$$

où les $\lambda_{P,i}$ sont des éléments de $\mathfrak{a}_{P,\mathbb{C}}^*$, ρ_P est la demi-somme usuelle des racines intervenant dans N_P, les $p_{P,i,j}$ sont des polynômes sur $\mathfrak{a}_P$ et les $\phi_{P,i,j}$ sont des formes automorphes cuspidales sur

$$\mathfrak{A}_P P(F)\backslash G(\mathbb{A})\,.$$

Pour tout P, fixons un sous- ensemble compact $\Gamma_P \subset \mathfrak{a}_{P,\mathbb{C}}^*$, deux entiers naturels $\mathbf{n}_P$ et d_P et un sous-espace de dimension finie V_P de l'espace des formes automorphes cuspidales sur $P(F)\mathfrak{A}_P\backslash G(\mathbb{A})$. Notons

$$A\big((V_P, d_P, \Gamma_P, \mathbf{n}_P)_{P;P_0\subset P\subset G}\big)$$

l'ensemble des formes automorphes ϕ telles que, pour tout P, $\phi_{P,\mathrm{cusp}}$ puisse s'écrire sous la forme (1), avec $n_P \leq \mathbf{n}_P$, des $\lambda_{P,i} \in \Gamma_P$, des $p_{P,i,j}$ de degré inférieur ou égal à d_P et des $\phi_{P,i,j} \in V_P$ (la condition $n_P \leq \mathbf{n}_P$ empêche cet ensemble d'être stable par addition). On munit cet ensemble d'une « norme » que l'on note $\|\cdot\|_{\mathrm{cusp}}$ de la façon suivante. Pour tout P, notons

$$\mathbf{Pol}_{\leq d_P}(\mathfrak{a}_P)$$

l'espace des polynômes de degré $\leq d_P$ sur $\mathfrak{a}_P$. Munissons

$$\mathbf{Pol}_{\leq d_P}(\mathfrak{a}_P)\otimes V_P$$

d'une norme $\|\cdot\|$ (il s'agit d'un espace de dimension finie, toutes les normes sont équivalentes). Dans l'expression (1), on peut supposer les λ_i tous distincts. L'élément

$$\sum_{j=1}^{n_{P,i}} p_{P,i,j}\otimes \phi_{P,i,j} \in \mathbf{Pol}_{\leq d_P}(\mathfrak{a}_P)\otimes V_P$$

est alors bien déterminé. On pose

$$\|\phi_{P,\mathrm{cusp}}\|_{\mathrm{cusp}} = \sum_{i=1}^{n_P}\left\| \sum_{j=1}^{n_{P,i}} p_{P,i,j}\otimes\phi_{P,i,j}\right\|$$

puis,

$$\|\phi\|_{\mathrm{cusp}} = \sum_P \|\phi_{P,\mathrm{cusp}}\|_{\mathrm{cusp}}$$

pour

$$\phi \in A\big((V_P, d_P, \Gamma_P, \mathbf{n}_P)_{P;P_0\subset P\subset G}\big)\ .$$

Lemme 13.1.1. (i) *Il existe un réel D et, pour tout $X \in \mathfrak{U}(\mathfrak{g})$, il existe $c > 0$ tel que, pour tout $\phi \in A\big((V_P, d_P, \Gamma_P, \mathbf{n}_P)_{P;P_0\subset P\subset G}\big)$, on ait la majoration*

$$|X\phi(x)| \leq c\|\phi\|_{\mathrm{cusp}}|x|^D$$

pour tout $x \in G(\mathbb{A})$.

(ii) *Pour tout $\lambda \in \mathfrak{a}_0$, il existe $c > 0$ tel que, pour tout*

$$\phi \in A\big((V_P, d_P, \Gamma_P, \mathbf{n}_P)_{P;P_0\subset P\subset G}\big)$$

et tout $x \in \mathfrak{A}_G\mathfrak{S}^G$, on ait la majoration

$$|\phi(x)| \leq c\|\phi\|_{\mathrm{cusp}} \sum_P \sum_{i=1}^{n_P} \mathrm{e}^{\langle \rho_P + \lambda^P + \mathrm{Re}(\lambda_{P,i}), \mathbf{H}_0(x)\rangle}\big(1 + \mathbf{H}_P(x)\big)^{d_P}\ .$$

Preuve. La conjonction de [29, lemmes I.4.4(b) et I.4.3] assure l'existence d'un réel D et d'un $c_1 > 0$ tels que

$$|\phi(x)| \leq c_1\|\phi\|_{\mathrm{cusp}}|x|^D$$

pour tout x et tout

$$\phi \in A\big((V_P, d_P, \Gamma_P, \mathbf{n}_P)_{P;P_0\subset P\subset G}\big)\ .$$

Le (a) du même lemme I.4.4 assure l'existence de $h \in \mathcal{C}_c^\infty\big(G(\mathbb{A})\big)$, d'une constante $c_2 > 0$ et, pour tout

$$\phi \in A\big((V_P, d_P, \Gamma_P, \mathbf{n}_P)_{P;P_0\subset P\subset G}\big)$$

d'une forme automorphe ϕ' telle que

(2) $$\delta(h)\phi' = \phi$$

(3) $$\sup_{x\in G(\mathbb{A})} |\phi'(x)|\,|x|^{-D} \leq c_2 \sup_{x\in G(\mathbb{A})} |\phi(x)|\,|x|^{-D}\ .$$

Pour $X \in \mathfrak{U}(\mathfrak{g})$, on a $X\phi = \delta(Xh)\phi'$. Puisque h est à support compact, cela entraine l'existence de $c_3 > 0$ dépendant de X mais pas de ϕ tel que

$$\sup_{x\in G(\mathbb{A})} |X\phi(x)|\,|x|^{-D} \leq c_3 \sup_{x\in G(\mathbb{A})} |\phi'(x)|\,|x|^{-D}\ .$$

Alors

$$\sup_{x\in G(\mathbb{A})} |X\phi(x)|\,|x|^{-D} \leq c_2c_3 \sup_{x\in G(\mathbb{A})} |\phi(x)|\,|x|^{-D} \leq c_1c_2c_3\|\phi\|_{\mathrm{cusp}},$$

ce qui prouve (i). Le lemme I.4.1 de [29] énonce la majoration (ii) de façon plus imprécise : le terme $c\|\phi\|_{\mathrm{cusp}}$ y est remplacé par un réel $c(\phi) > 0$ qui n'est pas précisé. Il suffit de reprendre la démonstration pour voir que l'on peut prendre

$$c(\phi) = c\|\phi\|_{\mathrm{cusp}}$$

avec un c indépendant de ϕ. Le seul point un peu subtil est de montrer que dans la majoration des fonctions $s\psi_{Q,\xi}$ de la page 50 de cette référence, on peut remplacer la constante non précisée par $c\|\phi\|_{\mathrm{cusp}}$ où c est indépendant de ϕ. Mais cela résulte du (i) que l'on vient de prouver et du corollaire I.2.11 de [29]. □

13.2. Majoration des termes constants

On fixe, dans les sections suivantes jusqu'en 13.7 inclusivement, des paraboliques standard $Q \subset R$, avec $\tilde{\eta}(Q,R) = 1$, un parabolique standard $S \subset Q'$ et une représentation $\sigma \in \Pi_{\text{disc}}(M_S)$.

La représentation σ intervient dans le spectre discret de $M_S(F)\backslash M_S(\mathbb{A})^1$ (où M_S est le Levi standard de S). D'après Langlands, les éléments de celui-ci sont des résidus de séries d'Eisenstein issus d'une représentation cuspidale. Rappelons plus précisément les propriétés dont nous avons besoin. Considérons :

- un parabolique standard $S_{\text{cusp}} \subset S$;
- une représentation automorphe cuspidale σ_{cusp} de $M_{S_{\text{cusp}}}(\mathbb{A})$;
- un opérateur différentiel D à coefficients polynomiaux sur $\mathfrak{a}^{S,*}_{S_{\text{cusp}},\mathbb{C}}$;
- un point $\nu_0 \in \mathfrak{a}^{S,*}_{S_{\text{cusp}}}$.

Pour $\Phi_{\text{cusp}} \in \mathcal{B}^{M_S}(\sigma_{\text{cusp}})$ et $\nu \in \mathfrak{a}^{S,*}_{S_{\text{cusp}},\mathbb{C}}$, formons la série d'Eisenstein

$$E^{M_S}(y, \Phi_{\text{cusp}}, \nu)$$

(la variable y appartient à $M_S(\mathbb{A})$). On applique l'opérateur D. On suppose que

(1) *la fonction* $DE^{M_S}(y, \Phi_{\text{cusp}}, \nu)$ *est holomorphe en* $\nu = \nu_0$.

On note

$$D_{\nu=\nu_0} E^{M_S}(y, \Phi_{\text{cusp}}, \nu)$$

sa valeur en $\nu = \nu_0$. La première assertion est que l'espace de σ est engendré par de telles fonctions

$$D_{\nu=\nu_0} E^{M_S}(y, \Phi_{\text{cusp}}, \nu)$$

pour des données S_{cusp}, σ_{cusp}, D, ν_0 et Φ_{cusp} vérifiant les conditions précédentes. Ces données vérifient en fait des conditions supplémentaires. En tout cas, l'assertion précédente s'induit à Q ou Q'. En choisissant convenablement la base $\mathcal{B}^{Q'}(\sigma)$, on peut supposer que pour tout élément Ψ de cette base, il existe des données S_{cusp}, σ_{cusp}, D, ν_0 et $\Phi_{\text{cusp}} \in \mathcal{B}^{Q'}(\sigma_{\text{cusp}})$ de sorte que

$$E^{Q'}(y, \Psi, \mu) = D_{\nu=\nu_0} E^{Q'}(y, \Phi_{\text{cusp}}, \nu + \mu)$$

pour tout $\mu \in (\mathfrak{a}^G_{S,\mathbb{C}})^*$. Prendre un terme constant et prendre un résidu sont des opérations qui commutent. En appliquant l'équation (4) du théorème 5.2.2, on obtient

$$(2) \quad E^{Q'}_{Q_0}(y, \Psi, \mu) = D_{\nu=\nu_0} \sum_{s \in \mathbf{W}^{Q'}(\mathfrak{a}_{S_{\text{cusp}}}, Q_0)} E_{Q_0}\big(y, \mathbf{M}(s, \nu+\mu)\Phi_{\text{cusp}}, s(\nu+\mu)\big) .$$

Rappelons que, nos sous-groupes paraboliques étant standard, on désigne par

$$\mathbf{W}^{Q'}(\mathfrak{a}_{S_{\text{cusp}}}, Q_0)$$

l'ensemble des restrictions à $\mathfrak{a}_{S_{\text{cusp}}}$ d'éléments $s \in \mathbf{W}^{Q'}$ tels que $s(\mathfrak{a}_{S_{\text{cusp}}}) \supset \mathfrak{a}_{Q_0}$ et s est de longueur minimale dans sa classe $\mathbf{W}^{Q_0} s$ (ce qui se traduit par $s(S_{\text{cusp}}) \cap L_0$ est standard dans L_0) (*cf.* lemme 1.3.7).

Calculons les termes constants cuspidaux de cette forme automorphe, c'est-à-dire ses termes constants relatifs aux sous-groupes paraboliques standard de Q_0

associés à S_{cusp} dans Q'. Pour un tel sous-groupe parabolique S'_{cusp}, on a

$$E^{Q'}_{S'_{\text{cusp}}}(y,\Psi,\mu) = D_{\nu=\nu_0} \sum_{s\in\mathbf{W}^{Q'}(\mathfrak{a}_{S_{\text{cusp}}},Q_0)} \sum_{s'\in\mathbf{W}^{Q_0}(\mathfrak{a}_{s(S_{\text{cusp}})},\mathfrak{a}_{S'_{\text{cusp}}})} \mathbf{M}(s's,\nu+\mu)\Phi_{\text{cusp}}\big(y,s's(\nu+\mu)\big)\,.$$

Les exposants cuspidaux des différents termes sont les $s's(\nu_0+\mu)$. Notons $\mathcal{W}(\nu_0)$ le stabilisateur de ν_0 dans $\mathbf{W}^S(M_{S_{\text{cusp}}})$. Regroupons les différents s', s selon la classe $s's\mathcal{W}(\nu_0)$. On obtient que $E^{Q'}_{S'_{\text{cusp}}}(y,\Psi,\mu)$ est la valeur en $\nu=\nu_0$ de

$$(3)\qquad \sum_{w\in\mathbf{W}^{Q'}(\mathfrak{a}_{S_{\text{cusp}}},\mathfrak{a}_{S'_{\text{cusp}}})/\mathcal{W}(\nu_0)} D\left(\sum_{\{s,s'|s's\in w\mathcal{W}(\nu_0)\}} \mathbf{M}(s's,\nu+\mu)\Phi_{\text{cusp}}\big(y,s's(\nu+\mu)\big)\right).$$

Remarquons que pour s'_1, s_1, s'_2, s_2 tels que $s'_1s_1 \notin s'_2s_2\mathcal{W}(\nu_0)$, on a

$$s'_1s_1(\nu_0+\mu) \neq s'_2s_2(\nu_0+\mu)$$

pour un point $\mu \in \mathrm{i}(\mathfrak{a}^G_S)^*$ en position générale. Au moins en un tel point μ, l'holomorphie de l'expression ci-dessus en $\nu=\nu_0$ entraîne que chaque composante l'est aussi. D'où

$$(4)\quad E^{Q'}_{S'_{\text{cusp}}}(y,\Psi,\mu) = \sum_{w\in\mathbf{W}^{Q'}(\mathfrak{a}_{S_{\text{cusp}}},\mathfrak{a}_{S'_{\text{cusp}}})/\mathcal{W}(\nu_0)} D_{\nu=\nu_0}\left(\sum_{s,s';s's\in w\mathcal{W}(\nu_0)} \mathbf{M}(s's,\nu+\mu)\Phi_{\text{cusp}}\big(y,s's(\nu+\mu)\big)\right).$$

On lève l'hypothèse que μ est en position générale en considérant cette égalité comme une égalité de fonctions méromorphes en μ. Pour

$$w \in \mathbf{W}^{Q'}(\mathfrak{a}_{S_{\text{cusp}}},\mathfrak{a}_{S'_{\text{cusp}}})$$

notons Q'_w le plus petit sous-groupe parabolique standard de Q' tel que $\mathfrak{a}_{Q'_w} \subset w(\mathfrak{a}_S)$. On sait que :

(5) *pour* $\mu \in \mathrm{i}(\mathfrak{a}^G_S)^*$, *les parties réelles des exposants cuspidaux de*

$$E^{Q'}_{S'_{\text{cusp}}}(y,\Psi,\mu)$$

sont de la forme $w\nu_0$ *pour des* $w \in \mathbf{W}^{Q'}(\mathfrak{a}_{S_{\text{cusp}}},\mathfrak{a}_{S'_{\text{cusp}}})$ *tels que*

$$\widehat{\tau}^{Q'_w}_{S'_{\text{cusp}}}(-w\nu_0) = 1\,.$$

(*Cf.* [28, lemme 7.5 et théorème 7.1], repris dans [29, corollaire V.3.16 et proposition VI.1.6(c)]. L'exposé le plus clair, mais sans démonstration, est sans doute [24, §5.2]).

Les termes de l'expression (4) indexés par des w ne vérifiant pas la conclusion de (5) sont donc nuls. Décomposons $E^{Q'}_{Q_0}(y,\Psi,\mu)$ en

$$E^{Q'}_{Q_0,\text{unit}}(y,\Psi,\mu) + E^{Q'}_{Q_0,+}(y,\Psi,\mu)\,.$$

Le premier terme est la sous-somme de (2) indexée par les s tels que $s(\mathfrak{a}^S_0) \subset \mathfrak{a}^{Q_0}_0$, le second est la sous-somme restante. Par restriction à $\mathfrak{a}_S$, le premier ensemble de sommation s'identifie à $\mathbf{W}^{Q'}(\mathfrak{a}_S, Q_0)$. Pour un élément s de cet ensemble, on dispose de l'opérateur

$$\mathbf{M}(s,\mu)\colon L^2_{\text{disc}}\big(S(F)\mathfrak{A}_G\backslash G(\mathbb{A})\big) \to L^2_{\text{disc}}\big(S_s(F)\mathfrak{A}_G\backslash G(\mathbb{A})\big),$$

où S_s est le parabolique standard de Levi $s(M_S)$. On a (*cf.* [29, p. 268, égalité (5)]) [1] :

(6) *la fonction* $DE_{Q_0}\big(y, \mathbf{M}(s,\nu+\mu)\Phi_{\text{cusp}}, s(\nu+\mu)\big)$ *est holomorphe en* $\nu=\nu_0$ *et sa valeur en* ν_0 *est* $E_{Q_0}(y, \mathbf{M}(s,\mu)\Phi, \mu)$.

D'où

$$E^{Q'}_{Q_0,\text{unit}}(y,\Psi,\mu) = \sum_{s\in\mathbf{W}^{Q'}(\mathfrak{a}_S,Q_0)} E_{Q_0}(y,\mathbf{M}(s,\mu)\Phi,\mu)\ . \tag{7}$$

Cela entraîne que $E^{Q'}_{Q_0,\text{unit}}(y,\Psi,\mu)$ est holomorphe en μ. La différence

$$E^{Q'}_{Q_0,+}(y,\Psi,\mu) = E^{Q'}_{Q_0}(y,\Psi,\mu) - E^{Q'}_{Q_0,\text{unit}}(y,\Psi,\mu)$$

l'est donc aussi.

Proposition 13.2.1. *Soient* Ω *un sous-ensemble compact de* $\mathrm{i}(\mathfrak{a}_S^G)^*$ *et* T_1 *un élément de* $\mathfrak{a}_0^{Q_0}$.

(i) *Pour tout* $X\in\mathfrak{U}(\mathfrak{l}_0)$, *il existe un entier* $N\in\mathbb{N}$ *et un réel* $c>0$ *tels que*

$$|XE^{Q'}_{Q_0}(x\mathrm{e}^H k,\Phi,\mu)| \le c\delta_{P_0}(\mathrm{e}^H)^{1/2}(1+\|H\|)^N|x|^N$$

pour tous $k\in K$, $\mu\in\Omega$, $x\in\mathfrak{S}^{L_0}$, $H\in\mathfrak{a}^G_{Q_0}$ *tel que* $\tau^{Q'}_{Q_0}(H)=1$.

(ii) *Pour tout* $X\in\mathfrak{U}(\mathfrak{l}_0)$, *il existe un entier* $N\in\mathbb{N}$ *et un réel* $c>0$ *tels que*

$$|XE^{Q'}_{Q_0}(x\mathrm{e}^H k,\Phi,\mu)| \le c\delta_{P_0}(x\mathrm{e}^H)^{1/2}(1+\|H\|)^N(1+\|\mathbf{H}_0(x)\|)^N$$

pour tous $k\in K$, $\mu\in\Omega$, $x\in\mathfrak{S}^{L_0}$, $H\in\mathfrak{a}^G_{Q_0}$ *tels que* $\tau^{Q'}_{P_0}(H+\mathbf{H}_0(x)+T_1)=1$.

(iii) *Pour tout* $X\in\mathfrak{U}(\mathfrak{l}_0)$, *il existe un entier* $N\in\mathbb{N}$ *et un réel* $c>0$ *tels que*

$$|XE^{Q'}_{Q_0,\text{unit}}(x\mathrm{e}^H k,\Phi,\mu)| \le c\delta_{P_0}(x\mathrm{e}^H)^{1/2}(1+\|H\|)^N(1+\|\mathbf{H}_0(x)\|)^N$$

pour tous $k\in K$, $\mu\in\Omega$, $x\in\mathfrak{S}^{L_0}$ *et* $H\in\mathfrak{a}^G_{Q_0}$.

(iv) *Il existe un réel* $R>0$ *et, pour tout* $X\in\mathfrak{U}(\mathfrak{l}_0)$, *il existe un entier* $N\in\mathbb{N}$ *et un réel* $c>0$ *tels que*

$$\begin{aligned}|XE^{Q'}_{Q_0,+}&(x\mathrm{e}^H k,\Phi,\mu)|\\ &\le c\delta_{P_0}(x\mathrm{e}^H)^{1/2}(1+\|H\|)^N(1+\|\mathbf{H}_0(x)\|)^N \sup_{\alpha\in\Delta_0^{Q'}-\Delta_0^{Q_0}} \mathrm{e}^{-R\alpha(H+\mathbf{H}_0(x))}\end{aligned}$$

pour tous $k\in K$, $\mu\in\Omega$, $x\in\mathfrak{S}^{L_0}$, $H\in\mathfrak{a}^G_{Q_0}$ *tels que* $\tau^{Q'}_{P_0}(H+\mathbf{H}_0(x)+T_1)=1$.

PREUVE. La fonction

$$XE^{Q'}_{Q_0}(y,\Phi,\mu)$$

est combinaison linéaire de fonctions $E^{Q'}_{Q_0}(y,\Psi,\mu)$, avec pour coefficients des fonctions C^∞ de μ. Puisque μ reste dans un compact, des majorations pour ces dernières fonctions entraînent les mêmes majorations pour $XE^{Q'}_{Q_0}(y,\Phi,\mu)$. On peut donc se

1. Waldspurger dixit : « Je cite [29] parce que je le connais mieux, mais le résultat est bien sûr dû à Langlands. »

limiter au cas $X=1$. Comme toujours, le k ne compte guère, on l'oublie. Notons Ξ l'image de l'application

$$\begin{aligned}\mathbf{W}^{Q'}(\mathfrak{a}_{S_{\rm cusp}},Q_0)&\to\mathfrak{a}_{Q_0}\\ s&\mapsto(s\nu_0)_{Q_0}\end{aligned}.$$

Soit $\xi\in\Xi$. Notons $\mathbf{W}^{Q'}(\mathfrak{a}_{S_{\rm cusp}},Q_0)_\xi$ la fibre au-dessus de ξ et considérons la fonction

$$(8)\qquad D\Bigg(\sum_{s\in\mathbf{W}^{Q'}(\mathfrak{a}_{S_{\rm cusp}},Q_0)_\xi}E_{Q_0}\big(y,\mathbf{M}(s,\nu+\mu)\Phi_{\rm cusp},s(\nu+\mu)\big)\Bigg).$$

Son terme constant cuspidal relatif à un parabolique $S'_{\rm cusp}$ est la sous-somme de (3) où on ne garde que les $s\in\mathbf{W}^{Q'}(\mathfrak{a}_{S_{\rm cusp}},Q_0)_\xi$. Mais pour s, s' et w comme dans la relation (3), cette condition sur s se lit sur w : elle équivaut à $(w\nu_0)_{Q_0}=\xi$. Donc le terme constant cuspidal de la fonction ci-dessus est la sous-somme de (3) indexée par les w vérifiant $(w\nu_0)_{Q_0}=\xi$. On a déjà dit qu'une telle somme était holomorphe en $\nu=\nu_0$. On l'avait dit pour μ en position générale. Mais en reprenant l'argument, on voit que c'est vrai pour tout μ : si w et w' sont dans deux sous-sommes distinctes, c'est-à-dire si $(w\nu_0)_{Q_0}\neq(w'\nu_0)_{Q_0}$, on a $w(\nu_0+\mu)\neq w'(\nu_0+\mu)$ pour tout μ. Il résulte alors de [29, lemme I.4.10] que l'expression (8) est elle-même holomorphe en $\nu=\nu_0$. Notons $\phi_{H,\mu,\xi}(x)$ la valeur de (8)en $\nu=\nu_0$ et $y=x\mathrm{e}^H$. On a

$$E_{Q_0}^{Q'}(x\mathrm{e}^H,\Phi,\mu)=\sum_{\xi\in\Xi}\phi_{H,\mu,\xi}(x)\ .$$

Pour majorer le membre de gauche, on peut fixer $\xi\in\Xi$ et majorer $\phi_{H,\mu,\xi}(x)$. Pour ξ fixé, considérons cette dernière fonction comme une forme automorphe en x dépendant de paramètres H et μ. Son terme constant cuspidal relatif à $S'_{\rm cusp}$ est la sous-somme de (4) indexée par les w tels que $(w\nu_0)_{Q_0}=\xi$. On peut aussi imposer que w vérifie (5), sinon le terme correspondant est nul. Fixons une fonction $B\in\mathcal{C}_c^\infty(\mathrm{i}(\mathfrak{a}_S^G)^*)$ qui vaut 1 sur Ω, notons Ω' le support de B. Le calcul que l'on vient de faire des termes constants cuspidaux montre que, quand μ reste dans Ω', la fonction $\phi_{H,\mu,\xi}$ reste dans un ensemble

$$A\big((V_{P'},d_{P'},\Gamma_{P'},\mathbf{n}_{P'})_{P';P_0\cap L'\subset P'\subset L'}\big)$$

comme dans le paragraphe précédent. Les polynômes en $\mathbf{H}_{S'_{\rm cusp}}(x)$ qui apparaissent ont des coefficients qui sont eux-mêmes fonctions de H et μ. Ce sont des produits de $\delta_{Q_0}(\mathrm{e}^H)^{1/2}$, de termes exponentiels $\mathrm{e}^{\langle s(\nu_0+\mu),H\rangle}$, de polynômes en H de degrés bornés et de fonctions méromorphes de μ. On ne peut pas affirmer que ces dernières fonctions sont holomorphes : c'est seulement le terme constant tout entier que l'on sait holomorphe et cela n'entraîne pas que chacune de ses composantes le soit. Appelons fonction affine réelle sur un espace vectoriel réel la somme d'une forme linéaire réelle et d'une constante réelle. Comme toujours dans la théorie des séries d'Eisenstein, on peut, pour tout μ_0, fixer une famille finie $(\alpha_b)_{b=1,\dots,d}$ de fonctions affines réelles non nulles sur $(\mathfrak{a}_{Q_0}^G)^*$ de sorte que le produit de $\prod_b\alpha_b(i\mu)$ avec chacun des coefficients de nos polynômes en $\mathbf{H}_{S'_{\rm cusp}}(x)$ soit holomorphe en μ_0. Puisque Ω' est compact, on peut fixer une telle famille qui vaut pour chaque point de Ω'. On définit

$$\psi'_{H,\mu,\xi}=B(\mu)\psi_{H,\mu,\xi}\prod_b\alpha_b(\mathrm{i}\mu)\ .$$

Le lemme 13.2.2 (démontré plus bas) nous dit que, pour majorer la fonction $\phi'_{H,\mu,\xi}(x)$ pour tout $\mu \in \mathrm{i}(\mathfrak{a}_S^G)^*$, *a fortiori* pour majorer $\phi_{H,\mu,\xi}(x)$ pour tout $\mu \in \Omega$, il suffit de majorer $D'\psi'_{H,\mu,\xi}(x)$ pour un nombre fini d'opérateurs différentiels D' (portant sur la variable μ). Fixons un tel D'. La fonction $D'\psi'_{H,\mu,\xi}$ reste dans un ensemble

$$A\big((V_{P'}, d_{P'}, \Gamma_{P'}, \mathbf{n}_{P'})_{P';P_0\cap L'\subset P'\subset L'}\big)$$

(peut-être plus gros que le précédent car une dérivation augmente les degrés des polynômes). On applique le lemme 13.1.1(ii), pour un λ que l'on précisera plus tard. Les P de ce lemme sont ici les S'_{cusp}. Les $\lambda_{P,i}$ sont les $s's(\nu_0+\mu)$ où s' et s interviennent dans la sous-somme de (4) correspondant à ξ. Leurs parties réelles sont les $w\nu_0$ pour

$$w \in \mathbf{W}^{Q'}(\mathfrak{a}_{S_{\mathrm{cusp}}}, \mathfrak{a}_{S'_{\mathrm{cusp}}})/\mathcal{W}(\nu_0)$$

tels que $(w\nu_0)_{Q_0} = \xi$ et w vérifie (5). En notant $\mathcal{W}_{S'_{\mathrm{cusp}},\xi}$ cet ensemble de w, on obtient une majoration

$$\sup_{\mu\in\Omega}|\psi_{H,\mu,\xi}(x)| \leq c \sup_{\mu\in \mathrm{i}(\mathfrak{a}_S^G)^*} \|D'\psi'_{H,\mu,\xi}\|_{\mathrm{cusp}}$$
$$\times \sum_{S'_{\mathrm{cusp}}} \delta_{S'_{\mathrm{cusp}}}(x)^{1/2} \sum_{w\in\mathcal{W}_{S'_{\mathrm{cusp}},\xi}} \mathrm{e}^{\langle \lambda^{S'_{\mathrm{cusp}}}+w\nu_0, \mathbf{H}_0(x)\rangle}\big(1+\mathbf{H}_0(x)\big)^N$$

où N est un entier assez grand et c une constante absolue. On majore aisément $\|D'\psi'_{H,\mu,\xi}\|_{\mathrm{cusp}}$ grâce à la description que l'on a faite ci-dessus des coefficients des polynômes en $\mathbf{H}_{S'_{\mathrm{cusp}}}(x)$. En multipliant par la fonction $\prod_b \alpha_b(\mathrm{i}\mu)$, on a supprimé les pôles en μ. Donc ces coefficients sont des produits de $\delta_{Q_0}(\mathrm{e}^H)^{1/2}$, de $\mathrm{e}^{\langle s(\nu_0+\mu), H\rangle}$, de polynômes de degrés bornés en H et de fonctions C^∞ de μ. Puisque μ reste dans le compact Ω' et que les $(s\nu_0)_{Q_0}$ sont égaux à ξ, on obtient une majoration

$$\sup\{\|D'\psi'_{H,\mu,\xi}\|_{\mathrm{cusp}} \mid \mu \in \mathrm{i}(\mathfrak{a}_S^G)^*\} \leq c'\delta_{Q_0}(\mathrm{e}^H)^{1/2}\mathrm{e}^{\langle H,\xi\rangle}(1+\|H\|)^N$$

(quitte à accroître le N précédent) avec une constante absolue c'. D'où

$$\text{(9)}\quad \sup_{\mu\in\Omega}|\psi_{H,\mu,\xi}(x)| \leq cc'\delta_{P_0}(x\mathrm{e}^H)^{1/2} \sum_{S'_{\mathrm{cusp}}} \delta_{S'_{\mathrm{cusp}}}(x)^{1/2}$$
$$\times \sum_{w\in\mathcal{W}_{S'_{\mathrm{cusp}},\xi}} \mathrm{e}^{\langle \lambda^{S'_{\mathrm{cusp}}}+w\nu_0, \mathbf{H}_0(x)\rangle + \langle \xi, H\rangle}(1+\|\mathbf{H}_0(x)\|)^N(1+\|H\|)^N .$$

Pour obtenir le (i) de l'énoncé, on prend $\lambda = 0$. Quitte à agrandir N, on peut essentiellement majorer l'expression ci-dessus par

$$\delta_{Q_0}(\mathrm{e}^H)^{1/2}\mathrm{e}^{\langle \xi, H\rangle}(1+\|H\|)^N|x|^N .$$

D'après (5), ξ_{Q_0} est une combinaison linéaire à coefficients négatifs ou nuls d'éléments de $\Delta_{Q_0}^{Q'}$. Pour $\tau_{Q_0}^{Q'}(H) = 1$, on a donc

$$\mathrm{e}^{\langle \xi, H\rangle} \leq 1$$

et la majoration ci-dessus est celle du (i). Pour obtenir le (ii) de l'énoncé, on doit prouver que l'on peut choisir λ tel que, pour tous S'_{cusp}, w intervenant dans (9) et pour H, x vérifiant les hypothèses de (ii),

$$\langle \lambda^{S'_{\mathrm{cusp}}} + w\nu_0, \mathbf{H}_0(x)\rangle + \langle \xi, H\rangle$$

reste borné supérieurement. On a $S'_{\text{cusp}} \subset Q_0$ et $(w\nu_0)_{Q_0} = \xi$. Le terme précédent est donc égal à

$$\langle \lambda^{S'_{\text{cusp}}} + w\nu_0, \mathbf{H}_0(x) + H \rangle \, .$$

D'après (5), $w\nu_0$ est une somme à coefficients négatifs ou nuls de projections sur $\mathfrak{a}_{S'_{\text{cusp}}}$ d'éléments de $\Delta_0^{Q'}$. En prenant λ assez négatif, on peut assurer que

$$\lambda^{S'_{\text{cusp}}} + w\nu_0$$

est une somme à coefficients négatifs ou nuls d'éléments de $\Delta_0^{Q'}$. Puisque

$$\tau_{P_0}^{Q'}(H + \mathbf{H}_0(x) + T_1) = 1$$

le terme $\langle \lambda^{S'_{\text{cusp}}} + w\nu_0, \mathbf{H}_0(x) + H \rangle$ est bien borné supérieurement. Cela prouve (ii). Montrons que

$$E_{Q_0,\text{unit}}^{Q'}(xe^H, \Phi, \mu) = \psi_{H,\mu,0}(x) \, . \tag{10}$$

Si s vérifie $s(\mathfrak{a}_0^S) \subset \mathfrak{a}_0^{Q_0}$, on a certainement $(s\nu_0)_{Q_0} = 0$, c'est-à-dire

$$s \in \mathbf{W}^{Q'}(\mathfrak{a}_{S_{\text{cusp}}}, Q_0)_0 \, .$$

Considérons la forme automorphe

$$\psi'_{H,\mu,0}(x) = \psi_{H,\mu,0}(x) - E_{Q_0,\text{unit}}^{Q'}(xe^H, \Phi, \mu) \, .$$

On a vu que les exposants cuspidaux de $\psi_{H,\mu,0}$ relatifs à un parabolique S'_{cusp} vérifiaient la propriété (5). Mais ceux de

$$E_{Q_0,\text{unit}}^{Q'}(xe^H, \Phi, \mu)$$

la vérifient aussi. En effet, on peut appliquer à chaque composante

$$E_{Q_0}(y, \mathbf{M}(s, \mu)\Phi, \mu)$$

(*cf.* (7)) l'analogue de (5) où l'on remplace Q' par Q_0. Cet analogue nous dit que ses exposants cuspidaux sont de la forme $s's\nu_0$ pour des

$$s' \in \mathbf{W}^{Q_0}(\mathfrak{a}_{s(S_{\text{cusp}})}, \mathfrak{a}_{S'_{\text{cusp}}})$$

tels que

$$\hat{\tau}_{S'_{\text{cusp}}}^{Q_{0,s',s}}(-s's\nu_0) = 1$$

où $Q_{0,s',s}$ est le plus petit sous-groupe parabolique standard de Q_0 tel que

$$\mathfrak{a}_{Q'_{0,s',s}} \subset s'(\mathfrak{a}_{s(S)}) \, .$$

En posant $w = s's$, on vérifie que la condition $s(\mathfrak{a}_0^S) \subset \mathfrak{a}_0^{Q_0}$ entraîne l'égalité

$$Q_{0,s',s} = Q'_w$$

d'où l'assertion. Donc les exposants cuspidaux de $\psi'_{H,\mu,0}$ vérifient aussi (5). Par construction, ils sont aussi de la forme $s's\nu_0$ avec

$$(s\nu_0)_{Q_0} = 0, \qquad s(\mathfrak{a}_0^S) \not\subset \mathfrak{a}_0^{Q_0} \qquad \text{et} \qquad s' \in \mathbf{W}^{Q_0}(\mathfrak{a}_{s(S_{\text{cusp}})}, \mathfrak{a}_{S'_{\text{cusp}}}) \, .$$

En posant $w = s's$, on a encore $(w\nu_0)_{Q_0} = 0$. La relation

$$\hat{\tau}_{S'_{\text{cusp}}}^{Q'w}(w\nu_0) = 1$$

entraîne alors que

$$\Delta_{S'_{\text{cusp}}}^{Q'_w} \subset \Delta_{S'_{\text{cusp}}}^{Q_0}$$

autrement dit $Q'_w \subset Q_0$. Par définition de Q'_w, on a alors $\mathfrak{a}_{Q_0} \subset w(\mathfrak{a}_S)$, ce qui équivaut à $w(\mathfrak{a}_0^S) \subset \mathfrak{a}_0^{Q_0}$, ou encore à $s(\mathfrak{a}_0^S) \subset \mathfrak{a}_0^{Q_0}$. C'est une contradiction, sauf si l'ensemble des exposants cuspidaux de $\psi'_{H,\mu,0}$ est vide. Donc cet ensemble est vide et cela implique comme on le sait que $\psi'_{H,\mu,0} = 0$. D'où (10). Pour démontrer le (iii) de l'énoncé, on reprend la preuve ci-dessus dans le cas $\xi = 0$. Cette hypothèse fait disparaître le H dans l'expression

$$\langle \lambda^{S'_{\text{cusp}}} + w\nu_0, \mathbf{H}_0(x) + H \rangle \ .$$

On peut donc la borner supérieurement sous la seule hypothèse que $x \in \mathfrak{S}^{L_0}$. D'où (iii). D'après (10), on a

$$E_{Q_0,+}^{Q'}(x\mathrm{e}^H, \Phi, \mu) = \sum_{\xi \in \Xi; \xi \neq 0} \psi_{H,\mu,0}(x) \ .$$

Pour démontrer (iv), il suffit de prouver que l'on peut choisir λ tel que, pour tout $\xi \neq 0$, tout S'_{cusp} et tout $w \in \mathcal{W}_{S'_{\text{cusp}},\xi}$ l'on ait une majoration

$$\langle \lambda^{S'_{\text{cusp}}} + w\nu_0, \mathbf{H}_0(x) + H \rangle \leq c - R \inf_{\alpha \in \Delta_0^{Q'} - \Delta_0^{Q_0}} \alpha\big(H + \mathbf{H}_0(x)\big)$$

pour des constantes $c > 0$, $R > 0$ convenables. On peut supposer que

$$\lambda^{S'_{\text{cusp}}} + w\nu_0$$

est une combinaison linéaire à coefficients négatifs ou nuls d'éléments de Δ_0. L'hypothèse $\xi \neq 0$, c'est-à-dire $(w\nu_0)_{Q_0} \neq 0$, entraîne qu'il y a au moins un $\alpha \in \Delta_0^{Q'} - \Delta_0^{Q_0}$ dont le coefficient est non nul. L'assertion s'ensuit. □

Lemme 13.2.2. *Soient $m \geq 1$ un entier et $(\beta_b)_{b=1,\dots,d}$ une famille de fonctions affines réelles sur $\mathbb{R}^m$, non nulles. Pour tout opérateur différentiel D à coefficients polynomiaux sur $\mathbb{R}^m$, il existe une famille finie $D'_1, \dots, D'_k$ de tels opérateurs tels que pour toute fonction h lisse sur $\mathbb{R}^m$, on ait la majoration*

$$\sup_{y \in \mathbb{R}^m} |Dh(y)| \leq \sum_{l=1}^{k} \sup_{y \in \mathbb{R}^m} |D'_l H(y)|$$

où H est la fonction

$$H(y) = h(y) \prod_{b=1}^{d} \beta_b(y) \ .$$

Preuve. Ce lemme est élémentaire et certainement bien connu, on donne une preuve pour la simple commodité du lecteur. Par récurrence sur d, on se ramène au cas où $d = 1$. Par changement de variables, on peut supposer que l'unique forme affine est la première coordonnée $y \mapsto y_1$. On peut aussi se limiter aux opérateurs D de la forme $D_1 D_2$ où D_1 ne dépend que de la variable y_1 et D_2 ne dépend que des variables $y_2, \dots, y_m$. Supposons le lemme résolu pour $m = 1$. Il associe à D_1 des opérateurs $D'_{1,1}, \dots, D'_{1,k}$. Alors les opérateurs $D'_{1,1} D_2, \dots, D'_{1,k} D_2$ valent pour notre opérateur $D_1 D_2$. On peut donc supposer $m = 1$ et que l'unique forme affine est l'identité $y \mapsto y$. On peut aussi supposer que $D = \delta^i y^j$, où δ est l'opérateur $\mathrm{d}/\mathrm{d}y$. Si $j \geq 1$, on prend $k = 1$ et $D'_1 = \delta^i y^{j-1}$. Supposons $j = 0$. Il existe un opérateur $D[i]$ obtenu par les règles de dérivation usuelles tel que, pour h de Schwartz et $H(y) = yh(y)$, on ait $\delta^i h(y) = y^{-i-1} D[i] H(y)$. La fonction $D[i]H$

s'annule à l'ordre au moins $i+1$ en 0. Par une application successive du théorème des accroissements finis, on trouve pour tout y des points $y_1, \dots, y_i$ tels que

$$|D[i]H(y)| \leq |y\delta D[i]H(y_1)| \leq |yy_1\delta^2 D[i]H(y_2)| \leq \cdots \leq |yy_1\cdots y_i\delta^{i+1}D[i]H(y_{i+1})|.$$

et chaque point appartient au segment joignant 0 à son prédécesseur. En particulier

$$|y_{i+1}| \leq \cdots \leq |y_1| \leq |y| .$$

Donc

$$|D[i]H(y)| \leq |y|^{i+1} \sup_{y' \in \mathbb{R}} |\delta^{i+1}D[i]H(y')| ,$$

puis

$$|\delta^i h(y)| \leq \sup_{y' \in \mathbb{R}} |\delta^{i+1}D[i]H(y')| .$$

En posant $k=1$ et $D'_1 = \delta^{i+1}D[i]$, la conclusion du lemme est vérifiée. □

13.3. Simplification du terme constant

On fixe deux éléments $\Phi \in \mathcal{B}^Q(\theta_0\sigma)_\chi$, $\Psi \in \mathcal{B}^{Q'}_\chi(\sigma)$. On fixe une fonction $B \in C_c^\infty(\mathrm{i}(\mathfrak{a}_S^G)^*)$. On définit comme au lemme 12.8.1 un terme $A^T(B,H)$ pour $H \in \mathfrak{a}_{Q_0}$, puis un terme $A^T(B)$. En remplaçant dans ces définitions les fonctions $E^Q_{Q_0}$ et $E^{Q'}_{Q_0}$ par les fonctions $E^Q_{Q_0,\mathrm{unit}}$ et $E^{Q'}_{Q_0,\mathrm{unit}}$ du paragraphe précédent, on obtient de nouveaux termes $A^T_{\mathrm{unit}}(B,H)$ et $A^T_{\mathrm{unit}}(B)$.

Lemme 13.3.1. (i) *Les intégrales définissant les expressions $A^T(B,H)$, $A^T(B)$, $A^T_{\mathrm{unit}}(B,H)$ et $A^T_{\mathrm{unit}}(B)$ sont absolument convergentes.*

(ii) *Pour tout réel r, il existe $c>0$ tel que*

$$|A^T(B) - A^T_{\mathrm{unit}}(B)| \leq c\mathbf{d}_{P_0}(T)^{-r} .$$

PREUVE. On a déjà démontré au lemme 12.8.1 les assertions du (i) concernant $A^T(B,H)$ et $A^T(B)$. On l'a démontré pour une fonction φB, où φ était de Paley-Wiener, mais ce n'est pas une restriction : toute fonction $\mathcal{C}^\infty$ à support compact est produit d'une telle fonction et d'une fonction de Paley-Wiener. Donnons une nouvelle démonstration qui s'applique aussi bien aux termes $A^T_{\mathrm{unit}}(B,H)$ et $A^T_{\mathrm{unit}}(B)$. Soit H tel que

$$\kappa^{\eta T}(H^Q - T^Q_{Q_0})\widetilde{\sigma}^R_Q(H-T)\phi^Q_{Q_0}(H-T) = 1 .$$

D'après l'équation (5) de la proposition 12.5.1, cela implique $\tau^P_{Q_0}(H) = 1$. On peut appliquer la proposition 13.2.1(i) à

$$E^{Q'}_{Q_0}(x\mathrm{e}^H k, \Psi, \mu)$$

pour μ dans le support de B. On peut aussi appliquer la proposition similaire à

$$E^Q_{Q_0}(x\mathrm{e}^H k, \Phi, \lambda)$$

où on a posé $\lambda = \theta_0(\mu)$ On applique ensuite à cette dernière fonction la proposition 4.3.2. Il en résulte pour tout réel r une majoration

$$|\mathbf{\Lambda}^{T[H^Q],Q_0} E^Q_{Q_0}(x\mathrm{e}^H k, \Phi, \lambda)\overline{E^{Q'}_{Q_0}(x\mathrm{e}^H k, \Psi, \mu)}B(\mu)| \leq c|B(\mu)|\,|x|^{-r},$$

où c dépend de r, T et H, mais pas de x, k, μ. L'expression ci-dessus est intégrable en ces trois dernières variables, ce qui prouve l'assertion (i) pour $A^T(B,H)$. Comme dans la preuve de la proposition 12.5.1, on décompose $A^T(B,H)$ en

$$A_C^T(B,H) + A_{\mathbf{\Lambda}-C}^T(B,H)$$

où

$$A_C^T(B,H) = \int_{L_0(F)\backslash L_0(\mathbb{A})^1} \int_{\mathbf{K}} \kappa^{\eta T}(H^Q - T_{Q_0}^Q)\widetilde{\sigma}_Q^R(H-T)\phi_{Q_0}^Q(H-T)\delta_{Q_0}(\mathrm{e}^H)^{-1} \times \int_{\mathrm{i}(\mathfrak{a}_S^G)^*} F_{P_0}^{Q_0}(x, T[H^Q])E_{Q_0}^Q(x\mathrm{e}^H k, \Phi, \lambda)\overline{E_{Q_0}^{Q'}(x\mathrm{e}^H k, \Psi, \mu)}B(\mu)\,\mathrm{d}\mu\,\mathrm{d}k\,\mathrm{d}x$$

et

$$\begin{aligned} &A_{\mathbf{\Lambda}-C}^T(B,H) \\ &= \int_{L_0(F)\backslash L_0(\mathbb{A})^1} \int_{\mathbf{K}} \kappa^{\eta T}(H^Q - T_{Q_0}^Q)\widetilde{\sigma}_Q^R(H-T)\phi_{Q_0}^Q(H-T)\delta_{Q_0}(\mathrm{e}^H)^{-1} \\ &\quad \times \int_{\mathrm{i}(\mathfrak{a}_S^G)^*} (\mathbf{\Lambda}^{T[H^Q],Q_0}(E_{Q_0}^Q)(x\mathrm{e}^H k, \Phi, \lambda) - F_{P_0}^{Q_0}(x, T[H^Q])E_{Q_0}^Q(x\mathrm{e}^H k, \Phi, \lambda)) \\ &\qquad \times \overline{E_{Q_0}^{Q'}(x\mathrm{e}^H k, \Psi, \mu)}B(\mu)\,\mathrm{d}\mu\,\mathrm{d}k\,\mathrm{d}x\,. \end{aligned}$$

Considérons la première intégrale. On a

$$\begin{aligned} &F_{P_0}^{Q_0}(x, T[H^Q])E_{Q_0}^Q(x\mathrm{e}^H k, \Phi, \lambda)\overline{E_{Q_0}^{Q'}(x\mathrm{e}^H k, \Psi, \mu)} \\ &\quad = \delta_Q(\mathrm{e}^{H_Q})^{1/2}\delta_{Q'}(\mathrm{e}^{H_{Q'}})^{1/2}\mathrm{e}^{\langle \theta_0^{-1}H_Q - H_{Q'}, \mu_{Q'}\rangle}F_{P_0}^{Q_0}(x, T[H^Q]) \\ &\qquad \times E_{Q_0}^Q(x\mathrm{e}^{H^Q}k, \Phi, \theta_0(\mu^{Q'}))\overline{E_{Q_0}^{Q'}(x\mathrm{e}^{H^{Q'}}k, \Psi, \mu^{Q'})}\,. \end{aligned}$$

On peut écrire l'intégrale intérieure sous la forme

$$\begin{aligned} &\delta_Q(\mathrm{e}^{H_Q})^{1/2}\delta_{Q'}(\mathrm{e}^{H_{Q'}})^{1/2} \\ &\quad \times \int_{\mathrm{i}(\mathfrak{a}_S^{Q'})^*} F_{P_0}^{Q_0}(x, T[H^Q])E_{Q_0}^Q(x\mathrm{e}^{H^Q}k, \Phi, \theta_0(\mu^{Q'}))\overline{E_{Q_0}^{Q'}(x\mathrm{e}^{H^{Q'}}k, \Psi, \mu^{Q'})} \\ &\qquad \times \int_{\mathrm{i}(\mathfrak{a}_{Q'}^G)^*} \mathrm{e}^{\langle \theta_0^{-1}H_Q - H_{Q'}, \mu_{Q'}\rangle}B(\mu^{Q'} + \mu_{Q'})\,\mathrm{d}\mu_{Q'}\,\mathrm{d}\mu^{Q'}\,. \end{aligned}$$

L'intégrale intérieure de cette expression est la transformée de Fourier partielle de B en la variable $\mu_{Q'}$. On peut la majorer par

$$\widehat{B}_1(\theta_0^{-1}H_Q - H_{Q'})B_2(\mu^{Q'})$$

où $\widehat{B}_1$ est une fonction de Schwartz sur $a_{Q'}^G$ et $B_2 \in C_c^\infty(\mathrm{i}(\mathfrak{a}_S^{Q'})^*)$, toutes deux à valeurs positives ou nulles. D'où

$$\begin{aligned} &|A_C^T(B,H)| \\ &\le \kappa^{\eta T}(H^Q - T_{Q_0}^Q)\widetilde{\sigma}_Q^R(H-T)\phi_{Q_0}^Q(H-T)\delta_{Q_0}(\mathrm{e}^{H^Q + H^{Q'}})^{-1/2}\widehat{B}_1(\theta_0^{-1}H_Q - H_{Q'}) \\ &\quad \times \int_{L_0(F)\backslash L_0(\mathbb{A})^1} \int_{\mathbf{K}} \int_{i(\mathfrak{a}_S^{Q'})^*} F_{P_0}^{Q_0}(x, T[H^Q])B_2(\mu^{Q'}) \\ &\qquad \times \left|E_{Q_0}^Q(x\mathrm{e}^{H^Q}k, \Phi, \theta_0(\mu^{Q'}))\overline{E_{Q_0}^{Q'}(x\mathrm{e}^{H^{Q'}}k, \Psi, \mu^{Q'})}\right|\,\mathrm{d}\mu^{Q'}\,\mathrm{d}k\,\mathrm{d}x\,. \end{aligned}$$

D'après l'équation (7) de la proposition 12.5.1 il existe T_1 (ne dépendant d'aucune variable) tel que

$$\tau_{P_0}^{P}(H + \mathbf{H}_0(x) + T_1) = 1$$

pour tous $x \in \mathfrak{S}^{Q_0}$ et H tels que les fonctions ci-dessus soient non nulles. On peut appliquer la proposition 13.2.1(ii) aux deux séries d'Eisenstein. On obtient que l'intégrale intérieure est essentiellement majorée par

$$\delta_{Q_0}(\mathrm{e}^{H^Q + H^{Q'}})^{1/2}(1 + \|H\|)^D \int_{\mathfrak{S}^{Q_0}} \delta_{P_0}(x) F_{P_0}^{Q_0}(x, T[H^Q])(1 + \|\mathbf{H}_0(x)\|)^D \, \mathrm{d}x$$

pour un entier D assez grand. Comme dans la preuve de la proposition 12.5.1, cette dernière intégrale est essentiellement majorée par $\mathbf{d}_{P_0}(T)^D$, quitte à accroître D. D'où

$$|A_C^T(B, H)| \leq \mathbf{d}_{P_0}(T)^D \kappa^{\eta T}(H^Q - T_{Q_0}^Q) \widetilde{\sigma}_Q^R(H - T) \phi_{Q_0}^Q(H - T) \times \widehat{B}_1(\theta_0^{-1} H_Q - H_{Q'})(1 + \|H\|)^D .$$

D'après le lemme 2.13.3 appliqué à $P' = Q$, on a sur le support de cette fonction une majoration

$$\|H - T_{Q_0}\| \ll \|q(H)\| .$$

Puisque $\widehat{B}_1$ est de Schwartz, on a pour tout réel r une majoration

$$\widehat{B}_1(\theta_0^{-1} H_Q - H_{Q'}) \ll (1 + \|\theta_0^{-1} H_Q - H_{Q'}\|)^{-r} \ll (1 + \|q(H)\|)^{-r} .$$

D'où une majoration

$$(1) \qquad |A_C^T(B, H)| \ll \mathbf{d}_{P_0}(T)^D (1 + \|H - T_{Q_0}\|)^{-r} .$$

Cette expression est intégrable en H. Considérons maintenant l'intégrale

$$A_{\mathbf{\Lambda}-C}^T(B, H) .$$

La première partie du raisonnement ci-dessus s'applique. D'où

$$\begin{aligned} &|A_{\mathbf{\Lambda}-C}^T(B, H)| \\ &\leq \kappa^{\eta T}(H^Q - T_{Q_0}^Q) \widetilde{\sigma}_Q^R(H - T) \phi_{Q_0}^Q(H - T) \delta_{Q_0}(\mathrm{e}^{H^Q + H^{Q'}})^{-1/2} \widehat{B}_1(\theta_0^{-1} H_Q - H_{Q'}) \\ &\quad \times \int_{L_0(F)\backslash L_0(\mathbb{A})^1} \int_{\mathbf{K}} \int_{\mathrm{i}(\mathfrak{a}_S^{Q'})^*} \big|\mathbf{\Lambda}^{T[H^Q], Q_0} E_{Q_0}^Q\big(x\mathrm{e}^{H^Q} k, \Phi, \theta_0(\mu^{Q'})\big) \\ &\qquad - F_{P_0}^{Q_0}(x, T[H^Q]) E_{Q_0}^Q\big(x\mathrm{e}^{H^Q} k, \Phi, \theta_0(\mu^{Q'})\big)\big| \\ &\qquad \times \big|E_{Q_0}^{Q'}(x\mathrm{e}^{H^{Q'}} k, \Psi, \mu^{Q'})\big| B_2(\mu^{Q'}) \, \mathrm{d}\mu^{Q'} \, \mathrm{d}k \, \mathrm{d}x . \end{aligned}$$

On applique la proposition 13.2.1 puis la proposition 4.3.3. On obtient pour un certain entier D et pour tout réel r une majoration

$$\begin{aligned} &\big|\mathbf{\Lambda}^{T[H^Q], Q_0} E_{Q_0}^Q\big(x\mathrm{e}^{H^Q} k, \Phi, \theta_0(\mu^{Q'})\big) - F_{P_0}^{Q_0}(x, T[H^Q]) E_{Q_0}^Q\big(x\mathrm{e}^{H^Q} k, \Phi, \theta_0(\mu^{Q'})\big)\big| \\ &\qquad \times |E_{Q_0}^{Q'}(x\mathrm{e}^{H^{Q'}} k, \Psi, \mu^{Q'})| B_2(\mu^{Q'}) \\ &\ll \mathrm{e}^{-r\mathbf{d}_{P_0 \cap L_0}^{L_0}(T[H^Q])} \delta_{Q_0}(\mathrm{e}^{H^Q + H^{Q'}})^{1/2}(1 + \|H\|)^D |x|^{-r} B_2(\mu^{Q'}) \end{aligned}$$

valable pour tout $x \in \mathfrak{S}^{Q_0}$, k $\mu^{Q'}$ et H tel que

$$\kappa^{\eta T}(H^Q - T_{Q_0}^Q) \widetilde{\sigma}_Q^R(H - T) \phi_{Q_0}^Q(H - T) = 1 .$$

Cette expression est intégrable en x, k et $\mu^{Q'}$. D'autre part, $T[H^Q]$ est « plus régulier » que T, donc

$$\mathbf{d}_{P_0}(T) \ll \mathbf{d}^{L_0}_{P_0\cap L_0}(T[H^Q])\,.$$

D'où

$$|A^T_{\mathbf{\Lambda}-C}(B,H)| \ll \mathrm{e}^{-r\mathbf{d}_{P_0}(T)}\kappa^{\eta T}(H^Q - T^Q_{Q_0})$$
$$\times\, \widetilde{\sigma}^R_Q(H-T)\phi^Q_{Q_0}(H-T)\widehat{B}_1(\theta_0^{-1}H_Q - H_{Q'})(1+\|H\|)^D\,.$$

On peut reprendre la preuve de (1) et on obtient cette fois pour tout r une majoration

(2) $$|A^T_{\mathbf{\Lambda}-C}(B,H)| \ll \mathrm{e}^{-r\mathbf{d}_{P_0}(T)}(1+\|H - T_{Q_0}\|)^{-r}\,.$$

Ceci est encore intégrable en H. Cela prouve d'abord que l'intégrale $A^T(B)$ est absolument convergente. On obtient de plus une majoration

(3) $$|A^T(B) - A^T_C(B)| = |A^T_{\mathbf{\Lambda}-C}(B)| \ll \mathrm{e}^{-r\mathbf{d}_{P_0}(T)},$$

où

$$A^T_C(B) = \int_{\mathfrak{a}^G_{Q_0}} A^T_C(B,H)\,\mathrm{d}H$$

et

$$A^T_{\mathbf{\Lambda}-C}(B) = \int_{\mathfrak{a}^G_{Q_0}} A^T_{\mathbf{\Lambda}-C}(B,H)\,\mathrm{d}H\,.$$

La même démonstration s'applique aux termes $A^T_{\mathrm{unit}}(B,H)$ et $A^T_{\mathrm{unit}}(B)$. On obtient aussi pour ces termes une relation analogue à (3). Il résulte de (3) et de la relation analogue que, pour prouver le (ii) de l'énoncé, il suffit de majorer

$$A^T_C(B) - A^T_{C,\mathrm{unit}}(B)\,.$$

On a

$$A^T_C(B,H) - A^T_{C,\mathrm{unit}}(B,H)$$
$$= \int_{L_0(F)\backslash L_0(\mathbb{A})^1}\int_{\mathbf{K}} \kappa^{\eta T}(H^Q - T^Q_{Q_0})\widetilde{\sigma}^R_Q(H-T)\phi^Q_{Q_0}(H-T)\delta_{Q_0}(\mathrm{e}^H)^{-1}$$
$$\times \int_{\mathrm{i}(\mathfrak{a}^G_S)^*} F^{Q_0}_{P_0}(x, T[H^Q])E^Q_{Q_0,+}(x\mathrm{e}^H k, \Phi, \lambda)\overline{E^{Q'}_{Q_0}(x\mathrm{e}^H k, \Psi, \mu)}B(\mu)\,\mathrm{d}\mu\,\mathrm{d}k\,\mathrm{d}x\,.$$

On utilise la proposition 13.2.1(iv) pour majorer cette expression. Il apparaît un terme

$$\sup_{\alpha\in\Delta_0^{Q'}-\Delta_0^{Q_0}} \mathrm{e}^{-R\alpha(H+\mathbf{H}_0(x))}\,.$$

Or, d'après l'équation (7) de la proposition 12.5.1, on a une minoration

$$\inf_{\alpha\in\Delta_0^{Q'}-\Delta_0^{Q_0}} \alpha\big(H+\mathbf{H}_0(x)\big) \geq c\mathbf{d}_{P_0}(T)$$

pour un $c>0$ convenable, pourvu que H et $x\in\mathfrak{S}^{L_0}$ appartiennent aux supports de nos fonctions. Le terme ci-dessus est donc majoré par

(4) $$e^{-Rc\mathbf{d}_{P_0}(T)}\,.$$

Le calcul se poursuit comme précédemment et on obtient une relation analogue à (1), où se glisse ce terme (4) et donc

$$|A^T_C(B,H) - A^T_{C,\mathrm{unit}}(B,H)| \ll \mathrm{e}^{-Rc\mathbf{d}_{P_0}(T)}\mathbf{d}_{P_0}(T)^D(1-\|H-T_{Q_0}\|)^{-r}$$

où r est quelconque. L'intégrale en H de cette expression est évidemment essentiellement bornée par $\mathbf{d}_{P_0}(T)^{-r}$ pour tout réel r. □

13.4. Simplification du produit scalaire

Pour $H \in \mathfrak{a}^G_{Q_0}$ et $\mu, \nu \in \mathrm{i}(\mathfrak{a}^G_S)^*$ et $\lambda = \theta_0\mu$ posons

$$\omega^{T,Q_0}(H,\lambda,\nu) = \sum_{S';P_0\subset S'\subset Q_0}\ \sum_{s\in\mathbf{W}^Q(\theta_0(\mathfrak{a}_S),\mathfrak{a}_{S'})}\ \sum_{t\in\mathbf{W}^{Q'}(\mathfrak{a}_S,\mathfrak{a}_{S'})} \mathrm{e}^{\langle s\lambda - t\nu, H+T[H^Q]\rangle}$$
$$\times\, \epsilon^{Q_0}_{S'}(s\lambda - t\nu)\langle \mathbf{M}(t,\nu)^{-1}\mathbf{M}(s,\lambda)\Phi,\Psi\rangle\ .$$

Le produit scalaire est celui de deux éléments de $\mathcal{A}(\mathbf{X}_S,\sigma)$. Il résulte de la proposition 5.3.3 que $\omega^{T,Q_0}(H,\lambda,\nu)$ est holomorphe en μ et ν. On note

$$\omega^{T,Q_0}(H,\mu) = \omega^{T,Q_0}(H,\theta_0\mu,\mu)\ .$$

Posons

$$A^T_{\mathrm{pure}}(B,H) = \kappa^{\eta T}(H^Q - T^Q_{Q_0})\widetilde{\sigma}^R_Q(H-T)\phi^Q_{Q_0}(H-T)\int_{\mathrm{i}(\mathfrak{a}^G_S)^*}\omega^{T,Q_0}(H,\mu)B(\mu)\,\mathrm{d}\mu$$

et

$$A^T_{\mathrm{pure}}(B) = \int_{\mathfrak{a}^G_{Q_0}} A^T_{\mathrm{pure}}(B,H)\,\mathrm{d}H\ .$$

Proposition 13.4.1. *Les deux intégrales ci-dessus sont absolument convergentes. Pour tout réel r, il existe $c>0$ tel que*

$$|A^T(B) - A^T_{\mathrm{pure}}(B)| \le c\mathbf{d}_{P_0}(T)^{-r}\ .$$

Preuve. L'expression $A^T_{\mathrm{pure}}(B,H)$ est l'intégrale d'une fonction C^∞ à support compact, elle est donc absolument convergente. Remarquons que les opérateurs d'entrelacement $\mathbf{M}(t,\mu)$ et $\mathbf{M}(s,\lambda)$ ne dépendent en fait que de $\mu^{Q'}$. D'autre part

$$s\lambda - t\mu = \big(s\theta_0(\mu^{Q'}) - t(\mu^{Q'})\big) + \theta_0(\mu_{Q'}) - \mu_{Q'}$$

et $T[H^Q]$ appartient à $\mathfrak{a}^{Q_0}_0$. D'où l'égalité

$$\omega^{T,Q_0}(H,\mu) = \mathrm{e}^{\langle\theta_0(\mu_{Q'})-\mu_{Q'},H\rangle}\omega^{T,Q_0}(H,\mu^{Q'})\ .$$

Comme dans la preuve du paragraphe précédent, on a

$$A^T_{\mathrm{pure}}(B,H) = \int_{\mathrm{i}(\mathfrak{a}^{Q'}_S)^*}\omega^{T,Q_0}(H,\mu^{Q'})\int_{\mathrm{i}(\mathfrak{a}^G_{Q'})^*}\mathrm{e}^{\langle\theta_0(\mu_{Q'})-\mu_{Q'},H\rangle}B(\mu^{Q'}+\mu_{Q'})\,\mathrm{d}\mu_{Q'}\,\mathrm{d}\mu^{Q'}$$

d'où une majoration

$$|A^T_{\mathrm{pure}}(B,H)| \ll \kappa^{\eta T}(H^Q - T^Q_{Q_0})\widetilde{\sigma}^R_Q(H-T)\phi^Q_{Q_0}(H-T)$$
$$\times\, \widehat{B}_1(\theta_0^{-1}(H_Q) - H_{Q'})\int_{\mathrm{i}(\mathfrak{a}^{Q'}_S)^*}|\omega^{T,Q_0}(H,\mu^{Q'})|B_2(\mu^{Q'})\,\mathrm{d}\mu^{Q'}\ .$$

Montrons qu'il existe un entier D tel que l'on ait une majoration

(1) $$|\omega^{T,Q_0}(H,\mu^{Q'})|B_2(\mu^{Q'}) \ll (1+\|H\|)^D\mathbf{d}_{P_0}(T)^D\ .$$

Il suffit de majorer $\omega^{T,Q_0}(H,\lambda,\nu)$ pour μ et ν parcourant un sous-ensemble compact Ω de $\mathrm{i}(\mathfrak{a}_S^G)^*$. Si chaque terme de la somme définissant $\omega^{T,Q_0}(H,\lambda,\nu)$ était holomorphe en $\mu^{Q'}$, la majoration serait évidente. Il y a des pôles dus aux fonctions $\epsilon_{S'}^{Q_0}(s\lambda - t\nu)$. On peut raisonner comme dans la preuve de la proposition 13.2.1 : le lemme 13.2.2 nous ramène à majorer un nombre fini de fonctions

$$Dp(\lambda,\nu)\omega^{T,Q_0}(H,\lambda,\nu)$$

où D est un opérateur différentiel en λ, ν et $p(\lambda,\nu)$ est un produit de fonctions affines réelles tel qu'après multiplication par p, plus aucune de nos fonctions n'ait de pôles pour $\mu,\nu\in\Omega$. La majoration de

$$Dp(\lambda,\nu)\omega^{T,Q_0}(H,\lambda,\nu)$$

est évidente et (1) s'ensuit. De (1) résulte une majoration

$$|A^T_{\mathrm{pure}}(B,H)| \ll \kappa^{\eta T}(H^Q - T^Q_{Q_0})\widetilde{\sigma}^R_Q(H-T)\phi^Q_{Q_0}(H-T) \\ \times \widehat{B}_1(\theta_0^{-1}(H_Q)-H_{Q'})(1+\|H\|)^D \mathbf{d}_{P_0}(T)^D .$$

En faisant appel au lemme 2.13.3, appliqué au cas $P'=Q$, on voit que cette dernière expression est intégrable en H. D'où la première assertion de l'énoncé. En reprenant la preuve ci-dessus et celle du lemme 13.3.1, on voit que

$$|A^T_{\mathrm{pure}}(B,H) - A^T_{\mathrm{unit}}(B,H)| \\ \ll \kappa^{\eta T}(H^Q - T^Q_{Q_0})\widetilde{\sigma}^R_Q(H-T)\phi^Q_{Q_0}(H-T)\widehat{B}_1(\theta_0^{-1}(H_Q)-H_{Q'}) \\ \times \int_{\mathrm{i}(\mathfrak{a}_S^{Q'})^*} |X(T,H,\mu^{Q'})| B_2(\mu^{Q'})\,\mathrm{d}\mu^{Q'}$$

où $X(T,H,\mu^{Q'})$ est égal à

$$\omega^{T,Q_0}(H,\mu^{Q'}) - \delta_{Q_0}(\mathrm{e}^H)^{-1} \\ \times \int_{L_0(F)\backslash L_0(\mathbb{A})^1}\int_{\mathbf{K}} \mathbf{\Lambda}^{T[H^Q],Q_0} E^Q_{Q_0,\mathrm{unit}}(x\mathrm{e}^H k,\Phi,\theta_0(\mu^{Q'})) \\ \times \overline{E^{Q'}_{Q_0,\mathrm{unit}}(x\mathrm{e}^H k,\Psi,\mu^{Q'})}\,\mathrm{d}k\,\mathrm{d}x .$$

Pour $s\in\mathbf{W}^Q(\theta_0(\mathfrak{a}_S),Q_0)$, $t\in\mathbf{W}^{Q'}(\mathfrak{a}_S,Q_0)$ et $\mu,\nu\in\mathrm{i}(\mathfrak{a}_S^G)^*$, posons $\lambda=\theta_0\mu$ et

$$\omega^{T,Q_0}(H,\lambda,\nu,s,t) \\ = \sum_{\{S'|P_0\subset S'\subset Q_0\}} \sum_{s'\in\mathbf{W}^{Q_0}(\mathfrak{a}_{s\theta_0(S)},\mathfrak{a}_{S'})} \sum_{t'\in\mathbf{W}^{Q_0}(t(\mathfrak{a}_S),\mathfrak{a}_{S'})} \mathrm{e}^{\langle s's\lambda - t't\nu, H+T[H^Q]\rangle} \\ \times \epsilon^{Q_0}_{S'}(s\lambda - t\nu)\langle \mathbf{M}(t't,\nu)^{-1}\mathbf{M}(s's,\lambda)\Phi,\Psi\rangle .$$

Ceci est encore holomorphe en λ, ν. On note

$$\omega^{T,Q_0}(H,\mu,s,t) = \omega^{T,Q_0}(H,\theta_0\mu,\mu,s,t) .$$

On a l'égalité

$$\omega^{T,Q_0}(H,\mu) = \sum_{s\in\mathbf{W}^Q(\theta_0(\mathfrak{a}_S),Q_0)} \sum_{t\in\mathbf{W}^{Q'}(\mathfrak{a}_S,Q_0)} \omega^{T,Q_0}(H,\mu,s,t) .$$

Pour s et t comme ci-dessus, posons

$$Y(T,H,\mu^{Q'},s,t) = \delta_{Q_0}(\mathrm{e}^H)^{-1} \times \int_{L_0(F)\backslash L_0(\mathbb{A})^1} \int_{\mathbf{K}} \mathbf{\Lambda}^{T[H^Q],Q_0} E_{Q_0}\big(x\mathrm{e}^H k, \mathbf{M}\big(s,\theta_0(\mu^{Q'})\big)\Phi, \theta_0(\mu^{Q'})\big) \times \overline{E_{Q_0}(x\mathrm{e}^H k, \mathbf{M}(t,\mu^{Q'})\Psi, \mu^{Q'})}\, \mathrm{d}k\, \mathrm{d}x\,.$$

Grâce à l'équation (7) de la section 13.2, on peut décomposer $X(T,H,\mu^{Q'})$ en une somme

$$\sum_{s\in\mathbf{W}^Q(\theta_0(\mathfrak{a}_S),Q_0),t\in\mathbf{W}^{Q'}(\mathfrak{a}_S,Q_0)} \big(\omega^{T,Q_0}(H,\mu^{Q'},s,t) - Y(T,H,\mu^{Q'},s,t)\big)\,.$$

Fixons s et t. Remarquons que, dans l'expression $Y(T,H,\mu^{Q'},s,t)$, on peut sortir le e^H des séries d'Eisenstein et on obtient

$$Y(T,H,\mu^{Q'},s,t) = \mathrm{e}^{\langle s\theta_0(\mu^{Q'})-t(\mu^{Q'}),H\rangle} \times \int_{L_0(F)\backslash L_0(\mathbb{A})^1} \int_{\mathbf{K}} \mathbf{\Lambda}^{T[H^Q],Q_0} E_{Q_0}\big(xk, \mathbf{M}\big(s,\theta_0(\mu^{Q'})\big)\Phi, \theta_0(\mu^{Q'})\big) \times \overline{E_{Q_0}(xk, \mathbf{M}(t,\mu^{Q'})\Psi, \mu^{Q'})}\, \mathrm{d}k\, \mathrm{d}x\,.$$

On sait (*cf.* théorème 5.4.3) qu'il existe un réel $R > 0$ tel que, pour $\mu^{Q'}$ dans le support de B_2, on ait la majoration

$$|\omega^{T,Q_0}(H,\mu^{Q'},s,t) - Y(T,H,\mu^{Q'},s,t)| \ll \sup_{\alpha\in\Delta_0^{Q_0}} \mathrm{e}^{-R\alpha(T[H^Q])}\,.$$

Comme on l'a dit plusieurs fois, ce dernier terme se majore par $\mathrm{e}^{-R\mathbf{d}_{P_0}(T)}$. D'où une majoration

$$|A^T_{\mathrm{pure}}(B,H) - A^T_{\mathrm{unit}}(B,H)| \ll \mathrm{e}^{-R\mathbf{d}_{P_0}(T)}\kappa^{\eta T}(H^Q - T^Q_{Q_0})\widetilde{\sigma}^R_Q(H-T)\phi^Q_{Q_0}(H-T)\widehat{B}_1(\theta_0^{-1}(H_Q) - H_{Q'}).$$

On continue le calcul comme précédemment et on obtient

$$|A^T_{\mathrm{pure}}(B) - A^T_{\mathrm{unit}}(B)| \ll \mathrm{e}^{-R\mathbf{d}_{P_0}(T)}\,.$$

La dernière assertion de l'énoncé résulte maintenant du lemme 13.3.1(ii). □

13.5. Décomposition de $A^T_{\mathrm{pure}}(B)$

Le terme $A^T_{\mathrm{pure}}(B)$ est une intégrale en $H \in \mathfrak{a}^G_{Q_0}$. Changeons de variable en remplaçant H par $T_{Q_0} + H - Y$, où le nouvel H appartient à $\mathfrak{a}^G_Q$ et $Y \in \mathfrak{a}^Q_{Q_0}$. La condition

$$\kappa^{\eta T}(H^Q - T^Q_{Q_0})\widetilde{\sigma}^R_Q(H-T)\phi^Q_{Q_0}(H-T) = 1$$

devient

$$\kappa^{\eta T}(Y)\widetilde{\sigma}^R_Q(H)\phi^Q_{Q_0}(-Y) = 1\,.$$

Puisque $\phi^Q_{Q_0}(-Y) = 1$, on peut écrire

$$Y = \sum_{\alpha\in\Delta_0^Q - \Delta_0^{Q_0}} y_\alpha(\alpha^\vee)_{Q_0}$$

avec des $y_\alpha \geq 0$. L'élément $H + T[H^Q]$ du paragraphe précédent devient

$$T_{Q_0} + H + Y + T[T^Q_{Q_0} - Y] .$$

On a calculé $T[T^Q_{Q_0} - Y]$ dans le lemme 4.2.1 : ce terme vaut

$$T^{Q_0} - \sum_{\alpha \in \Delta^Q_0 - \Delta^{Q_0}_0} y_\alpha (\alpha^\vee)^{Q_0} .$$

Alors

$$T_{Q_0} + H + Y + T[T^Q_{Q_0} + Y] = T + H - X$$

où

$$X = \sum_{\alpha \in \Delta^Q_0 - \Delta^{Q_0}_0} y_\alpha \alpha^\vee .$$

On peut encore changer de variables en remplaçant Y par X. Ce X appartient au cône engendré par les éléments de $\Delta^Q_0 - \Delta^{Q_0}_0$. On note $\mathcal{C}(Q, Q_0)$ ce cône. L'ancien Y devient X_{Q_0}. On a ainsi transformé notre intégrale sur $\mathfrak{a}^G_{Q_0}$ en une intégrale sur $\mathfrak{a}^G_Q \times \mathcal{C}(Q, Q_0)$, l'ancienne fonction

$$\kappa^{\eta T}(H^Q - T^Q_{Q_0}) \widetilde{\sigma}^R_Q (H - T) \phi^Q_{Q_0}(H - T)$$

devenant $\kappa^{\eta T}(X_{Q_0}) \widetilde{\sigma}^R_Q(H)$ et le terme $H + T[Y^Q]$ devenant $T + H - X$. On observera que la mesure en X n'est plus la mesure euclidienne mais la transportée de la mesure euclidienne sur $\mathfrak{a}^Q_{Q_0}$ par la projection injective $X \mapsto X_{Q_0}$. Revenons à la définition du terme $\omega^{T,Q_0}(H, \lambda, \nu)$ du paragraphe précédent, que l'on note maintenant $\omega^{T,Q_0}(H, X, \lambda, \nu)$, avec nos nouvelles variables H et X. L'application

$$\bigcup_{t \in \mathbf{W}^{Q'}(\mathfrak{a}_S, Q_0)} \mathbf{W}^{Q_0}(t(\mathfrak{a}_S), \mathfrak{a}_{S'}) \to \mathbf{W}^{Q'}(\mathfrak{a}_S, \mathfrak{a}_{S'})$$

qui, à $t' \in \mathbf{W}^{Q_0}(t(\mathfrak{a}_S), \mathfrak{a}_{S'})$ associe $t't$, est bijective. On remplace la variable d'origine t par un tel produit $t't$. On remplace ensuite s par $(t')^{-1}s$. On obtient

$$\begin{aligned}
&\omega^{T,Q_0}(H, X, \lambda, \nu) \\
&= \sum_{t \in \mathbf{W}^{Q'}(\mathfrak{a}_S, Q_0)} \sum_{s \in \mathbf{W}^Q(\theta_0(\mathfrak{a}_S), t(\mathfrak{a}_S))} \sum_{\{S' | P_0 \subset S' \subset Q_0\}} \sum_{t' \in \mathbf{W}^{Q_0}(t(\mathfrak{a}_S), \mathfrak{a}_{S'})} \mathrm{e}^{\langle t's\lambda - t't\nu, T + H - X\rangle} \\
&\qquad \times \epsilon^{Q_0}_{S'}(t's\lambda - t't\nu) \langle \mathbf{M}(t't, \nu)^{-1} \mathbf{M}(t's, \lambda) \Phi, \Psi \rangle .
\end{aligned}$$

Le parabolique tS n'a pas de raison d'être standard mais il existe un unique parabolique standard ${}_tS \subset Q_0$ qui a même Levi ${}_tM$ que tS. On peut remplacer ci-dessus S' par ${}_tS$. La double somme en S' et t' se transforme en une somme sur $\mathcal{P}^{Q_0}({}_tM)$ et on obtient (*cf.* lemme 5.3.4(3)) :

$$\omega^{T,Q_0}(H, X, \lambda, \nu) = \sum_{t \in \mathbf{W}^{Q'}(\mathfrak{a}_S, Q_0)} \sum_{s \in \mathbf{W}^Q(\theta_0(\mathfrak{a}_S), t(\mathfrak{a}_S))} \omega^{T,Q_0}_{s,t}(H, X, \lambda, \nu),$$

où

$$\begin{aligned}
\omega^{T,Q_0}_{s,t}(H, X, \lambda, \nu) = \sum_{S' \in \mathcal{P}^{Q_0}({}_tM)} &\mathrm{e}^{\langle s\lambda - t\nu, H + Y_{S'}(T - X)\rangle} \epsilon Q_{0S'}(s\lambda - t\nu) \\
&\times \langle \mathbf{M}(t, \nu)^{-1} \mathbf{M}_{S'|{}_tS}(t\nu)^{-1} \mathbf{M}_{S'|{}_tS}(s\lambda) \mathbf{M}(s, \lambda) \Phi, \Psi \rangle .
\end{aligned}$$

On doit intégrer

$$\omega^{T,Q_0}(H,X,\mu)=\omega^{T,Q_0}(H,X,\theta_0(\mu),\mu)$$

en μ, X et H. Chaque $\omega_{s,t}^{T,Q_0}(H,X,\lambda,\nu)$ est encore une fonction C^∞ de λ, ν. On note $\omega_{s,t}^{T,Q_0}(H,X,\mu)$ sa valeur en $\lambda=\theta_0(\mu)$, $\nu=\mu$. En reprenant les preuves du paragraphe précédent, on voit que l'on peut sortir les sommes en s et t des intégrales. On obtient

$$(2) \qquad A^T_{\mathrm{pure}}(B)=\sum_{t\in\mathbf{W}^{Q'}(\mathfrak{a}_S,Q_0)}\ \sum_{s\in\mathbf{W}^{Q}(\theta_0(\mathfrak{a}_S),t(\mathfrak{a}_S))} A^T_{s,t}(B),$$

où

$$A^T_{s,t}(B)=\int_{\mathfrak{a}_Q^G}\widetilde{\sigma}_Q^R(H)\int_{\mathcal{C}(Q,Q_0)}\kappa^{\eta T}(X_{Q_0})\int_{\mathrm{i}(\mathfrak{a}_S^G)^*}\omega_{s,t}^{T,Q_0}(H,X,\mu)B(\mu)\,\mathrm{d}\mu\,\mathrm{d}X\,\mathrm{d}H\ .$$

On fixe $t\in\mathbf{W}^{Q'}(\mathfrak{a}_S,Q_0)$ et $s\in\mathbf{W}^{Q}\big(\theta_0(\mathfrak{a}_S),t(\mathfrak{a}_S)\big)$. On a défini

$$\omega_{s,t}^{T,Q_0}(H,X,\lambda,\nu)$$

par une sommation sur $S'\in\mathcal{P}^{Q_0}({}_tM)$. Elargissons cette sommation en la faisant porter sur $S'\in\mathcal{P}^{Q}({}_tM)$. Précisément, pour $H\in\mathfrak{a}_Q^G$, $\mu,\nu\in\mathrm{i}(\mathfrak{a}_S^G)^*$ et $\lambda=\theta_0\mu$, posons

$$\omega_{s,t}^{T,Q}(H,\lambda,\nu)=\sum_{S'\in\mathcal{P}^Q({}_tM)}\mathrm{e}^{\langle s\lambda-t\nu,H+Y_{S'}(T)\rangle}\epsilon_{S'}^Q(s\lambda-t\nu)$$
$$\times\langle\mathbf{M}(t,\nu)^{-1}\mathbf{M}_{S'|_tS}(t\nu)^{-1}\mathbf{M}_{S'|_tS}(s\lambda)\mathbf{M}(s,\lambda)\Phi,\Psi\rangle\ .$$

C'est une fonction C^∞ de μ et ν. On note $\omega_{s,t}^{T,Q}(H,\mu)$ sa valeur en $\nu=\mu$.

Proposition 13.5.1. (i) *L'intégrale itérée*

$$\mathbf{A}^T_{s,t}(B)=\int_{\mathfrak{a}_Q^G}\widetilde{\sigma}_Q^R(H)\Big(\int_{\mathrm{i}(\mathfrak{a}_S^G)^*}\omega_{s,t}^{T,Q}(H,\mu)B(\mu)\,\mathrm{d}\mu\Big)\,\mathrm{d}H$$

est convergente dans l'ordre indiqué.

(ii) *Pour tout réel* r, *on a une majoration*

$$|A^T_{s,t}(B)-\mathbf{A}^T_{s,t}(B)|\ll\mathbf{d}_{P_0}(T)^{-r}\ .$$

PREUVE. Les paragraphes 13.6 et 13.7 seront consacrés à la preuve de cette proposition. □

13.6. Majoration de transformées de Fourier

Considérons l'application linéaire

$$s\theta_0-t\colon(\mathfrak{a}_S^G)^*\to t(\mathfrak{a}_S^G)^*\ .$$

On note $\mathfrak{b}_S^*$ son noyau, $\mathfrak{c}^*_{{}_tS}$ son image, $\mathfrak{c}_S^*$ l'orthogonal de $\mathfrak{b}_S^*$ dans $(\mathfrak{a}_S^G)^*$ et $\mathfrak{b}^*_{{}_tS}$ l'orthogonal de $\mathfrak{c}^*_{{}_tS}$ dans $t(\mathfrak{a}_S^G)^*$. L'application ci-dessus se restreint en un isomorphisme

$$\iota\colon\mathfrak{c}_S^*\to\mathfrak{c}^*_{{}_tS}\ .$$

Pour $\Lambda\in t(\mathfrak{a}_S^G)^*$, on note Λ_b et Λ_c ses projections sur $\mathfrak{b}^*_{{}_tS}$ et $\mathfrak{c}^*_{{}_tS}$. On définit une application linéaire

$$\mathfrak{b}_S^*\times t(\mathfrak{a}_S^G)^*\to(\mathfrak{a}_S^G)^*\times\mathfrak{b}^*_{{}_tS}$$
$$(\lambda,\Lambda)\mapsto(\mu(\lambda,\Lambda),\Lambda_b)$$

par $\mu(\lambda,\Lambda) = \lambda + \iota^{-1}(\Lambda_c)$. C'est un isomorphisme. On fixe une fonction $B_b \in C_c^\infty(\mathrm{i}\mathfrak{b}^*_{tS})$ telle que $B_b(0) = 1$. Rappelons que l'on note ${}_tM$ et L les Levi standard de ${}_tS$ et Q. Pour $\lambda \in \mathrm{i}\mathfrak{b}^*_S$, $\Lambda \in \mathrm{i}(\mathfrak{a}^G_{{}_tM})^*$ et $S' \in \mathcal{P}^Q({}_tM)$, posons

$$\varphi(\lambda;\Lambda,S') = B\big(\mu(\lambda,\Lambda)\big)B_b(\Lambda_b)\big\langle \mathbf{M}\big(t,\mu(\lambda,\Lambda)\big)^{-1}\mathbf{M}_{S'|_tS}\big(t\mu(\lambda,\Lambda)\big)^{-1} \times \mathbf{M}_{S'|_tS}(t\mu(\lambda,\Lambda)+\Lambda)\mathbf{M}(s,s^{-1}t\mu(\lambda,\Lambda)+s^{-1}\Lambda)\Phi,\Psi\big\rangle .$$

Ces fonctions sont C^∞ et à support compact en λ et Λ. Considérées comme des fonctions de Λ, dépendant d'un paramètre λ, elles forment une $(L,{}_tM)$-famille. Pour un élément $Z \in \mathfrak{a}^G_0$, on définit une $(L,{}_tM)$-famille familière par

$$d^Z(\Lambda,S') = \mathrm{e}^{\langle \Lambda, Y_{S'}(Z)\rangle} .$$

On pose $\varphi^Z(\lambda;\Lambda,S') = \varphi(\lambda;\Lambda,S')d^Z(\Lambda,S')$. En se limitant aux $S' \subset Q_0$, on obtient des $(L_0,{}_tM)$-familles. Conformément aux définitions de la section 1.10, on définit les fonctions

$$\varphi^{Z,Q_0}_{{}_tM}(\lambda;\Lambda) = \sum_{S'\in\mathcal{P}^{Q_0}({}_tM)} \varphi^Z(\lambda;\Lambda,S')\epsilon^{Q_0}_{S'}(\Lambda)$$

et

$$\varphi^{Z,Q}_{{}_tM}(\lambda;\Lambda) = \sum_{S'\in\mathcal{P}^{Q}({}_tM)} \varphi^Z(\lambda;\Lambda,S')\epsilon^{Q}_{S'}(\Lambda)$$

qui sont encore C^∞ et à supports compacts en λ et Λ.

Lemme 13.6.1. *Pour $\lambda \in \mathrm{i}\mathfrak{b}^*_S$, $\Lambda = \Lambda_c \in \mathrm{i}\mathfrak{c}^*_{tS}$, $H \in \mathfrak{a}^G_Q$ et $X \in \mathcal{C}(Q,Q_0)$, on a les égalités*

(i) $$\omega^{T,Q_0}\big(H,X,\mu(\lambda,\Lambda)\big)B\big(\mu(\lambda,\Lambda)\big) = \varphi^{T+H-X,Q_0}_{{}_tM}(\lambda;\Lambda)$$

et

(ii) $$\omega^{T,Q}\big(H,\mu(\lambda,\Lambda)\big)B\big(\mu(\lambda,\Lambda)\big) = \varphi^{T+H,Q}_{{}_tM}(\lambda;\Lambda) .$$

Preuve. Pour $\Lambda \in \mathrm{i}t(\mathfrak{a}^G_S)^*$ en position générale, il résulte des définitions que

$$\varphi^{T+H-X,Q_0}_{{}_tM}(\lambda;\Lambda) = \omega^{T,Q_0}\big(H,X,\mu(\lambda,\Lambda),\nu(\lambda,\Lambda)\big)B\big(\mu(\lambda,\Lambda)\big)B_b(\Lambda_b),$$

où

$$\nu(\lambda,\Lambda) = \theta_0^{-1}s^{-1}t\mu(\lambda,\Lambda) + \theta_0^{-1}s^{-1}\Lambda .$$

Il résulte de la définition de $\mu(\lambda,\Lambda)$ que

$$\nu(\lambda,\Lambda) = \mu(\lambda,\Lambda) + \theta_0^{-1}s^{-1}\Lambda_b .$$

Pour λ et Λ_c fixés (donc aussi $\mu(\lambda,\Lambda)$), il reste à faire tendre Λ_b vers 0 pour obtenir l'égalité (i). La preuve de (ii) est similaire. □

En conséquence, la définition de $A^T_{s,t}(B)$ se récrit

$$A^T_{s,t}(B) = |\det(\iota)|^{-1}\int_{\mathfrak{a}^G_Q}\widetilde{\sigma}^R_Q(H)\int_{\mathcal{C}(Q,Q_0)}\kappa^{\eta T}(X_{Q_0}) \times \int_{\mathrm{i}\mathfrak{b}^*_S}\int_{\mathrm{i}\mathfrak{c}^*_{tS}}\varphi^{T+H-X,Q_0}_{{}_tM}(\lambda;\Lambda)\,\mathrm{d}\Lambda\,\mathrm{d}\lambda\,\mathrm{d}X\,\mathrm{d}H .$$

On introduit les transformées de Fourier inverses en Λ des fonctions

$$\varphi(\lambda;\Lambda,S'),\qquad \varphi^Z(\lambda;\Lambda,S'),\qquad \varphi^Z_{{}_tM}(\lambda;\Lambda)\qquad\text{et}\qquad \varphi^{Z,Q_0}_{{}_tM}(\lambda,\Lambda)$$

que l'on note

$$\widehat{\varphi}(\lambda;U,S'),\qquad \widehat{\varphi}^{Z}(\lambda;U,S'),\qquad \widehat{\varphi}^{Z,Q}_{tM}(\lambda;U)\qquad \text{et}\qquad \widehat{\varphi}^{Z,Q_0}_{tM}(\lambda;U)$$

le paramètre U appartenant à $t(\mathfrak{a}_S)^G$. Ce sont des transformées de Fourier inverses de fonctions C^∞ à support compact, donc des fonctions de Schwartz en U. Par inversion de Fourier, l'intégrale intérieure de l'expression ci-dessus est égale à

$$\int_{\mathfrak{b}_{tS}} \widehat{\varphi}^{T+H-X,Q_0}_{tM}(\lambda;U)\,\mathrm{d}U,$$

où $\mathfrak{b}_{tS}$ est l'annulateur de $\mathfrak{c}^*_{tS}$ dans $t(\mathfrak{a}_S)^G$. D'où le

Corollaire 13.6.2.

$$A^T_{s,t}(B)=|\det(\iota)|^{-1}\int_{\mathfrak{a}^G_Q}\widetilde{\sigma}^R_Q(H)\int_{\mathcal{C}(Q,Q_0)}\kappa^{\eta T}(X_{Q_0})$$
$$\times\int_{i\mathfrak{b}^*_S}\int_{\mathfrak{b}_{tS}}\widehat{\varphi}^{T+H-X,Q_0}_{tM}(\lambda;U)\,\mathrm{d}U\,\mathrm{d}\lambda\,\mathrm{d}X\,\mathrm{d}H\,.$$

Lemme 13.6.3. *Fixons un réel $\rho>0$. Considérons les cinq expressions*

$$(1)\qquad \int_{\mathfrak{a}^G_Q}\widetilde{\sigma}^R_Q(H)\int_{\mathcal{C}(Q,Q_0)}\int_{i\mathfrak{b}^*_S}\int_{\mathfrak{b}_{tS}}|\widehat{\varphi}^{T+H-X,Q_0}_{tM}(\lambda;U)|\,\mathrm{d}U\,\mathrm{d}\lambda\,\mathrm{d}X\,\mathrm{d}H;$$

$$(2)\quad \int_{\mathfrak{a}^G_Q}\widetilde{\sigma}^R_Q(H)\int_{\mathcal{C}(Q,Q_0)}(1-\kappa^{\eta T}(X_{Q_0}))\int_{i\mathfrak{b}^*_S}\int_{\mathfrak{b}_{tS}}|\widehat{\varphi}^{T+H-X,Q_0}_{tM}(\lambda;U)|\,\mathrm{d}U\,\mathrm{d}\lambda\,\mathrm{d}X\,\mathrm{d}H;$$

$$(3)\quad \int_{\mathfrak{a}^G_Q}\widetilde{\sigma}^R_Q(H)\int_{\mathcal{C}(Q,Q_0)}\int_{i\mathfrak{b}^*_S}\int_{\mathfrak{b}_{tS}}(1-\kappa^{\rho T}(U))|\widehat{\varphi}^{T+H-X,Q_0}_{tM}(\lambda;U)|\,\mathrm{d}U\,\mathrm{d}\lambda\,\mathrm{d}X\,\mathrm{d}H;$$

$$(4)\qquad \int_{\mathfrak{a}^G_Q}\widetilde{\sigma}^R_Q(H)\int_{i\mathfrak{b}^*_S}\int_{\mathfrak{b}_{tS}}|\widehat{\varphi}^{T+H,Q}_{tM}(\lambda;U)|\,\mathrm{d}U\,\mathrm{d}\lambda\,\mathrm{d}H;$$

$$(5)\qquad \int_{\mathfrak{a}^G_Q}\widetilde{\sigma}^R_Q(H)\int_{i\mathfrak{b}^*_S}\int_{\mathfrak{b}_{tS}}(1-\kappa^{\rho T}(U))|\widehat{\varphi}^{T+H,Q}_{tM}(\lambda;U)|\,\mathrm{d}U\,\mathrm{d}\lambda\,\mathrm{d}H\,.$$

Alors

(i) *Les cinq expressions sont convergentes.*

(ii) *Pour tout réel r, (2) est essentiellement majorée par $\mathbf{d}_{P_0}(T)^{-r}$.*

(iii) *Il existe une constante absolue $\rho_0>0$ telle que, si $\rho>\rho_0$, (3) et (5) sont essentiellement majorées pour tout réel r par $\mathbf{d}_{P_0}(T)^{-r}$.*

Preuve. On traite d'abord l'expression (4). Par définition, la $(L,{}_tM)$-famille

$$\big(\varphi^Z(\lambda;\Lambda,S')\big)_{S'\in\mathcal{P}^Q({}_tM)}$$

est le produit des $(L,{}_tM)$-familles

$$\big(\varphi(\lambda;\Lambda,S')\big)_{S'\in\mathcal{P}^Q({}_tM)}$$

et $\big(d^Z(\Lambda,S')\big)_{S'\in\mathcal{P}^Q({}_tM)}$. D'après le lemme 1.10.5, on a

$$\varphi^{Z,Q}_{tM}(\lambda;\Lambda)=\sum_{P'\in\mathcal{F}^Q({}_tM)}d^{Z,P'}_{tM}(\Lambda)\varphi^Q_{P'}(\lambda;\Lambda_{P'})\,.$$

Ou encore, grâce à l'équation (2) du lemme 1.10.3 :

$$\varphi_{tM}^{Z,Q}(\lambda;\Lambda) = \sum_{P'\in\mathcal{F}^Q(_tM)} \varphi_{P'}^Q(\lambda;\Lambda_{P'}) \int_{\mathfrak{a}_{tM}^{P'}} e^{\langle\Lambda,U^{P'}+Y_{P'}(Z)\rangle}\Gamma_{tM}^{P'}\big(U^{P'},\mathcal{Y}(Z)\big)\,dU^{P'},$$

où

$$\mathcal{Y}(Z) = \big(Y_{S'}(Z)\big)_{S'\in\mathcal{P}^Q(_tM)}$$

est la $(L,{}_tM)$-famille orthogonale associée à Z. La fonction $\varphi_{P'}^Q(\lambda;\Lambda_{P'})$ est C^∞ et à support compact en λ et $\Lambda_{P'}$. En introduisant sa transformée de Fourier inverse $\widehat{\varphi}_{P'}^Q(\lambda;U_{P'})$, l'expression ci-dessus devient

$$\begin{aligned}\varphi_{tM}^{Z,Q}(\lambda;\Lambda) &= \sum_{P'\in\mathcal{F}^Q(_tM)} \int_{\mathfrak{a}_{tM}^G} e^{\langle\Lambda,U+Y_{P'}(Z)\rangle}\Gamma_{tM}^{P'}\big(U^{P'},\mathcal{Y}(Z)\big)\widehat{\varphi}_{P'}^Q(\lambda;U_{P'})\,dU\\ &= \sum_{P'\in\mathcal{F}^Q(_tM)} \int_{\mathfrak{a}_{tM}^G} e^{\langle\Lambda,U\rangle}\Gamma_{tM}^{P'}\big(U^{P'},\mathcal{Y}(Z)\big)\widehat{\varphi}_{P'}^Q\big(\lambda;U_{P'}-Y_{P'}(Z)\big)\,dU\,.\end{aligned}$$

Cette formule détermine

$$\widehat{\varphi}_{tM}^{Z,Q}(\lambda;U) = \sum_{P'\in\mathcal{F}^Q(_tM)} \Gamma_{tM}^{P'}\big(U^{P'},\mathcal{Y}(Z)\big)\widehat{\varphi}_{P'}^Q\big(\lambda;U_{P'}-Y_{P'}(Z)\big)\,.$$

L'expression (4) est donc majorée par

$$\sum_{P'\in\mathcal{F}^Q(_tM)} I_{(4)}^T(P'),$$

où

$$I_{(4)}^T(P') = \int_{\mathfrak{a}_Q^G} \widetilde{\sigma}_Q^R(H)\int_{i\mathfrak{b}_S^*}\int_{\mathfrak{b}_{tS}} \Gamma_{tM}^{P'}\big(U^{P'},\mathcal{Y}(T)\big) \times |\widehat{\varphi}_{P'}^Q(\lambda;U_{P'}-Y_{P'}(T)-H)|\,dU\,d\lambda\,dH\,.$$

On a simplifié $\mathcal{Y}(T+H)$ en $\mathcal{Y}(T)$ et $Y_{P'}(T+H)$ en $Y_{P'}(T)+H$, ainsi qu'il est loisible. Fixons $P'\in\mathcal{F}^Q(_tM)$. Posons $\mathfrak{d}=\mathfrak{b}_{tS}\cap\mathfrak{a}_{P'}^G$, notons $\mathfrak{e}$ l'orthogonal de cet espace dans $\mathfrak{a}_{P'}^G$ et posons

$$\mathfrak{b}_\sharp = \mathfrak{b}_{tS}\cap\big(t(\mathfrak{a}_S)^{P'}\oplus\mathfrak{e}\big)\,.$$

On a l'égalité

$$\mathfrak{b}_{tS} = \mathfrak{d}\oplus\mathfrak{b}_\sharp$$

et la projection sur $t(\mathfrak{a}_S)^{P'}$ est injective sur $\mathfrak{b}_\sharp$. La fonction $\widehat{\varphi}_{P'}^Q(\lambda;V)$ est à support compact en λ et de Schwartz en $V\in\mathfrak{a}_{P'}^G$. On peut fixer une fonction C^∞ et à support compact C sur $i\mathfrak{b}_S^*$ et des fonctions de Schwartz ϕ_d sur $\mathfrak{d}$ et ϕ_e sur $\mathfrak{e}$, toutes à valeurs positives ou nulles, de sorte que

$$|\widehat{\varphi}_{P'}^Q(\lambda;V)| \le C(\lambda)\phi_d(V_d)\phi_e(V_e),$$

où V_d et V_e sont les projections orthogonales sur $\mathfrak{d}$ et $\mathfrak{e}$. On a alors la majoration

$$(6)\quad I_{(4)}^T(P') \le \int_{\mathfrak{a}_Q^G}\widetilde{\sigma}_Q^R(H)\int_{i\mathfrak{b}_S^*}\int_{\mathfrak{d}}\int_{\mathfrak{b}_\sharp} C(\lambda)\Gamma_{tM}^{P'}\big(U^{P'},\mathcal{Y}(T)\big)\phi_d(V-Y_{P',d}(T)-H_d) \times \phi_e(U_{P',e}-Y_{P',e}(T)-H_e)\,dU\,dV\,d\lambda\,dH$$

où on a abrégé les notations, par exemple $Y_{P',e}(T)=\big(Y_{P'}(T)\big)_e$. Par le changement de variable

$$V\mapsto V+Y_{P',d}(T)+H_d$$

et parce que C et ϕ_d sont intégrables, on obtient

(7) $$I^T_{(4)}(P') \ll \int_{\mathfrak{a}_Q^G} \tilde{\sigma}_Q^R(H) \int_{\mathfrak{b}_\sharp} \Gamma^{P'}_{tM}(U^{P'}, \mathcal{Y}(T))\phi_e(U_{P',e} - Y_{P',e}(T) - H_e)\,\mathrm{d}U\,\mathrm{d}H,$$

ou encore

(8) $$I^T_{(4)}(P') \ll \int_{\mathfrak{a}_Q^G} \tilde{\sigma}_Q^R(H)\phi_e^T(-Y_{P',e}(T) - H_e)\,\mathrm{d}H,$$

où, pour $V \in \mathfrak{e}$,

$$\phi_e^T(V) = \int_{\mathfrak{b}_\sharp} \Gamma^{P'}_{tM}(U^{P'}, \mathcal{Y}(T))\phi_e(U_{P',e} + V)\,\mathrm{d}U\,.$$

Puisque la projection $U \mapsto U^{P'}$ est injective sur $\mathfrak{b}_\sharp$, cette dernière intégrale est à support compact. Donc ϕ_e^T est encore de Schwartz. Pour démontrer que l'intégrale de droite de (8) est convergente, il suffit de prouver la majoration :

(9) $$\|H\| \ll \|H_e\| \qquad \text{pour tout } H \in \mathfrak{a}_Q^G \text{ tel que } \tilde{\sigma}_Q^R(H) = 1\,.$$

On rappelle que l'on a noté $\mathfrak{k}$ le noyau de l'application q. L'espace $\mathfrak{b}_{tS}$ est l'annulateur dans $t(\mathfrak{a}_S)^G$ de l'image par $s\theta_0 - t$ de $\mathfrak{a}_S^G$. C'est donc le noyau de $\theta_0^{-1}s^{-1} - t^{-1}$ dans $t(\mathfrak{a}_S)^G$. On a

$$\theta_0^{-1}s^{-1} - t^{-1} = \theta_0^{-1}s^{-1}(1 - w\theta_0)$$

où $w = s\theta_0(t)^{-1}$, donc $\mathfrak{b}_{tS}$ est le noyau de $1 - w\theta_0$ dans $t(\mathfrak{a}_S)^G$. Mais w fixe $\mathfrak{a}_Q^G$. Donc

$$(X - w\theta_0 X)_Q = q(X)$$

pour tout X et le noyau de $1 - w\theta_0$ est contenu dans $\mathfrak{k}$. A fortiori

(10) $$\mathfrak{b}_{tS} \subset \mathfrak{k}\,.$$

Il en résulte une majoration

$$\|q(H)\| \ll \|H_e\|\,.$$

On utilise le lemme 2.13.2 : on a une majoration $\|H\| \ll \|q(H)\|$. La majoration (9) en résulte. Cela achève la preuve de la convergence de (4). Considérons l'expression (5). On voit comme ci-dessus qu'elle est majorée par

$$\sum_{P' \in \mathcal{F}^Q(_tM)} I^T_{(5)}(P'),$$

avec

$$I^T_{(5)}(P') \ll \int_{\mathfrak{a}_Q^G} \tilde{\sigma}_Q^R(H) \int_{\mathfrak{d}} \int_{\mathfrak{b}_\sharp} (1 - \kappa^{\rho T}(U + V))\Gamma^{P'}_{tM}(U^{P'}, \mathcal{Y}(T))$$
$$\times\, \phi_d(V - Y_{P',d}(T) - H_d)\phi_e(U_{P',e} - Y_{P',e}(T) - H_e)\,\mathrm{d}U\,\mathrm{d}V\,\mathrm{d}H$$

(*cf.* (6) ci-dessus, où on s'est débarrassé de l'intégrale en λ). Fixons $\rho' > 0$ que l'on précisera plus tard. On majore $I^T_{(5)}(P')$ par $I^T_{(5),\geq}(P') + I^T_{(5),<}(P')$, ces termes étant définis par l'intégrale précédente où l'on glisse la fonction $1 - \kappa^{\rho' T}(H)$ dans le premier terme et la fonction $\kappa^{\rho' T}(H)$ dans le second. Majorons d'abord $I^T_{(5),\geq}(P')$. On a une majoration similaire à (7) :

(11) $$I^T_{(5),\geq}(P') \ll \int_{\mathfrak{a}_Q^G} (1 - \kappa^{\rho' T}(H))\tilde{\sigma}_Q^R(H) \int_{\mathfrak{b}_\sharp} \Gamma^{P'}_{tM}(U^{P'}, \mathcal{Y}(T))$$
$$\times\, \phi_e(U_{P',e} - Y_{P',e}(T) - H_e)\,\mathrm{d}U\,\mathrm{d}H$$

où la constante implicite ne dépend pas de T. Les constantes c_1, c_2, etc., que l'on va introduire sont absolues, c'est-à-dire ne dépendent d'aucune des variables T, H, etc. Elles ne dépendent pas non plus de Q, R, etc., simplement parce que ces dernières données ne parcourent que des ensembles finis. Il existe $c_1 > 0$ tel que la condition

$$\Gamma^{P'}_{tM}\big(U^{P'}, \mathcal{Y}(T)\big) = 1$$

entraîne

$$\|U^{P'}\| \leq c_1 \|T\| \, .$$

Puisque l'application $U \mapsto U^{P'}$ est injective, il existe $c_2 > 0$ tel que cette même condition entraîne $\|U\| \leq c_2\|T\|$, donc aussi $\|U_{P',e}\| \leq c_2\|T\|$. Il existe $c_3 > 0$ tel que cette relation entraîne

$$\|U_{P',e} + Y_{P',e}(T)\| \leq c_3 \|T\| \, .$$

D'après (9), il existe $c_4 > 0$ tel que $\|H_e\| \geq c_4\|H\|$. La condition $1 - \kappa^{\rho' T}(H) = 1$ entraîne $\|H_e\| \geq c_4\rho'\|T\|$. On fixe ρ' tel que $c_4\rho' > c_3$. Alors les deux conditions ensemble entraînent l' inégalité

$$\|U_{P',e} - Y_{P',e}(T) - H_e\| \geq \left(c_4 - \frac{c_3}{\rho'}\right)\|H\| \, .$$

Puisque ϕ_e est de Schwartz, l'expression (11) est donc essentiellement majorée par

$$\int_{\mathfrak{a}_Q^G} \big(1 - \kappa^{\rho' T}(H)\big) \int_{\mathfrak{b}_\sharp} \Gamma^{P'}_{tM}\big(U^{P'}, \mathcal{Y}(T)\big)\|H\|^{-r} \, \mathrm{d}U \, \mathrm{d}H$$

pour n'importe quel réel r. L'intégrale en U est essentiellement majorée par $\|T\|^D$ pour un entier D convenable. L'intégrale en H est essentiellement majorée par $\|T\|^{-r}$. On en déduit une majoration

$$I^T_{(5),\geq}(P') \ll \mathbf{d}_{P_0}(T)^{-r} \tag{12}$$

pour tout réel r. Traitons maintenant $I^T_{(5),<}(P')$. Rappelons que

$$I^T_{(5),<}(P') = \int_{\mathfrak{a}_Q^G} \tilde{\sigma}_Q^R(H)\kappa^{\rho' T}(H) \int_{\mathfrak{d}} \int_{\mathfrak{b}_\sharp} \big(1 - \kappa^{\rho T}(U+V)\big)\Gamma^{P'}_{tM}\big(U^{P'}, \mathcal{Y}(T)\big)$$
$$\times \, \phi_d(V - Y_{P',d}(T) - H_d)\phi_e(U_{P',e} - Y_{P',e}(T) - H_e) \, \mathrm{d}U \, \mathrm{d}V \, \mathrm{d}H \, .$$

On a encore $\|U\| \leq c_2\|T\|$. Ajoutons la condition

$$\big(1 - \kappa^{\rho T}(U+V)\big) = 1$$

c'est-à-dire $\|U + V\| \geq \rho\|T\|$. Si $\rho > c_2$, les deux conditions entraînent que

$$\|V\| \geq (\rho - c_2)\|T\|$$

c'est-à-dire

$$\big(1 - \kappa^{(\rho - c_2)T}(V)\big) = 1 \, .$$

A fortiori $V \neq 0$ et l'espace $\mathfrak{d}$ n'est pas nul. On a fixé ρ' ci-dessus. Il existe $c_5 > 0$ tel que $\kappa^{\rho' T}(H) = 1$ entraîne

$$\|Y_{P',d}(T) - H_d\| \leq c_5\|T\| \, .$$

Supposons $\rho > c_2 + c_5$. Alors nos conditions entraînent

$$\|V - Y_{P',d} - H_d\| \geq \left(1 - \frac{c_5}{\rho - c_2}\right)\|V\| \, .$$

Puisque ϕ_d est de Schwartz, $I^T_{(5),<}(P')$ est essentiellement majorée par

$$\int_{\mathfrak{a}_Q^G} \kappa^{\rho' T}(H) \int_{\mathfrak{d}} \int_{\mathfrak{b}_\sharp} \Gamma^{P'}_{tM}(U^{P'}, \mathcal{Y}(T)) \|V\|^{-r}\big(1 - \kappa^{(\rho - c_2)T}(V)\big) \\ \phi_e(U_{P',e} - Y_{P',e}(T) - H_e)\, \mathrm{d}U\, \mathrm{d}V\, \mathrm{d}H$$

pour n'importe quel réel r. On majore encore ϕ_e par une constante. Les intégrales en H et U sont essentiellement bornées par $\|T\|^D$ pour un entier D convenable. L'intégrale en V est essentiellement bornée par $\|T\|^{-r}$ pour n'importe quel réel r. D'où une majoration

$$I^T_{(5),<}(P') \ll \mathbf{d}_{P_0}(T)^{-r}$$

pour tout réel r. Jointe à (12), elle prouve l'assertion de l'énoncé concernant l'expression (5). Considérons maintenant l'expression (1). On voit comme précédemment qu'elle est essentiellement majorée par

$$\sum_{P' \in \mathcal{F}^{Q_0}({}_tM)} I^T_{(1)}(P'),$$

où

$$I^T_{(1)}(P') = \int_{\mathfrak{a}_Q^G} \widetilde{\sigma}_Q^R(H) \int_{\mathcal{C}(Q,Q_0)} \int_{i\mathfrak{b}^*_S} \int_{\mathfrak{b}_{tS}} \big|\Gamma^{P'}_{tM}(U^{P'}, \mathcal{Y}(T - X))\big| \\ \times |\widehat{\varphi}^{Q_0}_{tM}(\lambda; U_{P'} - Y_{P'}(T - X) - H)|\, \mathrm{d}U\, \mathrm{d}\lambda\, \mathrm{d}X\, \mathrm{d}H\ .$$

On fixe $P' \in \mathcal{F}^{Q_0}({}_tM)$. On pose les mêmes définitions que dans la partie de la preuve consacrée à l'expression (4). On obtient une majoration similaire à (7) :

$$I^T_{(1)}(P') \ll \int_{\mathfrak{a}_Q^G} \widetilde{\sigma}_Q^R(H) \int_{\mathcal{C}(Q,Q_0)} \int_{\mathfrak{b}_\sharp} \big|\Gamma^{P'}_{tM}(U^{P'}, \mathcal{Y}(T - X))\big| \\ \times \phi_e(U_{P',e} - Y_{P',e}(T - X) - H_e)\, \mathrm{d}U\, \mathrm{d}X\, \mathrm{d}H\ .$$

Décomposons $\mathfrak{e}$ en $\mathfrak{e}_\natural \oplus \mathfrak{e}_\flat$, où $\mathfrak{e}_\flat$ est l'orthogonal de $\mathfrak{b}_{tS}$ dans $\mathfrak{a}^G_{Q_0}$ et $\mathfrak{e}_\natural$ est son orthogonal dans $\mathfrak{e}$ (parce que $P' \subset Q_0$, $\mathfrak{e}_\flat$ est bien contenu dans $\mathfrak{e}$).On peut fixer des fonctions de Schwartz $\phi_\natural$ sur $\mathfrak{e}_\natural$ et $\phi_\flat$ sur $\mathfrak{e}_\flat$ de sorte que, pour $V \in \mathfrak{e}$, $\phi_e(V) \leq \phi_\natural(V_\natural)\phi_\flat(V_\flat)$, avec le même genre de notations que précédemment. Alors

$$I^T_{(1)}(P') \ll \int_{\mathfrak{a}_Q^G} \widetilde{\sigma}_Q^R(H) \int_{\mathcal{C}(Q,Q_0)} \int_{\mathfrak{b}_\sharp} \big|\Gamma^{P'}_{tM}(U^{P'}, \mathcal{Y}(T-X))\big| \phi_\natural(U_\natural - Y_{P',\natural}(T-X) - H_\natural) \\ \times \phi_\flat(-T_\flat - H_\flat + X_\flat)\, \mathrm{d}U\, \mathrm{d}X\, \mathrm{d}H\ .$$

On a utilisé que la projection de $Y_{P',e}(T - X)$ dans $\mathfrak{e}_\flat$ n'était autre que $T_\flat - X_\flat$, ce qui résulte de l'inclusion $P' \subset Q_0$. On majore $\phi_\natural$ par une constante. Puisque $U \mapsto U^{P'}$ est injective, l'intégrale en U est essentiellement bornée par

$$\|T\|^D + (1 + \|X\|)^D$$

pour un D convenable. Puisque $\phi_\flat$ est de Schwartz, l'expression ci-dessus sera convergente si l'on montre que pour tout T, tout $H \in \mathfrak{a}_Q^G$ tel que $\widetilde{\sigma}_Q^R(H) = 1$ et tout $X \in \mathcal{C}(Q, Q_0)$, on a une majoration

$$\|H\| + \|X\| \ll \|T_\flat + H_\flat - X_\flat\|\ . \tag{13}$$

L'espace $\mathfrak{k}$ contient à la fois $\mathfrak{a}_0^{Q_0}$ et $\mathfrak{b}_{tS}$ d'après (10). Il contient donc le noyau $\mathfrak{a}_0^{P'} \oplus \mathfrak{d} \oplus \mathfrak{e}_\natural$ de la projection sur $\mathfrak{e}_\flat$. On a donc

$$\|q(V)\| \ll \|V_\flat\|$$

pour tout V. On applique cette relation à

$$V = T + H - X_{Q_0}\,.$$

Puisque $q(T) = 0$, il reste à appliquer le lemme 2.13.2 pour en déduire (13). Cela prouve la convergence de l'expression (1). Plus précisément, on déduit de (13) une majoration

$$I_{(1)}^T(P') \ll \int_{\mathfrak{a}_Q^G}\int_{\mathcal{C}(Q,Q_0)} \|T\|^D(1+\|X\|)^{-r}(1+\|H\|)^{-r}\,\mathrm{d}X\,\mathrm{d}H$$

pour tout réel r. Considérons maintenant l'expression (2). La seule différence est que le terme $1-\kappa^{\eta T}(X_{Q_0})$ se glisse dans les calculs. La majoration ci-dessus est alors remplacée par

$$I_{(1)}^T(P') \ll \int_{\mathfrak{a}_Q^G}\int_{\mathcal{C}(Q,Q_0)} \|T\|^A\big(1-\kappa^{\eta T}(X_{Q_0})\big)(1+\|X\|)^{-r}(1+\|H\|)^{-r}\,\mathrm{d}X\,\mathrm{d}H\,.$$

Cette expression est convergente et majorée par $\|T\|^{-r}$ pour tout réel r. Cela prouve le (ii) de l'énoncé. Considérons maintenant l'expression (3). Remarquons que, pour démontrer l'assertion la concernant, on peut aussi bien y glisser

$$\kappa^{\eta T}(X_{Q_0})\,.$$

En effet, en notant (3′) cette nouvelle expression, la différence entre (3) et (3′) vérifie grâce à (ii) la majoration souhaitée. Pour majorer (3′), on peut reprendre le raisonnement qui a servi à majorer (5). Puisque $\|X_{Q_0}\|$ reste borné par $\eta\|T\|$ et que $X \mapsto X_{Q_0}$ est injective sur le cône auquel appartient X, les coordonnées de X qui s'introduisent dans les calculs ne perturbent pas ce raisonnement. Il intervient une intégrale supplémentaire en X qui reste bornée par celle de $\kappa^{\eta T}(X_{Q_0})$, donc par $\|T\|^D$ pour un D convenable, ce qui ne change rien au résultat. □

13.7. Deux lemmes et fin de la preuve de la proposition 13.5.1

On fixe un réel $\rho > \rho_0$, où ρ_0 est le réel du (iii) du lemme précédent. Posons

$$E_1^T = |\det(\iota)|^{-1} \times \int_{\mathfrak{a}_Q^G} \widetilde{\sigma}_Q^R(H) \int_{i\mathfrak{b}_S^*}\int_{i\mathfrak{b}_{tS}} \kappa^{\rho T}(U) \int_{\mathcal{C}(Q,Q_0)} \hat{\varphi}_{tM}^{T+H-X,Q_0}(\lambda;U)\,\mathrm{d}X\,\mathrm{d}U\,\mathrm{d}\lambda\,\mathrm{d}H\,.$$

En utilisant le corollaire 13.6.2 et les assertions du lemme précédent concernant les expressions (1), (2) et (3), on voit que cette expression est absolument convergente et que l'on a une majoration

$$\|A_{s,t}^T - E_1^T\| \ll \mathbf{d}_{P_0}(T)^{-r} \tag{1}$$

pour tout réel r.

Notons Σ_{tS}^+ l'ensemble des racines de $\mathfrak{a}_{tM}$ qui sont positives pour le parabolique standard ${}_tS$. Pour tout $S' \in \mathcal{P}^{Q_0}({}_tM)$, notons $a(S')$ le nombre d'éléments de

$$(-\Delta_{S'}) \cap \Sigma_{tS}^+$$

(ou encore de $(-\Delta_{S'}^{Q_0}) \cap \Sigma_{tS}^+$) et $\mathcal{C}^{Q_0}(S') \subset t(\mathfrak{a}_S)^{Q_0}$ le cône formé des

$$\Big(\sum_{\alpha\in\Delta_{S'}^{Q_0}\cap\Sigma_{tS}^+} x_\alpha\alpha^\vee\Big) + \Big(\sum_{\alpha\in(-\Delta_{S'}^{Q_0})\cap\Sigma_{tS}^+} y_\alpha\alpha^\vee\Big)$$

avec des $x_\alpha \geq 0$ et des $y_\alpha > 0$. En remplaçant les exposants Q_0 par Q, on définit de même le cône $\mathcal{C}^Q(S') \subset t(\mathfrak{a}_S)^Q$ pour tout $S' \in \mathcal{P}^Q({}_tM)$.

Lemme 13.7.1. *Pour tous $Z \in \mathfrak{a}_0^G$, $\lambda \in \mathfrak{b}_S^*$ et $U \in \mathfrak{b}_{{}_tS}$, on a l'égalité*

$$\widehat{\varphi}_{{}_tM}^{Z,Q_0}(\lambda;U) = \sum_{S'\in\mathcal{P}^{Q_0}({}_tM)} (-1)^{a(S')} \int_{\mathcal{C}^{Q_0}(S')} \widehat{\varphi}(\lambda;U - Y_{S'}(Z) + V, S')\,\mathrm{d}V\,.$$

Preuve. D'après le lemme 1.10.3, on a

$$\varphi_{{}_tM}^{Z,Q_0}(\lambda;\Lambda) = \int_{\mathfrak{H}_{{}_tM}(Q_0)} \int_{t(\mathfrak{a}_S)^{Q_0}} \mathrm{e}^{\langle\Lambda, U+Y_{Q_0}\rangle} \Gamma_{{}_tM}^{Q_0}(U,\mathcal{Y})\widehat{\varphi}^{Z,Q_0}(\lambda;\mathcal{Y})\,\mathrm{d}U\,\mathrm{d}\mathcal{Y},$$

où

$$\mathfrak{H}_{{}_tM}(Q_0) = \varprojlim_{P'\in\mathcal{F}^{Q_0}({}_tM)} \mathfrak{a}_{P'}^G$$

et $\widehat{\varphi}^{Z,Q_0}(\lambda;\mathcal{Y})$ est une fonction sur cet espace qui « globalise » les différentes fonctions $\widehat{\varphi}^Z(\lambda;Y,S')$ pour $S' \in \mathcal{P}^{Q_0}({}_tM)$. La proposition 1.8.7 affirme que

$$\Gamma_{{}_tM}^{Q_0}(U,\mathcal{Y}) = \sum_{S'\in\mathcal{P}^{Q_0}({}_tM)} (-1)^{a(S')}\mathbf{1}_{\mathcal{C}^{Q_0}(S')}(Y_{S'}^{Q_0} - U),$$

où $\mathbf{1}_{\mathcal{C}^{Q_0}(S')}$ est la fonction caractéristique du cône $\mathcal{C}^{Q_0}(S')$. Il en résulte l'égalité

$$\begin{aligned}\varphi_{{}_tM}^{Z,Q_0}(\lambda;\Lambda) = \int_{t(\mathfrak{a}_S)^{Q_0}} \mathrm{e}^{\langle\Lambda,U+Y_{Q_0}\rangle} &\sum_{S'\in\mathcal{P}^{Q_0}({}_tM)} (-1)^{a(S')} \\ &\times \int_{\mathfrak{a}_{S'}^G} \mathbf{1}_{\mathcal{C}^{Q_0}(S')}(Y^{Q_0} - U)\widehat{\varphi}^Z(\lambda;Y,S')\,\mathrm{d}Y\,\mathrm{d}U\,.\end{aligned}$$

D'où

$$\begin{aligned}&\widehat{\varphi}_{{}_tM}^{Z,Q_0}(\lambda;U) \\ &\quad = \sum_{S'\in\mathcal{P}^{Q_0}({}_tM)} (-1)^{a(S')} \int_{t(\mathfrak{a}_S)^{Q_0}} \mathbf{1}_{\mathcal{C}^{Q_0}(S')}(V - U^{Q_0})\widehat{\varphi}^Z(\lambda;V + U_{Q_0}, S')\,\mathrm{d}V\,.\end{aligned}$$

On vérifie que

$$\widehat{\varphi}^Z(\lambda;Y,S') = \widehat{\varphi}(\lambda;Y - Y_{S'}(Z), S')\,.$$

Par le changement de variable $V \mapsto U^{Q_0} + V$, l'intégrale intérieure devient

$$\int_{\mathcal{C}^{Q_0}(S')} \widehat{\varphi}(\lambda;U - Y_{S'}(Z) + V; S')\,\mathrm{d}V$$

et la formule ci-dessus devient celle de l'énoncé. □

L'intégrale intérieure de l'expression E_1^T devient

$$\sum_{S'\in\mathcal{P}^{Q_0}({}_tM)} (-1)^{a(S')} \int_{\mathcal{C}(Q,Q_0)} \int_{\mathcal{C}^{Q_0}(S')} \widehat{\varphi}(\lambda;U - Y_{S'}(T-X) - H + V, S')\,\mathrm{d}V\,\mathrm{d}X\,,$$

cette expression étant évidemment absolument convergente. Pour $S' \in \mathcal{P}^{Q_0}({}_tM)$, choisissons $u \in \mathbf{W}^{Q_0}$ tel que $u(S')$ soit standard et notons $\widetilde{Y}_{S'}(X)$ la projection de

$u^{-1}X$ sur $t(\mathfrak{a}_S)^G$. On a $Y_{S'}(T-X) = Y_{S'}(T) - \widetilde{Y}_{S'}(X)$. Il résulte des définitions que l'application

$$\mathcal{C}(Q,Q_0)\times\mathcal{C}^{Q_0}(S') \to t(\mathfrak{a}_S)^Q$$
$$(X,V)\mapsto \widetilde{Y}_{S'}(X)+V$$

est injective et a pour image le cône $\mathcal{C}^Q(S')$. Elle ne respecte pas les mesures euclidiennes. Pour nous, les cônes $\mathcal{C}^{Q_0}(S')$ et $\mathcal{C}^Q(S')$ sont bien munis de ces mesures, mais $\mathcal{C}(Q,Q_0)$ est muni de la mesure introduite à la proposition 13.5.1, pour laquelle la projection sur $\mathfrak{a}_{Q_0}^Q$ préserve les mesures, ce dernier espace étant muni de la mesure euclidienne. On voit alors que l'application ci-dessus préserve les mesures. L'expression précédente devient

$$\sum_{S'\in\mathcal{P}^{Q_0}({}_tM)}(-1)^{a(S')}\int_{\mathcal{C}^Q(S')}\widehat{\varphi}(\lambda;U-Y_{S'}(T)-H+V,S')\,\mathrm{d}V\,.$$

Il y a un lemme similaire au précédent où Q_0 est remplacé par Q. La somme ci-dessus vaut donc

$$\widehat{\varphi}_{{}_tM}^{T+H,Q}(\lambda;U)-\sum_{S'\in\mathcal{P}^Q({}_tM)-\mathcal{P}^{Q_0}({}_tM)}(-1)^{a(S')}\int_{\mathcal{C}^Q(S')}\widehat{\varphi}(\lambda;U(S',H,T)+V,S')\,\mathrm{d}V$$

avec

$$U(S',H,T)=U-Y_{S'}(T)-H\,.$$

On en déduit l'égalité

(2) $$E_1^T=E_2^T-E_3^T,$$

où

$$E_2^T=|\det(\iota)|^{-1}\int_{\mathfrak{a}_Q^G}\widetilde{\sigma}_Q^R(H)\int_{i\mathfrak{b}_S^*}\int_{\mathfrak{b}_{tS}}\kappa^{\rho T}(U)\widehat{\varphi}_{{}_tM}^{T+H,Q}(\lambda;U)\,\mathrm{d}U\,\mathrm{d}\lambda\,\mathrm{d}H,$$

et

$$E_3^T=|\det(\iota)|^{-1}\int_{\mathfrak{a}_Q^G}\widetilde{\sigma}_Q^R(H)\int_{i\mathfrak{b}_S^*}\int_{\mathfrak{b}_{tS}}\kappa^{\rho T}(U)\sum_{S'\in\mathcal{P}^Q({}_tM)-\mathcal{P}^{Q_0}({}_tM)}(-1)^{a(S')}$$
$$\times\int_{\mathcal{C}^Q(S')}\widehat{\varphi}(\lambda;U-Y_{S'}(T)-H+V,S')\,\mathrm{d}V\,\mathrm{d}U\,\mathrm{d}\lambda\,\mathrm{d}H\,.$$

Cette décomposition est justifiée car l'expression E_2^T est absolument convergente (expression (4) du lemme 13.6.3), donc E_3^T est convergente au moins dans l'ordre indiqué. Pour $S'\in\mathcal{P}^Q({}_tM)-\mathcal{P}^{Q_0}({}_tM)$, posons

$$E_{S'}^T=\int_{\mathfrak{a}_Q^G}\widetilde{\sigma}_Q^R(H)\int_{i\mathfrak{b}_S^*}\int_{i\mathfrak{b}_{tS}}\kappa^{\rho T}(U)$$
$$\times\int_{\mathcal{C}^Q(S')}|\widehat{\varphi}(\lambda;U-Y_{S'}(T)-H+V,S')|\,\mathrm{d}V\,\mathrm{d}U\,\mathrm{d}\lambda\,\mathrm{d}H\,.$$

On a évidemment

(3) $$|E_3^T|\ll\sum_{S'\in\mathcal{P}^Q({}_tM)-\mathcal{P}^{Q_0}({}_tM)}E_{S'}^T\,.$$

Lemme 13.7.2. *Pour tout*

$$S' \in \mathcal{P}^Q({}_tM) - \mathcal{P}^{Q_0}({}_tM)$$

et tout réel r*, on a une majoration*

$$E^T_{S'} \ll \mathbf{d}_{P_0}(T)^{-r} .$$

PREUVE. On a noté $\mathfrak{k}$ le noyau de q. On note $\mathfrak{k}_t$ sa projection sur $t(\mathfrak{a}_S)^G$, ou son intersection avec cet espace (cela revient au même puisque $\mathfrak{a}_0^{tS} \subset \mathfrak{a}_0^{Q_0} \subset \mathfrak{k}$). On note $\mathfrak{f}$ l'orthogonal de $\mathfrak{k}_t$ dans $t(\mathfrak{a}_S)^G$ (qui est aussi l'orthogonal de $\mathfrak{k}$ dans $\mathfrak{a}_0^G$). On fixe une fonction $C \in C_c^\infty(i\mathfrak{b}_S^*)$ et des fonctions de Schwartz ϕ_k sur $\mathfrak{k}_t$, ϕ_f sur $\mathfrak{f}$, à valeurs positives ou nulles, de sorte que

$$|\widehat{\varphi}(\lambda; V, S')| \leq C(\lambda)\phi_k(V_k)\phi_f(V_f),$$

avec des notations familières. Grâce au lemme 13.6.3(10), et puisque C est intégrable, on obtient

$$E^T_{S'} \ll \int_{\mathfrak{a}_Q^G} \widetilde{\sigma}_Q^R(H) \int_{i\mathfrak{b}_{tS}} \kappa^{\rho T}(U) \int_{\mathcal{C}^Q(S')} \phi_k(U - Y_{S',k}(T) - H_k + V_k) \times \phi_f(-Y_{S',f}(T) - H_f + V_f)\, \mathrm{d}V\, \mathrm{d}U\, \mathrm{d}H .$$

Notons $\mathcal{C}^Q(S')_{Q_0}$ la projection orthogonale de $\mathcal{C}^Q(S')$ dans $\mathfrak{a}_{Q_0}^Q$. Pour

$$X \in \mathcal{C}^Q(S')_{Q_0}$$

la fibre de cette projection est de la forme $V(X)+\mathcal{C}(X)$ où $V(X)$ est un élément fixé de la fibre et $\mathcal{C}(X)$ est un sous-ensemble convexe de $t(\mathfrak{a}_S)^{Q_0}$. Si X est en position générale, ce sous-ensemble est d'intérieur non vide. On peut décomposer l'intégrale sur $\mathcal{C}^Q(S')$ en une intégrale sur $\mathcal{C}^Q(S')_{Q_0}$ d'intégrales sur les fibres. On peut majorer brutalement ces dernières intégrales par l'intégrale sur $t(\mathfrak{a}_S)^{Q_0}$ tout entier. En se rappelant que cet espace est contenu dans $\mathfrak{k}_t$, on obtient

$$E^T_{S'} \ll \int_{\mathfrak{a}_Q^G} \widetilde{\sigma}_Q^R(H) \int_{i\mathfrak{b}_{tS}} \kappa^{\rho T}(U) \int_{\mathcal{C}^Q(S')_{Q_0}} \phi_f(-Y_{S',f}(T) - H_f + X_f) \times \int_{t(\mathfrak{a}_S)^{Q_0}} \phi_k(U - Y_{S',k}(T) - H_k + V(X)_k + V)\, \mathrm{d}V\, \mathrm{d}X\, \mathrm{d}U\, \mathrm{d}H .$$

Puisque ϕ_k est de Schwartz, la dernière intégrale intérieure est majorée indépendamment de T, H, X et U. On intègre ensuite en U la fonction $\kappa^{\rho T}(U)$. Cette intégrale est essentiellement majorée par $\|T\|^D$ pour un D convenable. D'où

$$E^T_{S'} \ll \|T\|^D \int_{\mathfrak{a}_Q^G} \widetilde{\sigma}_Q^R(H) \int_{\mathcal{C}^Q(S')_{Q_0}} \phi_f(-Y_{S',f}(T) - H_f + X_f)\, \mathrm{d}X\, \mathrm{d}H .$$

On va montrer que pour H tel que $\widetilde{\sigma}_Q^R(H) = 1$ et pour $X \in \mathcal{C}^Q(S')_{Q_0}$, on a une majoration

$$(4) \qquad \|T\| + \|H\| + \|X\| \ll 1 + \|-Y_{S',f}(T) - H_f + X_f\| .$$

On en déduira une majoration

$$E^T_{S'} \ll \|T\|^{D-r} \int_{\mathfrak{a}_Q^G} \int_{\mathcal{C}^Q(S')_{Q_0}} (1 + \|H\|)^{-r}(1 + \|X\|)^{-r}\, \mathrm{d}X\, \mathrm{d}H$$

pour tout réel r. Ceci est essentiellement majoré par $\mathbf{d}_{P_0}(T)^{-r}$ pour tout r, ce qui démontrera le lemme. Revenons à (4). Le cône $\mathcal{C}^Q(S')$ est engendré par des $\alpha^\vee$ pour

$\alpha \in \Sigma^+_{tS} \cap (\pm\Delta^Q_{S'})$. Donc $\mathcal{C}^Q(S')_{Q_0}$ est contenu dans le cône engendré par les $\alpha^\vee_{Q_0}$ pour $\alpha \in \Delta^Q_0 - \Delta^{Q_0}_0$. Autrement dit, un élément X de ce cône vérifie $\phi^Q_{Q_0}(-X) = 1$. On ne fait que renforcer (4) en remplaçant l'hypothèse $X \in \mathcal{C}^Q(S')_{Q_0}$ par $X \in \mathfrak{a}^Q_{Q_0}$ et $\phi^Q_{Q_0}(-X) = 1$. Puisque $\mathfrak{f}$ est l'orthogonal de $\mathfrak{k}$, on a en tout cas

$$\|q(Y_{S'}(T) + H - X)\| \ll \|-Y_{S',f}(T) - H_f + X_f\| \,.$$

Soit $u \in \mathbf{W}^Q$ tel que $u(S')$ soit standard. On a

$$Y_{S'}(T) = (u^{-1}T + T_0 - u^{-1}T_0)_{tS} = T'_{tS} - X(T)_{tS}$$

où

$$T' = T + T_0 - u^{-1}T_0 \qquad \text{et} \qquad X(T) = T - u^{-1}T \,.$$

Puisque $\mathfrak{a}^{tS}_0 \subset \mathfrak{a}^{Q_0}_0 \subset \mathfrak{k}$ et puisque $q(T) = 0$, on a

$$q\big(Y_{S'}(T)\big) = q(T'_{tS} - X(T)_{tS}) = q(T' - X(T)_{Q_0}) = q(T_0 - u^{-1}T_0 - X(T)_{Q_0}) \,.$$

Remarquons que

$$\phi^Q_{Q_0}(-X(T)_{Q_0}) = 1 \,.$$

En appliquant le lemme 2.13.2 à H et $-X - X(T)_{Q_0}$, on obtient

$$\|H\| + \|X(T)_{Q_0} + X\| \ll 1 + \|q(Y_{S'}(T) + H - X)\| \,,$$

le 1 servant à se débarrasser du terme constant $q(T_0 - u^{-1}T_0)$. Puisque $X(T)_{Q_0}$ et X sont dans un même « vrai » cône, on peut remplacer $\|X(T)_{Q_0} + X\|$ par

$$\|X(T)_{Q_0}\| + \|X\| \,.$$

Pour obtenir (4), il suffit maintenant de prouver une majoration

$$\|T\| \ll \|X(T)_{Q_0}\| \,.$$

D'après le lemme 1.5.2, $X(T)$ est combinaison linéaire des $\alpha^\vee$ pour $\alpha \in \mathcal{R}(u)$, avec des coefficients supérieurs ou égaux à $\mathbf{d}_{P_0}(T)$. Or l'hypothèse que $S' \not\subset Q_0$ implique qu'il y a au moins un $\alpha \in \mathcal{R}(u)$ tel que sa projection $\alpha^\vee_{Q_0}$ ne soit pas nulle. Dans la base

$$\{\alpha^\vee_{Q_0} \mid \alpha \in \Delta^Q_0 - \Delta^{Q_0}_0\}$$

de $\mathfrak{a}^Q_{Q_0}$, au moins l'un des coefficients de $X(T)_{Q_0}$ est donc supérieur ou égal à $\mathbf{d}_{P_0}(T)$. Cela prouve la majoration précédente et cela achève la démonstration du lemme 13.7.2. □

Nous pouvons maintenant achever la preuve de la proposition 13.5.1. Posons

$$E^T_4 = |\det(\iota)|^{-1} \int_{\mathfrak{a}^G_Q} \tilde{\sigma}^R_Q(H) \int_{i\mathfrak{b}^*_S} \int_{\mathfrak{b}_{tS}} \hat{\varphi}^{T+H,Q}_{tM}(\lambda; U)\, \mathrm{d}U\, \mathrm{d}\lambda\, \mathrm{d}H \,.$$

Ceci est encore convergent et l'assertion du lemme 13.6.3 concernant l'expression 13.6.3(5) montre que

$$|E^T_2 - E^T_4| \ll \mathbf{d}_{P_0}(T)^{-r} \tag{5}$$

pour tout réel r. Par inversion de Fourier de l'intégrale intérieure, on a

$$E^T_4 = |\det(\iota)|^{-1} \int_{\mathfrak{a}^G_Q} \tilde{\sigma}^R_Q(H) \int_{i\mathfrak{b}^*_S} \int_{i\mathfrak{c}^*_{tS}} \varphi^{T+H,Q}_{tM}(\lambda; \Lambda)\, \mathrm{d}\Lambda\, \mathrm{d}\lambda\, \mathrm{d}H \,.$$

Cette expression est convergente dans l'ordre indiqué. On peut regrouper les deux intégrales intérieures (les fonctions sont à supports compacts en λ et Λ). En utilisant le lemme 13.6.1(ii) et par le changement de variable $(\lambda,\Lambda)\mapsto\mu(\lambda,\Lambda)$, on obtient

$$E_4^T=\int_{\mathfrak{a}_Q^G}\widetilde{\sigma}_Q^R(H)\int_{\mathfrak{i}(\mathfrak{a}_S^G)^*}\omega_{s,t}^{T,Q}(H,\mu)B(\mu)\,\mathrm{d}\mu\,\mathrm{d}H=\mathbf{A}_{s,t}^T(B)\,.$$

Cela démontre que cette expression est convergente dans l'ordre indiqué. En additionant (1), (2), (3), (5) et le lemme 13.7.2, on obtient la majoration

$$|A_{s,t}^T-\mathbf{A}_{s,t}^T|\ll\mathbf{d}_{P_0}(T)^{-r}$$

pour tout r. Ceci achève la preuve de la proposition 13.5.1. □

Rappelons les hypothèses sur Q et R : on a $P_0\subset Q\subset R$ et $\widetilde{\eta}(Q,R)\neq 0$. On a défini $A^T(B)$ dans la section 12.8. Pour $t\in\mathbf{W}^{Q'}(\mathfrak{a}_S,Q_0)$ et $s\in\mathbf{W}^Q\big(\theta_0(\mathfrak{a}_S),t(\mathfrak{a}_S)\big)$, on a défini $\mathbf{A}_{s,t}^T(B)$ à la section 13.5.

Corollaire 13.7.3. *Pour tout réel r, on a la majoration*

$$\left|A^T(B)-\sum_{t\in W^{Q'}(\mathfrak{a}_S,Q_0)}\ \sum_{s\in\mathbf{W}^Q(\theta_0(\mathfrak{a}_S),t(\mathfrak{a}_S))}\mathbf{A}_{s,t}^T(B)\right|\ll\mathbf{d}_{P_0}(T)^{-r}.$$

PREUVE. Cela résulte des propositions 13.4.1, 13.5.1 et de la relation 13.5.1(i). □

13.8. Elargissement des sommations

Rappelons (*cf.* lemme 1.3.7) que $\mathbf{W}^{Q'}(\mathfrak{a}_S,Q_0)$ est l'ensemble des restrictions à $\mathfrak{a}_S$ d'éléments $t\in\mathbf{W}^{Q'}$ tels que $t(\mathfrak{a}_S)\supset\mathfrak{a}_{Q_0}$ et $t\in[\mathbf{W}^{Q_0}\backslash\mathbf{W}^{Q'}]$, où on note ainsi l'ensemble des $t\in\mathbf{W}^{Q'}$ qui sont de longueur minimale dans leur classe $\mathbf{W}^{Q_0}t$.

Lemme 13.8.1. *On a l'inclusion* $\mathbf{W}^{Q'}(\mathfrak{a}_S,Q_0)\subset\mathbf{W}^G(\mathfrak{a}_S,Q)$.

PREUVE. Il suffit de montrer que

(1) $$[\mathbf{W}^{Q_0}\backslash\mathbf{W}^{Q'}]=[\mathbf{W}^{Q}\backslash\mathbf{W}^{G}]\cap\mathbf{W}^{Q'}\,.$$

D'après le lemme 1.3.5, un élément $t\in[\mathbf{W}^{Q_0}\backslash\mathbf{W}^{Q'}]$ vérifie $t^{-1}\alpha>0$ pour $\alpha\in\Delta_0^{Q_0}$. Il vérifie aussi $t^{-1}\alpha>0$ pour $\alpha\in\Delta_0^Q-\Delta_0^{Q_0}$ car une telle racine α intervient dans le radical unipotent de Q' et l'ensemble des racines intervenant dans ce radical unipotent est conservé par t. Donc $t^{-1}\alpha>0$ pour tout $\alpha\in\Delta_0^Q$, ce qui signifie, encore d'après le lemme 1.3.5, que t est de longueur minimale dans sa classe $\mathbf{W}^Qt$. Cela prouve l'inclusion du membre de gauche de (1) dans celui de droite. Inversement, soit $w\in[\mathbf{W}^Q\backslash\mathbf{W}^G]\cap\mathbf{W}^{Q'}$. Soit t l'élément de longueur minimale dans la classe $\mathbf{W}^{Q_0}w$. Par ce que l'on vient de prouver, t est aussi de longueur minimale dans $\mathbf{W}^Qt$. Mais $\mathbf{W}^Qw=\mathbf{W}^Qt$, donc $w=t$. □

On va maintenant élargir les hypothèses sur Q et R : on suppose seulement

$$P_0\subset Q\subset R$$

et on abandonne l'hypothèse $\widetilde{\eta}(Q,R)\neq 0$, mais on conserve les hypothèses sur S, σ et B. Pour $t\in\mathbf{W}^G(\mathfrak{a}_S,Q)$, on pose

$$\widetilde{\eta}(Q,R;t)=\sum_{\widetilde{P}}(-1)^{a_{\widetilde{P}}-a_{\widetilde{G}}}\qquad\text{avec } Q\subset P\subset R \text{ et } t\in W^P\,.$$

L'ensemble des $\widetilde{P}$ satisfaisant ces conditions peut être vide. S'il est non vide, il existe $\widetilde{P}_1 \subset \widetilde{P}_2$ tel que ce soit l'ensemble des $\widetilde{P}$ tels que $\widetilde{P}_1 \subset \widetilde{P} \subset \widetilde{P}_2$. Remarquons en passant que $P_2 = R^-$. On en déduit que $\widetilde{\eta}(Q,R;t)$ est non nul si et seulement s'il existe un unique $\widetilde{P}$ vérifiant les conditions de (13.8). Et dans ce cas on a :

$$\widetilde{\eta}(Q,R;t) = (-1)^{a_{\widetilde{R}^-} - a_{\widetilde{G}}} .$$

On a défini à la section 13.5 une expression $\mathbf{A}^T_{s,t}(B)$ pour

$$t \in \mathbf{W}^{Q'}(\mathfrak{a}_S, Q_0) \qquad \text{et} \qquad s \in \mathbf{W}^Q\big(\theta_0(\mathfrak{a}_S), t(\mathfrak{a}_S)\big) .$$

On peut aussi bien la définir, au moins formellement, pour $t \in \mathbf{W}^G(\mathfrak{a}_S, Q)$ et s comme précédemment.

Proposition 13.8.2. *Soient $t \in \mathbf{W}^G(\mathfrak{a}_S, Q)$ et $s \in \mathbf{W}^Q\big(\theta_0(\mathfrak{a}_S), t(\mathfrak{a}_S)\big)$. On suppose $\widetilde{\eta}(Q,R;t) \neq 0$.*

(i) *L'expression $\mathbf{A}^T_{s,t}(B)$ est convergente dans l'ordre indiqué.*

(ii) *Supposons $t \notin \mathbf{W}^{Q'}(\mathfrak{a}_S, Q_0)$. Alors on a une majoration*

$$|\mathbf{A}^T_{s,t}(B)| \ll \mathbf{d}_{P_0}(T)^{-r}$$

pour tout réel r.

PREUVE. On reprend la preuve de la proposition 13.5.1. Le lemme 13.6.1(ii) s'applique, avec les mêmes définitions. On obtient

$$\mathbf{A}^T_{s,t}(B) = |\det(\iota)|^{-1} \int_{\mathfrak{a}^G_Q} \tilde{\sigma}^R_Q(H) \int_{i\mathfrak{b}^*_S} \int_{i\mathfrak{c}^*_{tS}} \varphi^{T+H,Q}_{tM}(\lambda;\Lambda)\, \mathrm{d}\Lambda\, \mathrm{d}\lambda\, \mathrm{d}H,$$

puis, par inversion de Fourier,

$$\mathbf{A}^T_{s,t}(B) = |\det(\iota)|^{-1} \int_{\mathfrak{a}^G_Q} \tilde{\sigma}^R_Q(H) \int_{i\mathfrak{b}^*_S} \int_{\mathfrak{b}_{tS}} \hat{\varphi}^{T+H,Q}_{tM}(\lambda;U)\, \mathrm{d}U\, \mathrm{d}\lambda\, \mathrm{d}H .$$

Plus précisément, la convergence absolue du membre de droite ci-dessus entraîne la convergence dans l'ordre indiqué de $\mathbf{A}^T_{s,t}(B)$ et la validité de l'égalité précédente. On doit donc prouver que ce membre de droite est absolument convergent et le majorer sous l'hypothèse de (ii). Maintenant, on reprend la preuve du lemme 13.6.3 consacrée à l'expression (4). Le début de cette preuve vaut aussi pour $t \in \mathbf{W}^G$: ce n'est qu'à partir de la relation (10) du lemme 13.6.3 qu'était utilisée l'hypothèse $t \in \mathbf{W}^{Q'}$. On obtient que l'expression déduite du membre de droite de l'égalité ci-dessus en remplaçant la fonction à intégrer par sa valeur absolue est essentiellement majorée par

$$\sum_{P' \in \mathcal{F}^Q(_tM)} I^T(P'),$$

avec

$$I^T(P') \ll \int_{\mathfrak{a}^G_Q} \tilde{\sigma}^R_Q(H) \int_{\mathfrak{b}_\sharp} \Gamma^{P'}_{tM}\big(U^{P'}, \mathcal{Y}(T)\big) \phi_e(U_{P',e} - Y_{P',e}(T) - H_e)\, \mathrm{d}U\, \mathrm{d}H,$$

cf. lemme 13.6.3(7). Fixons P'. On va prouver que

(3)(i) $$\|H\| \ll 1 + \|U_{P',e} - Y_{P',e}(T) - H_e\|$$

pour tout T, tout H tel que $\tilde{\sigma}^R_Q(H) = 1$ et tout $U \in \mathfrak{b}_\sharp$ tel que $\Gamma^{P'}_{tM}\big(U^{P'}, \mathcal{Y}(T)\big) = 1$ et que, d'autre part, si $t \notin \mathbf{W}^{Q'}(\mathfrak{a}_S, Q_0)$, on a

(3)(ii) $$\|T\| + \|H\| \ll 1 + \|U_{P',e} - Y_{P',e}(T) - H_e\|$$

pour tout T, H et U comme ci-dessus. En admettant cela et puisque ϕ_e est de Schwartz, on a une majoration

$$I^T(P') \ll C_r \int_{\mathfrak{a}_Q^G} (1+\|H\|)^{-r} \int_{\mathfrak{b}_\sharp} \Gamma^{P'}_{tM}\big(U^{P'}, \mathcal{Y}(T)\big)\, \mathrm{d}U\, \mathrm{d}H$$

pour tout réel r, avec $C_r = 1$ sans hypothèse sur t et, par contre, $C_r = \|T\|^{-r}$ sous l'hypothèse de (ii). Puisque $U \mapsto U^{P'}$ est injective, l'intégrale en U est essentiellement majorée par $\|T\|^D$ pour un D convenable. L'intégrale en H est convergente, ce qui démontre le (i) de l'énoncé. Sous l'hypothèse de (ii), on obtient

$$I^T(P') \ll \|T\|^{-r}$$

pour tout réel r, ce qui démontre le (ii). Démontrons les assertions (3). Posons

$$w = s\theta_0(t)^{-1}$$

et introduisons l'application linéaire

$$q_w \colon V \mapsto \big((1-w\theta_0)(V)\big)_Q$$

de $\mathfrak{a}_0^G$ dans lui-même. Les hypothèses sur s et t impliquent que $w\theta_0$ conservent $\mathfrak{a}_0^{tS}$. Puisque cet espace est contenu dans $\mathfrak{a}_0^Q$, il est aussi contenu dans le noyau de q_w. La preuve de l'équation (10) du lemme 13.6.3 montre que $\mathfrak{b}_{tS}$ est le noyau de $1-w\theta_0$ dans $t(\mathfrak{a}_S)^G$, donc est contenu dans celui de q_w. On a évidemment

$$\|q_w(-U_{P',e} + Y_{P',e}(T) + H_e)\| \ll \|U_{P',e} - Y_{P',e}(T) - H_e\|$$

et il suffit de prouver la majoration

$$\text{(4)(i)} \qquad \|H\| \ll 1 + \|q_w(-U_{P',e} + Y_{P',e}(T) + H_e)\|$$

sans hypothèse sur t, respectivement

$$\text{(4)(ii)} \qquad \|T\| + \|H\| \ll 1 + \|q_w(-U_{P',e} + Y_{P',e}(T) + H_e)\|$$

si $t \notin \mathbf{W}^{Q'}(\mathfrak{a}_S, Q_0)$. Parce que $\mathfrak{d} \subset \mathfrak{b}_{tS}$ est contenu dans le noyau de q_w, on a

$$q_w(-U_{P',e} + Y_{P',e}(T) + H_e) = q_w(-U_{P'} + Y_{P'}(T) + H)\ .$$

Puisque $U \in \mathfrak{b}_\sharp$ appartient aussi au noyau de q_w, on a

$$q_w(-U_{P'}) = q_w(U^{P'})\ .$$

L'hypothèse $\Gamma^{P'}_{tM}\big(U^{P'}, \mathcal{Y}(T)\big) = 1$ signifie que $U^{P'}$ est dans l'enveloppe convexe des $Y_{S'}(T)^{P'}$ pour $S' \in \mathcal{P}^{P'}({}_tM)$. On peut donc écrire

$$U^{P'} = \sum_{S' \in \mathcal{P}^{P'}({}_tM)} x_{S'} Y_{S'}(T)^{P'}\ ,$$

avec des réels $x_{S'} \geq 0$ tels que $\sum_{S' \in \mathcal{P}^{P'}({}_tM)} x_{S'} = 1$. Alors

$$q_w(-U_{P',e} + Y_{P',e}(T) + H_e) = q_w\big(H + Y_{\mathbf{x}}(T)\big)\ ,$$

où

$$Y_{\mathbf{x}}(T) = \sum_{S' \in \mathcal{P}^{P'}({}_tM)} x_{S'} Y_{S'}(T)\ .$$

D'après l'hypothèse $\widetilde{\eta}(Q, R; t) \neq 0$, il existe un unique espace parabolique, que l'on note $\widetilde{P}$, qui vérifie la condition (1). Parce que $w \in W^P$, on a

$$q_w(V)_P = q_w(V_P) = (1-\theta_0)(V_P)$$

pour tout V. Parce que les S' sont contenus dans Q, a fortiori dans P, on a $Y_{\mathbf{x}}(T)_P = T_P$, d'où $q_w(Y_{\mathbf{x}}(T)_P) = 0$ puisque $T = \theta_0(T)$. On en déduit

$$\Big(q_w\big(H + Y_{\mathbf{x}}(T)\big)\Big)_P = (1-\theta_0)(H_P).$$

Comme dans le corollaire 2.13.2 on écrit H comme une somme de vecteurs deux à deux orthogonaux

$$H = X_0 + X_1 + X_2$$

avec $X_0 = H^P$ et $H_P = X_1 + X_2$ où X_1 est dans l'image de l'application $(1-\theta_0)$ et X_2 est la projection de H_P sur le sous-espace des θ_0-invariants. Comme $P = R^-$ il résulte du lemme 2.11.6(ii) que l'on a

$$\|X_2\| \ll \|X_0\| + \|X_1\|$$

et donc aussi

$$\|X_1 + X_2\| \ll \|X_0\| + \|X_1\|$$

et comme

$$\|X_1\| \ll \|(1-\theta_0)X_1\| = \|(1-\theta_0)H_P\|$$

on a

$$\|H_P\| \ll \|(1-\theta_0)(H_P)\| + \|H^P\| \,.$$

D'où

$$\|H_P\| \ll \Big\|\Big(q_w\big(H + Y_{\mathbf{x}}(T)\big)\Big)_P\Big\| + \|H^P\| \,.$$

Puisque d'autre part on a aussi $q_w(V)^P = q_w(V^P)$ pour tout V, il suffit donc de prouver une majoration

(5)(i) $$\|H^P\| \ll 1 + \|q_w(H^P + Y_{\mathbf{x}}(T)^P)\|$$

respectivement

(5)(ii) $$\|T\| + \|H^P\| \ll 1 + \|q_w(H^P + Y_{\mathbf{x}}(T)^P)\| \,.$$

Pour $S' \in \mathcal{P}^{P'}({}_tM)$, fixons $u_{S'} \in \mathbf{W}^Q$ tel que $u_{S'}(S')$ soit standard. On a

$$Y_{S'}(T)^P = (u_{S'}^{-1}T + T_0 - u_{S'}^{-1}T_0)^P_{{}_tS} \,.$$

Puisque $\mathfrak{a}_0^{{}_tS}$ est contenu dans le noyau de q_w, on peut supprimer l'indice ${}_tS$:

$$q_w(Y_{S'}(T)^P) = q_w(u_{S'}^{-1}T^P + T_0^P - u_{S'}^{-1}T_0^P).$$

L'élément

$$\sum_{S' \in \mathcal{P}^{P'}({}_tM)} x_{S'} q_w(T_0^P - u_{S'}^{-1}T_0^P)$$

reste borné, on peut le négliger. Posons $v_{S'} = \theta_0(u_{S'}^{-1})$. On a

$$(1 - w\theta_0)u_{S'}^{-1}T^P = u_{S'}^{-1}T^P - T^P + X^T(S')$$

où

$$X^T(S') = T^P - wv_{S'}\theta_0 T^P = T^P - wv_{S'}T^P \,.$$

Puisque $u_{S'} \in W^Q$, on a $(u_{S'}^{-1}T^P - T^P)_Q = 0$ et on obtient $q_w(u_{S'}^{-1}T^P) = X^T(S')_Q$. De ces calculs résulte la majoration

$$\Bigg\|q_w(H^P) + \sum_{S' \in \mathcal{P}^{P'}({}_tM)} x_{S'} X^T(S')_Q\Bigg\| \ll 1 + \|q_w(H^P + Y_{\mathbf{x}}(T)^P)\| \,.$$

Il nous suffit donc de prouver la majoration

$$\text{(6)(i)} \qquad \|H^P\| \ll \left\| q_w(H^P) + \sum_{S' \in \mathcal{P}^{P'}({}_tM)} x_{S'} X^T(S')_Q \right\| ,$$

sans hypothèse sur t, respectivement

$$\text{(6)(ii)} \qquad \|T\| + \|H^P\| \ll \|q_w(H^P) + \sum_{S' \in \mathcal{P}^{P'}({}_tM)} x_{S'} X^T(S')_Q\| ,$$

si $t \notin \mathbf{W}^{Q'}(\mathfrak{a}_S, Q_0)$. L'élément H^P appartient à $\mathfrak{a}_Q^P$ et vérifie la condition

$$\tau_Q^P(H^P) = 1 .$$

Donc $q_w(H^P)$ appartient au cône engendré par les $q_w(\varpi^P)$ pour $\varpi \in \widehat{\Delta}_Q - \widehat{\Delta}_P$. La définition

$$X^T(S') = T^P - wv_{S'}T^P$$

et les propriétés habituelles montrent que $X^T(S')_Q$ appartient au cône engendré par les $\check{\alpha}_Q$ pour $\alpha \in \Delta_0^P - \Delta_0^Q$. Montrons que :

(7) *le cône engendré par les $q_w(\varpi^P)$ pour $\varpi \in \widehat{\Delta}_Q - \widehat{\Delta}_P$ et les $\check{\alpha}_Q$ pour $\alpha \in \Delta_0^P - \Delta_0^Q$ est un « vrai » cône, c'est-à-dire ne contient pas d'espace vectoriel non nul.*

Soient

$$Y = \sum_{\varpi \in \widehat{\Delta}_Q - \widehat{\Delta}_P} y_\varpi \varpi^P \qquad \text{et} \qquad Z = \sum_{\alpha \in \Delta_0^P - \Delta_0^Q} z_\alpha \check{\alpha}_Q$$

avec des coefficients positifs ou nuls. Il faut voir que l'égalité $q_w(Y)+Z=0$ entraîne $Y=0$ et $Z=0$. L'argument est le même que dans la preuve du lemme 2.13.1. Puisque le produit scalaire (Y,Z) est positif ou nul, l'égalité $q_w(Y)+Z=0$ entraîne, par produit scalaire avec Y, l'inégalité $\big(Y, q_w(Y)\big) \le 0$. On a

$$q_w(Y) = Y - (w\theta_0 Y)_Q$$

d'où $(Y,Y) \le (Y,(w\theta_0 Y)_Q)$. Par Cauchy-Schwartz, cela entraîne les égalités

$$(w\theta_0 Y)_Q = w\theta_0 Y = Y .$$

Introduisons le parabolique standard P_1 tel que

$$\widehat{\Delta}_{P_1} = \widehat{\Delta}_P \cup \{\varpi \in \widehat{\Delta}_Q - \widehat{\Delta}_P \mid y_\varpi \neq 0\} .$$

L'élément Y appartient à la chambre positive associée au parabolique $P_1 \cap M_P$ du Levi standard M_P de P. L'égalité $w\theta_0 Y = Y$ entraîne $w\theta_0(P_1) = P_1$. Puisque P_1 et $\theta_0(P_1)$ sont standard, cela entraîne $P_1 = \theta_0(P_1)$ puis $w \in \mathbf{W}^{P_1}$. On a aussi $Q \subset P_1$, donc $s \in \mathbf{W}^{P_1}$. Les relations $w \in \mathbf{W}^{P_1}$ et $\theta_0(P_1) = P_1$ entraînent alors $t \in \mathbf{W}^{P_1}$. D'après l'unicité de $\widetilde{P}$, on a alors $P_1 = P$. D'après la définition de P_1, cela entraîne $Y=0$. Mais alors l'égalité $q_w(Y)+Z=0$ entraîne aussi $Z=0$. Cela prouve (7). On a donc une majoration

$$\|H^P\| + \sum_{S' \in \mathcal{P}^{P'}({}_tM)} x_{S'} \|X^T(S')_Q\| \ll \left\| q_w(H^P) + \sum_{S' \in \mathcal{P}^{P'}({}_tM)} x_{S'} X^T(S')_Q \right\| .$$

A fortiori, on a la majoration (6)(i). Pour obtenir (6)(ii), il suffit maintenant de prouver que, si $t \notin \mathbf{W}^{Q'}(\mathfrak{a}_S, Q_0)$, on a une majoration

$$\|T\| \ll \|X^T(S')\|$$

pour tout S'. On reprend l'argument utilisé dans la preuve du lemme 13.7.2. L'élément $X^T(S')$ est combinaison linéaire de tous les $\check{\alpha}$ pour $\alpha \in \mathcal{R}(v_{S'}^{-1}w^{-1})$, avec des coefficients supérieurs ou égaux à $\mathbf{d}_{P_0}(T)$. La majoration ci-dessus s'ensuit pourvu qu'il y ait au moins un $\alpha \in \mathcal{R}(v_{S'}^{-1}w^{-1})$ tel que $\check{\alpha}_Q \neq 0$. S'il n'en est pas ainsi, on a $v_{S'}^{-1}w^{-1} \in \mathbf{W}^Q$, c'est-à-dire $\theta(u_{S'})\theta(t)s^{-1} \in \mathbf{W}^Q$, d'où $t' = u_{S'}t \in \mathbf{W}^{Q'}$. Soit t'' l'élément de longueur minimale dans la classe $\mathbf{W}^{Q_0}t'$, il résulte du lemme 13.8.1 que

$$t'' \in \mathbf{W}^{Q'}(\mathfrak{a}_S, Q) \subset \mathbf{W}^G(\mathfrak{a}_S, Q)\ .$$

Mais comme par hypothèse on a aussi $t \in \mathbf{W}^G(\mathfrak{a}_S, Q)$ il en résulte que $t = t''$ et donc $t \in \mathbf{W}^{Q'}(\mathfrak{a}_S, Q_0)$ contrairement à l'hypothèse. Cela achève la démonstration. □

On pose

$$\mathbf{A}^T(B) = \sum_{t \in \mathbf{W}^G(\mathfrak{a}_S, Q)} \tilde{\eta}(Q, R; t) \sum_{s \in \mathbf{W}^Q(\theta_0(\mathfrak{a}_S), t(\mathfrak{a}_S))} \mathbf{A}^T_{s,t}(B)\ .$$

Corollaire 13.8.3. (i) *Supposons $\tilde{\eta}(Q, R) \neq 0$. Alors on a la majoration*

$$|\tilde{\eta}(Q, R)A^T(B) - \mathbf{A}^T(B)| \ll \mathbf{d}_{P_0}(T)^{-r}$$

pour tout réel r.

(ii) *Supposons $\tilde{\eta}(Q, R) = 0$. Alors on a la majoration*

$$|\mathbf{A}^T(B)| \ll \mathbf{d}_{P_0}(T)^{-r}$$

pour tout réel r.

PREUVE. La proposition nous dit qu'à des termes négligeables près, on peut imposer la condition $t \in \mathbf{W}^{Q'}(\mathfrak{a}_S, Q_0)$ dans la définition de $\mathbf{A}^T(B)$. Mais, pour t dans cet ensemble, on a par définition l'égalité $\tilde{\eta}(Q, R; t) = \tilde{\eta}(Q, R)$. Le (ii) devient clair tandis que le (i) résulte du corollaire 13.7.3. □

Pour des sous-groupes paraboliques Q, S vérifiant $P_0 \subset Q$ et $P_0 \subset S \subset Q'$, pour une représentation $\sigma \in \Pi_{\mathrm{disc}}(M_S)$, pour des éléments $t \in \mathbf{W}^G(\mathfrak{a}_S, Q)$ et $s \in \mathbf{W}^Q(\theta_0(\mathfrak{a}_S), t(\mathfrak{a}_S))$, pour des éléments $\nu \in \mathrm{i}(\mathfrak{a}_S^G)^*$ et $\lambda \in \mathrm{i}(\theta_0(\mathfrak{a}_S)^G)^*$, on considère l'opérateur

$$\boldsymbol{\omega}^{T,Q}_{s,t}(S, \sigma, f, \omega; \lambda, \nu) = \sum_{S' \in \mathcal{P}^Q({}_tM)} \mathrm{e}^{\langle s\lambda - t\nu, Y_{S'}(T)\rangle} \epsilon^Q_{S'}(s\lambda - t\nu)$$
$$\times\, \mathbf{M}(t, \nu)^{-1}\mathbf{M}_{S'|_tS}(t\nu)^{-1}\mathbf{M}_{S'|_tS}(s\lambda)\mathbf{M}(s, \lambda)\tilde{\boldsymbol{\rho}}_{S,\sigma,\nu}(f, \omega)\ .$$

D'après la proposition 5.3.3, cet opérateur est une fonction lisse en λ et ν. On peut donc imposer $\lambda = \theta_0\nu$. Introduisons

$$\mathbf{J}_\chi^T(B,f,\omega)$$
$$= \sum_{\{Q,R|P_0\subset Q\subset R\}} \sum_{\{S|P_0\subset S\subset Q'\}} \frac{1}{n^{Q'}(S)}$$
$$\times \sum_{\sigma\in\Pi_{\rm disc}(M_S)} \sum_{\Psi\in\mathcal{B}_\chi^{Q'}(\sigma)} \sum_{t\in\mathbf{W}^G(\mathfrak{a}_S,Q)} \sum_{s\in\mathbf{W}^Q(\theta_0(\mathfrak{a}_S),t(\mathfrak{a}_S))} \widetilde{\eta}(Q,R;t)$$
$$\times \int_{\mathfrak{a}_Q^G} \widetilde{\sigma}_Q^R(H)\left(\int_{\mathrm{i}(\mathfrak{a}_S^G)^*} \mathrm{e}^{\langle(s\theta_0-t)\mu,H\rangle} \langle \boldsymbol{\omega}_{s,t}^{T,Q}(S,\sigma,f,\omega;\theta_0\mu,\mu)\Psi,\Psi\rangle B_\sigma(\mu)\,\mathrm{d}\mu\right)\mathrm{d}H\,.$$

On dispose de l'expression $J_\chi^T(B,f,\omega)$ du théorème 12.9.1 et l'expression $\mathbf{J}_\chi^T(B,f,\omega)$ en est une approximation :

Proposition 13.8.4. *L'expression* $\mathbf{J}_\chi^T(B,f,\omega)$ *est convergente. On a une majoration*

$$|J_\chi^T(B,f,\omega)-\mathbf{J}_\chi^T(B,f,\omega)| \ll \mathbf{d}_{P_0}(T)^{-r}$$

pour tout réel r.

Preuve. Cela résulte du corollaire 13.8.3 et du fait que chacune des quadruples intégrales intervenant dans $J_\chi^T(B,f,\omega)$ est de la forme $A^T(\varphi B_\sigma)$ étudiées ci-dessus, pour des fonctions φ qui sont des coefficients des opérateurs $\widetilde{\boldsymbol{\rho}}_{S,\sigma,\mu}(f,\omega)$. □

CHAPITRE 14

Formules explicites

14.1. Combinatoire finale

Soient S, S_0 et Q trois sous-groupes paraboliques standard et on suppose que $S_0 = \theta_0 S \subset Q$. Considérons

$$t \in \mathbf{W}^G(\mathfrak{a}_S, Q) \qquad \text{et} \qquad s \in \mathbf{W}^Q\big(\mathfrak{a}_{S_0}, t(\mathfrak{a}_S)\big)$$

alors on pose $u = t^{-1}s$ et $\widetilde{u} = u\theta_0$ appartient à $\mathbf{W}^{\widetilde{G}}(\mathfrak{a}_S, \mathfrak{a}_S)$. On a la réciproque :

Lemme 14.1.1. *Tout $\widetilde{u} \in \mathbf{W}^{\widetilde{G}}(\mathfrak{a}_S, \mathfrak{a}_S)$ s'écrit d'une façon et d'une seule sous de la forme*

$$\widetilde{u} = t^{-1}s\theta_0$$

avec s et t comme ci-dessus.

Preuve. On écrit $\widetilde{u} = u\theta_0$ et on observe que u^{-1} appartient à $\mathbf{W}^G(\mathfrak{a}_S)$. D'après le lemme 1.3.3 il existe un unique élément t de longueur minimale dans la classe $\mathbf{W}^Q u^{-1}$. On pose $s = tu$ et on a donc $s \in \mathbf{W}^Q$. D'après le lemme 1.3.6 le couple (s, t) a les propriétés requises. □

Soit S' le sous-groupe parabolique standard tel que $\mathfrak{a}'_S = t(\mathfrak{a}_S)$. On introduit

$$S_1 = t^{-1}S' \,.$$

Considérons des paramètres μ et ν dans $i\mathfrak{a}_S^*$ et posons

$$\Lambda = \widetilde{u}\mu - \nu \,.$$

On rappelle que l'on a introduit

$$Y_u = T_0 - u^{-1}T_0 = \mathbf{H}_0(w_u^{-1}) \,.$$

Introduisons de plus

$$Y_{\widetilde{u}} = \theta_0^{-1}Y_u = \theta_0^{-1}T_0 - \widetilde{u}^{-1}T_0 \qquad \text{et} \qquad a_S(\mu, \widetilde{u}) = e^{\langle \mu + \rho_S, Y_{\widetilde{u}} \rangle} \,.$$

Lemme 14.1.2. *Avec les notations de la section* 5.3,

$$(1) \qquad \mathbf{M}_{S'|S}(t, \nu)^{-1}\mathbf{M}_{S'|S_0}(s, \theta_0(\mu))$$

est égal à

$$(2) \qquad a_S(\mu, \widetilde{u})e^{\langle \Lambda, Y_t \rangle}\mathbf{M}_{S_1|S}(\nu)^{-1}\mathbf{M}_{S_1|S}(\nu + \Lambda)\mathbf{M}_{S|\widetilde{u}S}(\nu + \Lambda)\mathbf{u} \,.$$

Preuve. Le lemme 5.3.4 montre que l'expression (1) est égale à

$$(3) \qquad e^{\langle \Lambda, Y_t \rangle}\mathbf{M}_{S_1|S}(1, \nu)^{-1}\mathbf{M}_{S_1|S}(1, \nu + \Lambda)\mathbf{M}_{S|S_0}(u, \theta_0(\mu)) \,.$$

Maintenant

$$\mathbf{M}_{S|S_0}(u, \theta_0(\mu)) = \mathbf{M}_{S|uS_0}(1, \nu + \Lambda)\mathbf{M}_{uS_0|S_0}(u, \theta_0(\mu))$$

et, d'après le lemme 5.2.1

$$\mathbf{M}_{uS_0|S_0}(u,\lambda) = e^{\langle \lambda+\rho_{S_0}, Y_u\rangle}\mathbf{u}$$

on a donc

$$\mathbf{M}_{S|S_0}(u,\theta_0(\mu)) = e^{\langle \theta_0(\mu)+\rho_{S_0}, Y_u\rangle}\mathbf{M}_{S|uS_0}(\nu+\Lambda)\mathbf{u}\ .$$

On a donc montré que (1) est égal à

$$(4) \qquad e^{\langle \Lambda, Y_t\rangle + \langle \theta_0(\mu)+\rho_{S_0}, Y_u\rangle}\mathbf{M}_{S_1|S}(\nu)^{-1}\mathbf{M}_{S_1|S}(\nu+\Lambda)\mathbf{M}_{S|uS_0}(\nu+\Lambda)\mathbf{u}$$

et on observe que

$$e^{\langle \theta_0(\mu)+\rho_{S_0}, Y_u\rangle} = e^{\langle \mu+\rho_S, Y_{\widetilde{u}}\rangle} = a_S(\mu,\widetilde{u})\ .$$

Enfin, on remarque que $uS_0 = \widetilde{u}S$. □

On va donner une nouvelle expression pour l'opérateur $\boldsymbol{\omega}_{s,t}^{T,Q}$ introduit à la section 13.8. On suppose S (et donc aussi S_0) standard. On note M le sous-groupe de Levi de S et on pose

$$Q_1 = t^{-1}Q = \widetilde{u}Q'\ .$$

On a $Q_1 \in \mathcal{F}(M)$. Suivant la proposition 5.3.3 on pose pour $S_1 \in \mathcal{P}(M)$:

$$\mathcal{M}(S,T,\nu;\Lambda,S_1) = e^{\langle \Lambda, Y_{S_1}(T)\rangle}\,\mathbf{M}_{S_1|S}(\nu)^{-1}\mathbf{M}_{S_1|S}(\nu+\Lambda)$$

et

$$\mathcal{M}_M^{Q_1}(S,T,\nu;\Lambda) = \sum_{S_1\in\mathcal{P}^{Q_1}(M)} \epsilon_{S_1}^{Q_1}(\Lambda)\mathcal{M}(S,T,\nu;\Lambda,S_1)\ .$$

Proposition 14.1.3. *Si* $\Lambda = \widetilde{u}\mu - \nu$

$$\boldsymbol{\omega}_{s,t}^{T,Q}(S,\sigma,f,\omega;\theta_0(\mu),\nu)$$

est égal à

$$\frac{a_S(\mu,\widetilde{u})}{a_S(\nu,\widetilde{u})}\mathcal{M}_M^{Q_1}(S,T,\nu;\Lambda)\mathbf{M}_{S|\widetilde{u}S}(\nu+\Lambda)\boldsymbol{\rho}_{S,\sigma,\nu}(\widetilde{u},f,\omega)\ .$$

Preuve. On rappelle que, par définition,

$$\boldsymbol{\omega}_{s,t}^{T,Q}(S,\sigma,f,\omega;\lambda,\nu)$$

est égal à

$$\sum_{S'\in\mathcal{P}^Q({}_tM)} e^{\langle s\lambda-t\nu, Y_{S'}(T)\rangle}\epsilon_{S'}^{Q}(s\lambda-t\nu) \times \mathbf{M}(t,\nu)^{-1}\mathbf{M}_{S'|_tS}(t\nu)^{-1}\mathbf{M}_{S'|_tS}(s\lambda)\mathbf{M}(s,\lambda)\widetilde{\boldsymbol{\rho}}_{S,\sigma,\nu}(f,\omega)\ .$$

On commence par observer que

$$\mathbf{M}_{S'|_tS}(s\lambda)\mathbf{M}(s,\lambda) = \mathbf{M}_{S'|_tS}(1,s\lambda)\mathbf{M}_{{}_tS|S_0}(s,\lambda) = \mathbf{M}_{S'|S_0}(s,\lambda)$$

et

$$\mathbf{M}(t,\nu)^{-1}\mathbf{M}_{S'|_tS}(t\nu)^{-1} = \mathbf{M}_{{}_tS|S}(t,\nu)^{-1}\mathbf{M}_{S'|_tS}(1,t\nu)^{-1} = \mathbf{M}_{S'|S}(t,\nu)^{-1}\ .$$

On en déduit que

$$\boldsymbol{\omega}_{s,t}^{T,Q}(S,\sigma,f,\omega;\lambda,\nu) = \sum_{S'\in\mathcal{P}^Q({}_tM)} e^{\langle s\lambda-t\nu, Y_{S'}(T)\rangle}\epsilon_{S'}^{Q}(s\lambda-t\nu)\mathbf{M}_{S'|S}(t,\nu)^{-1}\mathbf{M}_{S'|S_0}(s,\lambda)\widetilde{\boldsymbol{\rho}}_{S,\sigma,\nu}(f,\omega)\ .$$

On va utiliser ceci pour $\lambda = \theta_0(\mu)$. On rappelle que

$$\Lambda = \widetilde{u}\mu - \nu = t^{-1}(s\theta_0(\mu) - t\nu) .$$

On a donc

$$\mathrm{e}^{\langle s\theta_0(\mu)-t\nu, Y_{S'}(T)\rangle}\epsilon_{S'}^{Q}(s\theta_0(\mu) - t\nu) = \mathrm{e}^{\langle \Lambda, t^{-1}Y_{S'}(T)\rangle}\epsilon_{S_1}^{Q_1}(\Lambda)$$

D'après le lemme 6.1.1 on a

$$\boldsymbol{\rho}_{S,\sigma,\nu}(\widetilde{u}, f, \omega) = \mathrm{e}^{\langle \nu+\rho_S, \theta_0^{-1}\mathbf{H}_0(w_u^{-1})\rangle}\mathbf{u}\widetilde{\boldsymbol{\rho}}_{S,\sigma,\nu}(f,\omega) = a_S(\nu,\widetilde{u})\mathbf{u}\widetilde{\boldsymbol{\rho}}_{S,\sigma,\nu}(f,\omega) .$$

Il résulte alors du lemme 14.1.2 que

$$\mathbf{M}_{S'|S}(t,\nu)^{-1}\mathbf{M}_{S'|S_0}(s,\theta_0(\mu))\widetilde{\boldsymbol{\rho}}_{S,\sigma,\nu}(f,\omega)$$

est égal à

$$\frac{a_S(\mu,\widetilde{u})}{a_S(\nu,\widetilde{u})}\mathrm{e}^{\langle \Lambda, Y_t\rangle}\mathbf{M}_{S_1|S}(\nu)^{-1}\mathbf{M}_{S_1|S}(\nu+\Lambda)\mathbf{M}_{S|\tilde{u}S}(\nu+\Lambda)\boldsymbol{\rho}_{S,\sigma,\nu}(\widetilde{u}, f, \omega) .$$

Enfin, on observe que

$$t^{-1}Y_S'(T) + Y_t = Y_{S_1}(T) .$$

On obtient alors que

$$\boldsymbol{\omega}_{s,t}^{T,Q}(S,\sigma,f,\omega;\theta_0(\mu),\nu)$$

est égal à

$$\frac{a_S(\mu,\widetilde{u})}{a_S(\nu,\widetilde{u})}\sum_{S_1\in\mathcal{P}^{Q_1}(M)} \mathrm{e}^{\langle \Lambda, Y_{S_1}(T)\rangle}\epsilon_{S_1}^{Q_1}(\Lambda) \times \mathbf{M}_{S_1|S}(\nu)^{-1}\mathbf{M}_{S_1|S}(\nu+\Lambda)\mathbf{M}_{S|\tilde{u}S}(\nu+\Lambda)\boldsymbol{\rho}_{S,\sigma,\nu}(\widetilde{u}, f, \omega) .$$

En introduisant les opérateurs $\mathcal{M}$, ceci se récrit

$$\frac{a_S(\mu,\widetilde{u})}{a_S(\nu,\widetilde{u})}\sum_{S_1\in\mathcal{P}^{Q_1}(M)} \epsilon_{S_1}^{Q_1}(\Lambda)\mathcal{M}(S,T,\nu;\Lambda,S_1)\mathbf{M}_{S|\tilde{u}S}(\nu+\Lambda)\boldsymbol{\rho}_{S,\sigma,\nu}(\widetilde{u}, f, \omega)$$

soit encore

$$\frac{a_S(\mu,\widetilde{u})}{a_S(\nu,\widetilde{u})}\mathcal{M}_M^{Q_1}(S,T,\nu;\Lambda)\mathbf{M}_{S|\tilde{u}S}(\nu+\Lambda)\boldsymbol{\rho}_{S,\sigma,\nu}(\widetilde{u}, f, \omega) .$$ □

On introduit, pour $\Lambda = (\breve{u} - 1)\mu$

$$\mathbf{A}_M^{Q_1}(T,\sigma,\widetilde{u},\mu) = \mathrm{trace}\big(\mathcal{M}_M^{Q_1}(S,T,\mu;\Lambda)\mathbf{M}_{S|\tilde{u}S}(\mu+\Lambda)\boldsymbol{\rho}_{S,\sigma,\mu}(\widetilde{u}, f, \omega)\big) .$$

Lemme 14.1.4. (i) *On a :*

$$\mathbf{A}_M^{Q_1}(T,\sigma,\widetilde{u},\mu) = \sum_{\Psi\in\mathcal{B}_\chi^{Q'}(\sigma)} \langle \boldsymbol{\omega}_{s,t}^{T,Q}(S,\sigma,f,\omega;\theta_0(\mu),\mu)\Psi,\Psi\rangle .$$

(ii) *L'expression pour $\mathbf{A}_M^{Q_1}(T,\sigma,\widetilde{u},\mu)$ est invariante si on remplace $\widetilde{u}$, M, Q_1, S et σ par des conjugués sous un élément du groupe de Weyl, et simultanément μ par le translaté par le même élément.*

PREUVE. D'après la proposition 14.1.3 et compte tenu du lemme 14.1.1, on sait que pour $\Lambda = \widetilde{u}\mu - \nu$

$$\boldsymbol{\omega}_{s,t}^{T,Q}(S,\sigma,f,\omega;\theta_0(\mu),\nu) = \mathcal{M}_M^{Q_1}(S,T,\nu;\Lambda)\mathbf{M}_{S|\widetilde{u}S}(\nu+\Lambda)\boldsymbol{\rho}_{S,\sigma,\mu}(\widetilde{u},f,\omega)\,.$$

D'après la proposition 5.3.3 la fonction $\mathcal{M}_M^{Q_1}$ est lisse pour les valeurs imaginaires pures des variables ν et Λ. On peut donc imposer $\mu = \nu$. Ceci prouve (i). L'assertion (ii) est une conséquence directe des équations fonctionnelles satisfaites par les opérateurs d'entrelacement. □

La fonction B_σ et le sous-groupe parabolique S étant fixés, on note

$$\mathbf{J}_{Q_1}^{R_1}(M,T,\sigma,\widetilde{u})$$

l'intégrale double itérée

$$\int_{\mathfrak{a}_{Q_1}^G} \widetilde{\sigma}_{Q_1}^{R_1}(H_1)\left(\int_{\mathrm{i}(\mathfrak{a}_M^G)^*} \mathrm{e}^{\langle(\widetilde{u}-1)\mu,H_1\rangle}\mathbf{A}_M^{Q_1}(T,\sigma,\widetilde{u},\mu)B_\sigma(\mu)\,\mathrm{d}\mu\right)\mathrm{d}H_1\,.$$

Ici M est le sous-groupe de Levi de S (qui est standard), on rappelle que $S \subset Q' \subset R$ et on a posé

$$Q_1 = \widetilde{u}Q' = t^{-1}Q \quad \text{et} \quad R_1 = t^{-1}R\,.$$

On observera que plus généralement, M étant donné, cette expression est bien définie pour tout $S \in \mathcal{P}(M)$ et tout

$$\widetilde{u} \in \mathbf{W}^{\widetilde{G}}(\mathfrak{a}_M,\mathfrak{a}_M)\,.$$

Rappelons que pour énoncer la proposition 13.8.4 nous avons introduit l'expression $\mathbf{J}_\chi^T$.

Proposition 14.1.5. *L'expression pour* $\mathbf{J}_\chi^T$ *se récrit*

$$\mathbf{J}_\chi^T(B,f,\omega) = \sum_{M\in\mathcal{L}^G/\mathbf{W}^G}\frac{1}{w^G(M)}\sum_{\sigma\in\Pi_{\mathrm{disc}}(M)_\chi}\sum_{\widetilde{u}\in\mathbf{W}^{\widetilde{G}}(\mathfrak{a}_M,\mathfrak{a}_M)}\mathbf{J}_M^T(B,\sigma,f,\omega,\widetilde{u})$$

avec

$$\mathbf{J}_M^T(B,\sigma,f,\omega,\widetilde{u}) = \sum_{\{Q_1,R_1|M\subset Q_1\subset R_1\}}\widetilde{\eta}(Q_1,R_1;u)\mathbf{J}_{Q_1}^{R_1}(M,T,\sigma,\widetilde{u})\,.$$

PREUVE. Par définition

$$\begin{aligned}\mathbf{J}_\chi^T(B,f,\omega) = &\sum_{\{Q,R|P_0\subset Q\subset R\}}\sum_{\{S|P_0\subset S\subset Q'\}}\frac{1}{n^{Q'}(S)}\\ &\times\sum_{\sigma\in\Pi_{\mathrm{disc}}(M_S)}\sum_{\Psi\in\mathcal{B}_\chi^{Q'}(\sigma)}\sum_{t\in\mathbf{W}^G(\mathfrak{a}_S,Q)}\sum_{s\in\mathbf{W}^Q(\theta_0(\mathfrak{a}_S),t(\mathfrak{a}_S))}\widetilde{\eta}(Q,R;t)\\ &\times\int_{\mathfrak{a}_Q^G}\widetilde{\sigma}_Q^R(H)\left(\int_{\mathrm{i}(\mathfrak{a}_S^G)^*}\mathrm{e}^{\langle(s\theta_0-t)\mu,H\rangle}\langle\boldsymbol{\omega}_{s,t}^{T,Q}(S,\sigma,f,\omega;\theta_0\mu,\mu)\Psi,\Psi\rangle B_\sigma(\mu)\,\mathrm{d}\mu\right)\mathrm{d}H\,.\end{aligned}$$

D'après le lemme 14.1.4(i) et en remarquant que

$$\widetilde{\eta}(Q,R;t) = \widetilde{\eta}(Q_1,R_1;u)$$

on a

$$\mathbf{J}^T_\chi(B,f,\omega) = \sum_{\{S|P_0\subset S\}} \sum_{\sigma\in\Pi_{\mathrm{disc}}(M)_\chi} \sum_{\{Q',R|S\subset Q'\subset R\}} \frac{1}{n^{Q'}(S)} \times \sum_{\widetilde{u}\in\mathbf{W}^{\widetilde{G}}(\mathfrak{a}_M,\mathfrak{a}_M)} \widetilde{\eta}(Q_1,R_1;u)\mathbf{J}^{R_1}_{Q_1}(M,T,\sigma,\widetilde{u})\;.$$

Par symétrisation, en invoquant le lemme 14.1.4(ii), on obtient la formule souhaitée. □

Lemme 14.1.6. *Il existe un ensemble de* (G,M)*-familles dépendant de* $\widetilde{u}$, T *et d'un paramètre* $\mu\in i\mathfrak{a}^*_M$:

$$(\Lambda,S_1)\mapsto \mathbf{e}(\widetilde{u},T,\mu;\Lambda,S_1)$$

à support compact en Λ *et* μ *et telles que si* $\Lambda=(\widetilde{u}-1)\mu$ *alors*

$$\mathbf{A}^{Q_1}_M(T,\sigma,\widetilde{u},\mu)B_\sigma(\mu) = \mathbf{e}^{Q_1}_M(\widetilde{u},T,\mu;\Lambda)\;.$$

PREUVE. Soit h une fonction lisse à support compact telle que $h(0)=1$. La (G,M)-famille

$$\mathbf{e}(\widetilde{u},T,\mu;\Lambda,S_1)$$

égale, par définition, à

$$\mathrm{trace}\big(\mathcal{M}(S,T,\mu;\Lambda,S_1)\quad \mathbf{M}_{S|\widetilde{u}S}(\mu+\Lambda)\boldsymbol{\rho}_{S,\sigma,\mu}(\widetilde{u},f,\omega)\big)B_\sigma(\mu)h(\Lambda-(\widetilde{u}-1)\mu)$$

où μ et Λ sont des variables indépendantes, est à support compact en Λ et μ [1]. Avec les notations usuelles on pose

$$\mathbf{e}^{Q_1}_M(\widetilde{u},T,\mu;\Lambda) = \sum_{S_1\in\mathcal{P}^{Q_1}(M)} \epsilon^{Q_1}_{S_1}(\Lambda)\mathbf{e}(\widetilde{u},T,\mu;\Lambda,S_1)\;.$$

Pour conclure on rappelle que, pour $\Lambda=(\widetilde{u}-1)\mu$, on a

$$\mathbf{A}^{Q_1}_M(T,\sigma,\widetilde{u},\mu) = \mathrm{trace}\big(\mathcal{M}^{Q_1}_M(S,T,\mu;\Lambda)\mathbf{M}_{S|\widetilde{u}S}(\mu+\Lambda)\boldsymbol{\rho}_{S,\sigma,\mu}(\widetilde{u},f,\omega)\big)\;. \qquad □$$

Notons $\widetilde{L}$ le sous-ensemble de Levi minimal contenant l'ensemble $M\widetilde{u}$. Le sous-espace $\mathfrak{a}^{\widetilde{G}}_{\widetilde{L}}$ est l'espace des points fixes sous $\widetilde{u}$ dans $\mathfrak{a}^G_M$. On a en particulier

$$\mathfrak{a}^{\widetilde{G}}_{\widetilde{L}} \subset \mathfrak{a}^G_L \subset \mathfrak{a}^G_M\;.$$

On décompose l'espace $\mathfrak{a}^G_M$ comme somme de $\mathfrak{a}^{\widetilde{G}}_{\widetilde{L}}$ et de son orthogonal $\mathfrak{b}_{\widetilde{u}}$:

$$\mathfrak{a}^G_M = \mathfrak{a}^{\widetilde{G}}_{\widetilde{L}} \oplus \mathfrak{b}_{\widetilde{u}}$$

Cette décomposition est stable sous l'action de $(\widetilde{u}-1)$ et l'espace $\mathfrak{a}^{\widetilde{G}}_{\widetilde{L}}$ est l'image de cette application. Notons $\widetilde{L}$ le sous-ensemble de Levi minimal contenant l'ensemble $M\widetilde{u}$.

---

1. Pour ne pas surcharger les notations nous n'avons pas fait apparaître, dans

$$\mathbf{e}(\widetilde{u},T,\mu;\Lambda,S_1)$$

la fonction B_σ, ni la fonction h, ni la donnée χ, qui resteront fixes dans toute cette section.

Proposition 14.1.7. *Il existe une fonction*

$$\mathcal{U} \mapsto \varphi(\widetilde{u}, T, \mu; \mathcal{U})$$

dans l'espace de Schwartz sur $\mathfrak{H}_M$ *et à support compact en* μ, *telle que*

$$\mathbf{J}_M^T(B, \sigma, f, \omega, \widetilde{u})$$

soit égal à

$$\int_{H\in\mathfrak{a}_M^G}\left(\int_{\mathcal{U}\in\mathfrak{H}_M}\int_{\mathrm{i}(\mathfrak{a}_M^G)^*} \mathrm{e}^{\langle(\widetilde{u}-1)\mu, H+U_G\rangle}\,\Gamma_{\widetilde{L}}^{\widetilde{G}}(H,\mathcal{U})\varphi(\widetilde{u}, T, \mu;\mathcal{U})\,\mathrm{d}\mu\,\mathrm{d}\mathcal{U}\right)\mathrm{d}H\ .$$

PREUVE. On rappelle que, par définition,

$$\mathbf{J}_{Q_1}^{R_1}(M, T, \sigma, \widetilde{u})$$

est l'intégrale itérée

$$\int_{\mathfrak{a}_{Q_1}^G} \widetilde{\sigma}_{Q_1}^{R_1}(H_1)\left(\int_{\mathrm{i}(\mathfrak{a}_M^G)^*} \mathrm{e}^{\langle(\widetilde{u}-1)\mu, H_1\rangle}\mathbf{A}_M^{Q_1}(T, \sigma, \widetilde{u}, \mu)B_\sigma(\mu)\,\mathrm{d}\mu\right)\mathrm{d}H_1\ .$$

On sait que si $\Lambda = (\widetilde{u}-1)\mu$, on a, d'après le lemme 14.1.6

$$\mathbf{A}_M^{Q_1}(T, \sigma, \widetilde{u}, \mu)B_\sigma(\mu) = \mathbf{e}_M^{Q_1}(\widetilde{u}, T, \mu; \Lambda)\ .$$

D'après le corollaire 1.10.2, il existe une fonction φ dans l'espace de Schwartz sur $\mathfrak{H}_M$ fournissant la (G, M)-famille par transformation de Fourier :

$$\mathbf{e}(\widetilde{u}, T, \mu; \Lambda, S_1) = \int_{\mathfrak{H}_M} \mathrm{e}^{\Lambda(\mathcal{U})}\varphi(\widetilde{u}, T, \mu;\mathcal{U})\,\mathrm{d}\mathcal{U}\ .$$

On sait d'après le lemme 1.10.3 que

$$\mathbf{e}_M^{Q_1}(\widetilde{u}, T, \mu; \Lambda) = \int_{H^1\in\mathfrak{a}_M^{Q_1}}\int_{\mathcal{U}\in\mathfrak{H}_M} \mathrm{e}^{\Lambda(H^1+U_{Q_1})}\,\Gamma_M^{Q_1}(H^1,\mathcal{U})\varphi(\widetilde{u}, T, \mu;\mathcal{U})\,\mathrm{d}H\,\mathrm{d}\mathcal{U}$$

cette intégrale double étant absolument convergente. En effet, l'intégrale en H de la valeur absolue de $\Gamma_M^{Q_1}(H,\mathcal{U})$ est majorée pas un polynôme en $\mathcal{U}$, et par ailleurs φ est à décroissance rapide en $\mathcal{U}$. Le résultat est à support compact comme fonction de μ. Donc

$$\mathbf{J}_{Q_1}^{R_1}(M, T, \sigma, \widetilde{u})$$

est donné par l'intégrale itérée

$$\int_{H_1\in\mathfrak{a}_{Q_1}^G}\left(\int_{\mathcal{U}\in\mathfrak{H}_M}\int_{H^1\in\mathfrak{a}_M^{Q_1}}\int_{\mathrm{i}(\mathfrak{a}_M^G)^*} F_{Q_1}^{R_1}(\widetilde{u}; H_1+H^1, \mu, \mathcal{U})\,\mathrm{d}\mu\,\mathrm{d}\mathcal{U}\,\mathrm{d}H^1\right)\mathrm{d}H_1$$

avec

$$F_{Q_1}^{R_1}(\widetilde{u}; H, \mu, \mathcal{U}) = \mathrm{e}^{\langle(\widetilde{u}-1)\mu, H+U_{Q_1}\rangle}\,\widetilde{\sigma}_{Q_1}^{R_1}(H)\,\Gamma_M^{Q_1}(H,\mathcal{U})\varphi(\widetilde{u}, T, \mu;\mathcal{U})$$

et l'intégrale triple étant absolument convergente. Ceci peut se récrire comme une intégrale itérée

$$\mathbf{J}_{Q_1}^{R_1}(M, T, \sigma, \widetilde{u}) = \int_{H\in\mathfrak{a}_M^G}\int_{\mathcal{U}\in\mathfrak{H}_M}\left(\int_{\mathrm{i}(\mathfrak{a}_M^G)^*} F_{Q_1}^{R_1}(\widetilde{u}; H, \mu, \mathcal{U})\,\mathrm{d}\mu\right)\mathrm{d}\mathcal{U}\,\mathrm{d}H\ .$$

Pour le voir il faut démontrer la convergence d'une intégrale de la forme

$$\int_{H\in\mathfrak{a}_M^G}\int_{\mathcal{U}\in\mathfrak{H}_M} \widetilde{\sigma}_{Q_1}^{R_1}(H)\,\Gamma_M^{Q_1}(H,\mathcal{U})\psi\big((\widetilde{u}^*-1)(H+U_{Q_1}),\mathcal{U}\big)\,\mathrm{d}\mathcal{U}\,\mathrm{d}H$$

où $\widetilde{u}^*$ est l'adjoint de $\widetilde{u}$ et $\psi(H,\mathcal{U})$ est la fonction dans l'espace de Schwartz définie par

$$\psi(H,\mathcal{U}) = \int_{\mathrm{i}(\mathfrak{a}_M^G)^*} \mathrm{e}^{\langle\mu,H\rangle}\,\varphi(\widetilde{u},T,\mu;\mathcal{U})\,\mathrm{d}\mu\,.$$

Compte tenu de ce que $\Gamma_M^{Q_1}(H^1,\mathcal{U})$ est à support compact dans $\mathfrak{a}_M^{Q_1}$ avec volume polynomial en $\mathcal{U}$ il suffit d'établir la convergence d'une intégrale du type

$$\int_{H\in\mathfrak{a}_{Q_1}^G} \widetilde{\sigma}_{Q_1}^{R_1}(H)\xi\big((\widetilde{u}^*-1)H\big)\,\mathrm{d}H$$

où ξ est une fonction dans l'espace de Schwartz et ceci résulte du lemme 2.12.2. On peut alors faire le changement de variable $H_1\mapsto H_1-U_{Q_1}^G$ et donc

$$\mathbf{J}_{Q_1}^{R_1}(M,T,\sigma,\widetilde{u}) = \int_{H\in\mathfrak{a}_M^G}\bigg(\int_{\mathcal{U}\in\mathfrak{H}_M}\int_{\mathrm{i}(\mathfrak{a}_M^G)^*} G_{Q_1}^{R_1}(\widetilde{u};H,\mu,\mathcal{U})\,\mathrm{d}\mu\,\mathrm{d}\mathcal{U}\bigg)\,\mathrm{d}H$$

avec

$$G_{Q_1}^{R_1}(\widetilde{u};H,\mu,\mathcal{U}) = \mathrm{e}^{\langle(\widetilde{u}-1)\mu,H+U_G\rangle}\,\widetilde{\sigma}_{Q_1}^{R_1}(H-U_{Q_1})\,\Gamma_M^{Q_1}(H,\mathcal{U})\varphi(\widetilde{u},T,\mu;\mathcal{U})\,.$$

Mais

$$\widetilde{\eta}(Q_1,R_1;u)\mathbf{J}_{Q_1}^{R_1}(M,T,\sigma,\widetilde{u}) = \sum_{\{\widetilde{P}|Q_1\subset P\subset R_1,\widetilde{u}\in\mathbf{W}^{\widetilde{P}}\}} (-1)^{a_{\widetilde{P}}-a_{\widetilde{G}}}\,\mathbf{J}_{Q_1}^{R_1}(M,T,\sigma,\widetilde{u})\,.$$

Donc

$$(1)\qquad \mathbf{J}_M^T(B,\sigma,f,\omega,\widetilde{u}) = \sum_{\{Q_1,R_1|M\subset Q_1\subset R_1\}} \widetilde{\eta}(Q_1,R_1;u)\mathbf{J}_{Q_1}^{R_1}(M,T,\sigma,\widetilde{u})$$

est égal à l'intégrale itérée en μ, $\mathcal{U}$ et H^1 puis en H_1 et de

$$(2)\qquad \sum_{\{\widetilde{P}|M\subset P,\widetilde{u}\in\mathbf{W}^{\widetilde{P}}\}}\;\sum_{\{Q_1,R_1|M\subset Q_1\subset P\subset R_1\}} (-1)^{a_{\widetilde{P}}-a_{\widetilde{G}}}\,G_{Q_1}^{R_1}(\widetilde{u};H,\mu,\mathcal{U})\,.$$

Mais, en effectuant d'abord la somme sur R_1 on voit que, d'après le lemme 2.11.5,

$$(3)\qquad \sum_{\{\widetilde{P}|M\subset P,\widetilde{u}\in\mathbf{W}^{\widetilde{P}}\}}\;\sum_{\{Q_1,R_1|M\subset Q_1\subset P\subset R_1\}} (-1)^{a_{\widetilde{P}}-a_{\widetilde{G}}}\,\widetilde{\sigma}_{Q_1}^{R_1}(H-U_{Q_1})\,\Gamma_M^{Q_1}(H,\mathcal{U})$$

est égal à

$$\sum_{\{\widetilde{P}|M\subset P,\widetilde{u}\in\mathbf{W}^{\widetilde{P}}\}}\;\sum_{\{Q_1|M\subset Q_1\subset P\}} (-1)^{a_{\widetilde{P}}-a_{\widetilde{G}}}\,\widehat{\tau}_{\widetilde{P}}(H-U_{\widetilde{P}})\tau_{Q_1}^P(H-U_{Q_1})\,\Gamma_M^{Q_1}(H,\mathcal{U})$$

qui d'après le lemme 1.8.4(3), par sommation sur Q_1, est égal à

$$(4)\qquad \sum_{\{\widetilde{P}|M\subset P,\widetilde{u}\in\mathbf{W}^{\widetilde{P}}\}} (-1)^{a_{\widetilde{P}}-a_{\widetilde{G}}}\,\widehat{\tau}_{\widetilde{P}}(H-U_{\widetilde{P}})$$

qui, à son tour, d'après la proposition 2.9.3 est égal à

$$(5)\qquad \Gamma_{\widetilde{L}}^{\widetilde{G}}(H,\mathcal{U})\,.$$

L'égalité de (3) et (5) montre que (1) est égal à l'intégrale itérée de

$$(6)\qquad \mathrm{e}^{\langle(\widetilde{u}-1)\mu,H+U_G\rangle}\,\Gamma_{\widetilde{L}}^{\widetilde{G}}(H,\mathcal{U})\varphi(\widetilde{u},T,\mu;\mathcal{U})\,.\qquad\square$$

Posons

$$\mathcal{M}_{\widetilde{L}}^{\widetilde{G}}(S,T,\nu) = \mathcal{M}_{\widetilde{L}}^{\widetilde{G}}(S,T,\nu;0)\,.$$

Proposition 14.1.8. *L'expression*

$$\mathbf{J}_M^T(B,\sigma,f,\omega,\widetilde{u}) \tag{1}$$

est égale au produit de

$$\frac{1}{|\det(\widetilde{u}-1|\mathfrak{a}_M^G/\mathfrak{a}_{\widetilde{L}}^{\widetilde{G}})|}$$

et de

$$\int_{\mathrm{i}(\mathfrak{a}_{\widetilde{L}}^{\widetilde{G}})^*} \mathrm{trace}\big(\mathcal{M}_{\widetilde{L}}^{\widetilde{G}}(S,T,\nu)\mathbf{M}_{S|\widetilde{u}S}(0)\boldsymbol{\rho}_{S,\sigma,\nu}(\widetilde{u},f,\omega)B_\sigma(\nu)\big)\,\mathrm{d}\nu\ .$$

Preuve. On sait d'après la proposition 14.1.7 que l'expression (1) est égale à la triple intégrale itérée

$$\int_{H\in\mathfrak{a}_M^G}\left(\int_{\mathcal{U}\in\mathfrak{H}_M}\int_{\mathrm{i}(\mathfrak{a}_M^G)^*} \mathrm{e}^{\langle(\widetilde{u}-1)\mu,H+U_G\rangle}\,\Gamma_{\widetilde{L}}^{\widetilde{G}}(H,\mathcal{U})\varphi(\widetilde{u},T,\mu;\mathcal{U})\,\mathrm{d}\mu\,\mathrm{d}\mathcal{U}\right)\mathrm{d}H\ .$$

On rappelle que l'on peut écrire

$$\mu=\nu+\eta \qquad \text{avec } \nu\in \mathrm{i}(\mathfrak{a}_{\widetilde{L}}^{\widetilde{G}})^* \text{ et } \eta\in(i\mathfrak{b}_{\widetilde{u}})^*$$

et on pose comme d'habitude

$$\Lambda=(\widetilde{u}-1)\mu=(\widetilde{u}-1)\eta\ .$$

Le changement de variable $(\nu,\Lambda)\mapsto\mu$ dans une intégrale sur μ s'écrit :

$$\int_{\mu\in\mathrm{i}(\mathfrak{a}_M^G)^*}\phi(\mu)\,\mathrm{d}\mu=\frac{1}{|\det(\widetilde{u}-1|\mathfrak{a}_M/\mathfrak{a}_{\widetilde{L}}^{\widetilde{G}})|}\int_{\nu\in i(\mathfrak{a}_{\widetilde{L}}^{\widetilde{G}})^*}\int_{\Lambda\in\mathrm{i}(\mathfrak{b}_{\widetilde{u}})^*}\phi\big(\mu(\nu,\Lambda)\big)\,\mathrm{d}\nu\,\mathrm{d}\Lambda\ .$$

Maintenant, on peut aussi décomposer $H\in\mathfrak{a}_M^G$ en

$$H=X+Y\in\mathfrak{b}_{\widetilde{u}}\oplus\mathfrak{a}_{\widetilde{L}}^{\widetilde{G}}\ .$$

On en déduit que la triple intégrale itérée peut encore s'écrire comme le produit de

$$\frac{1}{|\det(\widetilde{u}-1|\mathfrak{a}_M^G/\mathfrak{a}_{\widetilde{L}}^{\widetilde{G}})|}$$

et de l'intégrale en $X\in\mathfrak{b}_{\widetilde{u}}$ de

$$\int_{\mathcal{U}\in\mathfrak{H}_M}\int_{Y\in\mathfrak{a}_{\widetilde{L}}^{\widetilde{G}}}\int_{\nu\in\mathrm{i}(\mathfrak{a}_{\widetilde{L}}^{\widetilde{G}})^*}\int_{\Lambda\in i(\mathfrak{b}_{\widetilde{u}})^*}\mathrm{e}^{\langle\Lambda,X+Y+U_G\rangle}\Gamma_{\widetilde{L}}^{\widetilde{G}}(Y,\mathcal{U}) \times\varphi(\widetilde{u},T,\mu(\nu,\Lambda);\mathcal{U})\,\mathrm{d}\Lambda\,\mathrm{d}\nu\,\mathrm{d}\mathcal{U}\,\mathrm{d}Y$$

qui est encore égale, d'après les lemmes 1.10.3 et 2.9.1, à l'intégrale itérée

$$\int_{X\in\mathfrak{b}_{\widetilde{u}}}\left(\int_{\nu\in\mathrm{i}(\mathfrak{a}_{\widetilde{L}}^{\widetilde{G}})^*}\int_{\Lambda\in\mathrm{i}(\mathfrak{b}_{\widetilde{u}})^*}\mathrm{e}^{\langle\Lambda,X\rangle}\,\mathbf{e}_{\widetilde{L}}^{\widetilde{G}}(\widetilde{u},T,\nu;\Lambda)\,\mathrm{d}\Lambda\,\mathrm{d}\nu\right)\mathrm{d}X$$

qui, par inversion de Fourier, se récrit

$$\int_{\mathrm{i}(\mathfrak{a}_{\widetilde{L}}^{\widetilde{G}})^*}\mathbf{e}_{\widetilde{L}}^{\widetilde{G}}(\widetilde{u},T,\nu;0)\,\mathrm{d}\nu$$

soit encore, par définition de la (G,M)-famille $\mathbf{e}$:

$$\int_{\mathrm{i}(\mathfrak{a}_{\widetilde{L}}^{\widetilde{G}})^*}\mathrm{trace}\big(\mathcal{M}_{\widetilde{L}}^{\widetilde{G}}(S,T,\nu)\mathbf{M}_{S|\widetilde{u}S}(\nu)\boldsymbol{\rho}_{S,\sigma,\nu}(\widetilde{u},f,\omega)B_\sigma(\nu)\big)\,\mathrm{d}\nu\ .$$

Enfin on observe de plus que

$$\mathbf{M}_{S|\tilde{u}S}(\nu) = \mathbf{M}_{S|\tilde{u}S}(0)$$

lorsque $\nu \in i(\mathfrak{a}_{\tilde{L}}^{\tilde{G}})^*$. □

En résumé on a obtenu la

Proposition 14.1.9.

$$\mathbf{J}_\chi^T(B,f,\omega) = \sum_{M\in\mathcal{L}^G/\mathbf{W}^G} \frac{1}{w^G(M)} \sum_{\sigma\in\Pi_{\mathrm{disc}}(M)_\chi} \sum_{\tilde{u}\in\mathbf{W}^{\tilde{G}}(M)} \mathbf{J}_{M,\sigma,\tilde{u}}^T(B,f,\omega)$$

avec

$$\mathbf{J}_{M,\sigma,\tilde{u}}^T(B,f,\omega)$$
$$= \frac{1}{|\det(\tilde{u}-1|\mathfrak{a}_M^G/\mathfrak{a}_{\tilde{L}}^{\tilde{G}})|} \int_{\mathrm{i}(\mathfrak{a}_{\tilde{L}}^{\tilde{G}})^*} \mathrm{trace}\big(\mathcal{M}_{\tilde{L}}^{\tilde{G}}(S,T,\nu)\mathbf{M}_{S|\tilde{u}S}(0)\boldsymbol{\rho}_{S,\sigma,\nu}(\tilde{u},f,\omega)B_\sigma(\nu)\big)\,\mathrm{d}\nu\,.$$

où on note $\tilde{L}$ le sous-ensemble de Levi minimal contenant l'ensemble $M\tilde{u}$.

Lemme 14.1.10. *La fonction*

$$T \mapsto \mathcal{M}_{\tilde{L}}^{\tilde{G}}(S,T,\nu)$$

est un polynôme à valeurs opérateurs.

Preuve. La (G,M)-famille

$$\mathcal{M}(S,T,\nu;\Lambda,S_1) = \mathrm{e}^{\langle\Lambda,Y_{S_1}(T)\rangle}\,\mathbf{M}_{S_1|S}(\nu)^{-1}\mathbf{M}_{S_1|S}(\nu+\Lambda)$$

est un produit de deux (G,M)-familles et d'après la proposition 2.9.4 on a

$$\mathcal{M}_{\tilde{L}}^{\tilde{G}}(S,T,\nu;0) = \sum_{\tilde{P}\in\mathcal{F}(\tilde{L})} c_{\tilde{L}}^{\tilde{P}}(S,T;0)\, d_{\tilde{P}}^{\tilde{G}}(S,\nu;0)$$

avec

$$c(S,T;\Lambda,S_1) = \mathrm{e}^{\langle\Lambda,Y_{S_1}(T)\rangle}$$

mais le lemme 1.10.3 montre que

$$c_{\tilde{L}}^{\tilde{P}}(S,T;0) = \int_{\mathfrak{a}_{\tilde{L}}^{\tilde{P}}} \Gamma_{\tilde{L}}^{\tilde{P}}\big(H,\mathcal{Y}(T)\big)\,\mathrm{d}H$$

qui est un polynôme en T d'après le lemme 1.9.3. □

Proposition 14.1.11. *Supposons $B(0)=1$, alors il existe $c>0$ tel que, si $\mathbf{d}_{P_0}(T)\ge c$, on a*

$$J_\chi^T(f,\omega) = \lim_{\epsilon\to 0} \sum_{M\in\mathcal{L}^G/\mathbf{W}^G} \frac{1}{w^G(M)} \sum_{\sigma\in\Pi_{\mathrm{disc}}(M)_\chi} \sum_{\tilde{u}\in\mathbf{W}^{\tilde{G}}(M)} \frac{1}{|\det(\tilde{u}-1|\mathfrak{a}_M^G/\mathfrak{a}_{\tilde{L}}^{\tilde{G}})|}$$
$$\times \int_{\mathrm{i}(\mathfrak{a}_{\tilde{L}}^{\tilde{G}})^*} \mathrm{trace}\big(\mathcal{M}_{\tilde{L}}^{\tilde{G}}(S,T,\nu)\mathbf{M}_{S|\tilde{u}S}(0)\boldsymbol{\rho}_{S,\sigma,\nu}(\tilde{u},f,\omega)B_\sigma^\epsilon(\nu)\big)\,\mathrm{d}\nu\,.$$

PREUVE. Rappelons que d'après le théorème 12.9.1, il existe un polynôme $p_\chi^T(B,f,\omega)$ en T tel que

$$\lim_{\mathbf{d}_{P_0}(T)\to\infty}\big(J_\chi^T(B,f,\omega)-p_\chi^T(B,f,\omega)\big)=0\,.$$

C'est dire que $p_\chi^T(B,f,\omega)$ et $J_\chi^T(B,f,\omega)$ sont asymptotes, quand $\mathbf{d}_{P_0}(T)$ tend vers l'infini. De plus, la proposition 13.8.4 montre que $J_\chi^T(B,f,\omega)$ et $\mathbf{J}_\chi^T(B,f,\omega)$ sont également asymptotes. Mais $\mathbf{J}_\chi^T(B,f,\omega)$ est aussi un polynôme d'après la proposition 14.1.9 et le lemme 14.1.10. Maintenant, deux polynômes asymptotes sont nécessairement égaux :

$$p_\chi^T(B,f,\omega)=\mathbf{J}_\chi^T(B,f,\omega)\,.$$

Enfin, d'après le théorème 12.9.1, si nous supposons $B(0)=1$, alors il existe $c>0$ tel que

$$J_\chi^T(f,\omega)=\lim_{\epsilon\to 0}\mathbf{J}_\chi^T(B^\epsilon,f,\omega)$$

si $\mathbf{d}_{P_0}(T)\geq c$. □

14.2. Élimination de la fonction B

Théorème 14.2.1.

$$J_\chi^T(f,\omega)=\sum_{M\in\mathcal{L}^G/\mathbf{W}^G}\frac{1}{w^G(M)}\sum_{\sigma\in\Pi_{\mathrm{disc}}(M)_\chi}\sum_{\tilde u\in\mathbf{W}^{\widetilde G}(M)}\frac{1}{|\det(\tilde u-1|\mathfrak{a}_M^G/\mathfrak{a}_{\widetilde L}^{\widetilde G})|}$$
$$\times\int_{i(\mathfrak{a}_{\widetilde L}^{\widetilde G})^*}\mathrm{trace}\big(\mathcal{M}_{\widetilde L}^{\widetilde G}(S,T,\nu)\mathbf{M}_{S|\tilde uS}(0)\boldsymbol{\rho}_{S,\sigma,\nu}(\tilde u,f,\omega)\big)\,\mathrm{d}\nu\,.$$

PREUVE. La normalisation des opérateurs d'entrelacement a été établie pour la première fois par Langlands dans [20, Lecture 15], puis reprise par Arthur dans [13]. Ceci étant établi on peut reprendre essentiellement mot à mot la preuve d'Arthur dans les sections 6 à 9 de [6] (qui elle était conditionnelle à l'existence d'une telle normalisation) pour montrer que l'expression

$$\sum_{M\in\mathcal{L}^G/\mathbf{W}^G}\frac{1}{w^G(M)}\sum_{\sigma\in\Pi_{\mathrm{disc}}(M)_\chi}\sum_{\tilde u\in\mathbf{W}^{\widetilde G}(M)}\frac{1}{|\det(\tilde u-1|\mathfrak{a}_M^G/\mathfrak{a}_{\widetilde L}^{\widetilde G})|}$$
$$\times\int_{i(\mathfrak{a}_{\widetilde L}^{\widetilde G})^*}\mathrm{trace}\big(\mathcal{M}_{\widetilde L}^{\widetilde G}(S,T,\nu)\mathbf{M}_{S|\tilde uS}(0)\boldsymbol{\rho}_{S,\sigma,\nu}(\tilde u,f,\omega)\big)\,\mathrm{d}\nu\,.$$

est absolument convergente. La seule étape non évidente est l'extension au cas tordu des résultats de la section 7 de [6]. Cela fait l'objet du corollaire 2.10.3. Le théorème de convergence dominée montre alors que, si $B(0)=1$ cette expression est la limite pour $\epsilon\to 0$ de

$$\sum_{M\in\mathcal{L}^G/\mathbf{W}^G}\frac{1}{w^G(M)}\sum_{\sigma\in\Pi_{\mathrm{disc}}(M)_\chi}\sum_{\tilde u\in\mathbf{W}^{\widetilde G}(M)}\frac{1}{|\det(\tilde u-1|\mathfrak{a}_M^G/\mathfrak{a}_{\widetilde L}^{\widetilde G})|}$$
$$\times\int_{i(\mathfrak{a}_{\widetilde L}^{\widetilde G})^*}\mathrm{trace}\big(\mathcal{M}_{\widetilde L}^{\widetilde G}(S,T,\nu)\mathbf{M}_{S|\tilde uS}(0)\boldsymbol{\rho}_{S,\sigma,\nu}(\tilde u,f,\omega)B_\sigma^\epsilon(\nu)\big)\,\mathrm{d}\nu\,.$$

Si nous supposons $\mathbf{d}_{P_0}(T)\geq c$, l'égalité cherchée résulte alors de la proposition 14.1.11. On observe enfin que les deux membres sont des polynômes. L'égalité est donc toujours vraie. □

14.3. Développement spectral fin

Le développement spectral grossier de la formule des traces est, par définition, la valeur en $T = T_0$ de la série des J_χ^T :

$$J^{\widetilde{G}}(f,\omega) = \sum_\chi J_\chi^{T_0}(f,\omega) .$$

En le combinant avec développement spectral des termes $J_\chi^{T_0}$ on obtient le développement spectral fin. On peut le formuler au moyen de la (G, M)-famille

$$\mathcal{M}(S,\nu;\Lambda,S_1) = \mathbf{M}_{S_1|S}(\nu)^{-1}\mathbf{M}_{S_1|S}(\nu+\Lambda)$$

qui donne naissance à l'opérateur $\mathcal{M}_{\widetilde{L}}^{\widetilde{G}}(S,\nu;\Lambda)$ et on note $\mathcal{M}_{\widetilde{L}}^{\widetilde{G}}(S,\nu)$ sa valeur en $\Lambda = 0$.

Théorème 14.3.1.

$$J^{\widetilde{G}}(f,\omega) = \sum_{M\in\mathcal{L}^G/\mathbf{W}^G} \frac{1}{w^G(M)} J_M^{\widetilde{G}}(f,\omega)$$

avec

$$J_M^{\widetilde{G}}(f,\omega) = \sum_{\sigma\in\Pi_{\mathrm{disc}}(M)} \sum_{\widetilde{u}\in\mathbf{W}^{\widetilde{G}}(M)} \frac{1}{|\det(\widetilde{u}-1|\mathfrak{a}_M^G/\mathfrak{a}_{\widetilde{L}}^{\widetilde{G}})|} J_{M,\sigma}^{\widetilde{G}}(f,\omega,\widetilde{u})$$

et

$$J_{M,\sigma}^{\widetilde{G}}(f,\omega,\widetilde{u}) = \int_{\mathrm{i}(\mathfrak{a}_{\widetilde{L}}^{\widetilde{G}})^*} \mathrm{trace}\big(\mathcal{M}_{\widetilde{L}}^{\widetilde{G}}(S,\nu)\mathbf{M}_{S|\widetilde{u}S}(0)\boldsymbol{\rho}_{S,\sigma,\nu}(\widetilde{u},f,\omega)\big)\, d\nu .$$

PREUVE. Il résulte de la proposition 14.2.1 que

$$J^{\widetilde{G}}(f,\omega) = \sum_\chi \left(\sum_{M\in\mathcal{L}^G/\mathbf{W}^G} \frac{1}{w^G(M)} J_{M,\chi}^{\widetilde{G}}(f,\omega) \right)$$

avec

$$J_{M,\chi}^{\widetilde{G}}(f,\omega) = \sum_{\sigma\in\Pi_{\mathrm{disc}}(M)_\chi} \sum_{\widetilde{u}\in\mathbf{W}^{\widetilde{G}}(M)} \frac{1}{|\det(\widetilde{u}-1|\mathfrak{a}_M^G/\mathfrak{a}_{\widetilde{L}}^{\widetilde{G}})|}$$
$$\times \int_{\mathrm{i}(\mathfrak{a}_{\widetilde{L}}^{\widetilde{G}})^*} \mathrm{trace}\big(\mathcal{M}_{\widetilde{L}}^{\widetilde{G}}(S,T_0,\nu)\mathbf{M}_{S|\widetilde{u}S}(0)\boldsymbol{\rho}_{S,\sigma,\nu}(\widetilde{u},f,\omega)\big)\, \mathrm{d}\nu .$$

Maintenant d'après l'équation (4) de la proposition 5.3.3 on a

$$\mathcal{M}_{\widetilde{L}}^{\widetilde{G}}(S,T_0,\nu) = \mathcal{M}_{\widetilde{L}}^{\widetilde{G}}(S,\nu) .$$

De plus, grâce aux travaux récents de Finis, Lapid et Müller [22, 23], on sait maintenant que le développement spectral est absolument convergent. Leurs travaux ne concernent que le cas classique (non tordu) mais ils s'étendent sans modification au cas général. On peut donc omettre les sommations partielles suivant les χ. □

Notons $\widetilde{\boldsymbol{\rho}}_{\mathrm{disc}}$ la restriction de $\widetilde{\boldsymbol{\rho}}$ au spectre discret pour G. On pose

$$J_{G,\mathrm{disc}}^{\widetilde{G}}(f,\omega) = \mathrm{trace}\,\widetilde{\boldsymbol{\rho}}_{\mathrm{disc}}(f,\omega) = \sum_{\pi\in\Pi_{\mathrm{disc}}(\widetilde{G},\omega)} m(\pi,\widetilde{\pi})\,\mathrm{trace}\,\widetilde{\pi}(f,\omega)$$

où $\Pi_{\rm disc}(\widetilde{G},\omega)$ est l'ensemble des classes d'équivalence de représentations irréductibles π qui sont les restrictions à $G(\mathbb{A})$ de représentations $\widetilde{\pi}$ de $(G(\mathbb{A}),\omega)$ qui interviennent dans le spectre discret

$$L^2_{\rm disc}(\mathbf{X}_G)\ .$$

On sait que pour $\delta\in\widetilde{G}(\mathbb{A})$ on a

$$\pi\circ\theta\simeq\pi\otimes\omega\qquad\text{avec } \theta=\mathrm{Ad}(\delta)\ .$$

Enfin $m(\pi,\widetilde{\pi})$ est la multiplicité tordue de $\widetilde{\pi}$ dans le spectre discret. Rappelons que c'est un torseur à valeurs dans $\mathbb{C}^\times$; cette notion de multiplicité tordue a été discutée dans la section 2.4.

Nous avons omis la sommation partielle — utilisée chez Arthur — suivant les modules des caractères infinitésimaux à l'infini désormais inutile puisque, comme observé plus haut, nous savons que le développement spectral est absolument convergent. On remarquera que pour le spectre discret il suffit d'invoquer [30].

La partie discrète du développement spectral de la formule des traces est une distribution

$$J^{\widetilde{G}}_{\rm disc}$$

qui est une somme de termes parmi lesquels on a $J^{\widetilde{G}}_{G,\rm disc}$ la trace dans le spectre discret. Cependant, d'autres termes discrets, c'est-à-dire ne faisant pas apparaître d'intégrale dans leur expression, quoique provenant du spectre continu, contribuent à l'expression spectrale de la formule des traces ; nous allons les décrire. Soit $M\in\mathcal{L}^G$ un sous-groupe de Levi de G. On notera $\mathbf{W}^{\widetilde{G}}(M)_{\rm reg}$ le sous-ensemble des $\widetilde{u}\in\mathbf{W}^{\widetilde{G}}(M)$ réguliers, c'est-à-dire tels que

$$\det(\widetilde{u}-1|\mathfrak{a}_M/\mathfrak{a}_G)\neq 0\ .$$

On pose

$$J^{\widetilde{G}}_{M,\rm disc}(f,\omega)=\sum_{\widetilde{u}\in\mathbf{W}^{\widetilde{G}}(M)_{\rm reg}}\frac{1}{|\det(\widetilde{u}-1|\mathfrak{a}_M/\mathfrak{a}_G)|}\,\mathrm{trace}\big(\mathbf{M}_{S|\widetilde{u}(S)}(0)\boldsymbol{\rho}_{S,\rm disc,0}(\widetilde{u},f,\omega)\big)$$

où S est un sous-groupe parabolique de Levi M. L'expression est indépendante du choix de S.

Proposition 14.3.2. *La partie discrète de la formule des traces peut s'écrire :*

$$J^{\widetilde{G}}_{\rm disc}(f,\omega)=\sum_{M\in\mathcal{L}^G}\frac{|\mathbf{W}^M|}{|\mathbf{W}^G|}\,J^{\widetilde{G}}_{M,\rm disc}(f,\omega)$$

ou si on préfère

$$J^{\widetilde{G}}_{\rm disc}(f,\omega)=\sum_{M\in\mathcal{L}^G/\mathbf{W}^G}\frac{1}{|\mathbf{W}^G(M)|}\,J^{\widetilde{G}}_{M,\rm disc}(f,\omega)$$

où la somme porte sur un ensemble de représentants des orbites de $\mathbf{W}^G$ dans $\mathcal{L}^G$.

Preuve. Les termes discrets sont ceux qui dans le théorème 14.3.1 ne font pas apparaître d'intégrale, c'est-à-dire les termes où $\mathfrak{a}^{\widetilde{G}}_{\widetilde{L}}$ est réduit à 0. Ce sont donc ceux pour lesquels $\widetilde{u}$ est régulier. □

Plus généralement, posons

$$J^{\widetilde{G}}_{M,\widetilde{u}}(f,\omega) = \int_{\mathrm{i}(\mathfrak{a}^{\widetilde{G}}_{\widetilde{L}})^*} \operatorname{trace}\big(\mathcal{M}^{\widetilde{G}}_{\widetilde{L}}(S,\nu)\mathbf{M}_{S|\widetilde{u}S}(0)\boldsymbol{\rho}_{S,\mathrm{disc},\nu}(\widetilde{u},f,\omega)\big)\,\mathrm{d}\nu\,.$$

Soit $\widetilde{L}$ un sous-espace de Levi semi-standard (c.-à-d. $M_0 \subset L$). Définissons

$$J^{\widetilde{G}}_{\widetilde{L}}(f,\omega) = \sum_{M\in\mathcal{L}^L} \frac{|\mathbf{W}^M|}{|\mathbf{W}^L|} \sum_{\widetilde{u}\in\mathbf{W}^{\widetilde{L}}(M)_{\mathrm{reg}}} \frac{1}{|\det(\widetilde{u}-1|\mathfrak{a}^L_M)|} J^{\widetilde{G}}_{M,\widetilde{u}}(f,\omega)\,.$$

On remarquera que

$$J^{\widetilde{G}}_{\widetilde{G}}(f,\omega) = J^{\widetilde{G}}_{\mathrm{disc}}(f,\omega)\,.$$

On note $\widetilde{\mathbf{W}}^L$ le quotient par M_0 du normalisateur de $\widetilde{M}_0$ dans L. Soit $\mathcal{L}^{\widetilde{G}}$ l'ensemble des $\widetilde{L}$ contenant $\widetilde{M}_0$. On note enfin θ_L l'automorphisme induit sur $\mathfrak{a}_L$ par un quelconque élément $\widetilde{u}$ de $\widetilde{L}(F)$. Avec ces notations, on a le théorème suivant :

Théorème 14.3.3.

$$J^{\widetilde{G}}(f,\omega) = \sum_{\widetilde{L}\in\mathcal{L}^{\widetilde{G}}} \frac{|\widetilde{\mathbf{W}}^L|}{|\widetilde{\mathbf{W}}^G|} \frac{1}{|\det(\theta_L-1|\mathfrak{a}^G_L/\mathfrak{a}^{\widetilde{G}}_{\widetilde{L}})|} J^{\widetilde{G}}_{\widetilde{L}}(f,\omega)\,.$$

PREUVE. Il suffit d'observer que l'on peut écrire $J^{\widetilde{G}}_M(f,\omega)$ sous la forme

$$J^{\widetilde{G}}_M(f,\omega) = \sum_{\widetilde{u}\in\mathbf{W}^{\widetilde{G}}(M)} \frac{1}{|\det(\widetilde{u}-1|\mathfrak{a}^G_M/\mathfrak{a}^{\widetilde{G}}_{\widetilde{L}})|} J^{\widetilde{G}}_{M,\widetilde{u}}(f,\omega)$$

et que si $\widetilde{L}$ est défini au moyen de $\widetilde{u}$ on a $\widetilde{u}\in\mathbf{W}^{\widetilde{L}}(M)_{\mathrm{reg}}$, et enfin que

$$\det(\widetilde{u}-1|\mathfrak{a}^G_M/\mathfrak{a}^G_L) = \det(\widetilde{u}-1|\mathfrak{a}^L_M)\,.$$

□

En vue de la stabilisation de la formule des traces tordue il est utile de reformuler ce théorème en renormalisant les distributions comme suit. On pose

$$\widetilde{J}^{\widetilde{G}}_{\widetilde{L}} = j(\widetilde{L})^{-1}J^{\widetilde{G}}_{\widetilde{L}} \qquad \text{et} \qquad \widetilde{J}^{\widetilde{G}} = j(\widetilde{G})^{-1}J^{\widetilde{G}}$$

avec

$$j(\widetilde{L}) = |\det(\theta_L - 1|\mathfrak{a}_L/\mathfrak{a}_{\widetilde{L}})|\,.$$

Le théorème 14.3.3 se récrit alors

Corollaire 14.3.4.

$$\widetilde{J}^{\widetilde{G}}(f,\omega) = \sum_{\widetilde{L}\in\mathcal{L}^{\widetilde{G}}} \frac{|\widetilde{\mathbf{W}}^L|}{|\widetilde{\mathbf{W}}^G|} \widetilde{J}^{\widetilde{G}}_{\widetilde{L}}(f,\omega)\,.$$

Bibliographie

1. J. ARTHUR, *The characters of discrete series as orbital integrals*, Invent. Math. **32** (1976), n° 3, 205-261.
2. ———, *A trace formula for reductive groups.* I: *Terms associated to classes in* $G(\mathbf{Q})$, Duke Math. J. **45** (1978), n° 4, 911-952.
3. ———, *A trace formula for reductive groups.* II: *Applications of a truncation operator*, Compositio Math. **40** (1980), n° 1, 87-121.
4. ———, *The trace formula in invariant form*, Ann. of Math. (2) **114** (1981), n° 1, 1-74.
5. ———, *On a family of distributions obtained from Eisenstein series.* I: *Application of the Paley–Wiener theorem*, Amer. J. Math. **104** (1982), n° 6, 1243-1288.
6. ———, *On a family of distributions obtained from Eisenstein series.* II: *Explicit formulas*, Amer. J. Math. **104** (1982), n° 6, 1289-1336.
7. ———, *On the inner product of truncated Eisenstein series*, Duke Math. J. **49** (1982), n° 1, 35-70.
8. ———, *A measure on the unipotent variety*, Canad. J. Math. **37** (1985), n° 6, 1237-1274.
9. ———, *On a family of distributions obtained from orbits*, Canad. J. Math. **38** (1986), n° 1, 179-214.
10. ———, *The local behaviour of weighted orbital integrals*, Duke Math. J. **56** (1988), n° 2, 223-293.
11. ———, *The invariant trace formula.* I: *Local theory*, J. Amer. Math. Soc. **1** (1988), n° 2, 323-383.
12. ———, *The invariant trace formula.* II: *Global theory*, J. Amer. Math. Soc. **1** (1988), n° 3, 501-554.
13. ———, *Intertwining operators and residues.* I: *Weighted characters*, J. Funct. Anal. **84** (1989), n° 1, 19-84.
14. ———, *An introduction to the trace formula*, Harmonic Analysis, the Trace Formula, and Shimura Varieties (Toronto, ON, 2003) (J. ARTHUR, D. ELLWOOD et R. KOTTWITZ, édit.), Clay Math. Proc., vol. 4, Amer. Math. Soc., Providence, RI, 2005, p. 1-263.
15. A. BOREL, *Introduction aux groupes arithmétiques*, Publ. Inst. Math. Univ. Strasbourg, vol. XV. Actualités Sci. Indust., vol. 1341, Hermann, Paris, 1969.
16. A. BOREL et J. TITS, *Groupes réductifs*, Inst. Hautes Études Sci. Publ. Math. **27** (1965), 55-150.
17. ———, *Compléments à l'article : « Groupes réductifs »*, Inst. Hautes Ètudes Sci. Publ. Math. **41** (1972), 253-276.
18. N. BOURBAKI, *Èléments de mathématique.* Fasc. XXXIV. *Groupes et algbres de Lie.* Chapitre IV: *Groupes de Coxeter et systèmes de Tits*; Chapitre V: *Groupes engendrés par des réflexions*; Chapitre VI: *Systèmes de racines*, Actualités Sci. Indust., vol. 1337, Hermann, Paris, 1968.
19. L. CLOZEL et P. DELORME, *Le théorème de Paley-Wiener invariant pour les groupes de Lie réductifs*, Invent. Math. **77** (1984), n° 3, 427-453.
20. L. CLOZEL, J.-P. LABESSE et R. P. LANGLANDS, *Friday morning seminar on the trace formula*, Institute for Advanced Study, Princeton, NJ, 1984. Lecture notes.

21. J. Dixmier et P. Malliavin, *Factorisations de fonctions et de vecteurs indéfiniment différentiables*, Bull. Sci. Math. (2) **102** (1978), n° 4, 307-330.

22. T. Finis et E. Lapid, *On the spectral side of Arthur's trace formula—combinatorial setup*, Ann. of Math. (2) **174** (2011), n° 1, 197-223.

23. T. Finis, E. Lapid et W. Müller, *On the spectral side of Arthur's trace formula—absolute convergence*, Ann. of Math. (2) **174** (2011), n° 1, 173-195.

24. J. Franke, *Harmonic analysis in weighted L_2-spaces*, Ann. Sci. Ècole Norm. Sup. (4) **31** (1998), n° 2, 181-279.

25. R. E. Kottwitz et D. Shelstad, *Foundations of twisted endoscopy*, Astérisque **255** (1999).

26. J.-P. Labesse, *Stable twisted trace formula: elliptic terms*, J. Inst. Math. Jussieu **3** (2004), n° 4, 473-530.

27. R. P. Langlands, *Eisenstein series*, Algebraic Groups and Discontinuous Subgroups (Boulder, CO, 1965) (A. Borel et G. D. Mostow, édit.), Proc. Sympos. Pure Math., vol. 9, Amer. Math. Soc., Providence, RI, 1966, p. 235-252.

28. ———, *On the functional equations satisfied by Eisenstein series*, Lecture Notes in Math., vol. 544, Springer, Berlin, 1976.

29. C. Mœglin et J.-L. Waldspurger, *Décomposition spectrale et séries d'Eisenstein*, Progr. Math., vol. 113, Birkhäuser, Bâle, 1994.

30. W. Müller, *The trace class conjecture in the theory of automorphic forms.* II, Geom. Funct. Anal. **8** (1998), n° 2, 315-355.

31. J. Tits, *Reductive groups over local fields*, Automorphic Forms, Representations and *L*-Functions (Corvallis, OR, 1977) (A. Borel et W Casselman, édit.), Proc. Sympos. Pure Math., vol. 33, Amer. Math. Soc., Providence, RI, 1979, p. 29-69.

Index des notations

Published Titles in This Series

31 **Jean-Pierre Labesse and Jean-Loup Waldspurger,** La Formule des Traces Tordue d'après le Friday Morning Seminar, 2013

30 **Joseph H. Silverman,** Moduli Spaces and Arithmetic Dynamics, 2012

29 **Marcelo Aguiar and Swapneel Mahajan,** Monoidal Functors, Species and Hopf Algebras, 2010

28 **Saugata Ghosh,** Skew-Orthogonal Polynomials and Random Matrix Theory, 2009

27 **Jean Berstel, Aaron Lauve, Christophe Reutenauer, and Franco V. Saliola,** Combinatorics on Words, 2008

26 **Victor Guillemin and Reyer Sjamaar,** Convexity Properties of Hamiltonian Group Actions, 2005

25 **Andrew J. Majda, Rafail V. Abramov, and Marcus J. Grote,** Information Theory and Stochastics for Multiscale Nonlinear Systems, 2005

24 **Dana Schlomiuk, AndreĭA. Bolibrukh, Sergei Yakovenko, Vadim Kaloshin, and Alexandru Buium,** On Finiteness in Differential Equations and Diophantine Geometry, 2005

23 **J. J. M. M. Rutten, Marta Kwiatkowska, Gethin Norman, and David Parker,** Mathematical Techniques for Analyzing Concurrent and Probabilistic Systems, 2004

22 **Montserrat Alsina and Pilar Bayer,** Quaternion Orders, Quadratic Forms, and Shimura Curves, 2004

21 **Andrei Tyurin,** Quantization, Classical and Quantum Field Theory and Theta Functions, 2003

20 **Joel Feldman, Horst Knörrer, and Eugene Trubowitz,** Riemann Surfaces of Infinite Genus, 2003

19 **L. Lafforgue,** Chirurgie des grassmanniennes, 2003

18 **G. Lusztig,** Hecke Algebras with Unequal Parameters, 2003

17 **Michael Barr,** Acyclic Models, 2002

16 **Joel Feldman, Horst Knörrer, and Eugene Trubowitz,** Fermionic Functional Integrals and the Renormalization Group, 2002

15 **José I. Burgos Gil,** The Regulators of Beilinson and Borel, 2002

14 **Eyal Z. Goren,** Lectures on Hilbert Modular Varieties and Modular Forms, 2002

13 **Michael Baake and Robert V. Moody, Editors,** Directions in Mathematical Quasicrystals, 2000

12 **Masayoshi Miyanishi,** Open Algebraic Surfaces, 2000

11 **Spencer J. Bloch,** Higher Regulators, Algebraic K-Theory, and Zeta Functions of Elliptic Curves, 2000

10 **James D. Lewis and B. Brent Gordon,** A Survey of the Hodge Conjecture, Second Edition, 1999

9 **Yves Meyer,** Wavelets, Vibrations and Scalings, 1998

8 **Ioannis Karatzas,** Lectures on the Mathematics of Finance, 1997

7 **John Milton,** Dynamics of Small Neural Populations, 1996

6 **Eugene B. Dynkin,** An Introduction to Branching Measure-Valued Processes, 1994

5 **Andrew Bruckner,** Differentiation of Real Functions, 1994

4 **David Ruelle,** Dynamical Zeta Functions for Piecewise Monotone Maps of the Interval, 1994

3 **V. Kumar Murty,** Introduction to Abelian Varieties, 1993

2 **M. Ya. Antimirov, A. A. Kolyshkin, and Rémi Vaillancourt,** Applied Integral Transforms, 1993

1 **Dan Voiculescu, Kenneth J. Dykema, and Alexandru Nica,** Free Random Variables, 1992